福建省中等职业学校学生学业水平考试复习指导用书

信息技术

主　编：刘炎火　杜勤英　陈春华

副主编：吴卫军　陈朝伟　戴志颂　林秀琴

陈心屹　张　琳　王　林

编　委：杨盛鑫　陈晓玲　李　光　王声镇

林　白　杨　威

厦门大学出版社　XIAMEN UNIVERSITY PRESS

国家一级出版社

全国百佳图书出版单位

图书在版编目(CIP)数据

信息技术/刘炎火,杜勤英,陈春华主编.—厦门:厦门大学出版社,2021.5
(福建省中等职业学校学生学业水平考试复习指导用书)
ISBN 978-7-5615-8212-1

Ⅰ.①信…　Ⅱ.①刘… ②杜… ③陈…　Ⅲ.①电子计算机—中等专业学校—教学参考资料　Ⅳ.①TP3

中国版本图书馆 CIP 数据核字(2021)第 094059 号

出 版 人　郑文礼
策划编辑　姚五民
责任编辑　眭　蔚
封面设计　李嘉彬
技术编辑　许克华

出版发行　厦门大学出版社
社　　址　厦门市软件园二期望海路 39 号
邮政编码　361008
总　　机　0592-2181111　0592-2181406(传真)
营销中心　0592-2184458　0592-2181365
网　　址　http://www.xmupress.com
邮　　箱　xmup@xmupress.com
印　　刷　厦门集大印刷有限公司

开本　787 mm×1 092 mm　1/16
印张　18.25
字数　446 千字
版次　2021 年 5 月第 1 版
印次　2021 年 5 月第 1 次印刷
定价　52.00 元

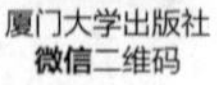
厦门大学出版社
微信二维码

厦门大学出版社
微博二维码

前　言

信息技术涵盖了信息的获取、表示、传输、存储、加工等各种技术。信息技术已成为支持经济社会转型发展的主要驱动力，是建设创新型国家、制造强国、网络强国、数字中国、智慧社会的基础支撑。提升国民信息素养，增强个体在信息社会的适应力与创造力，提升全社会的信息化发展水平，对个人、社会和国家发展具有重大的意义。

中等职业学校信息技术课程是各专业学生必修的公共基础课程。学生通过对信息技术基础知识和技能的学习，有助于增强信息意识，发展计算思维，提高数字化学习与创新能力，树立正确的信息社会价值观和责任感，培养符合时代要求的信息素养与适应职业发展需要的信息能力。

福建省中等职业学校全面开展学业水平考试是一项重大的制度设计，信息技术是学业水平考试的重要组成部分。本书紧扣2020年修订的《福建省中等职业学校学业水平考试计算机应用基础考试大纲》，编写的宗旨是为中等职业学校学业水平考试服务，依据中等职业学校学生知识基础及思维特征谋篇设计，以“理实一体”模式串联知识内涵，构筑脉络清晰、知识连贯、逻辑紧密的知识链条。

本书由刘炎火、杜勤英、陈春华、张琳、陈心屹、吴卫军、王林、戴志颂、林秀琴、杨盛鑫、陈晓玲等共同编写。

编委会

2021年5月

请扫码下载教学素材：

目 录

CONTENTS

第 1 章

信息技术应用基础

导读

计算机是怎么被发明出来的？计算机为什么采用二进制？硬件和软件是什么？计算机这个神秘的机器是怎么工作的？本章将为你回答这些问题。

计算机是 20 世纪最先进的科学技术发明之一，对人类的生产活动和社会活动产生了极其重要的影响，并以强大的生命力飞速发展。它的应用领域从最初的军事科研应用扩展到社会的各个领域，已形成了规模巨大的计算机产业，带动了全球范围的技术进步，由此引发了深刻的社会变革。计算机已遍及一般学校、企事业单位，进入寻常百姓家，成为信息社会中必不可少的工具。

学习目标

- 理解信息技术的概念，了解信息技术的发展历程，理解信息技术在当今社会的典型应用；
- 了解信息社会相应的文化、道德和法律常识；
- 了解信息系统组成，了解计算机中的数制及编码；
- 理解常用信息技术设备，了解设备类型和特点，理解常用设备主要性能指标的含义；
- 了解将信息技术设备接入互联网，了解常见信息技术设备的设置；
- 了解 Windows 10 操作系统的基本概念，理解操作系统在计算机系统运行中的作用；
- 了解 Windows 10 操作系统图形界面的对象，熟练掌握视窗对象的操作；
- 了解常用中英文输入方法，熟练进行文本和常用符号输入，掌握用语音识别工具输入文本；
- 了解操作系统自带的常用程序的功能和使用，熟练掌握安装、卸载应用程序和驱动程序；
- 理解文件和文件夹的概念和作用，熟练掌握对文件与文件夹的管理操作；
- 熟练掌握使用 WinRAR 压缩软件对信息资源进行压缩、加密和备份；
- 了解维护系统及系统使用过程中遇到的问题。

1.1 认识信息技术和信息社会

任务目标

- ➢ 理解信息技术的概念，了解信息技术的发展历程；
- ➢ 理解信息技术在当今社会的典型应用，了解信息技术对人类社会生产、生活方式的影响；
- ➢ 了解信息社会相应的文化、道德和法律常识；
- ➢ 了解信息社会的发展趋势。

1.1.1 计算机与信息技术

"世界由物质、能量、信息三大要素组成"，这是当今科学界所普遍认同的观点。人类社会的一切活动都离不开信息，也催生了信息技术不断发展，而现代信息技术的核心之一就是计算机技术。

1. 计算机的发展

计算机的发明最初只是为了代替人进行计算。在计算机出现的萌芽时期，由于很多工作都面临着烦琐的计算环节，所以人们就一直想要研发出一种可以充当人脑延伸的工具。但是受限于当时的科学技术，尽管有很多学者投身到计算机领域中去，却收效甚微。在1946年，美国率先发明了世界上第一部电子数字积分的计算机器，叫作埃尼阿克(ENIAC)，如图1-1所示。而这台机器也被普遍认为是世界上的第一台计算机。

图 1-1　埃尼阿克(ENIAC)计算机

随着计算机科学的不断发展，计算机已经从初期的以“计算”为主的一种计算工具，发展成为以信息处理为主的、集计算和信息处理于一体的工具。根据计算机所采用的电子器件的不同，通常将其发展历程划分为电子管、晶体管、集成电路、大规模及超大规模集成电路四个时代。

现在，人们已经习惯使用智能手机，习惯移动支付和电商，习惯快媒体带来的快乐，而智能手机、平板电脑等智能移动终端本质上就是一台微型计算机，所以，这些便捷都是计算机技术给我们的社会生活带来的最直接变化。

随着计算机应用的广泛和深入，对计算机技术提出了更高的要求。目前，计算机正朝着微型化、巨型化、网络化、智能化和多媒体化等方向发展。

2. 计算机的应用

如今计算机已渗透到人们生活和工作的各个层面中，主要体现在以下几个方面的运用。

(1)科学计算。早期的计算机主要用于科学计算，科学计算仍然是现代计算机应用的一个重要领域。在现代科学技术工作中，科学计算问题是大量的和复杂的。利用计算机的高速计算、大存储容量和连续运算的能力，可以解决人工无法解决的各种科学计算问题。

(2)信息处理(数据处理)。是指对各种数据进行收集、存储、整理、分类、统计、加工、利用、传播等一系列活动的统称。据统计，80%以上的计算机主要用于数据处理，这类工作量大、面宽，决定了计算机应用的主导方向。

(3)自动控制。自动控制是利用计算机即时采集检测数据，按最优值迅速地对控制对象进行自动调节或自动控制。采用计算机进行自动控制，不仅可以大大提高控制的自动化水平，而且可以提高控制的及时性和准确性，从而改善劳动条件，提高产品质量及合格率。

(4)计算机辅助技术。计算机辅助技术是指利用计算机帮助人们进行各种设计、处理等过程，它包括计算机辅助设计(computer aided design，CAD)、计算机辅助制造(computer aided manufacturing，CAM)、计算机辅助教学(computer aided instruction，CAI) 和计算机辅助测试(computer aided test，CAT) 等。

(5)人工智能。人工智能(artificial intelligence，简称 AI)又可称为智能模拟，是计算机模拟人类的智能活动，诸如感知、判断、理解、学习、问题求解和图像识别等。人工智能的研究目标是计算机更好地模拟人的思维活动，那时的计算机将可以完成更复杂的控制任务。

(6)网络应用。随着社会信息化的发展，通信业也发展迅速，计算机在通信领域的作用越来越大，特别是促进了计算机网络的迅速发展。目前，全球最大的网络 Internet(因特网)已把全球大多数计算机联系在一起。除此之外，计算机在信息高速公路、电子商务、娱乐和游戏等领域也得到了快速的发展。

1.1.2 计算机对信息社会的影响

在新一轮科技革命浪潮中，人们的生活方式与以往相比发生了巨大改变，这种改变很大程度上是由信息化推动的。截至 2020 年的数据显示，中国网民规模达 9.4 亿，相当于全球网民的 1/5；手机网民规模达 9.32 亿，占比超 99%，互联网普及率达 67%。腾讯发布信息显示，截至 2020 年 3 月，微信的月活跃账户数超 12 亿，微信小程序日活跃账户数超过 4 亿。QQ 月活跃账户数超 6.9 亿。

1. 信息化正在改变人们的生活方式

信息化的迅猛发展不断改变人们的生活，深刻影响与人们生活息息相关的衣食住行。

在“衣”方面，依靠虚拟现实(virtual reality，VR)技术，人们可以在网上通过3D视觉来挑选服饰，通过机器人模特穿戴来观看效果；增强现实(augmented reality，AR)技术可以让人们通过网络直接体验身穿服装的感受。此外，无论是定制服装还是定制鞋子，都可以依托数据库和3D模型库来实现，用批量化的方式生产个性化的服装和鞋子，大大降低生产成本。随着信息技术与生产技术的深度融合，“衣”方面的个性化定制将日益走进大众生活。

在“食”方面，现在，外卖十分流行，手机点餐已成为一些人的一种生活常态。在餐厅，已经可以实现后厨机器人配菜、前台机器人送餐，如图1-2所示。农业信息化可及时检测与发现土壤肥力以及病虫害，助力农业稳产增产；大数据提供精准市场信息，帮助农民增收；物联网与区块链结合，可以监控从农田、牧场到餐桌的整个流通过程，让消费者放心消费。

图1-2　机器人送餐

在“住”方面，智能建筑将物联网、大数据和人工智能技术综合应用到建筑物的设计、运行、维护和管理中。IBM公司认为，到2025年全球联网设备将有1/5用在智能建筑中。智能家居不断提升人们的生活质量，各类家用电器联网后可增加音控或手机遥控功能，照明和空调可识别环境条件自动启动或关闭，电冰箱可以提醒人们所储存食品的保质期，其他一些家居设备将实现安防、节能、娱乐、养老监护等多种功能。可以说，信息化发展将使“住有所居”变为“住有优居”。

在“行”方面，得益于信息技术的支撑，网约车和共享单车不断发展，方便了人们出行。智能交通被认为是治理大城市病的重要手段，能有效改善道路通行状况。5G在500公里时速下的通信能力，为未来高铁提速和无人驾驶做好了准备。

2. 信息化正在拓展和满足人们更高层次的需要

在人的生理需要之上还有安全的需要、情感和归属的需要、尊重的需要、自我实现的需要。信息化在深刻改变人们衣食住行的同时，还使人们的其他需要得到延伸和拓展，并且得到更好满足。比如，安全是当前人们十分关注的问题，包括人身安全、家庭安全、财产安全、健康保障等，信息化可以有效提高社会治理和公共安全水平。比如，利用遍布道路卡口的传感器和摄像头，可有效检测套牌车、超载车、超速车等，维护交通安全；人脸识别系统能够帮助寻找丢失儿童。再如，在医疗方面，超级计算机和人工智能可以加速药物研制过程，高清视频和可靠的传输系统可以支撑远程医疗，AR技术可以缩短医生培训时间。学习、娱乐、运动、旅游等属于人们更高层次的需要，信息化在这些方面也大有用武之地。比如，语音与文字的互相转换、母语与多种外语的自动翻译已经不是难题，人们可以将讲话实时自动翻译为数十种语言，轻松地与外国朋友交谈。微信等社交软件使人们的沟通交流更加便捷。搜索引擎、慕课等为人们了解世界、学习知识打开了一片新天地。移动互联网与物联网融合能够进一步丰富通信的功能，各种传感器嵌入手机后可以扩展人的感官能力，实现环境感知等功能。

1.1.3 计算机职业道德与法律常识

计算机技术正在改变着人们的生活，改变社会，它对于信息资源的共享起到了无与伦比的巨大作用，但是在它广泛的积极作用背后，也有使人堕落的陷阱，网络诱发着不道德和犯罪行为，如出现了计算机病毒、黑客。

《中华人民共和国刑法》对计算机犯罪有明确的法律规定，包括非法侵入计算机信息系统罪，非法获取计算机信息系统数据、非法控制计算机信息系统罪，提供侵入、非法控制计算机信息系统程序、工具罪及破坏计算机信息系统罪等。

在保护计算机知识产权方面，我国政府也在不断加大知识产权保护的力度。知识产权保护体系主要由《中华人民共和国专利法》《中华人民共和国著作权法》《中华人民共和国商标法》等法律，以及相关规章制度、司法解释、国际条约等共同构成。

在保护知识产权方面，我们应该做到：使用正版软件，坚决抵制盗版，尊重软件作者的知识产权；不对软件进行非法复制；不要为了保护自己的软件资源而制造病毒保护程序；不要擅自篡改他人计算机内的系统信息资源。

在维护计算机系统安全方面，我们应该做到：不要蓄意破坏和损伤他人的计算机系统设备及资源；不要制造病毒程序，不要使用带病毒的软件，更不要有意传播病毒给其他计算机系统（传播带有病毒的软件）；要采取预防措施，在计算机内安装防病毒软件；要定期检查计算机系统内文件是否有病毒，如发现病毒，应及时用杀毒软件清除；维护计算机的正常运行，保护计算机系统数据的安全；被授权者对自己享用的资源负有保护责任，口令密码不得泄露给外人。

计算机职业作为一种特定职业，有较强的专业性和特殊性，从事计算机职业的工作人员在职业道德方面有许多特殊的要求。一名合格的职业计算机工作人员，应遵守最基本的通用职业道德规范和特定的计算机职业道德。如：未经准许不使用他人的计算机资源；不利用计算机去伤害他人；不到他人的计算机里去窥探，不得蓄意破译他人口令。

1.2 认识信息系统

任务目标

- 了解信息系统组成；
- 了解二进制、八进制、十六进制的基本概念和特点，了解二进制、十进制整数的转换方法；
- 了解存储单位的基本概念，掌握位、字节、字、KB、MB、GB、TB 的转换关系；
- 了解 ASCII 码的基本概念，了解汉字的编码。

1.2.1 计算机系统组成

计算机系统由硬件系统和软件系统两大部分组成。

计算机硬件是构成计算机系统各功能部件的集合，是由电子、机械和光电元件组成的各种计算机部件和设备的总称，是计算机完成各项工作的物质基础。计算机硬件是看得见、摸得着、实实在在存在的物理实体。

计算机软件是指与计算机系统操作有关的各种程序以及任何与之相关的文档和数据的集合。其中程序是用程序设计语言描述的适合计算机执行的语句指令序列。

没有安装任何软件的计算机通常称为“裸机”，裸机是无法工作的。如果计算机硬件脱离了计算机软件，那么它就成为一台无用的机器；如果计算机软件脱离了计算机的硬件就失去了它运行的物质基础。所以说二者相互依存，缺一不可，共同构成一个完整的计算机系统。

1. 计算机硬件系统

计算机硬件系统由控制器、运算器、存储器、输入设备、输出设备五大部件组成，如图 1-3 所示。

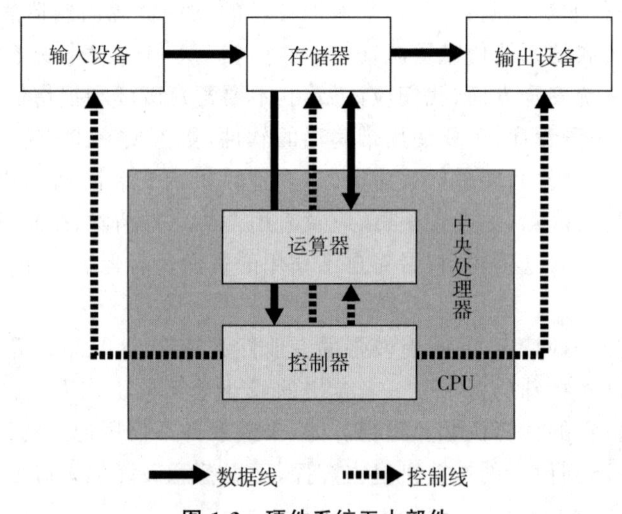

图 1-3　硬件系统五大部件

(1)控制器

控制器是对输入的指令进行分析，并统一控制计算机的各个部件完成一定任务的部件。它一般由指令寄存器、状态寄存器、指令译码器、时序电路和控制电路组成。

控制器是协调指挥计算机各部件工作的元件，其功能是从内存中依次取出命令，产生控制信号，向其他部件发出指令，指挥整个运算过程。

(2)运算器

运算器又称算术逻辑单元(arithmetic logic unit，ALU)，是进行算术、逻辑运算的部件。运算器的主要作用是执行各种算术运算和逻辑运算，对数据进行加工处理。控制器、运算器和寄存器等组成硬件系统的核心——中央处理器(central processing unit,CPU)。

(3)存储器

存储器是计算机记忆或暂存数据的部件。计算机中的全部信息,包括原始的输入数据、经过初步加工的中间数据以及最后处理完成的有用信息都存放在存储器中。而且,指挥计算机运行的各种程序,即规定对输入数据如何进行加工处理的一系列指令也都存放在存储器中。

(4)输入设备

输入设备是重要的人机接口,用来接受用户输入的原始数据和程序,并将它们变为计算机能识别的二进制存入到内存中。常用的输入设备有键盘、鼠标、扫描仪、光笔等。

(5)输出设备

输出设备是输出计算机处理结果的设备,将存在内存中的由计算机处理的结果转变为人们能接受的形式输出。常用的输出设备有显示器、打印机、绘图仪等。

2. 计算机软件系统

"软件"一词20世纪60年代初传入我国。国际标准化组织(ISO)将软件定义为:电子计算机程序及运用数据处理系统所必需的手续、规则和文件的总称。对此定义,一种公认的解释是:软件由程序和文档两部分组成。程序由计算机最基本的指令组成,是计算机可以识别和执行的操作步骤;文档是指用自然语言或者形式化语言所编写的用来描述程序的内容、组成、功能规格、开发情况、测试结果和使用方法的文字资料和图表。程序是具有目的性和可执行性的,文档则是对程序的解释和说明。

程序是软件的主体。软件按其功能划分,可分为系统软件和应用软件两大类型。

(1)系统软件(system software)

系统软件一般是指控制和协调计算机及外部设备,支持应用软件开发和运行的系统,是无须用户干预的各种程序的集合,主要功能是调度、监控和维护计算机系统;负责管理计算机系统中各种独立的硬件,使得它们可以协调工作。系统软件使得计算机使用者和其他软件将计算机当作一个整体而不需要顾及底层每个硬件是如何工作的。

常见的系统软件主要指操作系统,也包括语言处理程序(汇编和编译程序等)、服务性程序(支撑软件)和数据库管理系统等。

①操作系统OS(operating system)

操作系统是系统软件的核心。为了使计算机系统的所有资源(包括硬件和软件)协调一致、有条不紊地工作,就必须用一种软件来进行统一管理和统一调度,这种软件称为操作系统。它的功能就是管理计算机系统的全部硬件资源、软件资源及数据资源。操作系统是最基本的系统软件,其他所有软件都是建立在操作系统的基础之上的。操作系统是用户与计算机硬件之间的接口,没有操作系统作为中介,用户对计算机的操作和使用将变得非常难且低效。操作系统能够合理地组织计算机整个工作流程,最大限度地提高资源利用率。操作系统在为用户提供一个方便、友善、使用灵活的服务界面的同时,也提供了其他软件开发、运行的平台。它具备五个方面的功能,即CPU管理、作业管理、存储器管理、设备管理及文件管理。微型计算机常用的操作系统有Unix、Linux、Windows等。

②语言处理程序

在介绍语言处理程序之前，很有必要先介绍一下计算机程序设计语言的发展。

软件是指计算机系统中的各种程序，而程序是用计算机语言来描述的指令序列。计算机语言是人与计算机交流的一种工具，这种交流称为计算机程序设计。程序设计语言按其发展演变过程可分为三种：机器语言、汇编语言和高级语言，前二者统称为低级语言。

机器语言(machine language)是直接由机器指令(二进制)构成的，因此由它编写的计算机程序不需要翻译就可直接被计算机系统识别并运行。这种由二进制代码指令编写的程序最大的优点是执行速度快、效率高，同时也存在着严重的缺点：机器语言很难掌握，编程烦琐、可读性差、易出错，并且依赖于具体的机器，通用性差。

汇编语言(assemble language)采用一定的助记符号表示机器语言中的指令和数据，是符号化了的机器语言，也称作"符号语言"。汇编语言程序指令的操作码和操作数全都用符号表示，大大方便了记忆，但用助记符号表示的汇编语言，它与机器语言归根到底是一一对应的关系，都依赖于具体的计算机，因此都是低级语言。同样具备机器语言的缺点，如缺乏通用性、烦琐、易出错等，只是程度上不同罢了。用这种语言编写的程序(汇编程序)不能在计算机上直接运行，必须首先被一种称为汇编程序的系统程序"翻译"成机器语言程序，才能由计算机执行。任何一种计算机都配有只适用于自己的汇编程序(assembler)。

高级语言又称为算法语言，它与机器无关，是近似于人类自然语言或数学公式的计算机语言。高级语言克服了低级语言的诸多缺点，它易学易用、可读性好、表达能力强(语句用较为接近自然语言的英文字来表示)、通用性好(用高级语言编写的程序能使用在不同的计算机系统上)。但是，用高级语言编写的程序不能被计算机直接识别和执行，它也必须经过某种转换才能执行。高级语言种类很多，功能很强，常用的高级语言如 Basic、C 语言、C++、Delphi、Java、Python 等。

③服务性程序

服务性程序(支撑软件)是指为了帮助用户使用与维护计算机，提供服务性手段，支持其他软件开发而编制的一类程序。此类程序内容广泛，主要有以下几种：工具软件、编辑程序、调试程序、诊断程序等。

④数据库管理系统

数据库管理系统是对计算机中所存放的大量数据进行组织、管理、查询提供一定处理功能的大型系统软件。

(2)应用软件

应用软件是指在计算机各个应用领域中，为解决各类实际问题而编制的程序，它用来帮助人们完成在特定领域中的各种工作。应用软件如 Microsoft Word、Excel、WPS 等文字表格处理程序，AutoCAD、Photoshop、3D Studio MAX 等辅助设计软件，以及各种游戏程序等用户应用程序。

1.2.2 数制与计算机信息存储

现在的电子数字计算机中信息都是用二进制数表示的。在计算机中采用二进制数是因为二进制数易于表示；二进制数只用 0 和 1 两个不同的数码，具有两个稳定状态的元件均可用来表示二进制数，如开关的通、断，电路电平的高、低等。这意味着计算机处理的数字、字符、图形、图像、声音等信息，都是以 1 和 0 组成的二进制数的某种编码。

1. 数制

表示数的方法称为数制。通常人们习惯以十进制来计量事物，但在生活中也使用其他的数字系统。例如，月与年使用 12 进制来计算。

(1)概念

十进制是我们最熟悉的进制，我们以十进制为例介绍数制的相关概念。

①数码：十进制由 0～9 十个数字符号组成，0～9 这些数字符号称为“数码”。

②基数：全部数码的个数称“基数”，十进制的基数为 10 。

③计数原则：“逢十进一”。即用“逢基数进位”的原则计数，称为进位计数制。

④位权：数码所处位置的计数单位为位权，位权的大小以基数为底。例如，十进制的个位的位权是 10^0，十位上的位权为 10^1，百位上的位权为 10^2，以此类推。由此可见，各位上的位权值是基数 10 的若干次幂。

(2)二进制转换为十进制

二进制的基数为 2，只要将各位数字与它的权相乘、求和，即可将其转换成十进制数。方法：按位权展开并求和。

例如，110011(二进制数)$=1\times2^5+1\times2^4+0\times2^3+0\times2^2+1\times2^1+1\times2^0=32+16+2+1=51$。

(3)十进制转换为二进制

十进制整数转换为二进制整数采用“除 2 取余，逆序排列”法。具体做法是：用 2 整除十进制整数，可以得到一个商和余数；再用 2 去除商，又会得到一个商和余数，如此进行，直到商为小于 1 时为止，然后把先得到的余数作为二进制数的低位有效位，后得到的余数作为二进制数的高位有效位，依次排列起来。

(4)二进制、八进制、十六进制之间的转换

二进制在表达数字时，位数太长，不易识别，书写麻烦。因此，在编写计算机程序时，经常应用到八进制、十六进制，其目的是简化二进制的表示。由于二进制、八进制、十六进制之间存在特殊关系，即 $8=2^3$，$16=2^4$，因此转换容易，对照表 1-1 进行转换即可。

表 1-1　不同数制的数对应关系

十进制	二进制	八进制	十六进制	十进制	二进制	八进制	十六进制
0	0	0	0	8	1000	10	8
1	1	1	1	9	1001	11	9
2	10	2	2	10	1010	12	A
3	11	3	3	11	1011	13	B
4	100	4	4	12	1100	14	C
5	101	5	5	13	1101	15	D
6	110	6	6	14	1110	16	E
7	111	7	7	15	1111	17	F

2. 信息存储单位

程序和数据在计算机中以二进制的形式存放于存储器中。其基本的存储单位是“位”和“字节”。

位(bit):是计算机存储数据的最小单位。机器字中一个单独的符号“0”或“1”称为一个二进制位,它可存放一位二进制数。

字节(byte,简称 B):字节是计算机存储容量的度量单位,也是数据处理的基本单位。8 个二进制位构成一个字节。一个字节的存储空间称为一个存储单元。

存储容量的大小以字节为单位来度量。经常使用 KB(千字节)、MB(兆字节)、GB(吉字节)和 TB(太字节)来表示。它们之间的关系是:1 KB=1024 B=2^{10} B,1 MB=1024 KB=2^{20} B,1 GB=1024 MB=2^{30} B,1 TB=1024 GB=2^{40} B。在某些计算中为了计算简便经常把2^{10}(1024)认为是 1000。

1.2.3 字符编码、汉字编码

在计算机中,所有的数据在存储和运算时都要使用二进制数表示,像 a、b、c、d 这样的 52 个字母(包括大写)以及 0、1 等数字,还有一些常用的符号如 *、#、@等在计算机中存储时也要使用二进制数来表示,而具体用哪些二进制数字表示哪个符号,当然每个人都可以约定自己的一套(这就叫编码),而大家如果要想互相通信而不造成混乱,就必须使用相同的编码规则,于是美国有关的标准化组织就出台了 ASCII 编码,统一规定了上述常用符号用哪些二进制数来表示。

1. ASCII 编码

ASCII 码即美国信息交换标准代码,是由美国国家标准学会(American National Standard Institute, ANSI)制定的一种标准的单字节字符编码方案,用于基于文本的数据。它最初是美国国家标准,供不同计算机在相互通信时用作共同遵守的西文字符编码标准,后来被国际标准化组织(International Organization for Standardization, ISO)定为国际标准。

在英语中,用 128 个符号编码便可以表示所有符号,但是用来表示其他语言,128 个符号是不够的。比如,在法语中,字母上方有注音符号,就无法用 ASCII 码表示。于是,一些欧洲国家就决定,利用字节中闲置的最高位编入新的符号。这样一来,这些欧洲国家使用的编码体系就可以表示最多 256 个符号。

至于亚洲国家的文字,使用的符号就更多了,汉字就多达 10 万个。一个字节只能表示 256 种符号,肯定是不够的,就必须使用多个字节表达一个符号。比如,简体中文常见的编码方式是 GB 2312,使用两个字节表示一个汉字,所以理论上最多可以表示 256×256 = 65536 个符号。

2. 汉字编码

(1)GB 2312—80 标准。GB 2312—80 是 1980 年制定的中国汉字编码国家标准。共收录 7445 个字符,其中汉字 6763 个。GB 2312 兼容标准 ASCII 码,采用扩展 ASCII 码的编码空间进行编码,一个汉字占用两个字节,每个字节的最高位为 1。具体办法是:收集了 7445 个字符组成 94×94 的方阵,每一行称为一个“区”,每一列称为一个“位”,区号位号的范围均为 01~94,区号和位号组成的代码称为“区位码”。区位输入法就是通过输入区位码实现汉字输入的。将区号和位号分别加上 20H,得到的 4 位十六进制整数,称为国标码,编码范围为 0x2121～0x7E7E。为了兼容标准 ASCII 码，给国标码的每个字节加 80H，形成的编码称为机内码，简称内码，是汉字在机器中实际的存储代码。GB 2312—80 标准的内码范围是 0xA1A1～0xFEFE 。

(2)GBK 编码标准。《汉字内码扩展规范》(GBK) 于 1995 年制定，兼容 GB 2312、GB 13000.1、BIG 5 编码中的所有汉字，使用双字节编码，编码空间为 0x8140～0xFEFE，共有 23940 个码位，其中 GBK1 区和 GBK2 区也是 GB 2312 的编码范围。收录了 21003 个汉字。GBK 向下与 GB 2312 编码兼容，向上支持 ISO 10646.1 国际标准，是前者向后者过渡过程中的一个承上启下的产物。ISO 10646 是国际标准化组织 ISO 公布的一个编码标准，即 Universal Multiple-Octet Coded Character Set（简称 UCS)，它与 Unicode 组织的 Unicode 编码完全兼容。

(3)GB 18030 编码标准。国家标准 GB 18030—2000《信息交换用汉字编码字符集基本集的补充》是我国继 GB 2312—1980 和 GB 13000—1993 之后最重要的汉字编码标准，是我国计算机系统必须遵循的基础性标准之一。GB 18030—2000 编码标准是由信息产业部和国家质量技术监督局在 2000 年 3 月 17 日联合发布的，并且作为一项国家标准在 2001 年的 1 月正式强制执行。GB 18030—2005《信息技术中文编码字符集》是我国制定的以汉字为主并包含多种我国少数民族文字(如藏、蒙古、傣、彝、朝鲜、维吾尔文等)的超大型中文编码字符集强制性标准，其中收入汉字 70000 余个。

1.3 选用和连接计算机设备

- 理解常用信息技术设备，了解设备类型和特点；
- 理解常用信息技术设备主要性能指标的含义，能根据需要选用合适设备；
- 了解常用信息技术设备的正确连接及基本设置。

知识储备

1.3.1 计算机主要部件及技术指标

微型计算机的主要部件位于主机箱内，包括主板、CPU、内存等部件。

1. 主板

主板安装在机箱内，是微机最基本也是最重要的部件之一。主板一般为矩形电路板，上面安装了组成计算机的主要电路系统，如图 1-4 所示，一般有 BIOS 芯片、I/O 控制芯片、键盘和面板控制开关接口、指示灯插接件、扩充插槽、主板及插卡的直流电源供电插接件等元件。主板上大都有多个扩展插槽，供 PC 机外围设备的控制卡(适配器)插接。

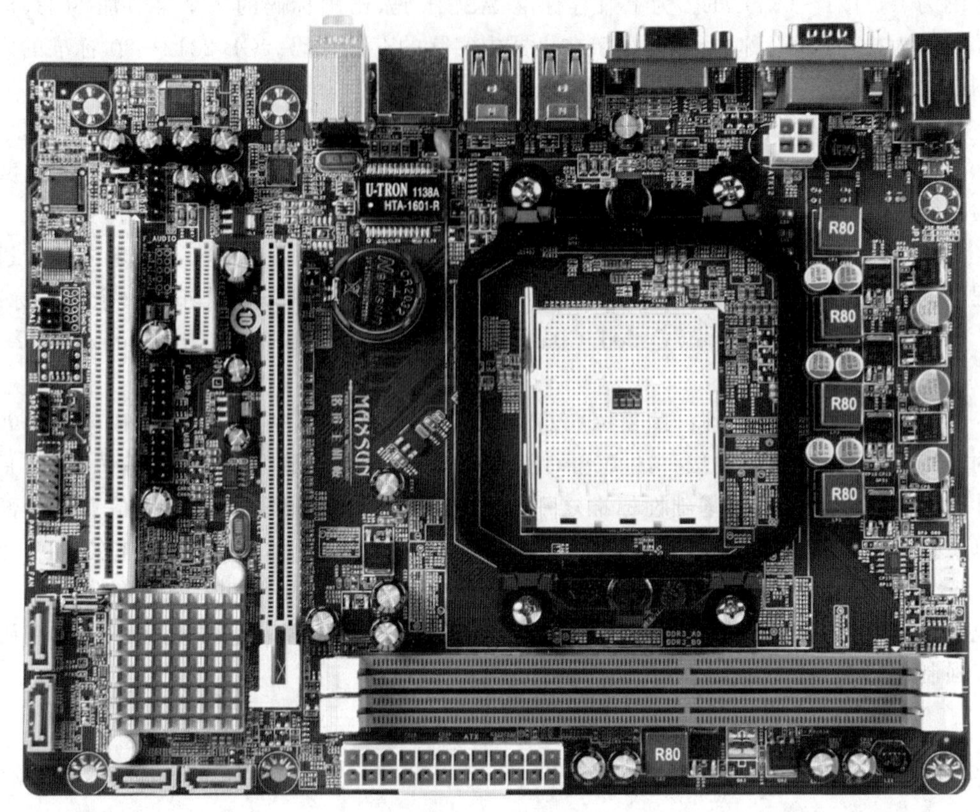

图 1-4　计算机主板

2. 中央处理器

中央处理器(central processing unit,CPU)是一块超大规模的集成电路,是一台计算机的运算核心和控制核心。它的功能主要是解释计算机指令以及处理计算机软件中的数据。

CPU 的技术指标主要有主频和字长。

主频是描述计算机运算速度最重要的指标。通常所说的计算机运算速度是指计算机每秒钟所能执行的指令条数,即中央处理器在单位时间内平均“运行”的次数,其速度单位为赫兹(Hz),通常以 GHz 为单位。

字长是作为一个整体被 CPU 处理的一组二进制数长度。一般来说,计算机在同一时间内处理的一组二进制数称为一个计算机的“字”,而这组二进制数的位数就是“字长”。在其他指标相同的情况下,字长越长,计算机处理数据的速度就越快。目前主流 CPU 的字长一般为 64 位。

3. 存储器

存储器是用来存储程序和数据的部件。对于计算机来说,有了存储器,才有记忆功能,才能保证正常工作。存储器的种类很多,按其用途可分为主存储器和辅助存储器。主存储器又称内存储器(简称内存),辅助存储器又称外存储器(简称外存)。外存通常是磁性介质或光盘,如硬盘、U 盘、CD 等,能长期保存信息,并且不依赖电来保存信息,但是速度与内存相比慢得多。内存指的是主板上的存储部件,是 CPU 直接与之沟通,并用其存储数据的部件，存放当前正在使用的(即执行中)的数据和程序。它的物理实质就是一组或多组具备数据输入输出和数据存储功能的集成电路。内存分为只读存储器(ROM)和随机存储器(RAM)，其中随机存储器只用于暂时存放程序和数据，一旦关闭电源或发生断电，其中的程序和数据就会丢失。只读存储器的存储信息是出厂时就烧制固化的，只能读取不能写入，断电后内容不丢失。

存储器的性能指标主要包括存储容量和存取速度。存储容量的单位为字节。

4. 显卡

显卡是个人计算机最基本的组成部分，其用途是将计算机系统所需要的显示信息进行转换，驱动显示器，向显示器提供逐行或隔行扫描信号，控制显示器的正确显示。它是连接显示器和个人计算机主板的重要组件，是“人机对话”的重要设备之一。

1.3.2 常用外设及其连接

外部设备简称“外设”，是计算机系统中输入、输出设备(包括外存储器)的统称。计算机常用的外部设备有键盘、鼠标、笔输入设备、扫描仪、数码相机、数字摄像机、显示器、打印机、光盘刻录机、外存储器、硬盘存储器、移动存储器。

1. 常用输入设备

(1)键盘。键盘是我们电脑最常见的输入设备，它广泛应用在电脑和各种终端设备上，通过按键来输入信息到我们的电脑。键盘有很多种，如台式机键盘、笔记本计算机键盘、无线键盘、蓝牙键盘等。键盘的接口有 PS/2 接口、USB 接口等。

(2)鼠标。鼠标也是一种常用电脑输入设备，它可以对电脑屏幕上的游标进行定位，并通过按键和滚轮装置对游标所经过位置的屏幕元素进行操作。鼠标也有很多的种类，如两键鼠标、三键鼠标、滚轮鼠标、无线鼠标等。

(3)麦克风。麦克风可以将声音信号转换为电信号，其原理是将声音的振动传到麦克风的振膜上，推动里边的磁铁形成电流，并将其送到后面的声音处理电路中进行放大处理。

2. 常用输出设备

(1)显示器。显示器是我们电脑最常见的输出设备。显示器是将计算机产生的字符、数字、图形和图像等各种数据通过特定的传输设备显示到屏幕上再反射到人眼的显示工具。根据显示的原理不同可以分为 CRT 显示器、LCD 显示器、LED 显示器等。

(2)打印机。打印机是我们办公室中最常见的输出设备，它用于将我们电脑中的数据以文字或图形的方式永久输出到纸张、透明胶片、纺织品等外部介质上。我们常用的打印机有针式打印机、喷墨打印机、激光打印机等。现在 3D 打印技术的兴起，改变了传统的打印应用方式，逐步应用到建筑、机械制造、医疗等领域。

(3)音响和耳机。当我们在观看电影或听音乐的时候，电脑处理和生成的音乐、电影的伴音等各种音频信号通过音箱或耳机转换为人耳能感受到的声信号。

1.4 使用 Windows 10 操作系统

任务目标

- 了解 Windows 10 操作系统的基本概念，理解操作系统在计算机系统运行中的作用；
- 了解 Windows 10 操作系统图形界面的对象，熟练掌握视窗对象的操作；
- 了解常用中英文输入方法，熟练进行文本和常用符号输入，掌握用语音识别工具输入文本；
- 了解操作系统自带的一些常用程序功能和使用方法，熟练掌握安装、卸载应用程序等。

知识储备

1.4.1 Windows 操作系统基础

1. Windows 操作系统简介

(1)操作系统的功能。操作系统是计算机最重要、最基本的系统软件，它直接控制和管理着计算机软、硬件资源，组织计算机工作。操作系统是用户使用计算机的平台，其主要功能有资源管理、程序控制和人机交互等。

(2)操作系统的分类。根据应用领域来划分，操作系统可分为桌面操作系统、服务器操作系统、嵌入式操作系统；根据所支持的用户数来划分，可分为单用户操作系统和多用户操作系统。

(3)Windows 10 操作系统。Windows 是由微软公司在 20 世纪 90 年代研制成功的图形用户界面操作系统，其界面包括桌面、图标、窗口、菜单等。它的出现使用户能轻松地使用计算机，只需通过鼠标便可实现各种复杂的操作。Windows 操作系统支持多任务与多处理，允许用户同时运行多个应用程序。例如，可以一边使用 Word 软件处理文稿，一边使用 QQ 音乐软件听音乐。对于每种 Windows 操作系统而言，它又有若干版本。例如，Windows 10 系列就有 Windows 10 家庭版、Windows 10 专业版等版本。

2. 启动 Windows 10

按下主机箱上的电源按钮，打开计算机的电源后，计算机将自动进行硬件检测，然后启动 Windows 10 操作系统。如果正常启动，系统将会进入登录界面，利用用户设立的账号进入操作系统中。

如果账号设置了登录密码保护，登录时系统会要求用户输入密码进行身份验证，只有在系统的用户管理中预先定义的用户才有效。当用户输入正确的账号和密码后，系统就会开始检测用户配置，进入“欢迎”界面，几秒钟后，用户就可以看到 Windows 10 界面了。

3. 关机

计算机的关机有别于其他的电器设备，不能直接断电，否则会导致数据丢失甚至硬件损坏。关机的正确步骤是：单击“开始”按钮打开“开始”菜单，然后单击“关机”按钮，Windows 10 就关闭所有正在运行的程序并保存系统设置，然后自动完成关机。

1.4.2 Windows 图形界面对象及操作

1. Windows 界面对象

Windows 10 桌面,如图 1-5 所示,通常包含有以下几个界面对象。

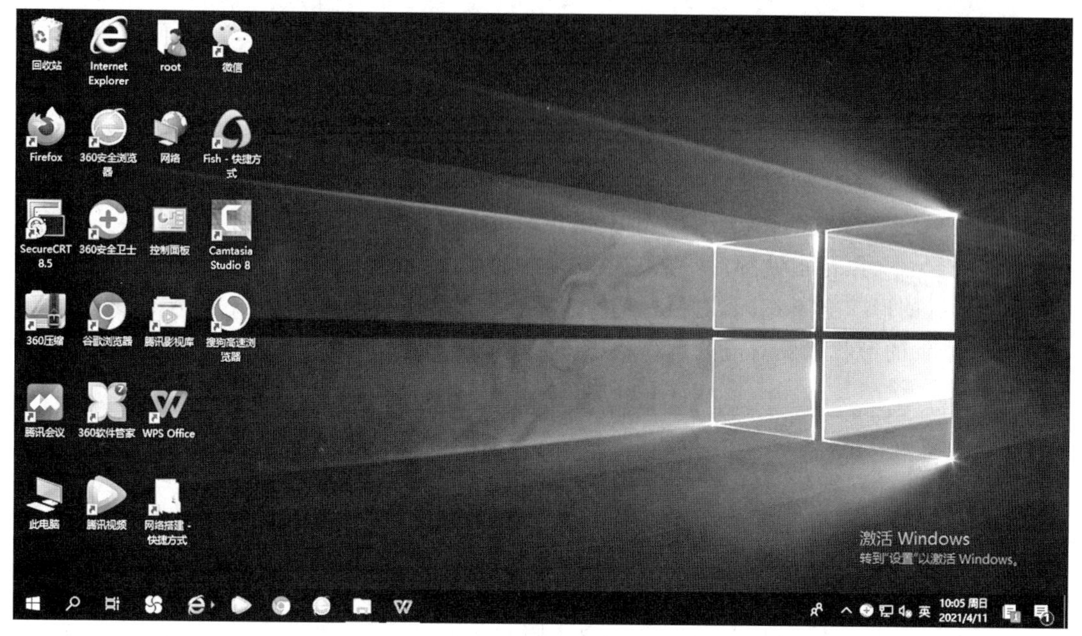

图 1-5　Windows 10 桌面

(1)桌面图标

桌面图标是代表程序、文件或文件夹等各种对象的小图像。Windows 10 用图标来区分不同类型的对象,图标的下面有相应的对象名称。桌面上的图标一般放置一些比较常用的程序或文件。

(2)任务栏

任务栏默认的位置在桌面的底端,如图 1-5 所示,它由下面几个部分组成。

①开始菜单按钮:单击后可以打开"开始"菜单。

②快速启动栏:快速启动栏中有常用的程序图标。单击某个图标,即可启动相应的程序,这比从"开始"菜单中启动程序要快捷得多。

③窗口任务栏按钮:当启动一个程序或者打开一个窗口后,系统都会在任务栏中增加一个窗口任务按钮。单击窗口任务按钮,即可切换该窗口的活动和非活动状态,或者控制窗口的最大化、最小化。

④通知区域:显示系统当前状态的一些小图标,通常有数字时钟、音量及网络连接等。

(3)Windows 10 桌面小工具

桌面小工具是 Windows 10 的一个组件,桌面小工具就是一些小程序,可以提供即时信息,也是调用常用工具的一种途径。例如,可以使用小工具显示图片幻灯片,查看不断更新的标题或查找联系人。

(4)语言栏

语言栏是一个浮动的工具条,它总在桌面的最顶层,显示当前使用的语言和输入法。

小技巧	按 Windows 徽标键+ D 可以最小化所有打开的窗口,快速转到桌面。

2. 鼠标的基本操作

登录 Windows 10 后,轻轻移动鼠标体,会发现屏幕上有一个箭头图标随鼠标体的移动而移动,该图标称为鼠标指针,用于指示要操作的对象或位置。鼠标的使用是为了使计算机的操作更加简便。Windows 10 的大部分操作都可通过鼠标操作来完成。

通常情况下,鼠标指针的形状是一个左指向的箭头,但在不同的位置和不同的系统状态下,鼠标指针的形状会不相同,对鼠标的操作要求也不同。表 1-2 中列出了 Windows 10 中常见鼠标指针的形状以及对应的系统状态。

表 1-2　常见的鼠标指针形状

指针形状	系统状态	指针形状	系统状态
	标准选择		垂直调整
	帮助选择		水平调整
	后台运行		正对角调整
	忙		负对角调整
	链接选择		移动
I	选定文本		手写
+	精确定位		不可用

(1)鼠标的移动

将鼠标置于键盘旁边干净、光滑的表面上,比如鼠标垫。轻轻握住鼠标,食指放在主要按键上,拇指放在侧面。若要移动鼠标,可在任意方向慢慢滑动它。在移动鼠标时,屏幕上的鼠标指针沿相同方向移动。如果移动鼠标前进时超出了鼠标垫的范围,可以抬起鼠标并将其放回到鼠标垫中间的位置。轻轻握住鼠标,手腕保持挺直。移动鼠标指向屏幕上的某个对象,从而使鼠标指针看起来已接触到该对象。在鼠标指针指向某对象时,经常会出现一个描述该对象的小框。

(2)鼠标单击

鼠标单击分为左键单击和右键单击两类,当移动鼠标指针到某个对象上,按下鼠标左键后松手,称为单击。单击一般用于选定某个对象,在 Windows 7 系统中,选中某对象后,图标会反白显示。

移动鼠标指针到某个对象,按下鼠标右键然后松开,称为右键单击。右键单击通常会弹出一个可选的快捷菜单,让用户选择需要的一些操作。

(3)鼠标双击

鼠标双击是指连续快速地按下鼠标左键两次。通常鼠标双击用来执行选定对象的程序,比如双击计算机图标就可以打开计算机资源管理器的窗口。

3. 窗口的操作

在 Windows 7 系统中打开一个文件、文件夹或者程序的时候,屏幕上就会出现一个矩形的区域,这个区域就称为窗口,如图 1-6 所示。

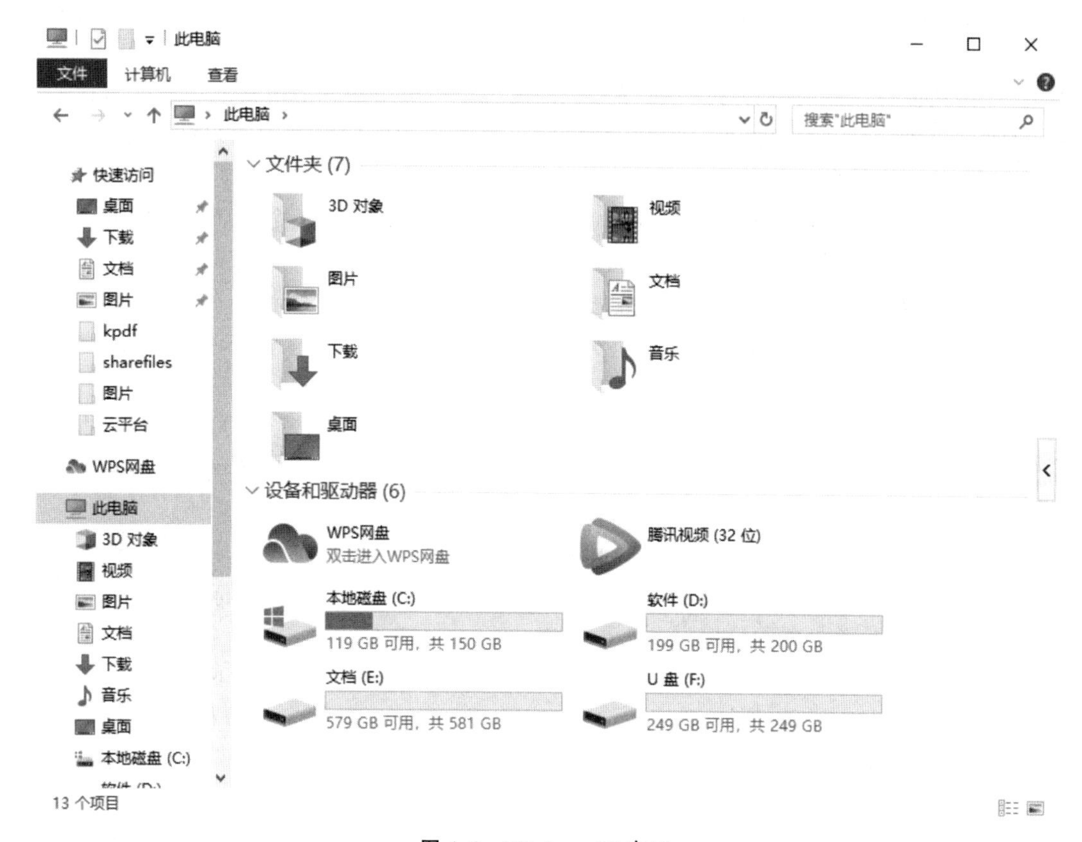

图 1-6　Windows 10 窗口

(1)窗口的组成。窗口通常包括标题栏、工具栏、地址栏、搜索框、导航窗格、内容显示窗格、详细信息面板以及“最小化”按钮、“最大化”按钮、“还原”按钮、“关闭”按钮等。

- 标题栏:用于显示窗口的名称(如软件的名称或打开文档的名称)。
- 菜单栏:包含程序中可单击进行选择的项目。
- 工具栏:对窗口或者对象进行操作的一些基本按钮。
- 地址栏:显示窗口或文件所在的位置,也就是常说的路径。
- 搜索框:用于搜索相关的程序或者文件。输入相关内容后,按下 Enter 键就可以搜索到相应结果。
- 导航窗格:显示当前文件夹中所包含可展开的文件夹列表。
- 内容显示窗格:用于显示信息或供用户输入资料的区域。
- 详细信息面板:用于显示程序或文件(夹)的详细信息。

(2)改变窗口的大小。改变窗口的方法主要包括最小化窗口、最大化窗口和手动任意调整窗口大小。

- 最小化窗口:单击窗口右上角的“最小化”按钮,就可以使窗口最小化。
- 最大化窗口:单击窗口右上角的“最大化”按钮,就可以使窗口最大化。此时,按钮变成“还原”按钮。
- 手动任意调整窗口的大小:用户可以根据自己的需要,任意调整窗口的高度和宽度。把鼠标指针放在该窗口的边界,鼠标指针变成双箭头形状,此时按住鼠标左键,往某一个方向拖动,然后松手,窗口的宽度就会发生变化。

(3)移动窗口。同时打开多个窗口时,经常发现用户想用的窗口被其他窗口或对话框挡住,这时可以进行移动窗口操作。要移动窗口,只需要移动鼠标指针到窗口的标题栏,按住鼠标左键,然后拖动鼠标即可。

(4)切换窗口。当用户打开多个窗口时,在任务栏上就会显示各个窗口所对应的以最小化形式显示的程序按钮,通过单击这些按钮就可以在各个窗口间进行切换。

利用快捷键的方式也可以实现窗口之间的相互切换。

按下 Alt+Tab 组合键,会弹出一个切换窗口。此时按住 Alt 键不放,按下 Tab 键依次移动,选择所需窗口即可。

(5)滚动条的操作。当文档、网页或图片超出窗口大小时,会出现滚动条,可用于查看当前窗口中处于视图之外的信息。滚动条有水平滚动条和垂直滚动条两种。操作滚动条的方法如下:

单击上下滚动条箭头可以小幅度地上下滚动窗口内容。鼠标左键按住滚动条箭头可实现连续滚动。单击滚动条上方或下方的空白区域可上下滚动一页。用鼠标上下左右拖动滚动框可在该方向上滚动窗口。

通常鼠标带有滚轮,可以用来滚动浏览文档和网页,若要窗口内容向下滚动,应向后(朝向自己)滚动鼠标滚轮;若要窗口内容向上滚动,应向前(远离自己)滚动鼠标滚轮。

4. 对话框的操作

对话框是特殊类型的窗口。当程序或 Windows 需要用户进行响应以继续时,经常会看到对话框。与常规窗口不同,多数对话框无法最大化、最小化或调整大小,但可以被移动。

对话框是用户和系统交流的桥梁。运行程序以及执行某种操作时,系统经常会通过对话框向用户询问是否执行该操作,当用户确认后系统才会执行,如图 1-7 所示。

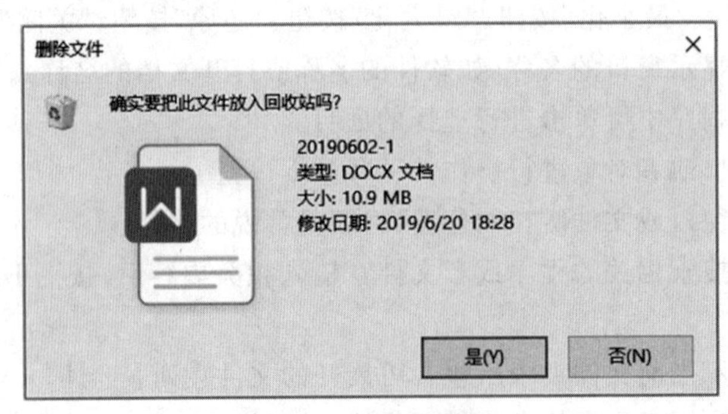

图 1-7　确认对话框

其实对话框就是一个没有菜单的简单窗口，如图 1-8 所示，所以很多窗口的操作对于对话框也是适用的。下面介绍对话框中常用的构件。

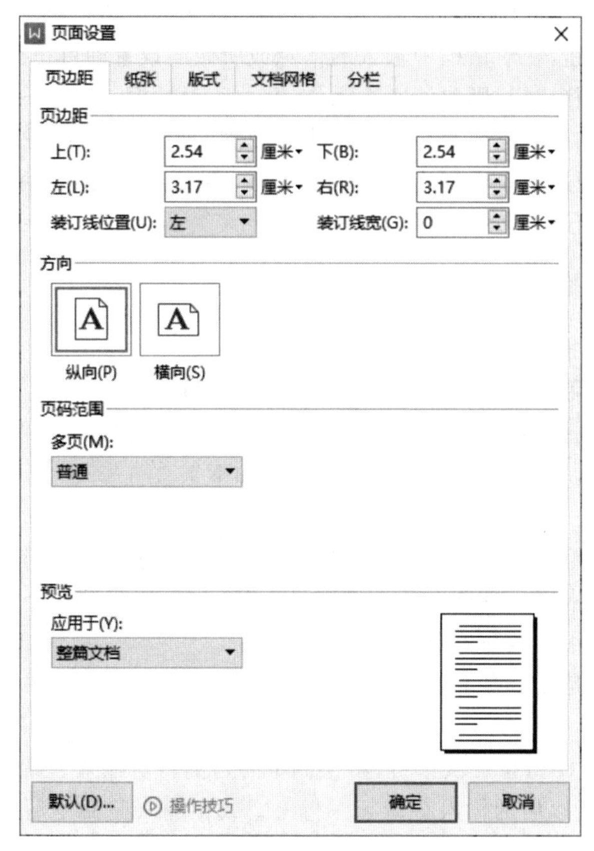

图 1-8 “页面设置”对话框

(1)标题栏。显示当前对话框的名称。

(2)选项卡。内容很多的对话框通常按类别分为几个选项卡，每个选项卡包含需要用户输入或选择的信息。每个选项卡都有一个名称，标注在选项卡的标签上，如图 1-8 中所示的“页边距”选项卡、“纸张”选项卡等，单击任意一个选项卡标签，即可打开相应的选项卡。

(3)下拉列表。下拉列表是一个下凹的矩形框，右侧有一箭头按钮。下拉列表中显示的内容有时为空，有时为默认的选择项。点击箭头按钮，将会弹出一个列表，用户可从弹出的列表中选择所需的选项，显示的内容更改为用户选择的项。

(4)文本框。文本框是一个下凹的矩形框，右侧有一个微调按钮。文本框中的数值是当前值。单击“微调递增”按钮(微调按钮的上半部分)，数值将按固定的步长递增；单击“微调递减”按钮(微调按钮的下半部分)，数值即可按固定的步长递减。也可以在文本框中直接输入数值。

(5)复选项。复选项是一个下凹的小正方形框，单击复选项，即可选择或取消选择该项。每组的选项可以多个被选中。

(6)单选项。单选项是一个下凹的小圆圈，通常会分组，每组不少于两个，每组的单选项只能有一个被选中。

(7)命令按钮。命令按钮是一个凸出的矩形块，上面标有按钮的名称。单击某一个命令按钮，即可执行相应的命令。如果命令按钮名称后面含有“...”，则表明单击该按钮后，将会弹出另一个对话框。

对话框中通常都有“确定”和“取消”两个按钮。这两个按钮在所有对话框中的功能是相同的。单击“确定”按钮，在对话框中输入的信息或所做的设置即可得到确认并生效，同时关闭对话框。单击“取消”按钮，则取消本次操作，并关闭对话框。

(8)帮助按钮。如果对当前对话框的操作不熟悉，可以单击帮助按钮，就会弹出当前对话框的帮助窗口，在帮助窗口中有当前对话框各项设置的详细介绍，用户可以根据帮助中的介绍，结合自己的需求进行各种设置和操作。

1.4.3 中英文输入法

1. 键盘及其基本操作

键盘是计算机使用者向计算机输入数据或命令的最基本的设备。常用的键盘上有 101 个键或 103 个键，分别排列在四个主要部分：打字键区、功能键区、编辑键区、小键盘区。

现将键盘的分区以及一些常用键的操作说明如下：

(1)打字键区

它是键盘的主要组成部分，它的键位排列与标准英文打字机的键位排列一样。该键区包括数字键、字母键、常用运算符以及标点符号键，除此之外还有几个必要的控制键。下面对几个特殊的键及其用法做简单介绍。

空格键。空格键是在键盘上最长的条形键。每按一次该键，将在当前光标的位置空出一个字符的位置。

回车键(Enter)。①每按一次该键，将换到下一行的行首输入。就是说，按下该键后，表示输入的当前行结束，以后的输入将另起一行。②或在输入完命令后，按下该键，表示确认命令并执行。

大写字母锁定键(CapsLock)。在打字键区左边。该键是一个开关键，用来转换字母大小写状态。每按一次该键，键盘右上角标有 CapsLock 的指示灯会由不亮变成发亮，或由发亮变成不亮。①如果 CapsLock 指示灯发亮，则键盘处于大写字母锁定状态，这时直接按下字母键，输入为大写字母；如果按住 Shift 键的同时，再按字母键，输入的反而是小写字母。②如果 CapsLock 指示灯不亮，则大写字母锁定状态被取消。

换档键(Shift)。换档键在打字键区共有两个，它们分别在主键盘区(从上往下数，下同)第四排左右两边对称的位置上。①对于符号键(键面上标有两个符号的键，这些键也称为上下档键或双字符键)来说，直接按下这些键时，所输入的是该键键面下半部所标的那个符号(称为下档键)；如果按住 Shift 键同时再按下双字符键，则输入为键面上半部所标的那个符号(称为上档键)。②对于字母键而言，当键盘右上角标 CapsLock 的指示灯不亮时，按住 Shift 键的同时再按字母键，输入的是大写字母。例如，CapsLock 指示灯不亮时，按 Shift＋S 键会输入大写字母 S。

退格删除键(BackSpace)。在打字键区的右上角。每按一次该键，将删除当前光标位置的前一个字符。

控制键(Ctrl)。在打字键区第五行，左右两边各一个。该键必须和其他键配合才能实现各种功能，这些功能是在操作系统或其他应用软件中进行设定的。

转换键(Alt)。在打字键区第五行,左右两边各一个,该键要与其他键配合起来才有用。

制表键(Tab)。在打字键区第二行左首,该键用来将光标向右跳动8个字符间隔(除非另作改变)。

(2)功能键区

取消键或退出键(Esc)。在操作系统和应用程序中,该键经常用来退出某一操作或正在执行的命令。

功能键(F1~F12)。在计算机系统中,这些键的功能由操作系统或应用程序所定义。如按F1键常常能得到帮助信息。

(3)编辑键区

插入字符开关键(Insert或Ins)。按一次该键,进入字符插入状态;再按一次,则取消字符插入状态。

字符删除键(Delete或Del)。按一次该键,可以把当前光标所在位置的字符删掉。

行首键(Home)。按一次该键,光标会移至当前行的开头位置。

行尾键(End)。按一次该键,光标会移至当前行的末尾。

向上翻页键(PageUp或PgUp)。用于浏览当前屏幕显示的上一页内容。

向下翻页键(PageDown或PgDn)。用于浏览当前屏幕显示的下一页内容。

光标移动键(←↑→↓)。使光标分别向左、向上、向右、向下移动一格。

(4)小键盘区(也称辅助键盘)

它主要是为大量的数据输入提供方便。该区位于键盘的最右侧。在小键盘区上,大多数键是上下档键,它们一般具有双重功能:一是代表数字键,二是代表编辑键。

小键盘的转换开关键是NumLock键(数字锁定键)。该键是一个开关键。每按一次该键,键盘右上角标有NumLock的指示灯会由不亮变为发亮,或由发亮变为不亮。这时如果NumLock指示灯亮,则小键盘的上下档键作为数字符号键来使用,否则具有编辑键或光标移动键的功能。

2. 键盘指法

键盘指法是指如何运用十个手指击键的方法,即规定每个手指分工负责击打哪些键位,以充分调动十个手指的作用,并实现不看键盘地输入(盲打),从而提高击键的速度。

(1)键位及手指分工。键盘的“ASDF”和“JKL;”这8个键位定为基本键。输入时,左右手的8个手指头(大拇指除外)从左至右自然平放在这8个键位上。(说明:大多数键盘的F、J键键面有一点不同于其余各键,触摸时,这两个键键面均有一道明显的微凸的横杠,这对盲打找键位很有用。)键盘的打字键区分成两个部分,左手击打左部,右手击打右部,且每个字键都由固定的手指负责,左手大拇指或右手大拇指同时负责击打空格键。这样,十指分工,包键到指,各司其职,实践证明能有效提高击键的准确度和速度。

(2)训练方法。打字是一种技术,只有通过大量的打字训练实践才可能熟记各键的位置,从而实现盲打(不看键盘输入)。坚持训练盲打,在训练过程中,应先讲求准确地击键,不要贪图速度。一开始,键位记不准,可稍看键盘,但不可总是偷看键盘。经过一定时间训练,能达到不看键盘也能准确击键。

3. 中文输入法

汉字输入法,就是利用键盘,根据一定的编码规则来输入汉字的方法。Windows 10操作系统提供了多种输入法，如微软拼音、简体中文双拼和简体中文全拼等输入法，可以根据需要使用自己熟悉的中文输入法。

语言栏位于任务栏右端，通过它可以快速更改输入语言或键盘布局。可以将语言栏移动到屏幕的任何位置，也可以将其最小化到任务栏或隐藏它。安装后默认的输入状态是英文，如要输入汉字，需要打开汉字输入法，可以通过语言栏进行切换。用鼠标单击语言栏上的图标按钮，在弹出菜单中选择想要的中文输入法即可。也可以通过快捷键快速打开汉字输入法，同时按下 Ctrl 和空格键可以打开或者关闭汉字输入法，实现中英文输入法之间的切换。如果安装了几种汉字输入法，可以在按下 Ctrl 键的同时不断按 Shift 键，可以在英文状态和各种汉字输入法之间循环切换。如果在屏幕上看不到语言栏，可能是被最小化到任务栏上了，可以在任务栏的右端找到它。单击语言栏上的还原小图标，或单击语言栏的图标按钮并选择“显示语言栏”选项，就可以在屏幕上看到语言栏了。

4. 搜狗拼音输入法

搜狗拼音输入法是搜狗(www.sogou.com)推出的一款基于搜索引擎技术、特别适合网民使用的新一代输入法产品。

(1)搜狗拼音输入法界面。状态条有标准和 mini 两种，可以通过“设置属性”→“显示设置”修改。

状态条上 的图标分别代表输入状态、全角/半角符号、中文/英文标点、软键盘、设置菜单。

(2)输入窗口。搜狗输入法的输入窗口很简洁，上面的一排是所输入的拼音，下一排就是候选字，如图 1-9 所示，输入所需的候选字对应的数字，即可输入该词。第一个词默认是红色的，直接敲下空格即可输入第一个词。

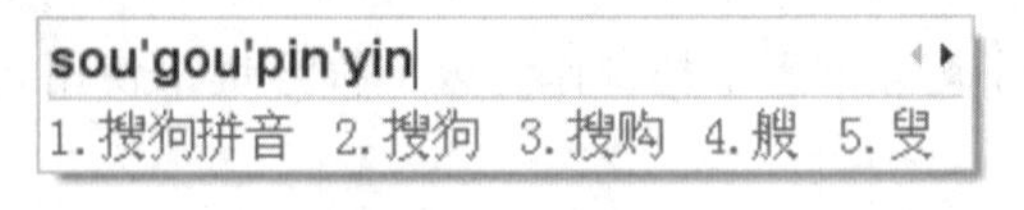

图 1-9 输入窗口

(3)翻页选字。搜狗拼音输入法默认的翻页键是“逗号(,)”“句号(。)”，即输入拼音后，按句号(。)向下翻页选字(相当于按 PageDown 键)，找到所选的字后，按其相对应的数字键即可输入。推荐用这两个键翻页，因为用“逗号”“句号”时手不用移开键盘主操作区，效率最高，也不容易出错。输入法默认的翻页键还有“减号(－)”“等号(＝)”“左右方括号([])”，可以通过“设置属性”→“按键”→“翻页键”来进行设定。

(4)输入法规则。全拼输入是拼音输入法中最基本的输入方式。只要切换到搜狗输入法，在输入窗口输入拼音即可输入，然后选择所要的字或词即可。可以用默认的翻页键“逗号(,)”“句号(。)”来翻页。简拼是输入声母或声母的首字母来进行输入的一种方式，有效地利用简拼，可以大大提高输入的效率。搜狗输入法现在支持声母简拼和声母的首字母简拼。例如，想要输入“张靓颖”，只要输入“zhly”或者“zly”都可以。同时，搜狗输入法支持简拼全拼的混合输入，例如，输入“srf”“sruf”“shrfa”都可以得到“输入法”。

(5)语音输入。点击搜狗输入法工具栏上的语音输入按钮，如图 1-10 所示，会出现语音输入窗口，如图 1-11 所示，我们就可以通过与计算机连接的话筒实现语音输入。

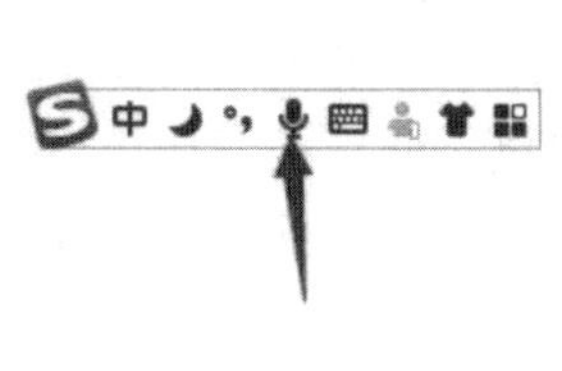

图 1-10　搜狗输入法工具栏

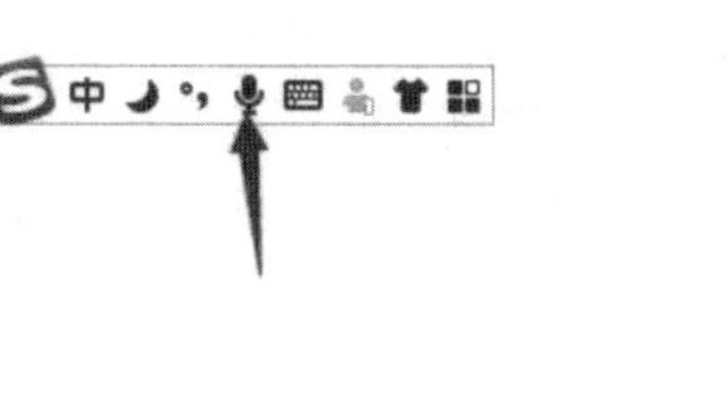

图 1-11　语音输入窗口

1.4.4 Windows 自带的常用程序

1. 记事本

记事本是一个基本的文本编辑程序，使用起来方便、快捷，常用于查看和编辑文本文件。单击“开始”按钮，在“开始”菜单中选择“Windows 附件”→“记事本”，打开记事本程序。默认开启一个空白的文档，可以直接输入文字，进行内容的编辑。编辑完成后，在“文件”菜单使用“保存”或“另存为”菜单项，可对文档进行保存操作。在“文件”菜单选择“打开”菜单项，在弹出的对话框中选择要打开的文件，单击“打开”按钮，可以对已有的文档进行编辑。

2. 画图

画图是一个 Windows 自带的绘图程序，与专业的绘图软件相比，它功能比较简单，操作比较方便，可以用于绘图或编辑数字图片，也可以使用画图程序以不同的文件格式保存图片文件。单击“开始”按钮，在“开始”菜单中选择“Windows 附件”→“画图”，打开画图程序，如图 1-12 所示。

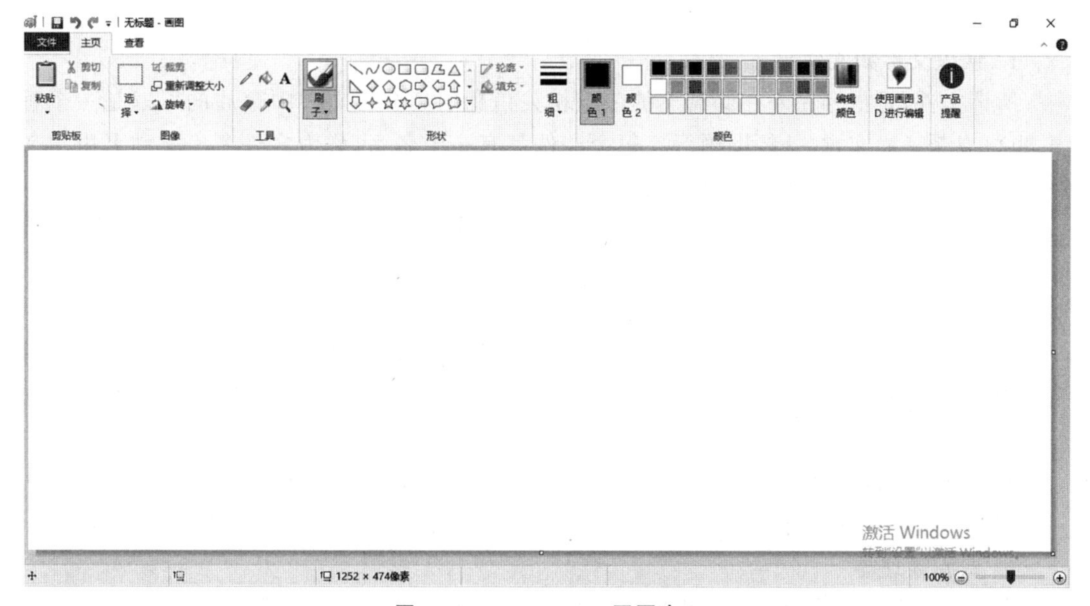

图 1-12　Windows 10 画图窗口

3. 截图工具

单击“开始”按钮，在“开始”菜单中选择“Windows 附件”→“截图工具”，打开截图工具程序，如图 1-13 所示。在“模式”下拉菜单中可以设定截图的模式为任意格式截图、矩形截图、窗口截图、全屏幕截图。点击“新建”按钮后使用鼠标圈定截图区域，所截取的屏幕图像自动显示到截图工具的文档区域，执行保存操作可以将图像文档保存到指定文件。

图 1-13　Windows 10 截图工具

1.5 管理信息资源

- 理解文件和文件夹的概念和作用，熟练掌握对文件与文件夹的管理操作；
- 熟练掌握使用 WinRAR 压缩软件对信息资源进行压缩、加密和备份。

1.5.1 Windows 文件管理

1. 认识文件和文件夹

所谓文件，是指存在外在储器上的一组相关信息的集合。文件中存放的可以是一个程序，也可以是一篇文章、一幅图画等。每个文件都有一个名字，称为文件名。文件名由主文件名和扩展名两部分组成，中间用“.”分隔。

主文件名：最多可以由 255 个英文字符(不区分英文字母大小写)或 127 个汉字组成，可以混合使用字符、汉字、数字甚至空格。但是，文件名中不能含有“\ / ： <> * “ |”这些字符。

扩展名：扩展名通常决定了可以使用什么程序来打开该文件。常说的文件格式指的就是文件的扩展名。例如，Word 文档文件的扩展名为 .doc。图像文件大部分的扩展名为.jpg。

文件夹是存放文件的位置。为了方便管理文件，用户可以创建不同的文件夹，以便将文件分门别类地存放在文件夹内。在文件夹中除了包含文件之外，还可以包含其他文件夹。

2. 资源管理器

资源管理器是一个重要的文件管理工具，双击任何一个文件夹的图标，系统都会打开资源管理器，并显示该文件夹的内容。桌面上的电脑图标是管理计算机资源的另一途径，实质上和资源管理器是统一的。下面详细介绍资源管理器的各个组成部分。

(1)标题栏。标题栏右侧有“最大化”(“还原”)、“最小化”和“关闭”3个按钮。

(2)地址栏。地址栏位于资源管理器顶部,显示当前文件或文件夹所在的位置。通过单击地址栏中的不同对象,可以直接导航到指定的位置。

(3)搜索框。搜索框位于资源管理器的右上部,输入字符可进行即时搜索。

(4)导航窗格。导航窗格位于资源管理器窗口左侧,从上至下依次是快速访问、计算机及网络,方便让用户更好地组织、管理资源,提高用户的操作效率。

(5)内容显示窗格。这是整个资源管理器最重要的组成部分,显示当前文件夹中的内容。如果通过在搜索框中键入内容来查找文件,则仅显示与搜索相匹配的文件。

(6)预览窗格。预览窗格位于资源管理器窗口最右侧,用来显示当前选中文件和文件夹的内容。对于常用的文本文件、图片文件可以直接在这里显示文件内容。

(7)详细信息面板。详细信息面板位于资源管理器窗口下方,这里可以显示当前被选中文件或文件夹的创建日期、类型和标题等信息,也可以编辑文件的部分属性信息。

以上区域不是在第一次打开资源管理器时就出现的,有些需要通过自己设定才可以显示,也可以根据实际需要选择显示或隐藏。

小技巧

按Windows徽标键+E,快速打开文件资源管理器,然后在文件资源管理器中打开需要的文件夹。

要改变资源管理器中文件的视图显示方式,可以点击资源管理器的“查看”菜单,选择不同的显示方式。还可以通过设置不同的选项实现不同的显示,如是否显示隐藏文件、是否显示文件扩展名等。

3. 文件及文件夹操作

文件和文件夹的操作包括浏览、选择、新建、删除、复制、移动以及重命名等,为了方便管理,还可以对它们的属性加以设置。

(1)文件及文件夹的创建和命名

Windows提供了多种新建文件和文件夹的操作方法,对于新建文件,最常见方式是使用程序创建,而对于新建文件夹,最常用的方法是在资源管理器中创建。

新建文件。有些程序打开时就会创建新文件,例如,打开记事本时,它使用空白页启动,表示空文件,尚未保存过。准备保存文件时,选择“文件”菜单中的“另存为”菜单项,在所打开的“另存为”对话框中,输入文件名,选择存储的位置,然后单击“保存”按钮完成保存。也可以在资源管理器中新建常见类型的文件,在这种情况下,不需要打开应用程序,在资源管理器文件列表区域空白处单击鼠标右键,在弹出菜单中打开“新建”菜单的级联菜单,选择想要创建的文件类型即可产生一个新文件,此时可以把系统默认添加的文件名修改为更加合适的文件名,也可以打开文件进行编辑。

由于计算机中不允许在同一个位置出现两个同名的文件夹或两个同名的文件(主文件名和扩展名都相同),所以系统会自动用不同的名字进行区分,如在某个位置第一次新建文本文档,默认的文件名是“新建文本文档(1)”,如果不改名接着新建第二个文本文档,则名字为“新建文本文档(2)”。

新建文件夹。可以新建文件夹来分门别类地整理文件。在资源管理器的导航窗格中，选择要创建的文件夹，单击工具栏上按钮即可新建文件夹。或者在资源管理器文件列表区域的空白处，单击鼠标右键，在弹出菜单中选择"新建"菜单的级联菜单，选择"文件夹"选项也可新建文件夹。

(2)移动、复制文件或文件夹

在使用计算机的过程中，经常需要将文件或文件夹复制到其他位置，或者更改文件或文件夹在计算机中的存储位置。例如，要将文件移动到其他文件夹，或者将其复制到可移动存储器，如U盘或移动硬盘等。复制或移动文件及文件夹要用到剪贴板，剪贴板是一个临时存储区域，用来临时存储从一个地方复制或移动并打算应用到其他地方的内容，这些信息可以是文本、图片、文件或文件夹。

移动文件和文件夹是指将文件或文件夹从一个位置移动到另外一个位置，就像是日常生活中将一件东西从一个地方拿到另外一个地方一样，在原先的位置就没有了。

复制文件是指制作一个该文件的副本到新位置，而复制文件夹是指制作该文件夹本身及其所包含的所有文件和文件夹的副本到新位置。

可以通过下拉菜单、鼠标右键菜单、快捷键等多种方式完成移动或复制操作。首先选中要复制或移动的文件或文件夹，在该文件或文件夹上单击鼠标右键，在弹出的菜单中选择"复制"或"剪切"选项，接着打开需要放置文件的位置，在窗口的空白处单击鼠标右键，在弹出的菜单中选择"粘贴"选项，此时所复制或移动的文件就会出现在相应的位置上。使用编辑菜单中的"复制"或"移动"选项和"粘贴"选项，基本过程和使用鼠标右键菜单一致。而前面所说的复制选项的功能，可以用Ctrl＋C快捷键代替；移动选项的功能，可以用Ctrl＋X快捷键代替；粘贴选项的功能，可以用Ctrl＋V快捷键代替，这样操作起来会更加便捷。

(3)删除文件或文件夹

在使用计算机的时候，当不再需要某些文件或者文件夹时，为了节省磁盘空间，也为了更加便于管理文件系统，可将这些文件或文件夹删除。要删除某个文件，需要打开包含该文件的文件夹，选中该文件，按Delete键，出现"删除文件"对话框，单击"确定"按钮确认即可删除该文件。也可以选中要删除的文件，用右键菜单中的"删除"选项完成删除操作。删除文件夹的操作与删除文件基本相同。

删除的文件或文件夹，会被临时存放在"回收站"中，这是逻辑删除。"回收站"实际上是硬盘上一个用于临时存放用户删除文件的空间，一般在删除文件的时候并没有真正从计算机上删除，而只是做了一个标记，表示该文件为已删除，这样在原来的位置看不到了，在回收站可以看到。如果右键单击"回收站"图标，在弹出菜单中选择"清空回收站"选项，则"回收站"中所有的内容都将被彻底删除。若选择"回收站"中的文件或文件夹，单击工具栏上的"还原"按钮，或者用鼠标右键菜单中的"还原"选项，可以找回被删除的文件或文件夹。如果不通过回收站而直接删除文件或文件夹，则选定要删除的文件或文件夹，按组合快捷键Shift＋Delete即可，这是物理删除。

(4)创建快捷方式

快捷方式也是一个文件，只不过存储的是系统对象(文件、文件夹或磁盘驱动器)的一个链接。创建快捷方式有两种常用方法：通过拖动对象创建或通过菜单命令创建。

拖动对象创建快捷方式。打开要创建快捷方式的项目所在的位置，右键单击该项目，然后单击“创建快捷方式”。

通过菜单命令创建快捷方式。在“计算机”或“资源管理器”内容窗格的空白处单击鼠标右键，从弹出的快捷菜单中选择“新建”子菜单，从中选择“快捷方式”命令，弹出创建快捷方式向导，在“请键入对象的位置”文本框中，输入要链接对象的位置和文件或文件夹名，或者单击“浏览”按钮，在弹出的对话框中选择需要的对象保存位置。

(5)文件及文件夹的属性设置

每一个文件或文件夹都有自己的属性，属性未包含在文件的实际内容中，而是提供了有关文件的信息，可用来帮助查找和整理文件。在浏览文件时，属性也称为“标识”。除了标记属性之外，文件还包括修改日期、作者和分级等许多其他属性。

鼠标右键单击文件，在弹出的快捷菜单中选择“属性”选项，打开“属性”对话框，选择“常规”或其他选项卡，点击要更改的属性框进行修改。不过，有些类型文件的属性是无法添加或修改的。

1.5.2 WinRAR 压缩软件的使用

压缩是指将一个或多个文件或文件夹转换成压缩格式的单个文件，以减小文件大小，从而方便存储或在网络上传输。解压缩是指将具有压缩格式的文件还原为正常的文件。WinRAR 是目前最流行的压缩软件，具有压缩率高、支持的压缩文件格式多等特点。

1. 压缩文件

选中要压缩的文件或文件夹(可同时选中多个)，右击所选文件或文件夹，在弹出的快捷菜单中选择“添加到×××.rar”选项，稍微等待一会儿，WinRAR 会按默认设置，将所选文件或文件夹压缩成一个压缩格式的文件，原文件依然存在。

若在右击文件或文件夹后弹出的快捷菜单中选择“添加到压缩文件...”选项，将打开“压缩文件名和参数”对话框，在对话框“常规”选项卡的“压缩文件名”设置区中可设置压缩文件的名称和保存路径，在“压缩方式”下拉列表框中可选择压缩比；还可在“高级”选项卡中为压缩文件设置密码，设置好后，单击“确定”按钮，即可按要求压缩文件。

2. 解压缩文件

要将压缩文件快速解压，可以在压缩文件上点右键后，会有快捷菜单出现，选择“解压到当前文件夹”或“解压到×××”选项，WinRAR 会自动将文件解压到当前文件夹或指定的子文件夹中。也可以选择“解压文件...”选项，在弹出的对话框中选择解压路径文件夹，将文件解压到指定位置。

还有一种解压方法是：双击压缩文件，系统会自动打开 WinRAR 程序，进入主界面，然后点下“解压缩”按钮进行解压缩。其实，在 WinRAR 中只要打开一个压缩包文件，它里面所包含的文件就会显示在 WinRAR 的窗口中，这时候只要像“资源管理器”一样选中，并将它们拖到一文件夹下即可实现对这些文件的快速解压缩。它还可以帮助我们把带有文件夹信息压缩的文件快速解压缩到特定文件夹下。

1.6 系统管理与维护

- 了解维护系统及系统使用过程中遇到的问题；
- 了解用户管理及权限设置。

知识储备

Windows 10 的设置都在 Windows 设置窗口中完成。点击“开始”按钮，展开“开始”菜单，选择“设置”，即可打开 Windows 设置窗口，如图 1-14 所示。选择账户图标可以进行多用户的设置。

图 1-14　Windows 10 设置窗口

> **小技巧**
>
> 按 Windows 徽标键 + I，快速打开“设置”窗口，然后选择或搜索要进行操作的设置。搜索框中键入关键字可以查找需要的设置。

练习题

1. 键盘上“数字锁定键”是(　　)。

A)Backspace　　B)Shift　　C)CapsLock　　D)NumLock

2. 为了将二进制数与其他进制的数字进行区分,可以在二进制数的后面加字母来表示进制。用来表示二进制数的字母是(　　)。

A)H　　B)O　　C)D　　D)B

3. 在计算机中,2 KB的存储空间理论上可以存储的汉字最多有(　　)。

A)1000个　　B)1024个　　C)2048个　　D)512个

4. 不同的计算机在相互通信时需要遵守相同的字符编码标准。现在国际上通用的计算机信息交换标准代码是(　　)。

A)国标码　　B)ASCII码　　C)机外码　　D)机内码

5. 8个字节含二进制位(　　)。

A)32位　　B)16位　　C)64位　　D)8位

6. 在计算机内部,数据加工、处理和传送的形式是(　　)。

A)二进制码　　B)八进制码　　C)十六进制码　　D)ASCII码

7. ASCII码使用指定的7位或8位二进制数组合来表示多种字符,其中7位编码的ASCII码可表示的字符个数为(　　)。

A)127　　B)128　　C)255　　D)256

8. 在计算机中一个汉字的标准编码(国标码)占用的存储空间是(　　)。

A)1 B　　B)2 B　　C)2 bit　　D) 4B

9. 下列行为中,不能提高信息安全性的是(　　)。

A)安装防火墙和杀毒软件　　B)定期格式化硬盘并重装操作系统

C)定期更换重要的密码　　D)不要随意打开陌生人发来的邮件或链接

10. 我们平时用的智能手机的触摸屏属于(　　)。

A)存储设备　　B)输入设备

C)输出设备　　D)既是输入设备也是输出设备

11. 在计算机中,GB是用来表示(　　)。

A)传输速度的单位　　B)运算速度的单位

C)时钟频率的单位　　D)存储容量的单位

12. 下列设备中,不属于多媒体输出的设备是(　　)。

A)音响　　B)摄像头　　C)投影仪　　D)彩色打印机

13. 下列设备中属于多媒体输入设备的是(　　)。

A)显示器　　B)打印机　　C)鼠标　　D)麦克风

14. 用来衡量CPU时钟频率的指标是(　　)。

A)GHz　　B)GB　　C)bit　　D)MIPS

15. 在计算机中,表示数据的最小单位是(　　)。

A)byte　　B)KB　　C)bit　　D)MB

16. 下列依次为二进制数、八进制数和十六进制数的一组数是(　　)。

A)10,78,16　　B)20,80,15　　C)10,77,3A　　D)20,77,1E

17. 小明从网上下载了一部电影,该电影的大小约 2 GB,这等于(　　)。

A)2×1024 MB　　B)2×1024×1024 MB

C)2×1024 B　　D)2×1024×8 B

18. 以下设备不能用于存储信息的是(　　)。

A)U 盘　　B)硬盘　　C)移动磁盘　　D)显示卡

19. 以下(　　)字符 Windows 10 系统不允许在文件名中使用。

A).　　B) *　　C)@　　D)—

20. 下列文件中,属于视频文件的是(　　)。

A)video.mp4　　B)video.jpg　　C)video.wav　　D)video.mp3

21. 显示器的清晰度主要决定于(　　)。

A)显示器的尺寸　　B)显示器的类型　　C)显存的大小　　D)显示器的分辨率

22. 计算机断电后,数据会丢失的存储器是(　　)。

A)硬盘　　B)RAM　　C)U 盘　　D)ROM

23. 下列各种进位计数制中,最小的数是(　　)。

A)$(1100101)_2$　　B)$(146)_8$　　C)$(100)_{10}$　　D)$(6A)_{16}$

24. 在计算机系统中,指挥和协调计算机工作的主要设备是(　　)。

A)存储器　　B)控制器　　C)运算器　　D)寄存器

25. 在标准 ASCII 编码表中,数字码、小写英文字母、大写英文字母的前后次序(从小到大)是(　　)。

A)数字、小写英文字母、大写英文字母　　B)小写英文字母、大写英文字母、数字

C)大写英文字母、小写英文字母、数字　　D)数字、大写英文字母、小写英文字母

26. 下列删除文件的操作,文件删除后无法恢复的是(　　)。

A)用 Delete 键删除　　B)用 Shift+Delete 键删除

C)用 Ctrl+D 键删除　　D)用“文件”菜单中的“删除”命令

27. 在计算机领域中,媒体分为五类,其中字符的 ASCII 码属于(　　)。

A)表示媒体　　B)感觉媒体　　C)传输媒体　　D)表现媒体

28. 以下行为属于违法行为的是(　　)。

A)将购买的软件按操作说明进行安装　　B)下载免费软件并安装

C)将自己设计的软件与他人分享　　D)破解正版软件的序列号

29. 在 Windows 默认环境中,下列四组键中,系统默认的中英文输入切换键是(　　)。

A)Ctrl+Alt　　B)Ctrl+空格　　C)Ctrl+Shift　　D)Shift+空格

30. 现在我们常常听人家说到(或在报纸电视上也看到)IT 行业各种各样的消息,这里所提到的“IT”指的是(　　)。

A)信息　　B)信息技术　　C)通信技术　　D)感测技术

第 2 章

网络应用

计算机网络技术可追溯到20世纪50年代，随着互联网的出现，最近二十多年来得到了飞速发展，是计算机技术、通信技术和自动化技术相互渗透而形成的一门新兴学科。如今，计算机通信网络和因特网已经深入我们工作和生活的各个方面，如电子银行、电子商务、电子政务、企业管理、信息服务、电子社区以及远程教育、远程医疗等。近年来出现的大数据、云计算等新技术更是建立在互联网的基础上，所以可以毫不夸张地说，当今的知识经济、信息时代均源于网络。

学习目标

- 认知网络，了解网络的基础概念、功能、应用及体系结构；
- 了解网络配置；
- 掌握网络资源获取的方法；
- 掌握多种网络交流软件的使用，了解网络信息的发布方法；
- 了解一些网络工具在学习生活中的应用；
- 了解物联网技术的发展。

2.1 计算机网络概述

任务目标

- 了解网络的基础概念、功能及应用；
- 了解网络的产生、分类与发展；
- 了解网络体系结构；
- 了解局域网络的拓扑结构。

2.1.1 计算机网络基础知识

1. 计算机网络的概念

计算机网络，是指将地理位置不同的具有独立功能的多台计算机及其外部设备，通过通信设备和通信线路连接起来，在网络操作系统和网络管理软件及网络通信协议的管理和协调下，实现资源共享和信息传递的计算机系统。计算机网络也可以简单地定义为一个互联的、自主的计算机集合。所谓互联是指相互连接在一起，所谓自主是指网络中的每台计算机都是相对独立的，可以独立工作。

最庞大的计算机网络就是 Internet(因特网)。

2. 计算机网络的功能

计算机网络最主要的功能是资源共享和数据通信(信息传递)，除此之外还有分布处理等。

(1)资源共享

计算机网络中的资源可分为三大类，即硬件资源、软件资源和数据资源。相应地，资源共享也分为硬件资源共享、软件资源共享和数据资源共享三大类。

(2)数据通信(信息传递)

数据通信是计算机网络的基本功能之一，计算机网络为分布在各地的用户提供了强有力的通信手段，计算机网络可以传输数据以及声音、图像、视频等多媒体信息。利用网络的通信功能可以传送电子邮件、打电话、进行电子数据交换(EDI)、在网上举行视频会议等，极大地方便了用户，提高了工作效率。

3. 计算机网络的应用

计算机网络由于其强大的功能，已成为现代信息社会的重要支柱，被广泛地应用于现代生活的各个领域，主要如下：

(1)办公自动化：同一单位的计算机、数字复印机、打印机等连成网络。

(2)管理信息系统：企业内的计划统计、劳动人事、生产管理、财务管理等。

(3)过程控制：工厂各生产车间的生产过程和自动化控制。

(4)Internet 互联网应用：万维网(WWW)、电子邮件、网络新闻组服务、文件传输服务、远程登录、电子公告牌服务。

2.1.2 计算机网络的产生与发展

1. 计算机网络的发展历史

(1)面向终端的计算机通信网络

第一阶段可以追溯到 20 世纪 50 年代的计算机通信网络，特征是计算机与终端互连，实现远程访问。以单个计算机为中心的远程联机系统，构成面向终端的计算机网络。在这一阶段，计算机技术和通信技术相结合，计算机网络由主机、通信线路、终端组成，只可算是计算机网络的雏形。

(2)多个主计算机通过通信线路互联的计算机网络

第二阶段起于20世纪60年代中期到70年代中期。这个阶段出现了若干个计算机互联的系统,开创了“计算机-计算机”通信的时代。采用分组交换技术实现计算机-计算机的通信,形成了通信子网和资源子网的网络结构。这一阶段以美国的ARPA网为代表,ARPA网是一个成功的系统,是计算机网络技术发展的里程碑。它在概念、结构和网络设计方面都为后继的计算机网络打下了基础。

(3)具有统一的网络体系结构、遵循国际标准化协议的计算机网络

第三阶段起于20世纪70年代中期到80年代末期。1974年,美国IBM公司宣布了它研制的系统网络体系结构SNA(system network architecture),这个著名的网络标准就是按照分层的方法制定的。不久后,其他一些公司也相继推出本公司的一套体系结构,但这些网络标准都局限于解决其各自产品间互联的问题。

为了使不同体系结构的计算机网络都能互联,国际标准化组织ISO于1977年提出了一个标准框架,这就是著名的开放系统互联参考模型OSI/RM。国际标准化组织ISO经过若干年卓有成效的工作,于1984年正式颁布了一个称为“开放系统互联基本参考模型”的国际标准,该模型分为七个层次,也称为“OSI七层模型”。计算机网络技术得到空前的发展和应用。

(4)第四代计算机网络——高速、综合化网络

这一阶段始于20世纪80年代末,Internet就是第四代的典型代表,已经成为人类最重要的、最大的知识宝库。

2. 计算机网络的分类

计算机网络种类繁多,性能各异。根据不同的分类原则,可以得到各种不同类型的计算机网络。下面从网络的覆盖范围对计算机网络进行分类。

(1)局域网(local area network,LAN)

局域网是将较小地理区域内的计算机或数据终端设备连接在一起的通信网络。局域网的覆盖范围一般在几十米到几千米之间,它常用于组建一个办公室、一栋楼、一个楼群、一个校园或一个企业的计算机网络,局域网具有较高的数据传输速率。

(2)城域网(metropolitan area network,MAN)

城域网的覆盖范围介于广域网和局域网之间,一般为几千米到几万米,它可提供数据、语音和视频等的传输功能。

(3)广域网(wide area network,WAN)

广域网是在一个广阔的地理区域内进行数据、语音、图像等信息传输的计算机网,也称为远程网,所覆盖的范围比城域网(MAN)更广。它一般是不同城市之间LAN或者MAN的网络互联,地理范围可从几百公里到几千公里。

3. 计算机网络的发展趋势

(1)三网合一

目前广泛使用的网络有电信网络、计算机网络和有线电视网络。随着技术的不断发展,新的业务不断出现,新旧业务不断整合,作为其载体的各类网络也不断整合,使目前广泛使用的三类网络正逐渐向统一的IP网络发展,即所谓的“三网合一”。

(2)光通信技术

光通信技术是构建光通信系统与网络的基础,高速光传输设备、长距离光传输设备和智能光网络的发展、升级及推广应用,都取决于光通信器件技术进步和产品更新换代的支持。因此,通信技术的更新与升级将促使光通信器件不断发展进步。

(3)IPv6 协议

IPv6 是英文"Internet protocol version 6"(互联网协议第 6 版)的缩写,是互联网工程任务组(IETF)设计的用于替代 IPv4 的下一代 IP 协议,其地址数量号称可以为全世界的每一粒沙子编上一个地址。

IPv4 的地址位数为 32 位,即理论上约有 42 亿个地址。但是最大的问题在于网络地址资源不足,路由表急剧膨胀,对网络安全和多媒体应用的支持不够,严重制约了互联网的应用和发展。IPv6 的使用,不仅能解决网络地址资源数量不足的问题,而且也解决了多种接入设备连入互联网的障碍

IPv6 采用 128 位地址长度,几乎可以不受限制地提供地址,同时也解决了 IPv4 中的其他缺陷。

互联网数字分配机构(IANA)在 2016 年已向国际互联网工程任务组(IETF)提出建议,要求新制定的国际互联网标准只支持 IPv6,不再兼容 IPv4。

(4)移动通信技术

与 4G、3G、2G 不同的是,第五代移动通信系统(5G)并不是独立的、全新的无线接入技术,而是对现有无线接入技术(包括 2G、3G、4G 和 WiFi)的技术演进,以及一些新增的补充性无线接入技术集成后解决方案的总称。从某种程度上讲,5G 将是一个真正意义上的融合网络,以融合和统一的标准,提供人与人、人与物以及物与物之间高速、安全和自由的联通。

2.1.3 计算机网络体系结构

1. 网络体系结构的概念

在处理计算机网络通信时,采用了一种模块化处理方式——分层结构,每层完成一个相对简单的特定功能,通过各层协调来实现整个网络通信功能,这就是网络体系结构。网络体系结构是计算机网络应完成的功能的精确定义,而这些功能是用哪些硬件和软件来完成是具体的实现问题。体系结构是抽象的,而实现是具体的,它是指能实现具体网络功能的具体硬件和软件。

2. 网络协议的要素

一个网络协议主要由以下三要素组成:

(1)语义:用于解释比特流的每一部分的意义;

(2)语法:语法是用户数据与控制信息的结构与格式,以及数据出现顺序的意义;

(3)时序(定时):事件实现顺序的详细说明。

3. OSI/RM 参考模型

国际标准化组织(ISO)20 世纪 80 年代提出了开放系统互联参考模型(OSI/RM)。该模型定义了异种计算机连接标准的框架结构,为连接分布式应用处理的"开放"系统提供了基础。

开放系统互联 OSI 中的"开放"是指只要遵循 OSI 标准,一个系统就可以和位于世界上任何地方也遵循同一标准的其他任何系统进行通信。

OSI/RM 模型是一个开放体系结构，该体系结构标准定义了网络互连的七层框架。在这一框架下进一步详细规定了每一层的功能，以实现开放系统环境中的互连性、互操作性和应用的可移植性。OSI/RM 模型的结构如图 2-1 所示，自下而上分别是物理层、数据链路层、网络层、传输层、会话层、表示层和应用层。

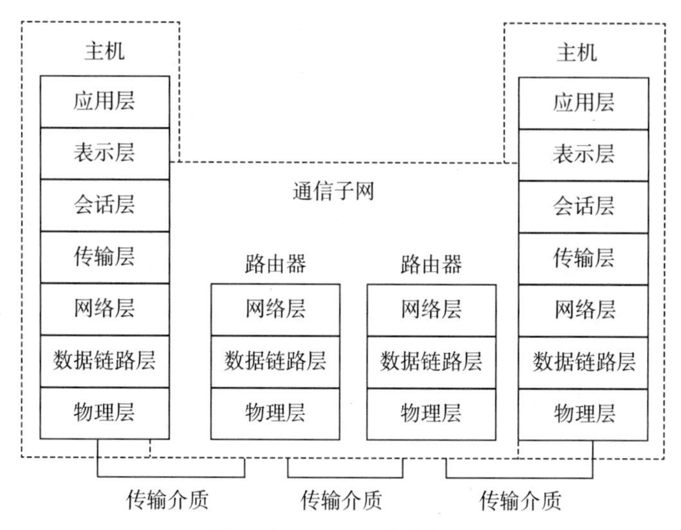

图 2-1　OSI/RM 参考模型

2.1.4 计算机网络的拓扑结构

计算机网络的拓扑结构是指网络中的通信线路和各自的结点之间的几何排列，它决定了网络操作系统如何管理网络客户和网络资源，影响整个网络的设计、功能、可靠性和通信费用等方面。网络拓扑结构主要有总线型拓扑结构、星型拓扑结构、环型拓扑结构、树型拓扑结构和混合型拓扑结构。

常见的网络拓扑结构有总线型拓扑、星型拓扑和环型拓扑。

1. 总线型拓扑结构

总线型拓扑结构采用一条公共数据通路，称为总线。所有站点（包括工作站和共享设备）都通过相应的硬件接口直接连到该总线上，如图 2-2 所示。

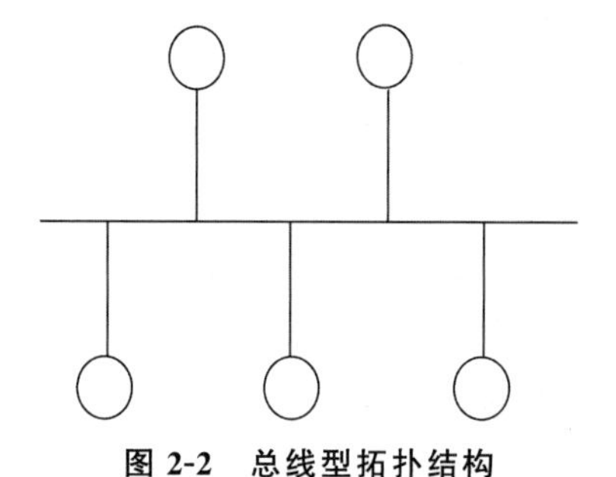

图 2-2　总线型拓扑结构

总线型拓扑结构的优点：

(1)总线结构所需要的电缆数量少，价格便宜，安装容易。

(2)总线结构简单，连接方便，易实现、易维护。

(3)易于扩充，增加或减少用户比较方便。

总线型拓扑结构的缺点：

(1)总线的传输距离有限，通信范围受到限制，只能使用中继器扩大网络的物理范围。

(2)故障诊断和隔离较困难。由于在总线型拓扑结构中没有集中控制的设备，因此故障检测只能在各个节点上进行。

2. 星型拓扑结构

星型网络拓扑结构是目前局域网中采用最多的一种组网方式，网络的控制集中在中心结点处。星型网络中的所有计算机都利用一条专线连接到中心结点上，该中心结点一般采用集线器或交换机进行信号转播和网络通信转换。如图 2-3 所示。

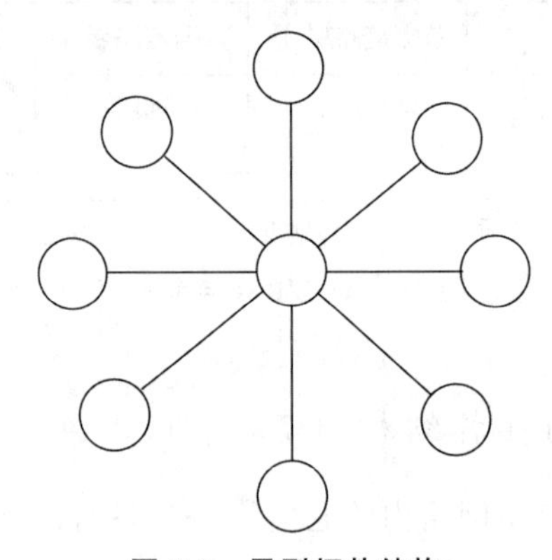

图 2-3　星型拓扑结构

星型拓扑结构具有以下优点：

(1)控制简单。在星型网络中，任何一站点只和中央节点相连接，因而媒体访问控制的方法简单，访问协议较简单。

(2)故障诊断和隔离容易。在星型网络中，中央节点对连接线路可以一条一条地隔离开来进行故障检测和定位。单个连接点的故障只影响一个设备，不会影响全网。

(3)方便服务。中央节点可方便地对各个站点提供服务及网络重新配置。

星型拓扑结构的缺点：

(1)电缆长度和安装工作量可观。因为每个站点都要和中央节点直接相连，需要大量的电缆，安装、维护工作量大。

(2)中央节点的负担较重，形成瓶颈。星型网络中央节点一旦发生故障，则全网受影响，因而对中央节点的可靠性和冗余方面的要求很高。

(3)各站点的分布处理能力较低。

3. 环型拓扑结构

在环型拓扑结构中，网络中的每一台计算机通过环接器连接在一个环形配置的传输介质上，每台计算机通过传输介质首尾相接，形成一个闭合环，如图 2-4 所示。

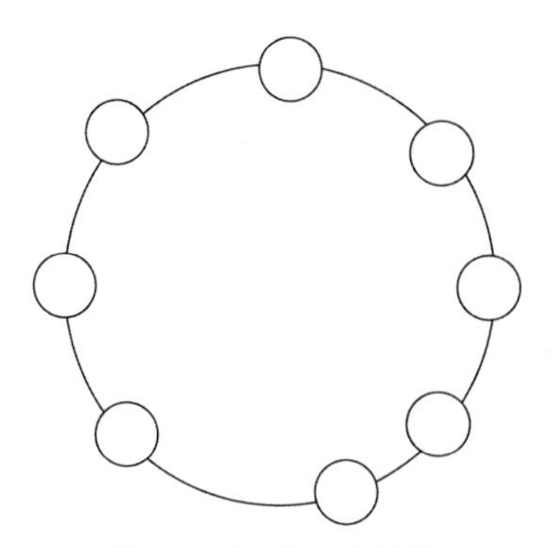

图 2-4　环型拓扑结构

环型拓扑结构的优点：

(1)电缆长度短。环型拓扑网络所需的电缆长度同总线拓扑网络相似，但比星型拓扑网络要短得多。

(2)增加或减少工作站时，仅需简单的连接操作。

(3)抗故障性能好。

(4)单方向通路的信息流使路由选择控制简单。

环型拓扑结构的缺点：

(1)节点的故障会引起全网故障。这是因为在环上的数据传输通过接在环上每一个节点，一旦环中某一节点发生故障就会引起全网的故障。

(2)故障检测困难。这与总线拓扑相似，因为不是集中控制，故障检测需在网上各个节点进行。

(3)环型拓扑结构的媒体访问控制协议都采用令牌传递的方式，在负载很轻时，信道利用率相对来说就比较低。

2.2 计算机网络的配置与管理

现在互联网的科技发展越来越快，计算机已经成为人们生活中的重要部分。现在计算机网络在生活中被广泛运用，人们对计算机网络服务的配置要求不断提高，对计算机网络服务器的安全和稳定也有了更高的要求。

任务目标

- 了解常见网络设备(服务器、调制解调器、交换机和路由器)的类型和功能；
- 了解 TCP/IP 协议在网络中的作用；
- 了解 IP 地址和域名的概念；
- 了解 DNS、WWW、E-mail、FTP 等互联网服务的工作机制。

2.2.1 网络互联设备

1. 中继器

中继器(repeater)又称为转发器或放大器,是物理层的互联设备。中继器用于互联两个完全相同的网络,其主要功能是通过对信号的重新发送或者转发,实现透明的二进制比特复制,补偿信号衰减,扩大网络传输的距离。

中继器可以分为两类:直接放大式和信号再生式。

2. 集线器

集线器(hub)是一种能够改变网络传输信号、扩展网络规模、构建网络,连接PC、服务器和外部设备的最基本的网络连接设备。集线器是一种具有多个转发端口的特殊中继器。

集线器工作于物理层,各端口实现电气信号的"广播再生",各端口的所有计算机共享。

3. 调制解调器

计算机内的信息是由"0"和"1"组成的数字信号,而在电话线上传递的却只能是模拟电信号。于是,当两台计算机要通过电话线进行数据传输时,就需要一个设备负责数模的转换。这个数模转换器就是调制解调器(modem)。计算机在发送数据时,先由调制解调器把数字信号转换为相应的模拟信号,这个过程称为"调制"。经过调制的信号通过电话载波传送到另一台计算机之前,也要经由接收方的调制解调器把模拟信号还原为计算机能识别的数字信号,这个过程称为"解调"。正是通过这样一个"调制"与"解调"的数模转换过程,从而实现了两台计算机之间的远程通信。调制解调器工作于物理层设备。

调制解调器主要分为外置式调制解调器和内置式调制解调器两类。

4. 网卡

网卡,也称网络适配器或网络接口卡,工作在数据链路层,是计算机和传输介质之间的接口。

以太网卡的物理地址由48位二进制数组成,为便于书写和记忆,实际表示时用12位16进制数来表示。如0-2F-3A-07-00-B6,这48位二进制数中,前24位为企业标识,后24位是企业给网卡的编号。

网卡有多种类型,选择网卡时应从计算机总线的类型、传输介质的类型、组网的拓扑结构、节点之间的距离以及网络段的最大长度等几个方面考虑。

(1)按数据传输的速率

按照传输速率网卡可分为:10 Mbps网卡,适用于10 Mbps的网络;100 Mbps网卡,适用于100 Mbps的网络;10/100 Mbps(或10/100/1000 Mbps)自适应网卡,可适用于两种类型的网络,这种网卡可自动识别所连接的网络是哪一种传输速率,自动启动相应的传输速率。

(2)按网卡支持的计算机种类

按网卡支持的计算机种类分,网卡可分为标准以太网卡和PCMCIA网卡。标准以太网卡用于台式计算机联网,而PCMCIA网卡用于便携式计算机联网。

(3)按传输介质接口分类

适用于粗缆的网卡有AUI接口,适用于细缆的网卡有BNC接口,适用于双绞线的网卡有RJ-45接口,适用于光纤的网卡接口有F/O接口。

5. 交换机

交换机(二层交换机)的本质是一个多端口网桥,每个端口可以连接一个局域网段、集线器、一台高性能的服务器或单个工作站,交换机提供大容量动态交换带宽,并采用MAC帧直接交换技术,可以使所接入的多个站点间同时建立多个并行的通信链路,站点间沿指定的路径转发报文,使争夺式“共享型”信道转变为分享式信道,最大限度地减少网络帧的碰撞和转发延迟,使带宽和效率成倍地增加。

交换机的主要功能如下:

(1)地址学习

以太网交换机了解每一端口相连设备的MAC地址,并将地址同相应的端口映射起来存放在交换机缓存中的MAC地址表中。

(2)转发/过滤

当一个数据帧的目的地址在MAC地址表中有映射时,它被转发到连接目的节点的端口而不是所有端口(如该数据帧为广播/组播帧则转发至所有端口)。通过交换机的过滤和转发,可以有效地减少冲突域,但它不能划分网络层广播,即广播域。

(3)消除回路

当交换机包括一个冗余回路时,以太网交换机通过生成树协议避免回路的产生,同时允许存在后备路径。

6. 路由器

路由器(router)是在多个网络和介质之间实现网络互联的一种设备,是一种比网桥更高级、更复杂的网络互联设备。路由器工作在网络层,执行网络层及其下层的协议转换,可用于两个或者多个低三层有差异的网络,它能跨越广域网将远程局域网互联成一个大的互联网络。

从功能上划分,可将路由器分为核心层(骨干级)路由器、企业级路由器和访问层(接入级)路由器。

2.2.2 TCP/IP协议簇

随着因特网的飞速发展与TCP/IP协议的广泛应用,OSI/RM参考模型最终成为一个参考标准。由于各种网络对TCP/IP协议的普遍支持,TCP/IP协议成为系统互联的事实标准。

TCP/IP是一整套数据通信协议,其名称由这些协议中的两个主要协议组成,即传输控制协议(transmission control protocol, TCP)和网际协议IP(Internet protocol,IP)。TCP/IP协议包含了大量的协议和应用,是多个独立定义协议的集合,简称为TCP/IP协议集或协议簇。

基于TCP/IP的参考模型将协议分成四个层次,它们分别是网络接口层、网际互联层、传输层和应用层。

1. 应用层

应用层对应于OSI参考模型的高层,为用户提供所需要的各种服务,如FTP、Telnet、DNS、SMTP、POP3、HTTP等。

2. 传输层

传输层对应于OSI参考模型的传输层,为应用层实体提供端到端的通信功能。该层定义了两个主要的协议:传输控制协议(TCP)和用户数据报协议(UDP)。

TCP协议提供的是一种可靠的、面向连接的数据传输服务;而UDP协议提供的是不可靠的、无连接的数据传输服务。

3. 网际互联层

网际互联层对应于OSI参考模型的网络层,主要解决主机到主机的通信问题。该层有四个主要协议:网际协议(IP)、地址解析协议(ARP)、互联网组管理协议(IGMP)和互联网控制报文协议(ICMP)。IP协议是网际互联层最重要的协议,它提供的是一个不可靠、无连接的数据报传递服务。

4. 网络接口层

网络接口层与OSI参考模型中的物理层和数据链路层相对应。事实上,TCP/IP本身并未定义该层的协议,而由参与互联的各网络使用自己的物理层和数据链路层协议,然后与TCP/IP的网络接口层进行连接。

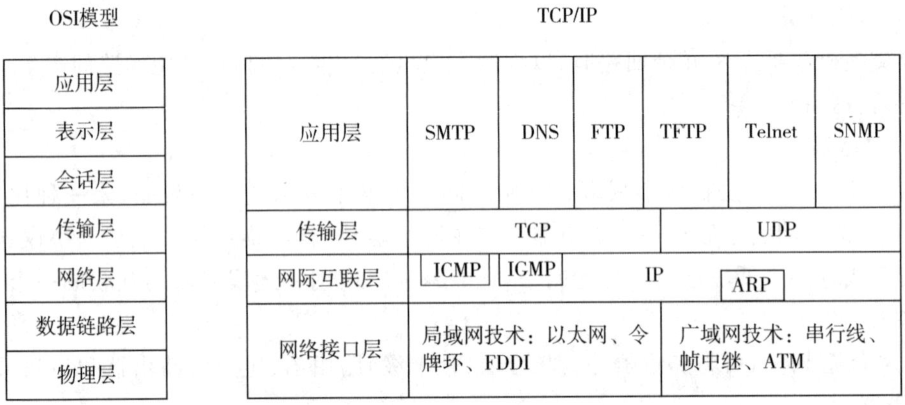

OSI模型
应用层
表示层
会话层
传输层
网络层
数据链路层
物理层

TCP/IP						
应用层	SMTP	DNS	FTP	TFTP	Telnet	SNMP
传输层	TCP			UDP		
网际互联层	ICMP	IGMP	IP	ARP		
网络接口层	局域网技术:以太网、令牌环、FDDI			广域网技术:串行线、帧中继、ATM		

图 2-5　TCP/IP参考模型层次与协议之间的关系

2.2.3 IP地址与域名

1. IP地址的概念与分类

IP地址源于Internet,是一种层次结构的地址,适合于众多网络互联。IP地址用来识别网络上的设备,是每台计算机在网络上的唯一标识符。IP地址由网络地址(网络号)与主机地址(主机号)两部分组成。网络地址用于识别主机所在的网络,主机地址用于识别该网络中的主机

IP地址有两个标准:IP版本4(IPv4)和IP版本6(IPv6)。

IPv4地址:长32位(4个字节),采用点分十进制表示,每个字节取值范围为0～255。

IPv6地址:长128位,采用冒号分十六进制数表示。

2. IP 地址的分类

按照网络规模的大小，IP 地址可以分为 A、B、C、D、E 五类，如表 2-1 所示。

表 2-1　IP 地址分类

<table>
<tr><th>类别</th><th colspan="5">首字节</th><th>第二字节</th><th>第三字节</th><th>第四字节</th></tr>
<tr><td>A 类地址</td><td>0</td><td colspan="4">网络号</td><td colspan="3">主机号</td></tr>
<tr><td>B 类地址</td><td>1</td><td>0</td><td colspan="4">网络号</td><td colspan="2">主机号</td></tr>
<tr><td>C 类地址</td><td>1</td><td>1</td><td>0</td><td colspan="4">网络号</td><td>主机号</td></tr>
<tr><td>D 类地址</td><td>1</td><td>1</td><td>1</td><td>0</td><td colspan="4">组播地址</td></tr>
<tr><td>E 类地址</td><td>1</td><td>1</td><td>1</td><td>1</td><td>0</td><td colspan="3">留待后用</td></tr>
</table>

IP 地址的分类是经过精心设计的，它能适应不同的网络规模，具有一定的灵活性。表 2-2 简要地总结了 A、B、C 三类常用 IP 地址的类别与规模。

表 2-2　IP 地址的类别与规模

类别	第一字节范围	网络地址长度	最大的主机数目	适用的网络规模
A	1～126	7 位	16777214	大型网络
B	128～191	14 位	65534	中型网络
C	192～223	21 位	254	小型网络

3. 域名系统

(1)域名系统

域名系统(domain name system，DNS)是 Internet 上解决机器命名的一种系统。由于 IP 地址难以记忆，因此人们发明了域名。域名可将一个 IP 地址关联到一组有意义的字符上去。用户访问一个网站时，既可以输入 IP 地址，也可以输入其域名，对访问者而言，两者是等价的。

因特网的域名是一种层次结构的域名体系。DNS 把整个因特网划分成多个域，称为顶级域，并为每个顶级域规定了国际通用的域名，如表 2-3 所示。

表 2-3　顶级域名分配

顶级域名	分配给	顶级域名	分配给
com	商业组织	org	非营利机构
edu	教育科研机构	int	国际组织
net	提供互联网服务的企业	mil	军事机构
gov	政府机构	国级代码	各个国家

域名的一般格式：主机名.子域名.二级域名.顶级域名，如图 2-6 所示。

顶级域名可以注册国家域名(如 cn)和行业机构域名(如 com)。在国家域名下可以注册行业机构域名和地区域名，如在 cn 下可以注册 fj(福建)、bj(北京)、sh(上海)等。在行业机构或地区域名下可以注册单位域名(如 edu)。在单位域名下可以注册主机域名(如 www)。

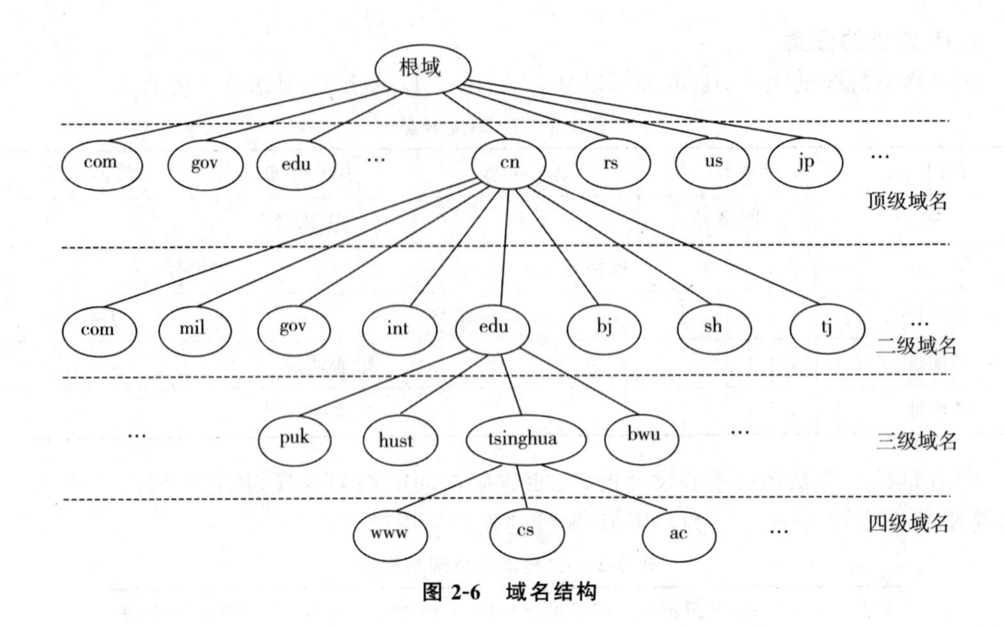

图 2-6　域名结构

(2)域名解析

在 Internet 上,识别主机的唯一依据是 IP 地址,计算机不能直接使用域名进行通信,需要通过域名查找到对应的 IP 地址,这个过程就是域名解析。

承担域名解析任务的计算机叫域名服务器(DNS 服务器)。DNS 服务器中保存了一张域名和 IP 地址的映射表,以解析消息的域名。这就好比手机里的通信录,DNS 可以理解为这个通信录,而域名就相当于通信录里存储的联系人姓名,IP 地址就是联系人姓名对应的电话号码。

2.2.4 Internet 提供的基本服务

1. 电子邮件服务

电子邮件服务是目前 Internet 最常见、应用最广泛的一种服务。电子邮件快速、高效、方便以及价廉,因而得到了广泛的应用。

电子邮件的格式为:用户名@主机域名。用户可以通过网络申请一个免费的电子邮件地址,也可以通过申请 Internet 用户账号获取一个收费的电子邮件地址。

常用的电子邮件协议包括:

(1)SMTP 协议

简单邮件传输协议,使用 TCP 端口 25,主要用于邮件服务器之间传输邮件信息。

(2)MIME 协议

多用途网际邮件扩充协议,允许在发送电子邮件时附加多媒体数据。

(3)POP3 协议

邮局协议,协议允许用户从服务器上把邮件存储到本地主机上,同时删除邮件服务器上的邮件。POP3 使用 TCP 端口 110。

(4)IMAP 协议

报文存取协议,用于下载电子邮件,在用户未发出删除邮件的命令前,IMAP 服务器邮箱中的邮件一直保存。

2. WWW 服务

WWW(World Wide Web,万维网)是全球信息网,它是 Internet 所提供的重要服务之一,是一种基本超文本的信息查询和浏览方式。

WWW 服务也称 Web 服务,是目前因特网上最方便和最受欢迎的信息服务类型,它的影响力已远远超出了专业技术的范畴,并且已经进入了广告、新闻、销售、电子商务与信息服务等诸多领域,它的出现是因特网发展中的一个革命性的里程碑。

由于 WWW 服务使用的是超文本链接(hyper text markup language,HTML),所以可以很方便地从一个信息页转换到另一个信息页。它不仅能查看文字,还可以欣赏图片、音乐、动画、视频等。

(1)超文本传输协议

超文本传输协议(hyper text transfer protocol,HTTP)是万维网(WWW)应用中的一个协议。HTTP 协议定义了浏览器(客户端)如何向万维网服务器发送请求网页,万维网服务器如何根据请求将网页传送给浏览器的规则 。从层次上看,HTTP 是面向事务的应用层协议,它是万维网上能够可靠地交换文件(文本、图像、声音等多媒体文件)的重要基础,也是目前万维网上使用最多、最重要的一个协议。

(2)统一资源定位符

统一资源定位符 URL(uniform resource locator,URL)是一种地址标识方法,便于浏览器访问信息资源。

基本格式:

通信协议://服务器域名或 IP 地址/路径/文件名

3. 文件传输服务

文件传输服务(file transfer protocol,FTP)是因特网中最早的服务功能之一,目前仍广泛使用。FTP 服务为计算机之间双向文件传输提供了一种有效的手段。它允许用户将本地计算机中的文件上传到远端的计算机中,或将远端计算机中的文件下载到本地计算机中。

目前因特网上的 FTP 服务多用于文件的下载,利用它可以下载各种类型的文件,包括各种软件、图像、视频、声音等。因特网上的一些免费软件、共享软件、技术资料等,大多都是通过这种渠道发布的。

FTP 服务采用典型的客户机/服务器工作模式。远端提供 FTP 服务的计算机称为 FTP 服务器。将文件从服务器传到客户机称为下载文件,而将文件从客户机传到服务器称为上传文件。

目前大多数提供公共资料的 FTP 服务器都提供匿名 FTP 服务,因特网用户可以随时访问这些服务器而不需要预先向服务器申请账号。

因特网用户使用的 FTP 客户端应用程序通常有三种类型:传统的 FTP 命令行、浏览器和 FTP 下载工具。

2.3 获取网络资源

网页是构成网站的基本元素，是承载各种网站应用的平台。网站是由众多不同的网页组成的。网页是一个包含 HTML 标签的纯文本文件，它可以存放在世界的某一台计算机中。网页要通过网页浏览器来阅读。

任务目标

- 掌握浏览器浏览和下载相关信息的方法；
- 掌握常用搜索引擎的使用，如百度搜索、搜狗搜索、360 搜索等。

2.3.1 网页的浏览

Internet Explorer(IE)是微软公司开发的运行于 Windows 平台上的浏览器，在 Windows 的操作系统中默认安装。现在比较流行的浏览器还有 360 浏览器、百度浏览器、QQ 浏览器、傲游浏览器、火狐浏览器等。

1. 浏览器简介

IE 浏览器操作方便，应用广泛。下面以 IE 浏览器为例，介绍浏览器窗口的一些特性。双击桌面上 IE 图标，启动 IE 浏览器，如图 2-7 所示。

(1)标题栏：标题显示当前打开网页的标题。与其他的 Windows 窗口一样，IE 浏览器的标题栏也包括标题和缩放及关闭按钮。

(2)菜单栏：包含了对浏览器进行控制和操作的所有命令。与其他 Windows 窗口不同的是它可以移动、隐藏。

(3)地址栏：用于输入并显示网页的地址。

(4)选项卡：用于切换当前已打开的网页页面，以看到不同的网页。

(5)状态栏：显示浏览器的查找站点、下载网页等信息。在状态栏中还会显示浏览器是否处于脱机的工作状态等系统的其他信息。

2. 浏览网页

在地址栏中输入“www.163.com”后按“Enter”键，即可打开如图 2-7 所示网页。

我们可以将经常访问的网页设置为主页，主页就是打开 IE 后，不需要在地址栏内输入网址而直接显示的页面。操作步骤如下：

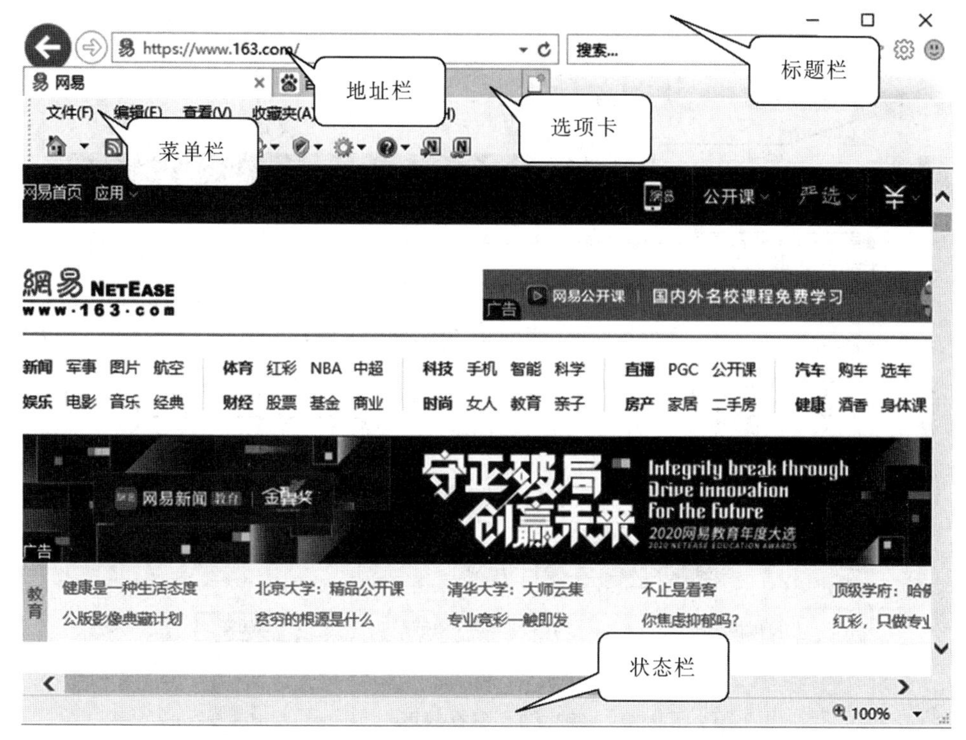

图 2-7　Internet Explorer 浏览器窗口

在 IE 浏览器的菜单栏中选择“工具”菜单→“Internet 选项”命令，弹出“Internet 选项”对话框，在“常规”选项卡“主页”栏中输入欲设置的主页地址，单击“确定”按钮，如图 2-8 所示。

Internet 选项

常规　安全　隐私　内容　连接　程序　高级

主页

若要创建多个主页标签页，请在每行输入一个地址(R)。

http://www.baidu.com/

使用当前页(C)　使用默认值(F)　使用新标签页(U)

启动

○从上次会话中的标签页开始(B)

◉从主页开始(H)

标签页

更改网页在标签页中的显示方式。　标签页(T)

浏览历史记录

删除临时文件、历史记录、Cookie、保存的密码和网页表单信息。

☐退出时删除浏览历史记录(W)

删除(D)...　设置(S)

外观

颜色(O)　语言(L)　字体(N)　辅助功能(E)

确定　取消　应用(A)

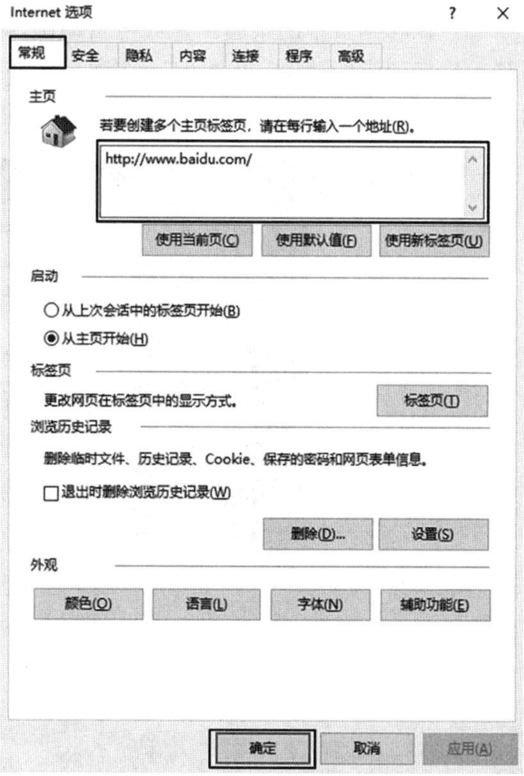

图 2-8　Internet 选项

3. 保存网页

对于喜欢的网页可以将网页或其中的部分内容保存到当地计算机的硬盘中，以便再次阅读。操作步骤如下：

在 IE 浏览器的菜单栏中选择“文件”菜单→“另存为”命令，在弹出的“保存网页”对话框中指定网页的保存位置和名称，然后单击“保存”。如图 2-9 所示。

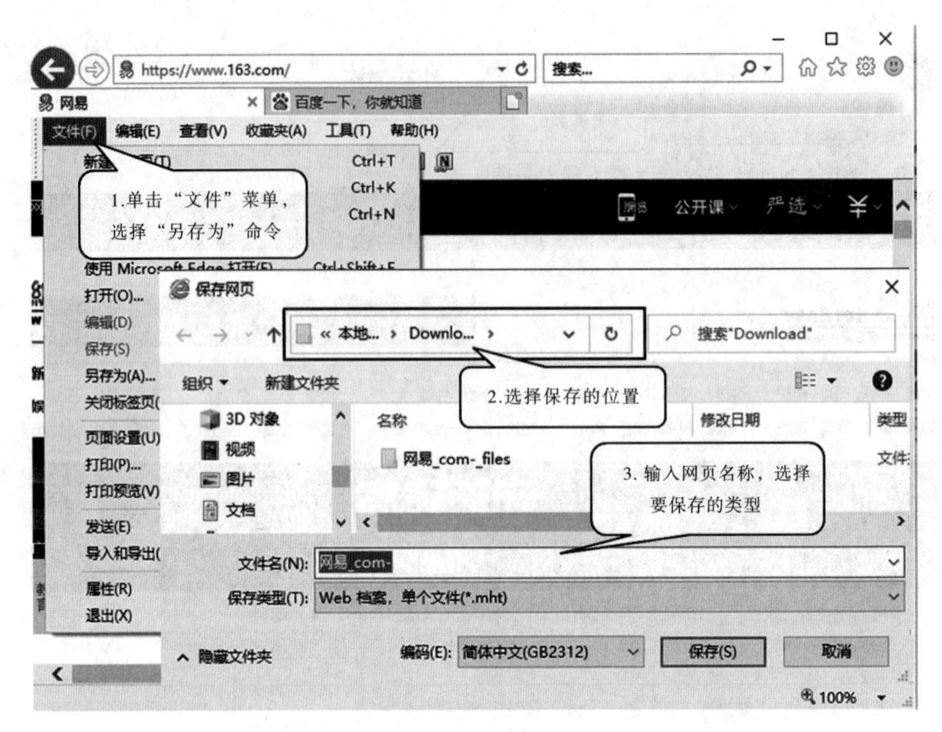

图 2-9　保存网页

4. 保存网页上的网片

如果只保存网页中的某幅图片或网页动画，操作步骤如下：

移动鼠标到该图片上，右击图片，在弹出的快捷菜单中选择“图片另存为”命令，然后在弹出的“另存为”对话框中设置保存位置、文件名等，单击“保存”按钮，如图 2-10 所示。

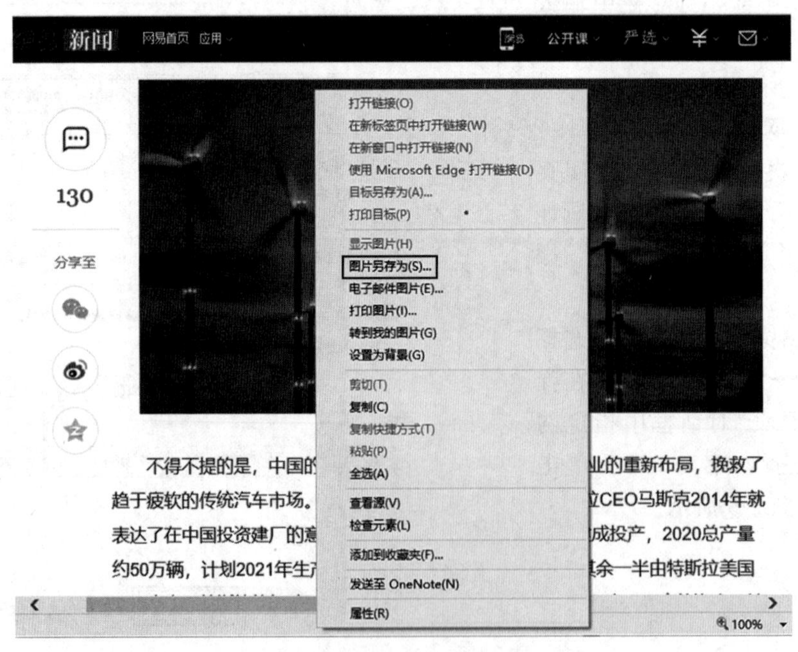

图 2-10　保存图片

5. 添加收藏夹

对于一些经常访问的站点，可以直接将这些网站加入收藏夹中，再次访问时，只需在收藏夹中直接选择网页即可。操作步骤如下：

在 IE 浏览器的菜单栏中选择“收藏夹”菜单→“添加到收藏夹”命令，打开“添加收藏”对话框，设置参数后，单击“添加”按钮，如图 2-11 所示。

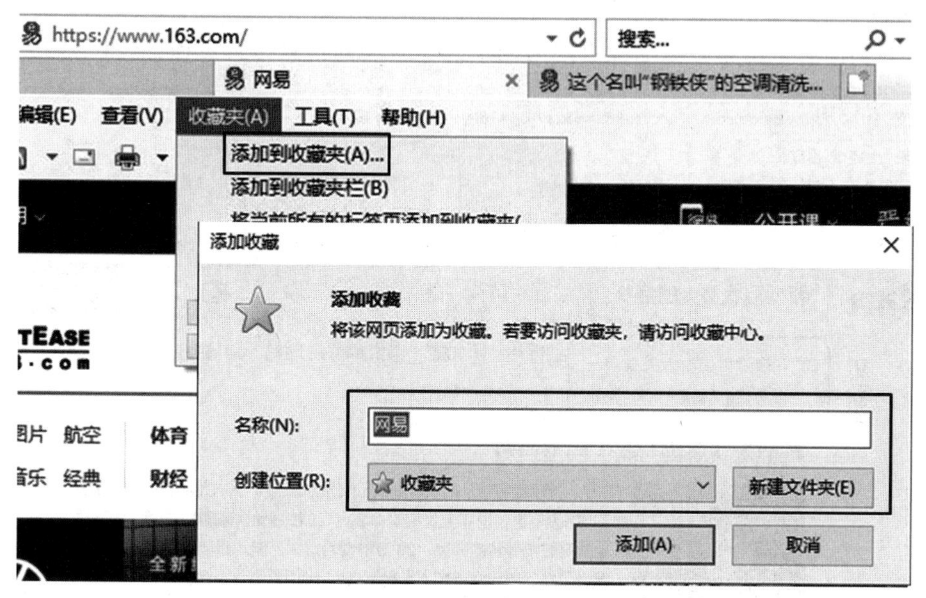

图 2-11　添加收藏夹

随着收藏夹的网站越来越多时，可以通过“收藏”菜单中的“整理收藏夹”命令来对网站进行分类整理。

2.3.2 常用搜索引擎的使用

搜索引擎是根据用户需求与一定算法，运用特定策略从互联网检索出特定信息反馈给用户的检索技术。搜索引擎在对信息进行组织和处理后，为用户提供检索服务，将用户检索相关的信息展示给用户。

1. 常用的搜索引擎

随着互联网的发展，互联网已成为人们学习、工作和生活中不可缺少的平台。如何在网上快速地找到自己需要的信息已经变得越来越重要。目前比较常用的搜索引擎有百度(http://www.baidu.com)、搜狗(http://www.sogou.com)、雅虎(http://www.yahoo.com)、谷歌(http://www.google.com)等。

2. 搜索引擎的分类

根据检索网络资源的方式不同，搜索引擎大致可分为全文搜索引擎、目录搜索引擎、元搜索引擎、垂直搜索引擎。在 Internet 上，常用的两类搜索引擎是全文搜索引擎和目录搜索引擎。

全文搜索引擎是通过关键词搜索。关键词是指能够表达将要查找的信息主体的单词或短语。这种搜索方式容易获得所有相关信息。全文搜索引擎有百度、搜狗和谷歌等。

目录搜索引擎是分类搜索，是网站内部常用的搜索方式。以人工方式或半自动方式搜集信息，由编辑员查看信息之后，人工形成信息摘要，并将信息置于事先确定的分类框架中。这种方式适应范围有限，需要较高人工成本来支持。目录搜索引擎有新浪、雅虎、网易、360导航、网址之家等。

3. 搜索引擎的使用步骤

如果我们想了解“新型冠状肺炎的症状”的信息，可以在Internet上以“新型冠状肺炎的症状”为关键词进行搜索。下面以百度为例来讲述一般的信息搜索过程，如图2-12所示。

图 2-12 使用百度搜索

4. 搜索引擎的使用技巧

(1)使用双引号。给要查询的关键词加上双引号(半角形式)，可以实现精确的查询。

(2)使用加号。组合的关键词使用加号(＋)连接，查询的结果会同时具备所有关键词。

例如，在搜索引擎中输入“福建＋福州”，在搜索的网页上同时包含“福建”“福州”这两个关键词。

(3)使用减号。组合的关键词使用减号(－)连接，查询结果中不会出现减号后面的关键词内容。

(4)使用通配符：星号(＊)和问号(?)，前者表示匹配的数量不受制，后者表示匹配的字符数受到限制，主要用在英文搜索引擎中。

2.4 网络交流与信息发布

因特网是个信息化虚拟社会，它提供多样化服务。除了可以检索信息、下载资源、收发邮件外，还可以进行信息的交流与表达；拥有自己的网络空间，与别人分享日志与图片等；也可以利用免费的网络空间存储数据，足不出户在线找工作等。

任务目标

- 熟练掌握电子邮箱的申请；
- 熟练掌握电子邮件的收发；
- 熟练掌握即时通信软件的运用，如QQ、微信等；
- 了解常见的发布网络信息的方式，如论坛、网络调查、个人网页、求职等；
- 了解远程桌面的概念和使用。

知识储备

2.4.1 免费邮箱的申请

1. 电子邮箱的基本知识

电子邮件(E-mail)是通过网络传递的电子信件，它是因特网提供的免费便捷的现代通信方式。它是种非实时信息交流方式。利用电子邮件不仅可以发送文字，还可以以附件的形式发送图像、声音、视频等其他格式的文件。电子邮件因为具有快捷、经济、高效、投递迅速，一次可以发送多个文件，一封邮件可以发送给多个人等优点，因此得到广泛应用。

E-mail最大的特点是，人们可以在任何地方和任何时间收、发信件，打破了时空的限制，大大提高了工作效率，为办公自动化和商业活动提供了很大的便利。

(1)电子邮件协议

常用的邮件协议有两个：SMTP和POP3。相应的邮件服务器有两类：POP3服务器，即邮件接收服务器；SMTP服务器，即发送服务器。接收电子邮件的常用协议是POP3(邮局3协议)和IMAP(交互邮件访问协议)，发送电子邮件的常用协议是SMTP(简单邮件传输协议)。

(2)电子邮件的工作过程

发送方将编辑好的电子邮件，通过邮件传输协议(SMTP)发送到邮局服务器(SMTP服务器)，邮局服务器通过邮局协议(POP3)识别接收方的地址，接收并存放邮件，并告知接收方有新邮件到来。若接收方离线，邮件会保存在邮局服务器中，所以对方关机了也照样可以发送邮件。

(3)电子邮件的账号

Internet中每个用户的电子邮箱地址都是全球唯一的。电子邮件地址如真实生活中人们常用的信件一样，有收信人姓名、收信人地址等。其地址格式为：用户名@域名，前一部分为用户在电子邮件服务器中的账号；后一部分为电子邮件服务器的域名，中间用@分隔，@是英语at的意思。如liming@163.com。其中liming为用户名，@为分隔符，163.com为邮件服务器的域名，163是邮局的名称。当给多人发送邮件时，可用逗号或者分号分隔。

(4)电子邮件的收发方式

用户通过计算机网络收发电子邮件，目前有两种方式：一种是使用浏览器访问提供电子邮件服务的网站，在其网页上直接收发电子邮件；二是利用邮件工具软件进行收发，如使用Windows系统自带的Microsoft Outlook 2010软件、Foxmail软件等。两种方式各有优缺点。

2. 免费电子邮箱的申请

很多网站均设有收费或免费的电子邮箱供广大用户使用。不同的网站所提供的免费邮箱的大小不同，但通常都有支持 POP3，提供邮件转发、邮件拒收条件设定等功能。许多网站推出了收费邮箱服务，提高了邮箱的服务性能。常见的免费个人电子邮箱有网易邮箱、QQ 邮箱、新浪邮箱、搜狐邮箱等。

以用户名为“liming_0415”在 163 网易上申请一个免费的邮箱，操作步骤如下：

(1)打开 http://www.163.com 主页，在网页右上角点击“注册免费邮箱”，再在弹出的页面点击“立即注册”。

(2)出现如图 2-13 所示下方的页面，按照要求输入账号相关信息。

(3)点击最下端的“立即注册”按钮，完成电子邮箱申请。如图 2-13 所示，进入邮箱。

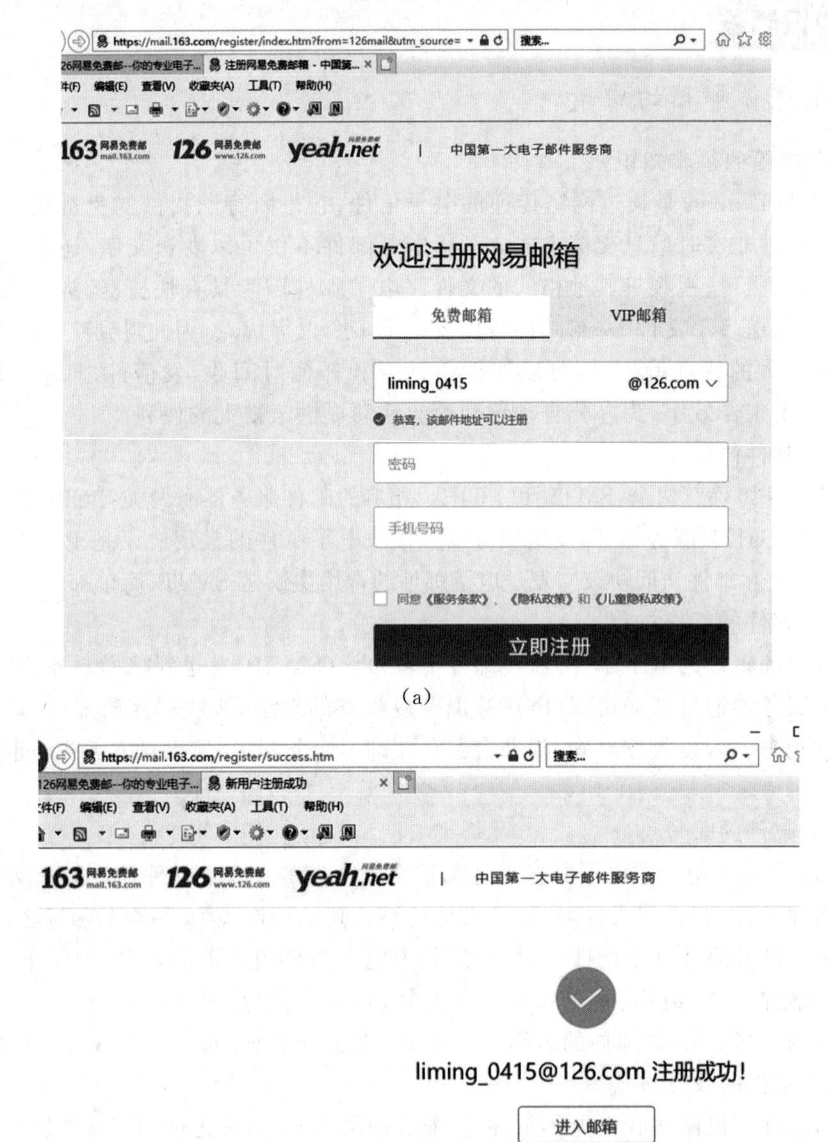

(a)

(b)

图 2-13　申请免费电子邮箱

2.4.2 电子邮件的收发

以李明的邮箱 liming_0415@126.com 撰写一封电子邮件，发给 xiaowei@126.com，操作步骤如下：

1. 登录邮箱

打开 http://www.126.com 主页，在用户名和密码框内输入注册的用户名和密码，即可进入如图 2-14 所示邮箱页面。

图 2-14 登录邮箱

2. 接收电子邮件

单击电子邮箱主界面左侧的“收信”或“收件箱”标签即可接收、浏览已经收到的电子邮件，如图 2-15 所示。

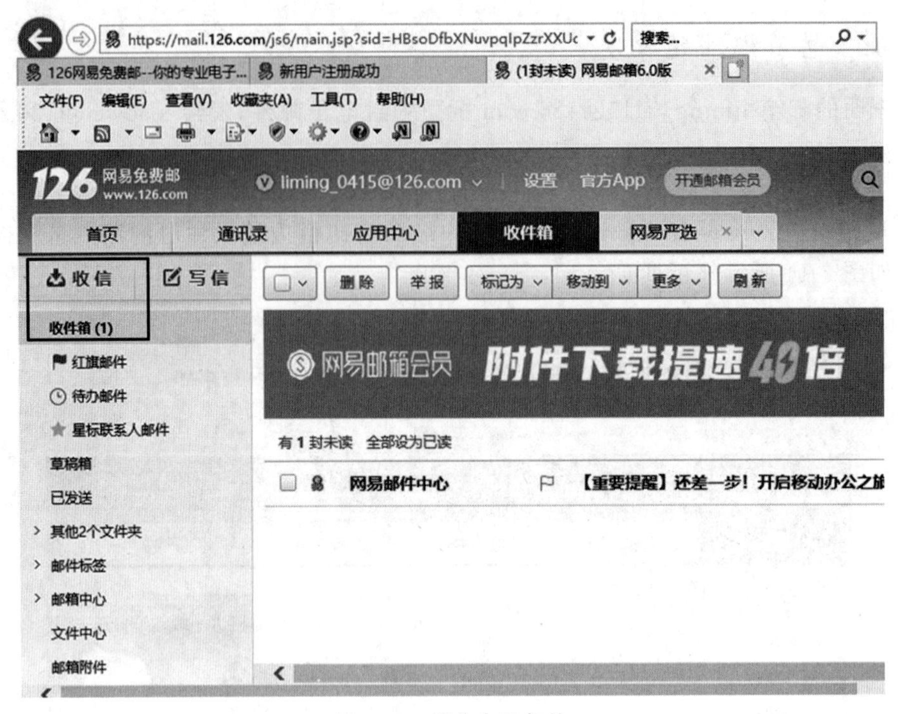

图 2-15 接收电子邮件

3. 发送电子邮件

单击电子邮箱主界面左侧的“写信”标签即可进入电子邮件的编辑界面，填写“收件人”(可以用逗号或分号隔开多个收件人地址)、“主题”(主题可以填写邮件大意，使收件人能直观了解)、“添加附件”(可以添加多个附件)、“信件内容”等信息，然后单击“发送”按钮即可发送邮件。如图 2-16 所示。

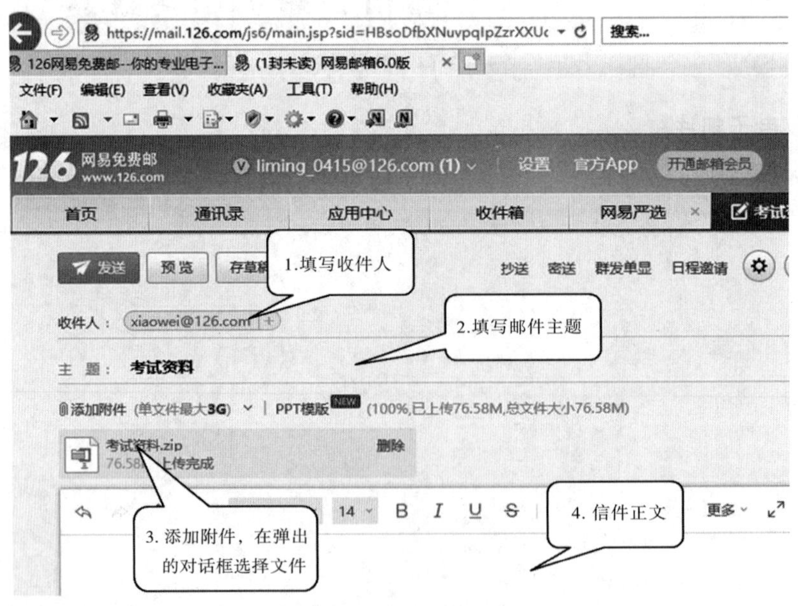

图 2-16 发送电子邮件

2.4.3 常用即时通信软件

即时通信(instant messaging,IM)软件是一种基于互联网的即时交流软件。即时通信是一个终端服务,允许两人或多人使用网络即时地传递文字信息、档案、语音与视频等,进行交流。即时通信比传送电子邮件所需时间更短,而且比拨电话更方便,无疑是网络时代最方便的通信方式。

1.QQ

QQ 是腾讯公司开发的即时通信软件,利用 QQ 可以进行文字、语音、视频聊天,可以一对一聊天,也可以群聊。QQ 功能非常强大,除聊天外,还可以传输文件,QQ 群可以共享文件,QQ 邮箱可以收发电子邮件和存储数据,QQ 空间可以发表网络日志和存放相册等。

①下载 QQ。使用 QQ 之前,先要去腾讯主页 www.qq.com 下载并安装 QQ 软件。

②打开 QQ。双击桌面上的 QQ 图标,打开 QQ 登录界面,如图 2-17 所示。

③注册 QQ 账号。点击 QQ 登录界面左下角注册账号,进入注册界面(如图 2-18),按要求输入相关信息后单击"立即注册"即可。

④QQ 聊天窗口的使用。输入已有的 QQ 号码、密码后,单击"登录"按钮即可登录 QQ。进入聊天窗口,可以与好友实时传递信息。QQ 聊天窗口是信息交流的主界面,可以发送、接收和回复消息。

图 2-17　登录 QQ

欢迎注册QQ
每一天，乐在沟通。
免费靓号
昵称
密码
+86
手机号码
立即注册

图 2-18　QQ 账号注册界面

2.微信

微信(WeChat)是腾讯公司推出的一个为智能终端提供即时通信服务的免费应用程序。微信支持跨通信运营商、跨操作系统平台,通过网络快速发送语音、短信、视频、图片和文字。除了聊天外,微信还有很多其他功能:微信朋友圈、微信小程序、高速 e 行、微信支付、微信钱包(微信捆绑了很多第三方服务,如手机充值、水电缴费、理财、滴滴出行、火车票购买等)、语音提醒、语音记事本、群发助手、微博阅读、微信公众平台等。

根据不同的需求,腾讯公司提供了手机版微信、电脑版微信和网页版微信。电脑版微信的下载和安装与 QQ 类似,在此不再赘述。

聊天:登录微信,进入微信界面后点击好友头像即可进入聊天界面。

朋友圈：是一个公共信息发布分享平台。用户可以通过朋友圈发表文字和图片，同时可通过其他软件将文章或者音乐分享到朋友圈。用户可以对好友新发的照片进行评论或"点赞"，用户只能看相同好友的评论或"点赞"。若不想让某些好友看到自己的朋友圈，可以通过设置隐私进行屏蔽，也可以设置不看某些好友的朋友圈。

2.4.4 网络信息的发布

1. 网络论坛

网络论坛是一个和网络技术有关的网上交流场所。网络论坛一般指 BBS（bulletin board system），翻译为中文就是"电子公告板"。BBS 多用于大型公司或中小型企业，开放给客户交流。对于初识网络的新人来讲，BBS 就是网络交流的地方，可以发表一个主题，让大家一起来探讨；也可以提出一个问题，大家一起来解决等。它是一个人与人语言文化共享的平台，具有实时性、互动性。

论坛发展迅速，现在论坛几乎涵盖了我们生活的各个方面，几乎每一个人都可以找到自己感兴趣或者需要了解的专题性论坛。综合性门户网站论坛包含的信息比较丰富和广泛，能够吸引网民，但是由于广便难以精，所以这类论坛往往存在着弊端，即不能全部做到精细。功能性专题网站的专题类的论坛能够吸引真正志同道合的人一起来交流探讨，有利于信息的分类整合和搜集。专题性论坛对学术、科研、教学都起到重要的作用，如军事类论坛、情感倾诉类论坛、电脑爱好者论坛、动漫论坛等。

2. 网络调查

网络调查是通过互联网平台发布问卷，由上网的消费者自行选择填答的调查方法。网络调查是互联网日益普及的背景下经常采用的调查方法，其主要优势是访问者可以即时浏览调查结果。

网络调查可以在更为广泛的范围内对更多的人进行数据收集，资料庞大。随着信息技术的发展，电脑和网络在人们的生活中占据很重要的地位。网上调查将从一股新生力量向主流形式发展，并将最终取代传统的入户调查和街头随时访问等调查方式。我们经常用到问卷星、第一调查网、横智网络调查、集思网等。

3. 个人网页

个人网页，就是指网页内容是介绍自己或是以自己的信息为中心，不一定是自己做的，但强调的是以个人信息为中心。个人网页是由个人或单个团体创建、管理的网站页面，其目的在于展示、表达创建人或团体对某事物的见解或意见、看法、实际需求，如求职、发布消息、公布通告等。网页做好之后，要不断进行宣传，这样才能让更多的人知晓，提高网站的访问率和知名度。推广的方法有很多，如到搜索引擎上注册、与别的网站交换链接、加入广告链接等。

4. 网络求职

网络求职是广大求职者找工作的一种重要途径，也称为"网申"（网络在线申请）。网络已经成为我们招聘、求职必不可少的帮手，在网上找工作也已经成为广大求职者的必选途径。常见的求职网站有前程无忧 51job、智联招聘、58 同城网、赶集网等。

2.4.5 远程桌面的使用

远程桌面是微软公司为了方便网络管理员管理维护服务器而推出的一项服务。网络管理员使用远程桌面连接程序连接到网络中任意一台开启了远程桌面控制功能的计算机上，就好比自己操作该计算机一样，运行程序，维护数据库等。

远程桌面因为其使用方便、功能强大，现在被越来越多的人使用，它已不仅仅是网络管理员使用的工具。目前，很多普通的工作也可能需要用到远程桌面。

当某台计算机开启了“远程桌面连接”功能后，我们就可以在网络的另一端控制这台计算机。远程桌面设置是双向的，也就是说，一方要设置连接，另一方要设置接受。服务器端（被控端）远程桌面设置如图 2-19 所示。

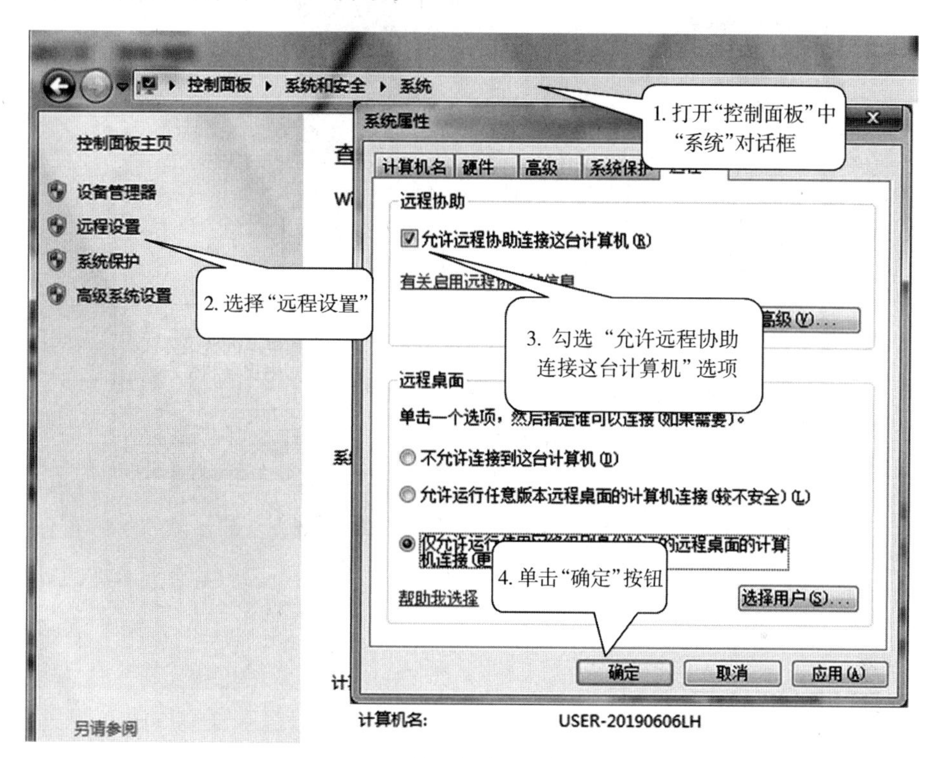

图 2-19　服务器端远程桌面设置

Windows 7 自带远程桌面的客户端程序，用户可以通过它连接远程桌面服务器，控制远程计算机。通过任务栏的“开始→所有程序→附件→远程桌面连接”，打开“远程桌面连接”对话框，进行设置，如图 2-20 所示。

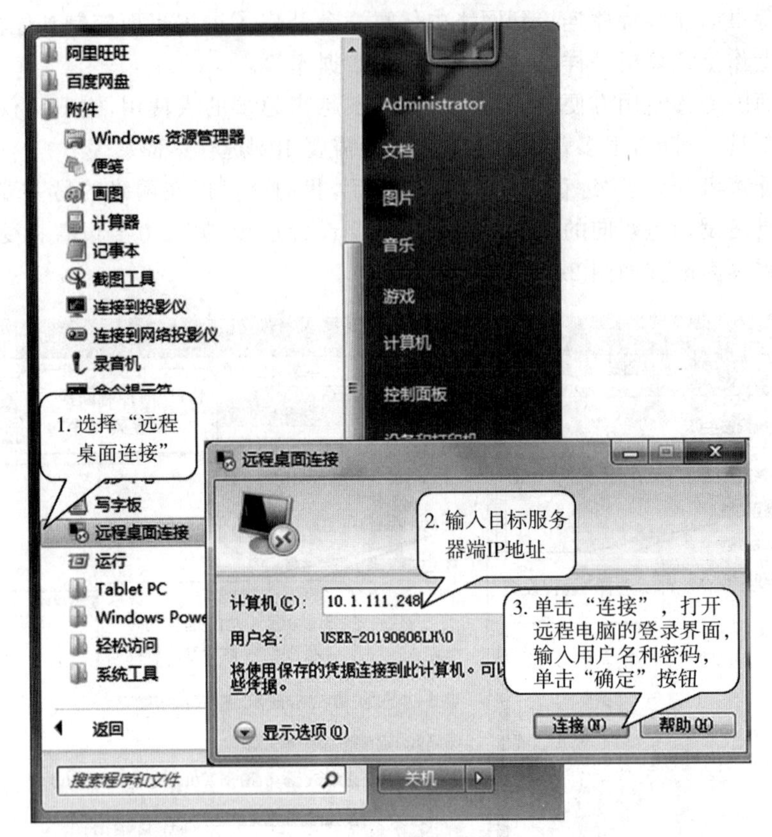

图 2-20　客户端远程桌面设置

2.5 运用网络工具

因特网是一个信息化虚拟社会，它提供多样化的服务，除了可以进行信息的交流和表达外，还可以利用免费的网络空间存储数据；可足不出户在线学习、购物，借助网络工具多人协作完成任务等。

任务目标

➢ 了解多终端资料上传、下载、信息同步和资料分享的网络工具，如云笔记、云存储等；

➢ 了解网络学习的类型与途径，掌握数字化学习能力，如网络视频、课件学习、社区学习等；

➢ 了解网络购物、网络支付等互联网生活情境中不同终端及平台下网络工具的运用技能，如使用淘宝网、京东、支付宝、微信支付等；

➢ 了解借助网络工具多人协作完成任务，如使用腾讯文档等。

知识储备

2.5.1 信息资料的上传、下载

1. 网络硬盘

网盘，又称网络硬盘、网络 U 盘，是一种基于网络的在线存储服务。服务器机房为用户划分一定的磁盘空间，为用户免费或收费提供文件的存储、访问、备份、共享等文件管理等功能。用户可以把网盘看成一个放在网络上的硬盘或 U 盘，不管是在家中、单位还是其他任何地方，只要能连接到因特网，就可以管理、编辑网盘里的文件，不需要随身携带，更不怕丢失。目前在中国市场上常见的网盘有百度网盘、金山快盘、华为网盘、微云(腾讯出品)等。下面以百度网盘为例，说明网络硬盘的使用，如图 2-21 所示。

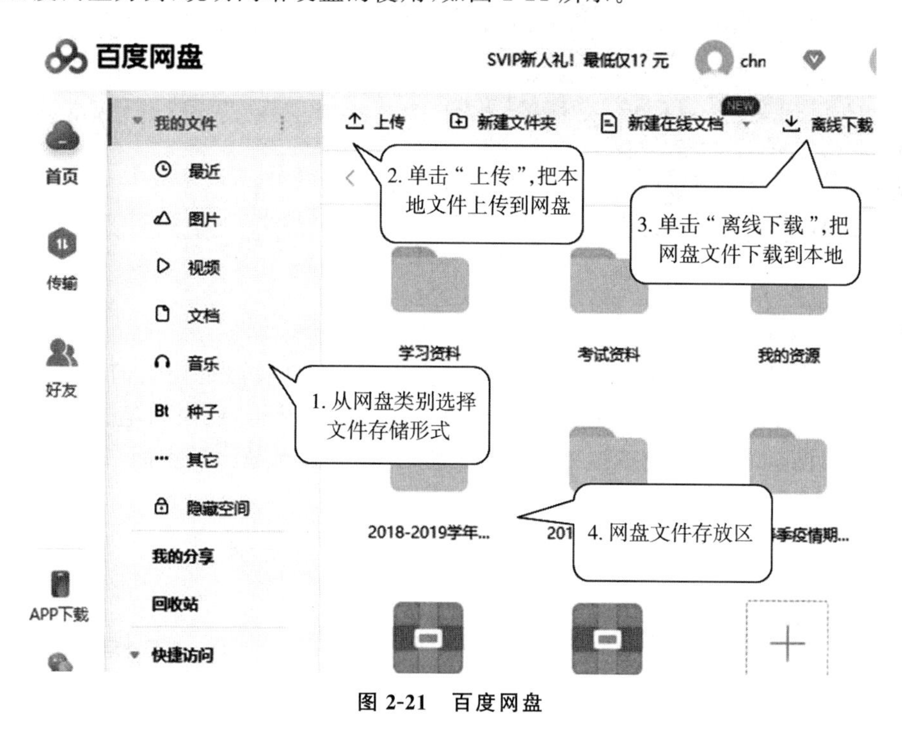

图 2-21　百度网盘

2. 云笔记

云笔记可用来分享看法、记录灵感、总结知识等，下面我们介绍几种云笔记软件。

(1)印象笔记

印象笔记具有强大的笔记功能，可以通过笔记本和标签来对笔记进行分类，可以在笔记内添加表格、待办、代码等多种元素。在与其他的软件配合中也有很多用法，比如可以用印象笔记收藏网页、保存微信文章、保存微博等，提升工作效率。如图 2-22 所示。

印象笔记免费版每月有 60 M 的上传流量，支持两个设备间同步(不包含 Web)，对于一般的文字和少量图片记录，完全足够了。

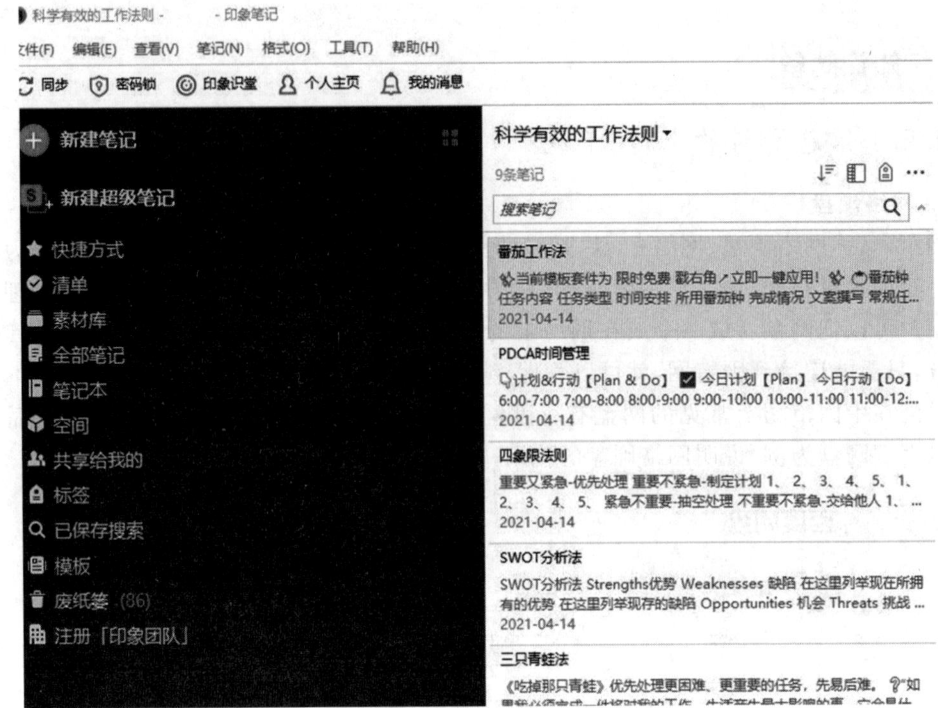

图 2-22　印象笔记

(2)有道云笔记

有道云笔记是网易公司出品的一款笔记软件,软件的宗旨是让人们办公更加高效。3 GB的超大空间,让用户可以放心使用。相对于其他在线笔记,有道云笔记的功能更介于云笔记和在线网盘之间,其支持多级文件夹式的结构,并拥有超大的空间,让人们可以存放更多的文档资料。如图 2-23 所示。

图 2-23　有道云笔记

(3)OneNote

OneNote 是微软旗下的云笔记软件。它以图片为主,允许人们在笔记中进行勾画和书写,可以在白色的背景或者带有网格的背景上进行写作或描绘。在触屏设备中,给人的体验更像真实的记录。

OneNote 这款软件最大特点就是自由,使用它就像在使用一张白纸,所有的内容、位置、图片等都由用户自己决定;不过它的缺点也是太自由,导致想要用 OneNote 写出规整的笔记并不容易,用户需要面对各种对齐、文字大小、笔画等问题。如图 2-24 所示。

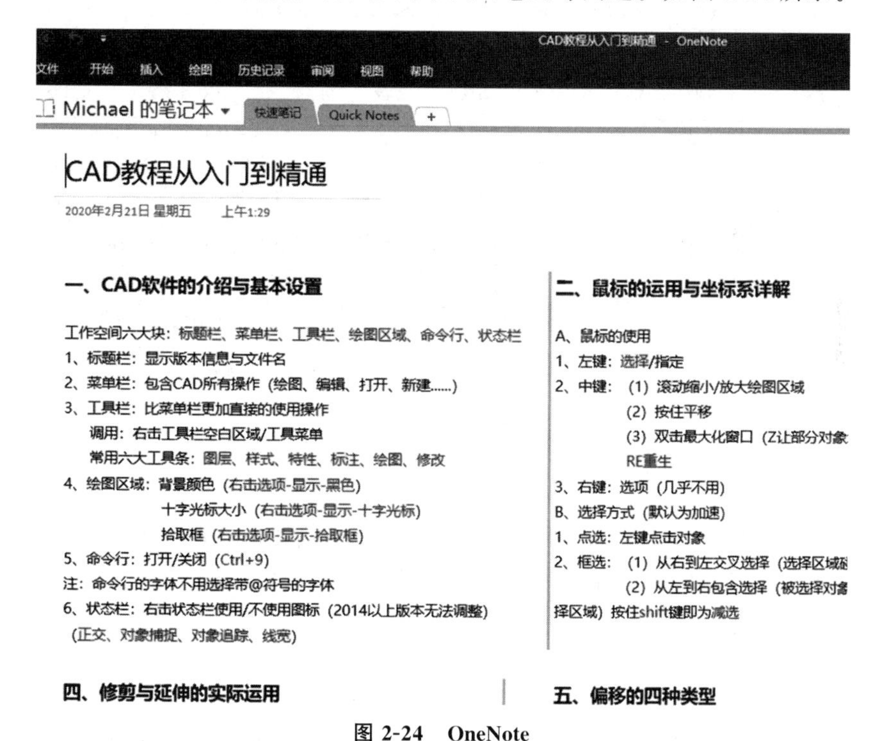

图 2-24　OneNote

2.5.2 网络学习的途径

1. 网络学习

网络学习是指通过计算机网络,在网上浏览课程资源,在线交流学习,或登录网校平台参加课程培训,从而获得知识,解决相关的问题,达到提升自己的目的,如腾讯课堂(https://ke.qq.com/)。下面以腾讯课堂为例,说明网上学习操作方法,如图 2-25 所示。

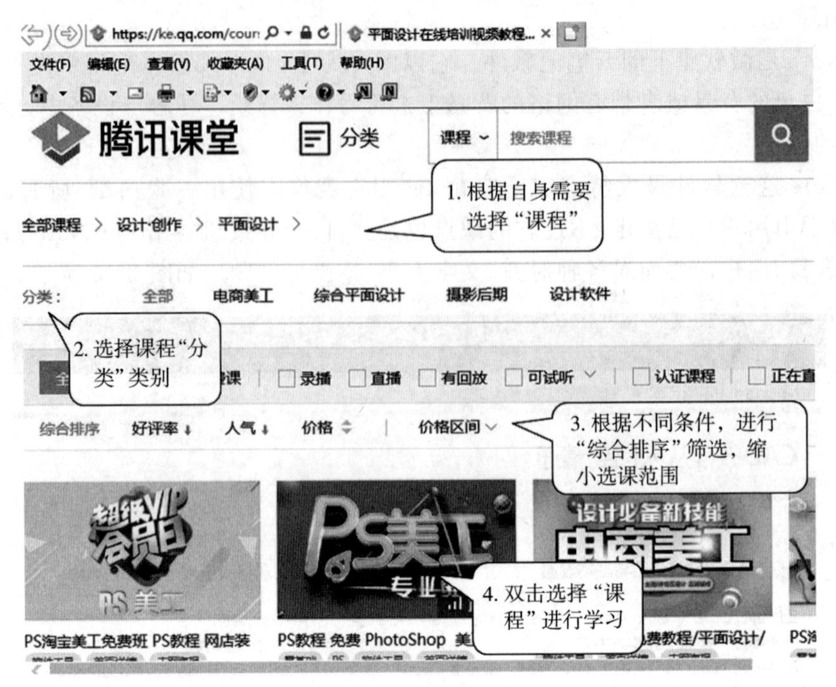

图 2-25 腾讯课堂

2. 学习社区

在一些高校的校园网站上开设的"学习社区"受到大学生的欢迎。大学的学习强调的是自主学习,"学习社区"的构架符合自主学习的要求,它倡导独立、探究的学习方式。

2.5.3 互联网生活技能

1. 网上购物

网上购物,就是通过互联网检索商品信息,并通过电子订购单发出购物请求,然后付款,厂商通过邮购的方式发货,或是通过快递公司送货上门。随着互联网的普及,网络购物的优点更加突出,日益成为一种重要的购物方式。足不出户坐在家里就可以买到想要的商品,确实给购物带来极大的便利。比较专业的购物网站有天猫、淘宝、京东商城、亚马逊、苏宁易购等。

下面以登录京东为例介绍网上购物过程。

(1)登录购物网站,如图 2-26 所示。

图 2-26　登录京东商城

(2)搜索商品,如图 2-27 所示。

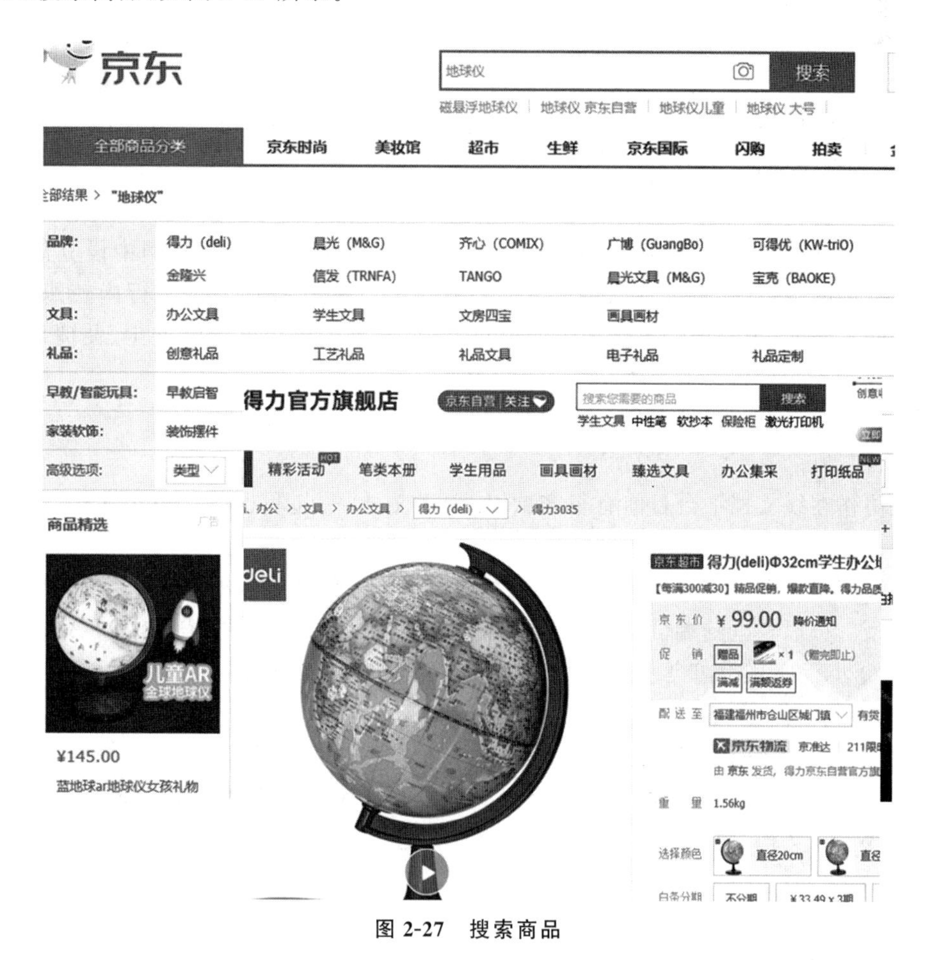

图 2-27　搜索商品

(3)放入购物车并结算,如图 2-28 所示。

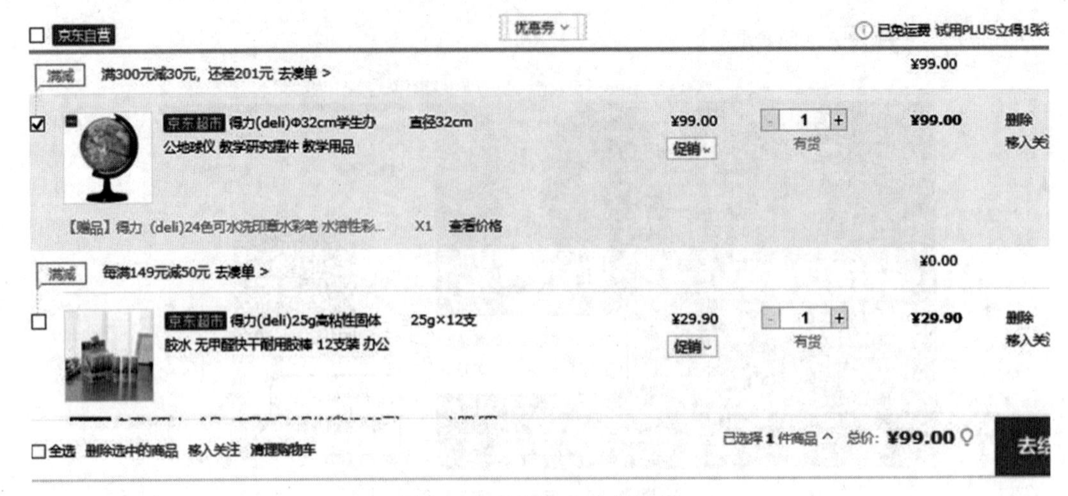

图 2-28　放入购物车并结算

进行网购时，要到正规网站交易，以防买到假冒伪劣商品。要对欲购买的商品和商家进行鉴别，查看厂家是否是网官、旗舰店以及客户对商店的信用评价等。为了保证资金的安全，不要随意扫描陌生的二维码；经常更换资金账号密码，密码越长、越复杂越安全；在淘宝进行资金支付时最好通过支付宝第三方委托支付，不要把资金直接转给商家；不要随意连接 WiFi，以防钓鱼 WiFi。

2. 网上银行

网上银行又称网络银行、在线银行或电子银行，它是各银行在互联网中设立的虚拟柜台。银行利用网络技术，通过互联网向客户提供开户、销户、查询、对账、行内转账、跨行转账、信贷、网上证券、投资理财等传统服务项目，使客户足不出户就能够安全、便捷地管理活期和定期存款、支票、信用卡及进行个人投资等。

2.5.4 多人协作完成任务

多人协作在线文档平台目前有很多款，如腾讯文档、一起写、飞书、石墨文档、钉钉表格等。下面以腾讯文档为例介绍它的功能。

腾讯文档是一款可多人同时编辑的在线文档，支持在线 Word/Excel/PPT/PDF/收集表多种类型。可以在电脑端(PC 客户端、腾讯文档网页版)、移动端(腾讯文档 App、腾讯文档微信/QQ 小程序)、iPad 等多类型设备上随时随地查看和修改文档。打开网页就能查看和编辑，云端实时保存，权限安全可控。

1. 可多人同时编辑的在线文档

提供完善的编辑能力，轻松设置文字样式和段落格式，添加图片、链接和表格等，可快速导入导出 Word 文档，便捷追溯历史版本，随时随地与他人协作，轻松制作生动的文档。如图 2-29 所示。

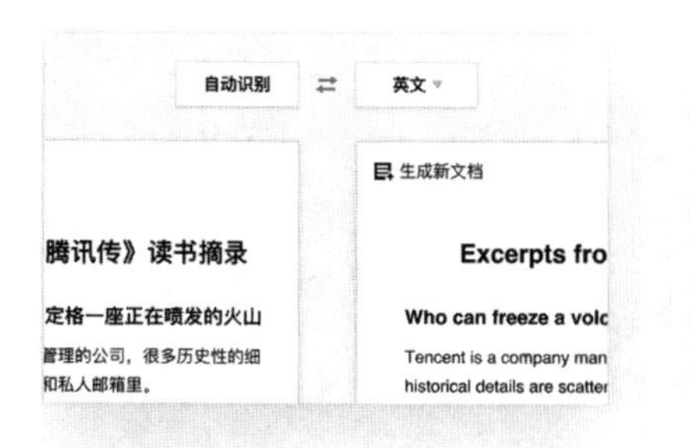

内容智能翻译

自动识别语言，实时翻译全文，迅速准确。

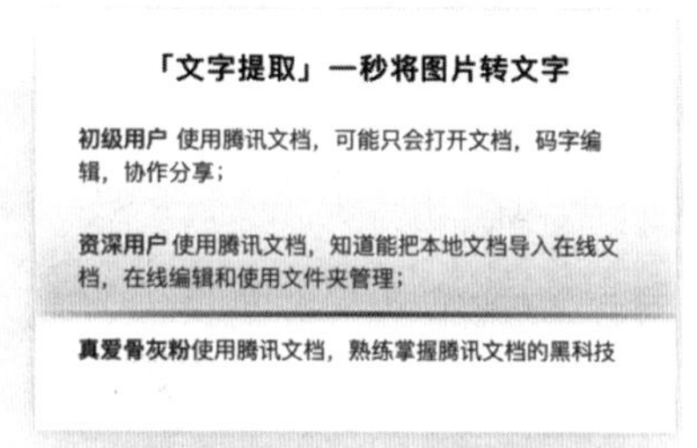

图片OCR识别

一键提取图片文字，快速录入，省去打字的麻烦。

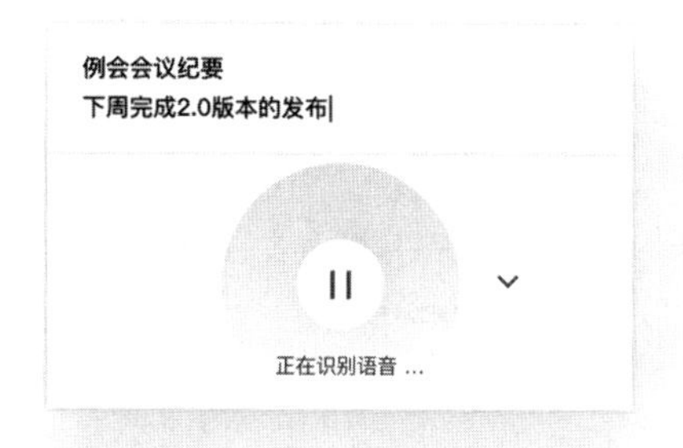

语音转文字

支持语音录入转文字，方便手机端快速录入信息。

发布态

生成一个新的网页链接，只可阅读，实时同步，完美替代H5。

图 2-29　多人同时编辑

2. 高效收集处理数据的在线表格

支持多人同时处理同一份表格，可一键转为收集表，高效收集信息和数据，提供数据验证、条件格式、筛选排序、200 多种函数及常用图表等多种专业功能，随时随地处理数据。如图 2-30 所示。

2020级毕业生通讯录

E3 =COUNTIF(E:E,"深圳")

学号	姓名	性别	联系电话	工作地
20364031	叶映真	女	189****2553	深圳
20364032	梁玉颖	女	178****6781	深圳
20364033	陈振文	男	166****4310	北京
20364034	贾婷丽	女	156****2324	上海
20364035	宋傲芙	女	186****5566	上海
20364036	张凝阳	男	139****2426	上海
20364037	于永言	男	136****6758	上海
20364038	谭杰	男	136****8353	深圳
20364039	石浩	男	136****1404	北京
20364040	史英卓	男	137****0404	北京
20364041	韩和泽	男	138****4121	北京

=COUNTIF(E:E,"深圳")

范围，条件

摘要
统计满足某个条件的单元格数量。

示例
A4:A18,"<418"

工作表1　100%

(a)

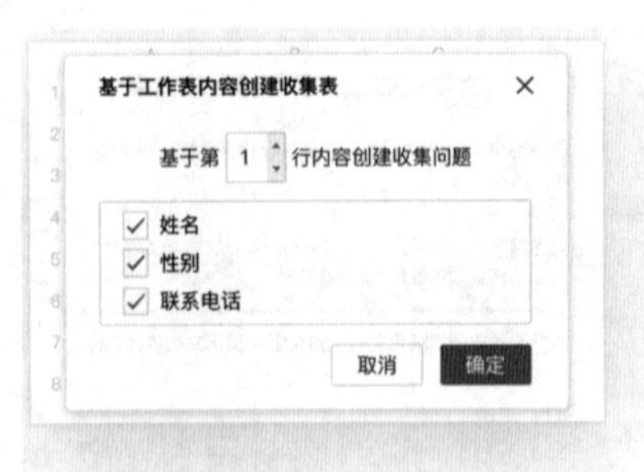

一键生成收集表

基于在线表格内容一键快速生成收集表。

	A	B	C	D
1	姓名	性别	联系电话	
2	叶映真	女	189****2553	
3	梁玉颖	女	178****6781	
4	陈振文	男	166****4310	
5	贾婷丽	女	156****2324	
6	宋傲芙	女	186****5566	
7	张凝阳	男	139****2426	
8				
9				

表格智能分列

智能识别接龙内容，自动分列，无需手动整理。

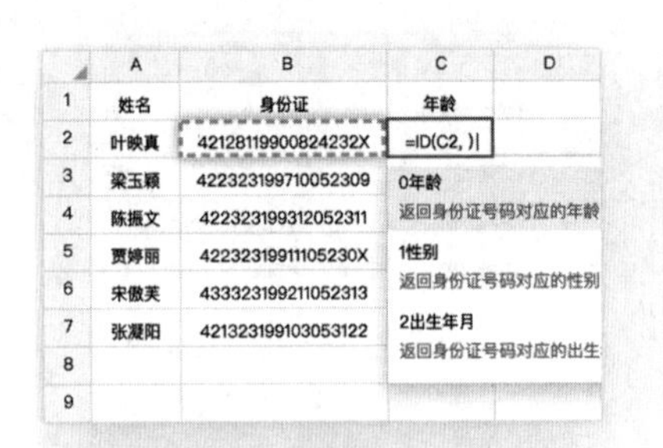

股票和身份证函数

股票函数动态更新；身份证函数轻松提取年龄、性别、出生年月等。

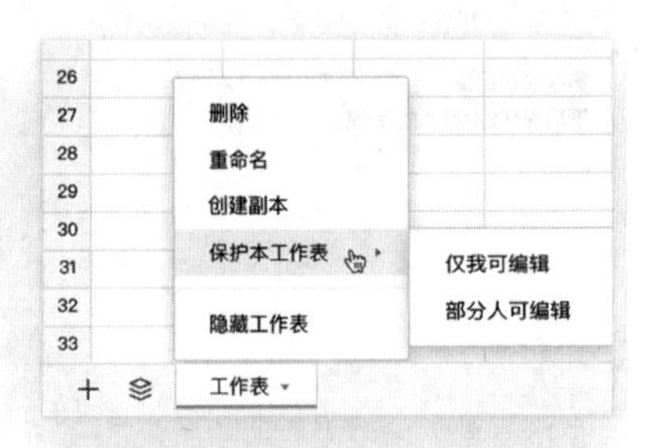

保护单元格或工作表

可锁定单元格或工作表，灵活设置不同协作者的查看/编辑权限。

(b)

图 2-30　高效收集处理数据的在线表格

3. 可远程演示的在线幻灯片

支持常用的形状和动画，可导入本地 PPT，随时随地协作编辑，高效汇总文档，分享链接即可邀请好友在线远程演示，手机端、电脑端均可查看。如图 2-31 所示。

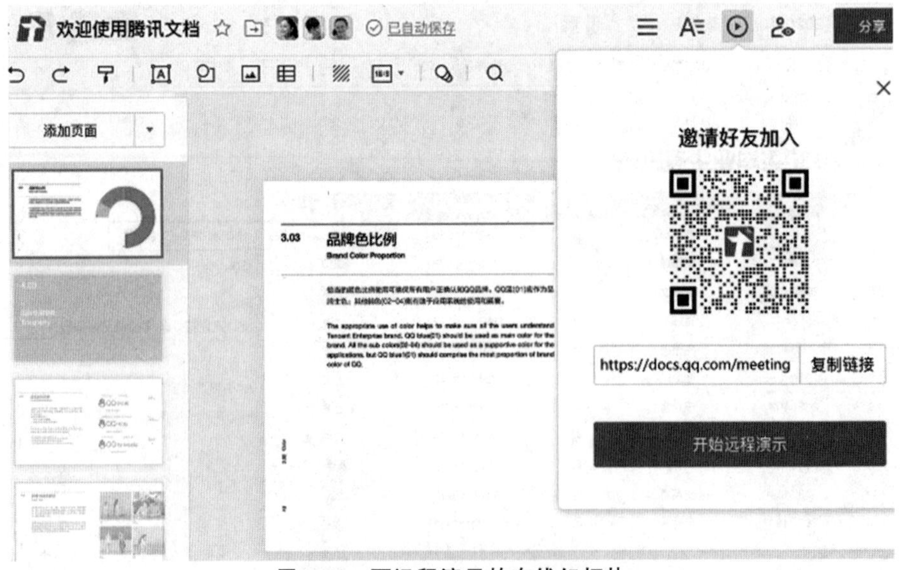

图 2-31　可远程演示的在线幻灯片

4. 可收集百万份信息的在线收集表

一张收集表可收集百万份信息，结果实时汇总到在线表格，数据实时分析；提供单选、多选、图片、温度、位置等丰富的问题类型，支持数据校验，高效收集信息。如图 2-32 所示。

图 2-32　可收集百万份信息的在线收集表

5. 随时在线查看的电子文档

支持导入 100 MB 以内的 PDF 文档，文档格式和内容完整显示，多平台在线查看，方便将链接分享给 QQ/微信好友。如图 2-33 所示。

图 2-33　随时在线查看的电子文档

2.6 了解物联网

物联网是一个基于互联网、传统电信网等信息承载体，让所有能够被独立寻址的普通物理对象实现互联互通的网络。它具有普通对象设备化、自治终端互联化和普适服务智能化三个重要特征。

- 了解物联网技术的现状与发展，了解网络体系结构；
- 了解物联网技术的现状与发展；
- 了解典型的物联网系统并体验应用，如智能监控、智能物流等。

2.6.1 揭开物联网神秘的面纱

1. 产生的背景

从 1995 年比尔·盖茨提出物联网概念到现在，物联网技术发展迅猛，如表 2-4 所示。

表 2-4　物联网的发展

时间	起源	发展
1995 年	比尔·盖茨的《未来之路》	首次提出"物联网"的设想，只是当时受限于无线网络、硬件及传感设备的发展，并未引起重视
1998 年	美国麻省理工学院(MIT)	提出 EPC 系统的物联网构想
1999 年	美国 MIT AUTO-ID 中心	在物品编码、RFID 技术基础上，提出物联网的概念
2005 年 11 月	国际电信联盟(ITU)	发布了《ITC 互联网报告 2005：物联网》。报告指出，无所不在的"物联网"通信时代即将来临，世界上所有的物体从轮胎到牙刷、从房屋到纸巾都可以通过因特网主动进行交换信息。射频识别技术(RFID)、传感器技术、纳米技术、智能嵌入技术是实现物联网的四大技术，将得到更加广泛的应用。国际电信联盟专门成立了"泛在网络"社会国际专家工作组，是物联网的常设咨询机构
2008 年	美国国家情报委员会(NIC)	发表的《2025 对美国利益潜在影响的关键技术》报告中将物联网设为 6 种关键技术之一
2009 年 1 月	IBM 首席执行官彭明盛	提出"智慧地球"，其中物联网为"智慧地球"不可或缺的一部分
2009 年	奥巴马	就职演讲后已对"智慧地球"构想提出积极回应，并提升到国家发展战略

各个国家开始部署物联网的规划，我国也把物联网提升到国家战略层面，在《政府工作报告》中将"加快物联网的研发应用"纳入重点振兴产业。物联网也被正式列为国家五大战

略性新兴产业之一。欧洲、日本、韩国等也相继出台了自己的发展计划。

2. 全球物联网发展现状

全球物联网应用的总体情况是美、欧、日、韩等少数国家起步较早，总体实力较强，中国物联网应用发展迅速。当前多为垂直领域物联网应用，应用水平较低，规模化应用较少。

2009年8月时任国家总理温家宝提出“感知中国”，物联网被正式列为国家五大新兴战略性产业之一，写入政府工作报告，物联网在中国受到了全社会极大的关注。

在2009年12月国务院经济工作会议上，明确提出了要在电力、交通、安防和金融行业推进物联网的相关应用。我国已在无线智能传感器网络通信技术、微型传感器、传感器终端机和移动基站等方面取得重大进展，目前已拥有从材料、技术、器件、系统到网络的完整产业链。目前，我国传感网标准体系已形成初步框架，向国际标准化组织提交的多项标准提案已被采纳，中国与德、美、韩一起成为国际标准制定的主导国。

中国在物联网发展方面起步较早，技术和标准发展与国际基本同步。《国家中长期科技发展规划纲要(2006—2020)》在重大专项、优先主题、前沿技术三个层面均列入传感网的内容，正在实施的国家科技重大专项也将无线传感网作为主要方向之一，对若干关键技术领域与重要应用领域给予支持。

在应用发展方面，物联网已在中国公共安全、民航、智慧交通、医疗卫生、工业控制、环境监测、智能电网、农业等行业得到初步规模性应用，部分产品已打入国际市场。例如，智能交通中的磁敏传感节点已布设在美国旧金山的公路上；中高速图传传感网设备销往欧洲，并已安装于警用直升机；周界防入侵系统水平处于国际领先地位。2009年中国的物联网芯片“唐芯一号”研制成功。

总体看来，中国物联网研究没有盲目跟从国外，而是面向国家重大战略和应用需求，开展物联网基础标准体系、关键技术、应用开发、系统集成和测试评估技术等方面的研究，形成了以应用为牵引的特色发展路线，在技术、标准、产业及应用与服务等方面接近国际水平。

2.6.2 认识智慧城市

所谓的智慧城市，就是把新一代信息技术充分运用在城市的各行各业之中的基于知识社会下一代创新(创新2.0)的城市信息化高级形态。

智慧城市的概念最早源于IBM提出的“智慧地球”这一理念。智慧城市系统是一个复合庞大的系统，它包括一系列子系统。

1. 智慧城市信息体系结构

智慧城市的信息体系结构是以用户为中心，各种物联网体系周向排布的多层结构。智慧城市的基本组成单元是物联网。

智慧城市的信息体系结构建立在物联网六域模型之上，以六域模型为基础。考虑到智慧城市中物联网内信息流转的特点，可以将智慧城市的信息体系结构归纳为五域结构，依次为用户域、服务域、管理域、通信域、对象域，如图2-34所示。

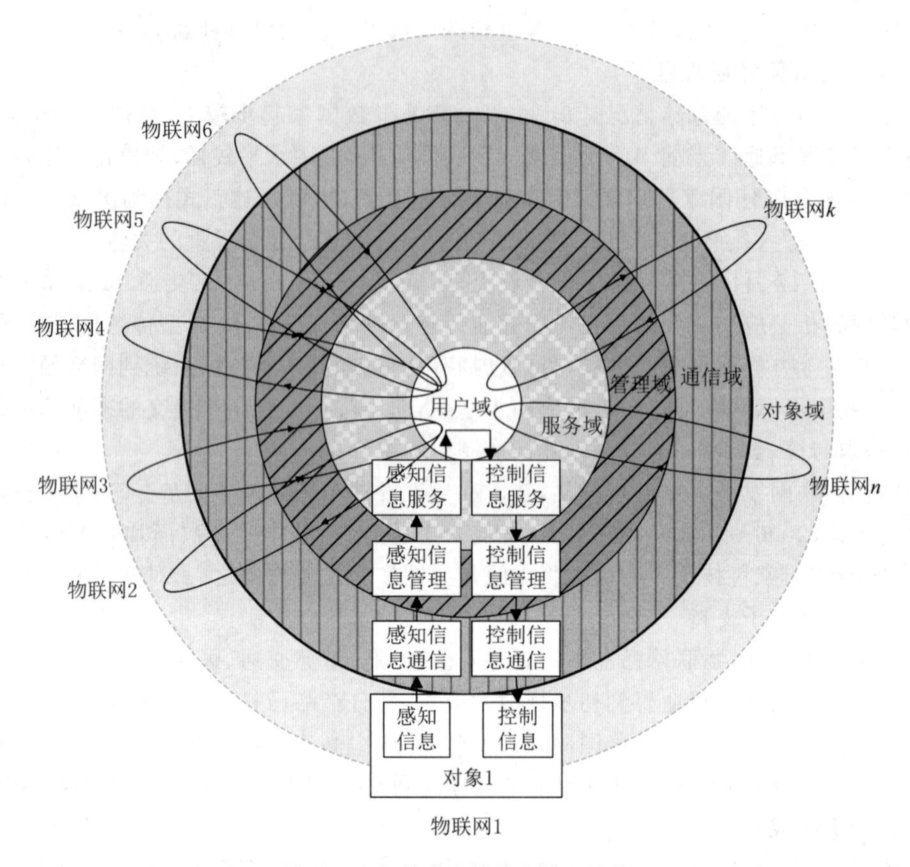

图 2-34　智慧城市的信息体系结构

2. 智慧城市物理体系结构

智慧城市的物理体系结构是以用户端为中心的五层结构，根据物理实体在智慧城市中的作用不同，将智慧城市物理实体分为传感器、无线传感器网络、运营商管理设施、公共服务设施、用户端五个物理层。

3. 智慧城市功能体系结构

智慧城市功能体系是智慧城市实现的方式，包括五大功能平台：对象平台、通信平台、管理平台、服务平台和用户平台。如图 2-35 所示。

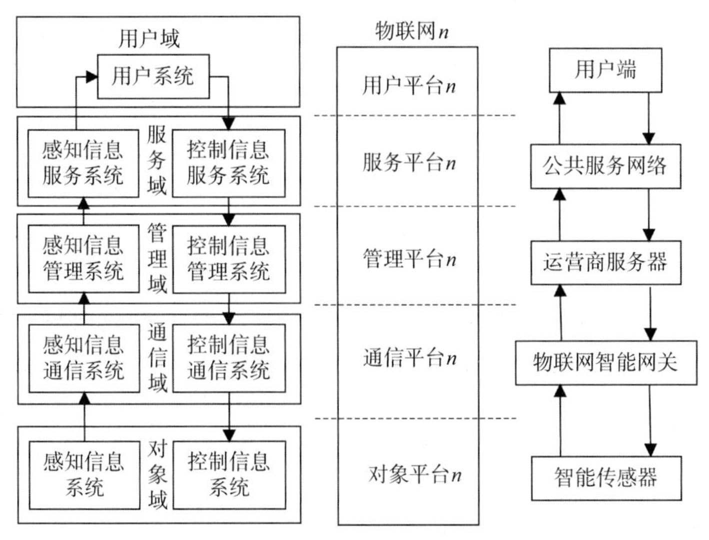

图 2-35　智慧城市的体系结构

2.6.3 物联网典型行业应用

1. 智慧物流

智慧物流指的是以物联网、大数据、人工智能等信息技术为支撑,在物流的运输、仓储、运输、配送等各个环节实现系统感知、全面分析及处理等功能。当前,应用于物联网领域主要体现在三个方面:仓储、运输监测以及快递终端等,通过物联网技术实现对货物的监测以及运输车辆的监测,包括货物车辆位置、状态、货物温湿度、油耗及车速等。物联网技术的使用能提高运输效率,提升整个物流行业的智能化水平。

2. 智能交通

智能交通是物联网的一种重要体现形式,利用信息技术将人、车和路紧密地结合起来,改善交通运输环境,保障交通安全,提高资源利用率。运用物联网技术具体的应用包括智能公交车、共享单车、车联网、充电桩监测、智能红绿灯以及智慧停车等领域。其中,车联网是近些年来各大厂商及互联网企业争相进入的领域。

3. 智能安防

安防是物联网的一大应用市场,因为安全永远都是人们的一个基本需求。传统安防对人员的依赖性比较大,非常耗费人力,而智能安防能够通过设备实现智能判断。目前,智能安防最核心的部分在于智能安防系统,该系统是对拍摄的图像进行传输与存储,并对其分析与处理。一个完整的智能安防系统主要包括三大部分:门禁、报警和监控,行业中主要以视频监控为主。

4. 智慧能源环保

智慧能源环保属于智慧城市的一部分,其物联网应用主要集中在水能、电能、燃气等能源以及井盖、垃圾桶等环保装置上,如智慧井盖监测水位以及状态,智能水电表实现远程抄表,智能垃圾桶自动感应等。将物联网技术应用于传统的水、电、光能设备进行联网,通过监测，提升利用效率，减少能源损耗。

5. 智能医疗

在智能医疗领域，新技术的应用必须以人为中心。而物联网技术是数据获取的主要途径，能有效地帮助医院实现对人和物的智能化管理。对人的智能化管理指通过传感器对人的生理状态（如心跳频率、体力消耗、血压高低等）进行监测，主要指的是医疗可穿戴设备，将获取的数据记录到电子健康文件中，方便个人或医生查阅。除此之外，通过 RFID 技术还能对医疗设备、物品进行监控与管理，实现医疗设备、用品可视化，主要表现为数字化医院。

6. 智慧建筑

建筑是城市的基石，技术的进步促进了建筑的智能化发展，以物联网等新技术为主的智慧建筑越来越受到人们的关注。当前的智慧建筑主要体现在节能方面，将设备进行感知、传输并实现远程监控，不仅能够节约能源，同时也能减少楼宇人员的运维。亿欧智库根据调查，了解到目前智慧建筑主要体现在用电照明、消防监测、智慧电梯、楼宇监测以及运用于古建筑领域的白蚁监测。

7. 智能制造

智能制造细分概念范围很广，涉及很多行业。制造领域的市场体量巨大，是物联网的一个重要应用领域，主要体现在数字化以及智能化的工厂改造，包括工厂机械设备监控和工厂环境监控。通过在设备上加装相应的传感器，使设备厂商可以远程随时随地对设备进行监控、升级和维护等，更好地了解产品的使用状况，完成产品全生命周期的信息收集，指导产品设计和售后服务；而厂房环境监控主要是采集温湿度、烟感等信息。

8. 智能家居

智能家居指的是使用不同的方法和设备，来提高人们的生活能力，使家庭变得更舒适、安全。物联网应用于智能家居领域，能够对家居类产品的位置、状态、变化进行监测，分析其变化特征，同时根据人的需要，在一定的程度上进行反馈。智能家居行业发展主要分为三个阶段：单品连接、物物联动和平台集成。其发展的方向首先是连接智能家居单品，随后走向不同单品之间的联动，最后向智能家居系统平台发展。当前，各个智能家居类企业正在从单品连接向物物联动过渡。

9. 智能零售

行业内将零售按照距离分为三种不同的形式：远场零售、中场零售、近场零售，三者分别以电商/商场、超市和便利店、自动售货机为代表。物联网技术可以用于近场和中场零售，且主要应用于近场零售，即无人便利店和自动（无人）售货机。智能零售通过将传统的售货机和便利店进行数字化升级、改造，打造无人零售模式。通过数据分析，并充分运用门店内的客流和活动，为用户提供更好的服务，为商家提供更高的经营效率。

10. 智慧农业

智慧农业指的是利用物联网、人工智能、大数据等现代信息技术与农业进行深度融合，实现农业生产全过程的信息感知、精准管理和智能控制的一种全新的农业生产方式，可实现农业可视化诊断、远程控制以及灾害预警等功能。物联网应用于农业主要体现在两个方面：农业种植和畜牧养殖。

农业种植通过传感器、摄像头和卫星等收集数据，实现农作物数字化和机械装备数字化（主要指的是农机车联网）发展。畜牧养殖指的是利用传统的耳标、可穿戴设备以及摄像头等收集畜禽产品的数据，通过对收集到的数据进行分析，运用算法判断畜禽产品健康状况、喂养情况、位置信息及预测发情期等，对其进行精准管理。

1. 要想访问因特网上的 WWW 页面，计算机需要安装的软件是(　　)。
A)Office　　B)Dreamweaver　　C)浏览器　　D)编辑器
2. 浏览器的收藏夹中收藏的内容主要是(　　)。
A)下载的图片　　B)下载的网页　　C)网页的地址　　D)网页的内容
3. FTP 指的是(　　)。
A)文件传输协议　　B)超文本传输协议
C)简单邮件传输协议　　D)邮局协议
4. 通过浏览器访问网站 http://www.qq.com 浏览网页，使用的协议是(　　)。
A)FTP　　B)ISP　　C)HTTP　　D)POP3
5. QQ、微信等类型的软件，其主要的用途是(　　)。
A)下载文件　　B)即时通信　　C)网络购物　　D.在线游戏
6. 打开网页后从网页上下载了一个文件，使用的网络服务有(　　)。
A)远程登录、文件传输　　B)信息浏览、文件传输
C)信息浏览、电子邮件　　D) BBS、文件传输
7. 下列网络行为中，使用了文件传输服务的是(　　)。
A)使用微信聊天　　B)浏览网页
C)发送电子邮件　　D)从网上下载软件
8. 下列选项中，正确的电子邮箱地址是(　　)。
A)qq. com@zhuofan　　B)zhuofan@qq. com
C)zhuofan. qq@com　　D)zhuofan. qq. com
9. 下列选项中，不属于搜索引擎的是(　　)。
A)百度　　B)天猫　　C)谷歌　　D)必应
10. 想要访问某个中学的校园网站，需要知道(　　)。
A)校园网站的网址　　B)学校的电子邮箱
C)学校的地址　　D)学校的官方微博
11. 下列软件中，不属于即时聊天软件的是(　　)。
A)QQ　　B)微信　　C)钉钉　　D)美团
12. 不能用于在网络上展示个人动态的是(　　)。
A)微信朋友圈　　B)QQ 空间　　C)电子邮箱　　D)微博
13. 每个电子邮箱地址中都包含符号“@”，“@” 符号前面的内容是(　　)。
A)用户计算机名　　B)邮件服务器主机名
C)电子邮箱账户　　D)因特网服务提供商

14. 小明想把自己的照片、生活视频、学习资料等内容存放到网络上，以便随时随地通过网络与好友分享，下列具有这种功能的是（　　）。
A)云盘　　B)U 盘　　C)光盘　　D)移动硬盘
15. 网址 http://www.netly.com.cn 中，com 表示该网站属于（　　）。
A)商业组织　　B)政府机关
C)军事部门　　D)教育机构
16. 如果发送电子邮件时，收件人地址填写错误，那么电子邮件将（　　）。
A)反复发送　　B)被退回　　C)丢失　　D)被删除
17. 下列关于送电子邮件的说法，正确的是（　　）。
A)不能将电子邮件同时发给多个人　　B)电子邮件的内容只能是文本
C)发件人不能给自己发送电子邮件　　D)可以通过电子邮件的附件来发送文件
18. 在因特网上查找所需的信息，应该使用（　　）。
A)电子邮件　　B)下载软件　　C)即时通信设备　　D)搜索引擎
19. 下列关于电子邮箱的说法，正确的是（　　）。
A)电子邮箱就是邮局中的私人信箱　　B)电子邮箱位于邮件服务器的硬盘上
C)电子邮箱位于邮件服务器的内存中　　D)电子邮箱位于用户计算机的硬盘上
20. 下列关于发送电子邮件的说法，正确的是（　　）。
A)给别人发送电子邮件，自己首先要有一个电子邮箱
B)需要知道收件人的电子邮箱和登录密码
C)不能同时给多个人发送电子邮件
D)通过电子邮件不能发送文件
21. 下列关于电子邮件的说法，错误的是（　　）。
A)发件人必须在线才能发送成功　　B)可以自己给自己发送
C)只能发给一个人　　D)可以将收到的邮件转发给他人
22. 下列关于电子邮件中添加附件的说法，错误的是（　　）。
A)可以添加图形文件　　B)可以添加声音文件
C)可以添加视频文件　　D)可以添加文件夹
23. 使用搜索引擎在网络上查找信息时，搜索框中输入的内容称为（　　）。
A)网址　　B)文件名　　C)网站名　　D)关键字
24. 因特网上采用统一资源定位器来识别网络上的资源，其简称为（　　）。
A) HTTP　　B) IP　　C) TCP　　D) URL
25. 下列属于专业下载工具的是（　　）。
A)迅雷看看　　B)酷狗音乐　　C)暴风影音　　D)迅雷
26. 在 IE 浏览器中，工具栏上“刷新”按钮的作用是（　　）。
A)停止下载当前网页　　B)将当前网页添加到收藏夹
C)重新下载当前网页　　D)返回到主页面
27. 要将网页中的图片保存到本地，正确的操作是（　　）。
A)右击该图片，在弹出的快捷菜单中选择“添加到收藏夹”命令
B)右击该图片，在弹出的快捷菜单中选择“目标另存为”命令

C)单击该图片,选择"图片另存为"命令

D)右击该图片,在弹出的快捷菜单中选择"图片另存为"命令

28. 在浏览网页时,当鼠标的指针变成"小手"形状时,说明指针指向的区域(　　)。

A)有下拉框　　B)可以输入　　C)可以复制　　D)有超链接

29. 打开网页浏览信息,使用的因特网服务是(　　)。

A)电子邮件　　B)远程登录　　C)万维网　　D)电子公告板

30. 以下不属于网络设备的是(　　)。

A)交换机　　B)中继器　　C)MPU　　D)网桥

31. 以下 IP 地址属于 B 类地址的是(　　)。

A)10.120.12.12　　B)172.126.12.12

C)192.168.12.12　　D)202.16.12.12

32. OSI 参考模型一共分为七层,其中最高层是(　　)。

A)物理层　　B)数据链路层　　C)应用层　　D)网络层

33. 下列选项中与其他选项分类方法不同的是(　　)。

A)城域网　　B)星形网　　C)局域网　　D)广域网

34. 从网络覆盖范围上讲,因特网是(　　)。

A)互联网　　B)局域网　　C)远程网　　D)广域网

35. Internet 的前身是(　　)。

A)Intranet　　B)Ethernet　　C)ARPAnet　　D)Cemet

第3章

图文编辑

（WPS Office 2019之文字）

WPS Office是由金山软件股份有限公司自主研发的一款办公软件套装，可以实现办公软件最常用的文字、表格、演示、PDF阅读等多种功能。

WPS文字编辑的主要功能有新建Word文档功能，支持.doc、.docx、.dot、.dotx、.wps、.wpt文件格式的打开编辑，包括加密文档；支持对文档进行查找替换、修订、字数统计、拼写检查等操作；编辑模式下支持文档编辑，文字、段落、对象属性设置，插入图片等功能；支持批注、公式、水印、OLE对象的编辑显示，帮助用户制作图文并茂的文档。

- 理解图文编辑软件(WPS Office 2019之文字)的功能和特点；
- 熟练掌握文档的创建、编辑、保存以及打开、关闭的方法；
- 熟练掌握文档的类型转换与文档合并；
- 掌握打印预览和打印文档内容；
- 熟练掌握文本的查找与替换；
- 掌握对文档信息的加密和保护；
- 熟练掌握设置文本的字体、段落和页面格式；
- 掌握使用样式对文本格式的快捷设置；
- 掌握对文档插入和设置批注、页眉页脚和页码；
- 掌握对文档插入和设置文本框、艺术字和图片；
- 熟练掌握插入和编辑表格；
- 熟练掌握设置表格格式；
- 熟练掌握文本与表格的相互转换；
- 掌握绘制简单图形；
- 了解图文版式设计基本规范；
- 掌握图、文、表混合排版和美化处理。

3.1 WPS文字入门

任务目标

➢ 理解图文编辑软件(WPS Office 2019之文字)的功能和特点；
➢ 熟练掌握文档的创建、编辑、保存以及打开、关闭的方法；
➢ 熟练掌握文档的类型转换与文档合并；
➢ 掌握打印预览和打印文档内容；
➢ 熟练掌握文本的查找与替换；
➢ 掌握对文档信息的加密和保护。

知识储备

3.1.1 认识WPS Office

WPS Office是由金山软件股份有限公司自主研发的一款办公软件套装，可以实现办公软件最常用的文字、表格、演示、PDF阅读等多种功能。具有内存占用低、运行速度快、云功能多、强大插件平台支持、免费提供海量在线存储空间及文档模板的优点，被广泛应用于日常办公中。

1. WPS文字的功能

WPS文字是WPS Office中的重要组件之一，集编辑与打印于一体，具有丰富的全屏幕编辑功能，并提供各种输出格式及打印功能，使打印出的文稿既美观又规范，基本上能满足各类文字工作者编辑、打印各种文件的需求。具体功能如下：

(1)新建Word文档功能；

(2)支持.doc、.docx、.dot、.dotx、.wps、.wpt等文件格式的打开，包括加密文档；

(3)支持对文档进行查找替换、修订、字数统计、拼写检查等操作；

(4)编辑模式下支持文档编辑，文字、段落、对象属性设置，插入图片等功能；

(5)阅读模式下支持文档页面放大、缩小，调节屏幕亮度，增减字号等功能；

(6)独家支持批注、公式、水印、OLE对象的显示。

2. 启动WPS Office 2019

单击“开始”按钮→“所有程序”→“WPS Office”→“WPS Office”，或双击桌面上已创建的“WPS Office”快捷方式图标，可以启动WPS Office软件，进入“首页”界面，如图3-1(左)所示。然后再打开或新建文档，即可进入WPS文字。

双击WPS文字的某一个文档，也可以启动WPS Office 2019软件，并载入文档内容。

3. 退出WPS Office 2019

单击WPS Office主窗口右上角的“关闭”按钮；或右击任务栏的WPS图标，在弹出的快捷菜单中选择“关闭窗口”；或将鼠标移动到任务栏WPS图标上，将出现缩略窗口，将鼠标指向该窗口，单击右上角出现的“关闭”按钮；或按键盘上快捷键Alt+F4，可以退出WPS

Office 2019 软件。

单击菜单“文件”→“退出”命令，可退出文档，但 WPS Office 软件并没有关闭，而是呈现“首页”界面，如图 3-1(右)所示。

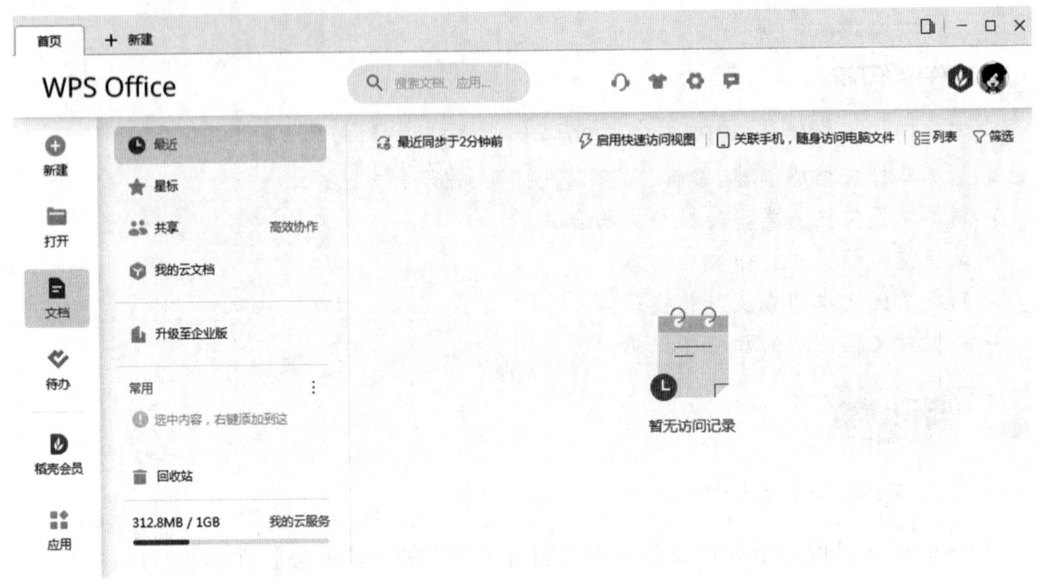

图 3-1　首页界面

3.1.2 文档的基本操作

1. 认识主窗口

WPS 文字启动后，屏幕上将出现如图 3-2 所示的主窗口界面。主窗口由菜单栏、状态栏、选项卡、工具按钮、编辑区、滚动条等组成。

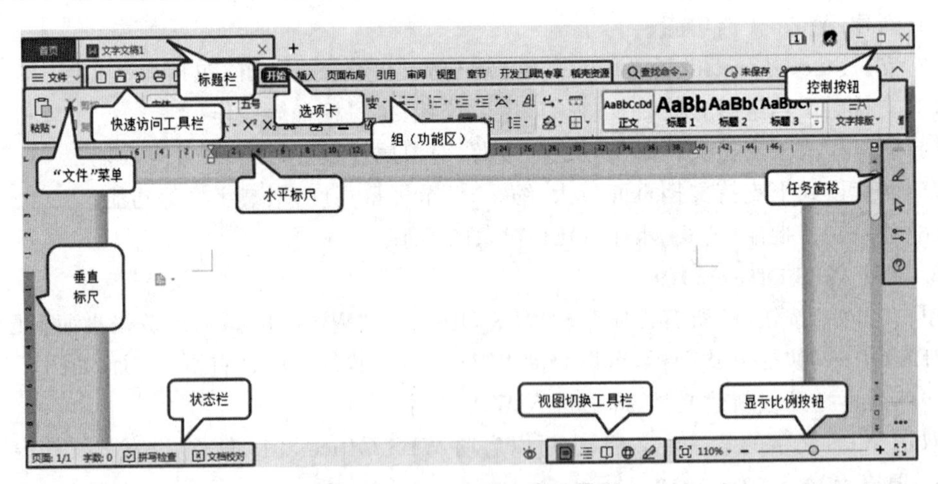

图 3-2　WPS 文字主窗口界面

2. 创建文档

单击菜单“文件”右边的三角按钮，在下拉列表中选择“文件”→“新建”命令，或按快捷键

Ctrl+N,或直接单击“快速访问工具栏”中的“新建”按钮,都可以新建一个“文字文稿1.docx”空白文档,如图 3-3 所示。

图 3-3　创建空白文档

单击 ☰ 文件 按钮,在下拉列表中选择“新建”→“新建”命令;或单击“首页”,在界面中点击“新建”按钮;或在正在编辑的文档窗口中单击标题选项卡右侧的“新建标签”按钮,将打开如图 3-4 所示的界面,然后可在“文字”选项卡中单击“新建空白文档”,创建空白文档。

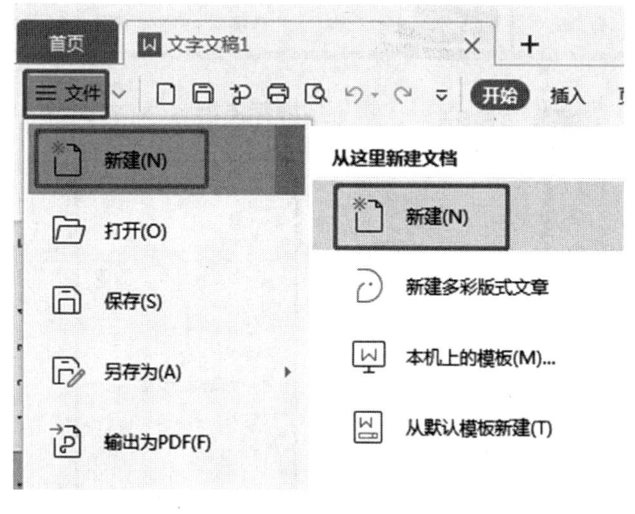

(a)

(b)

(c)

图 3-4　创建空白文档

3. 编辑文档

(1)输入文本

新建空白文档后，在文档编辑区，通过单击鼠标或键盘四个方向按键来定位光标，在光标闪烁处即可输入文本内容。输入文本时，插入点自动后移，输入一行到结尾时，会自动换行。每输入一个自然段后按回车键换行，插入点自动移到下一行行首。

①插入符号

在“插入”选项卡中单击“符号”按钮或在下拉列表中选择“其他符号”命令，可以打开“符号”对话框，选择一种“字体”，然后选择需要的符号插入，如图 3-5 所示。

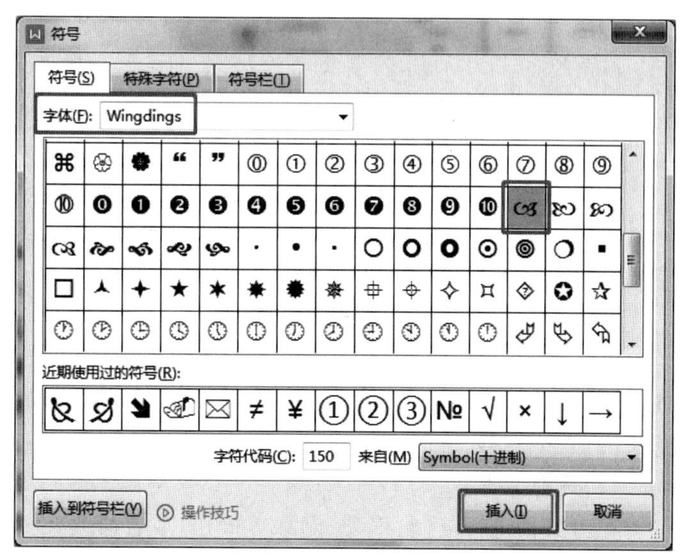

图 3-5　插入符号

②插入日期和时间

在“插入”选项卡中单击“日期”按钮，可以打开“日期”对话框，选择一种“格式”，如图 3-6 所示，即可插入日期和时间。

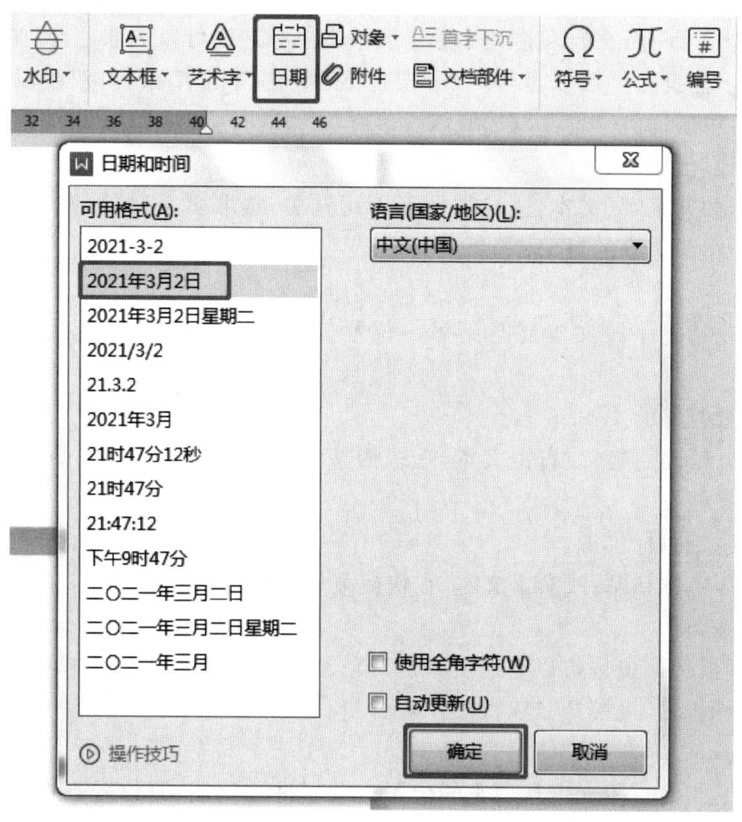

图 3-6　插入日期和时间

③段落的合并与拆分

段落以回车为标志，若要将下一段合并到上一段的末尾，只要把光标移到上一段的末尾，按 Delete 键，或者把光标移到下一行行首，按 Backspace 键。如要拆分段落，只需将光标置于拆分处，按回车键即可。

④删除字符

按 Delete 键删除光标右边的字符，按 Backspace 键删除光标左边的字符。也可以先选定要删除的文本然后按 Delete 键或 Backspace 键。

⑤插入/改写

默认的编辑状态是"插入"状态，在当前光标处输入文字，输入的文字将插入到插入点处，光标后移；按 Insert 键编辑状态将变为"改写"状态，后来输入的文字将覆盖原插入点处的文字，光标后移。

(2)选择文本

在对文档进行复制、移动、删除等操作，或者修改文档的字体、字号时，首先要选择文本。被选取的文本在屏幕上表现为"黑底白字"。选择文本的方法有多种，根据不同的需求选择不同的文本选取方法，可加快操作速度。

①选取全文

单击"开始"选项卡的"选择"→"全选"命令；或移动鼠标至文档左侧选定区，三击鼠标；或使用快捷键 Ctrl＋A；或按住 Ctrl 键的同时单击文档左边的选定区，可选取全文。

②选定部分文档

把鼠标指针移动到要选取的第一个字符前，按住鼠标左键，拖曳到选取字符的末尾，松开鼠标可选取多个字符；在行左边文本选定区单击鼠标左键可以选取一行，如继续按住鼠标左键并向上或下拖曳便可选取多行，或者按住 Shift 键，单击结束行；双击段落左侧的选定区，或三击段落中的任何位置可以选取该段落。

③选取其他对象

单击对象，如艺术字、文本框、自选图形即可选中；选取多个对象，则要按住 Shift 键不放，再逐个单击将要选取的对象。

(3)复制文本

复制文本是指将一段文本复制到另一位置，原位置上的文本仍保留。具体操作步骤如下：

①选择需要复制的文本。

②按 Ctrl＋C 键复制；或右击文本，在快捷菜单上选择"复制"命令；或单击"开始"选项卡中的"复制"按钮。

③将光标移到目标位置。

④按 Ctrl＋V 键粘贴；或右击文本，在快捷菜单上选择"粘贴"命令；或单击"开始"选项卡中的"粘贴"按钮。

此外，使用鼠标拖曳也可以复制文本或对象。选定将要复制的文本，按住 Ctrl 键不放，将其拖曳到目标位置，先松开鼠标再松开 Ctrl 键。

(4)移动文本

移动文本是指将一段文本从原来的位置移动到另一位置，原位置不保留该文本。具体操作步骤如下：

①选择需要移动的文本。

②按 Ctrl＋X 键剪切；或右击文本，在快捷菜单上选择“剪切”命令；或单击“开始”选项卡中的“剪切”按钮。

③将光标移到目标位置。

④按 Ctrl＋V 键粘贴；或右击文本，在快捷菜单上选择“粘贴”命令；或单击“开始”选项卡中的“粘贴”按钮。

此外，使用鼠标拖曳也可以移动文本或对象。选定将要移动的文本，按下鼠标左键将其拖曳到目标位置再松开鼠标。

(5)撤销与恢复

对于不慎出现的误操作，可以单击快速访问工具栏上的“撤消”按钮，或使用快捷键 Ctrl＋Z 来取消误操作。

4. 保存文档

在编辑文档的过程中为了防止出现意外，如断电、死机等原因造成数据丢失需要及时保存文档。文档第一次保存会弹出“另存为”对话框，已保存过的文档编辑后再单击“保存”将直接保存在原位置。若要改变文件名或位置重新存盘，必须选择“另存为”命令。默认保存的文档格式为“.docx”，单击“文件”按钮或右边下三角按钮，选择“保存”或“另存为”命令，或单击“快速访问工具栏”中的保存按钮，或按快捷键 Ctrl＋S，都可以保存文档，如图 3-7 所示。

图 3-7　保存文档

5. 打开文档

先打开 WPS Office 软件，单击“打开”按钮，在弹出的对话框中找到将要打开的文件名并双击。或在“文档”中直接选择需要打开的文件名并双击，如图 3-8 所示。

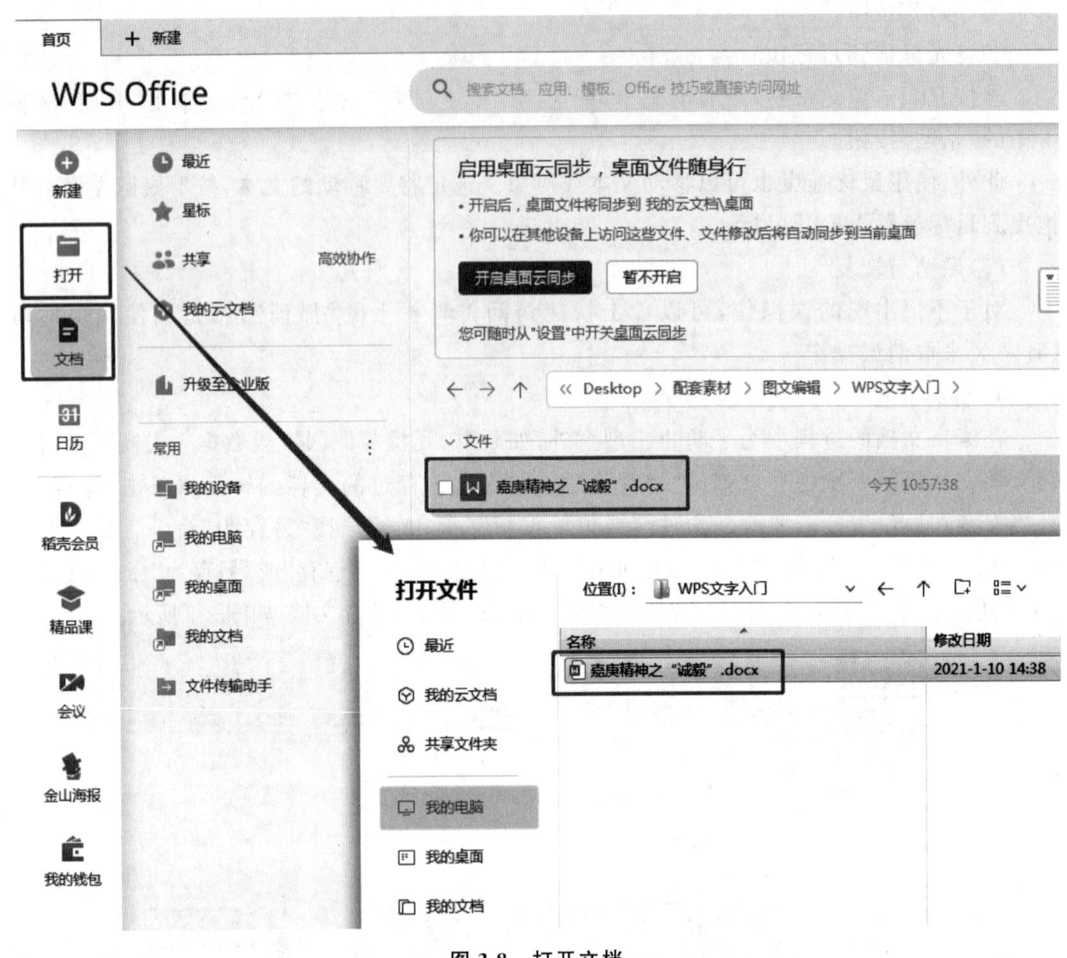

图 3-8　打开文档

也可以双击要打开文档的快捷方式图标。或者先打开 WPS 文字软件，单击“文件”按钮或右边下三角按钮，选择“打开”命令，或按快捷键 Ctrl+O，如图 3-9 所示，然后在弹出的对话框中找到将要打开的文件名并双击。

6. 关闭文档

单击文档标签右边的“关闭”按钮，或单击“文件”按钮右边的下三角按钮，在“文件”中选择“关闭”命令，如图 3-9 所示，可关闭该文档，但没有退出 WPS Office 软件。

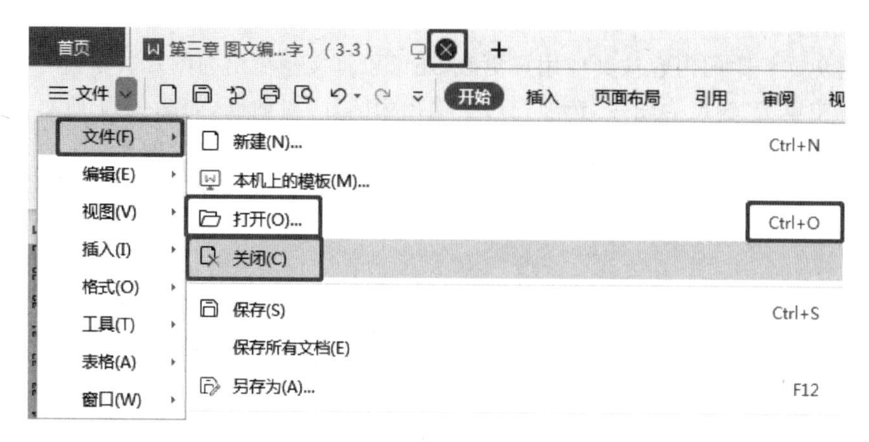

图 3-9　打开和关闭文档

3.1.3 类型转换与合并

1. 文档的类型转换

(1)输出为 PDF

单击“文件”按钮,在下拉菜单中单击“输出为 PDF”选项,如图 3-10 所示。打开“输出为 PDF”对话框,设置输出范围、PDF 样式和保存目录,单击“开始输出”。输出完成后,在状态栏会显示“输出成功”,单击操作栏中的“打开文件”按钮可查看输出结果。

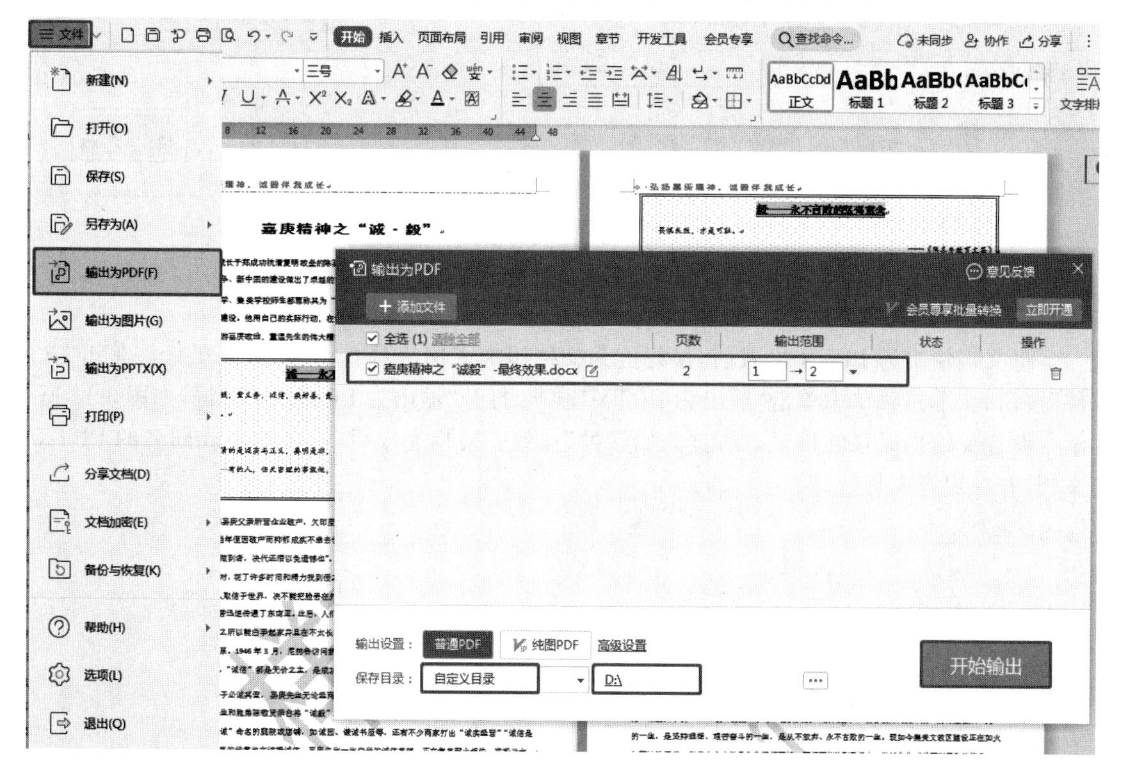

图 3-10　输出为 PDF

(2)输出为图片

为了避免文档中的内容被其他用户更改,还可以将文档输出为图片。单击“文件”按钮,在下拉菜单中单击“输出为图片”选项,打开“输出为图片”对话框,如图 3-11 所示。在“水印设置”栏选择“默认水印”选项,设置输出方式、格式和保存位置,取消勾选“备份到 WPS 网盘”复选框,单击“输出”按钮。转换完成后,会自动弹出“输出成功”复选框,单击“打开”按钮,即可看到文档已输出为图片。

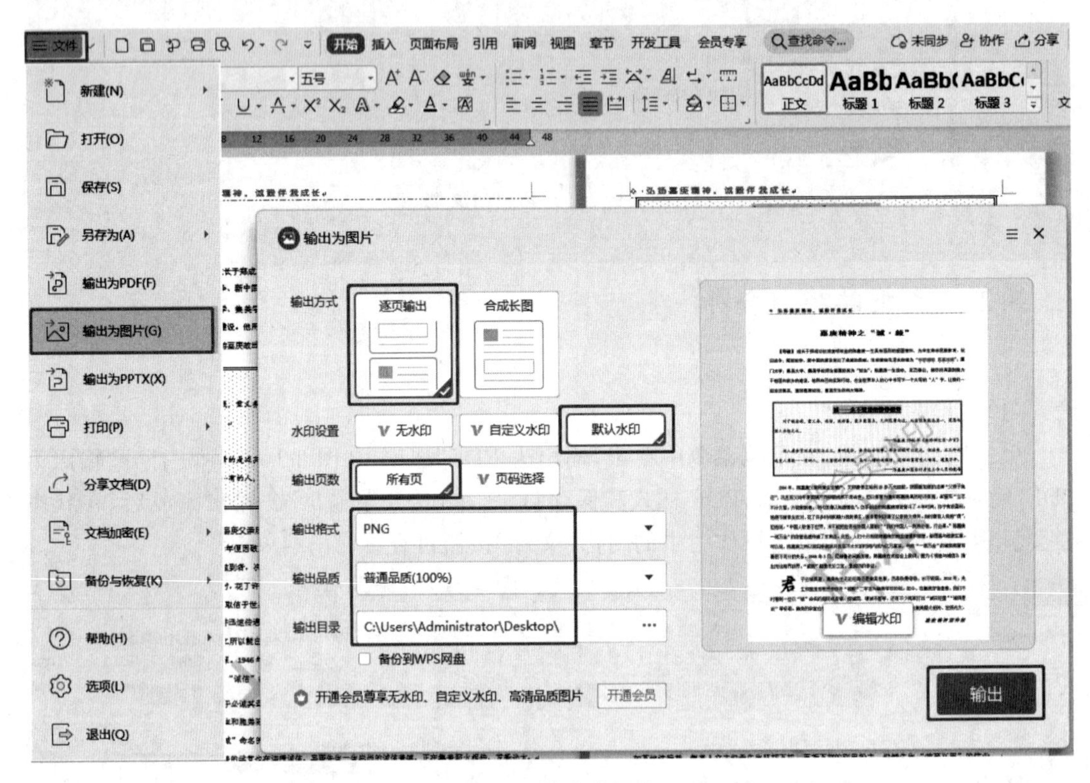

图 3-11　输出为图片

(3)输出为 PPTX

将文档输出为 PPTX 格式前,最好能为文档添加大纲编号,转化效果会更好。单击“文件”按钮,在下拉菜单中单击“输出为 PPTX”选项,打开“输出为 PPTX”对话框,如图 3-12 所示。设置要输出保存的目录,点击“开始转换”按钮。转换完成后,会自动生成同名的 PPTX 文档,并在窗口中打开。

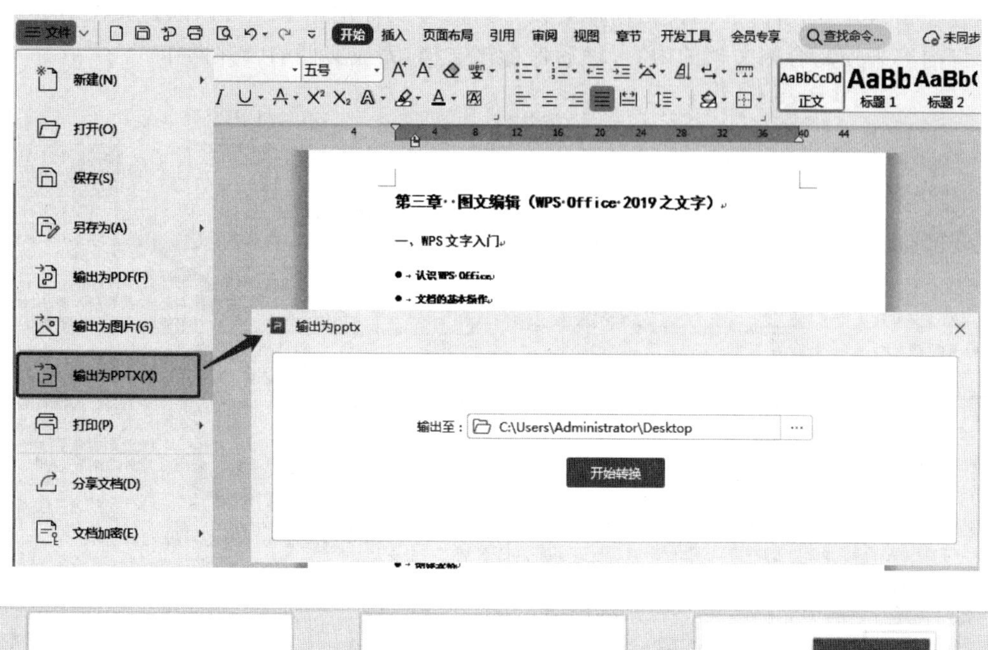

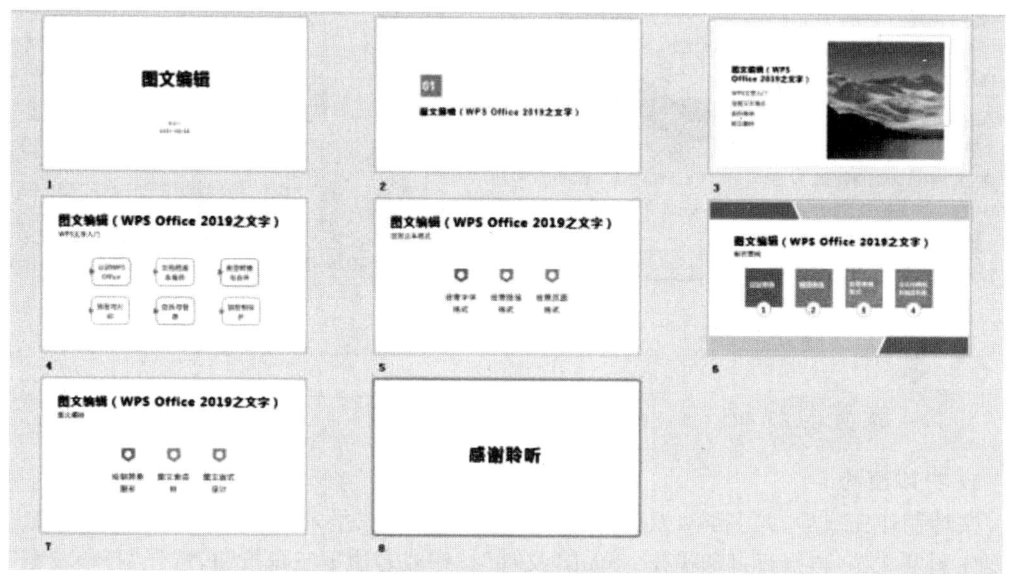

图 3-12　输出为 PPTX

2. 合并文档

对于制作好的文档,经常需要给其他人修改,可以对需要修改的两个文件进行比较,然后对修订内容进行设置,以便生成一个新的文件。

在“审阅”选项卡中单击“比较”按钮,在下拉列表中选择“比较”选项,打开“比较文档”对话框。在“原文档”和“修订的文档”下拉列表框中选择需要比较的文档文件名,单击确定后,窗口界面如图 3-13 所示,在“比较结果文档”窗格中浏览文档时,右侧的“原文档”和“修订的文档”窗格中的文档会随着滚动,显示对应的内容。

比较结果文档包含两个文档中的修改内容,两个文档中共同删除的内容不再出现,一个文档中存在而另一个文档不存在的内容,将作为插入文本并用“修订”标记出来。如果两个文档存在格式差别，合并后的文档同样会以“修订”方式标记出来。可以通过接受或拒绝这些修订内容来控制合并文档的内容，然后保存该文档，完成文档的合并操作。

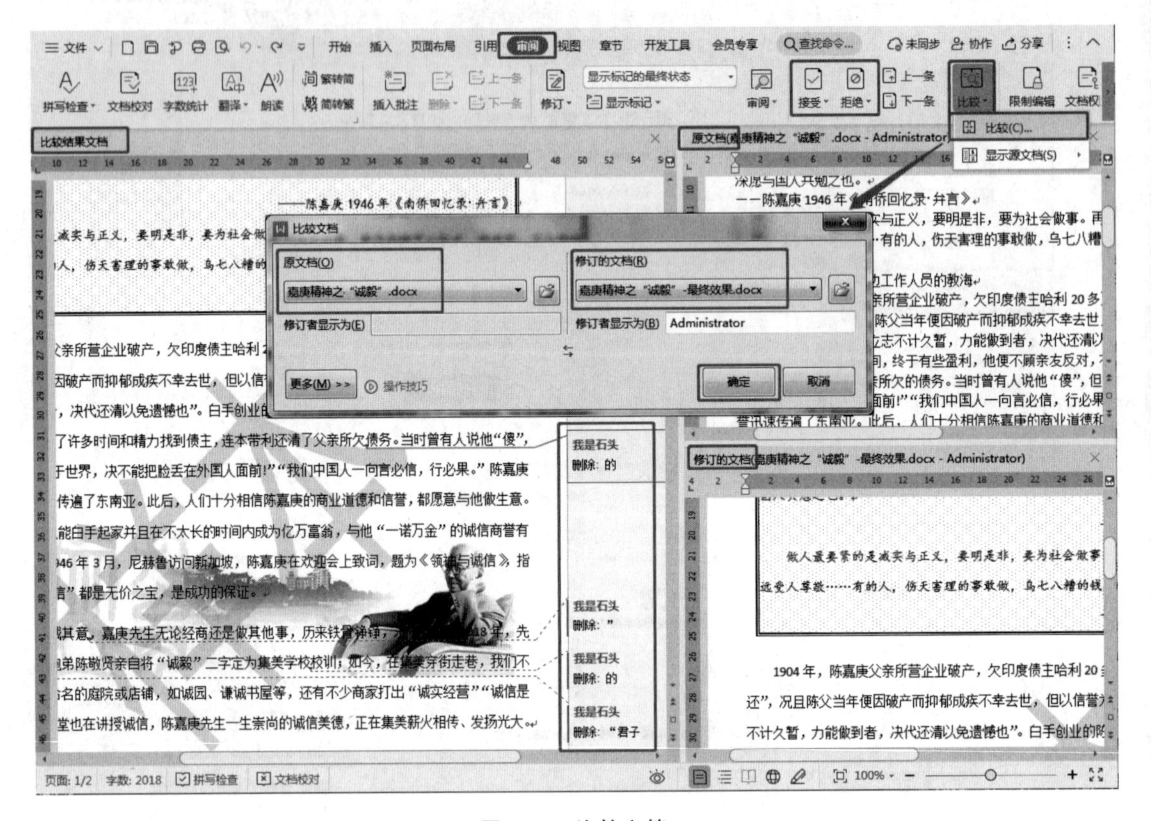

图 3-13　比较文档

3.1.4 预览与打印

1. 打印预览

文档制作完成后，大多都需要打印出来，以纸张的形式呈现在大家面前。在打印之前，需要先预览文档，再执行打印操作。单击“文件”按钮或右边下三角按钮，选择“打印预览”选项，或单击“快速访问工具栏”中的“打印预览”按钮，如图 3-14 所示。

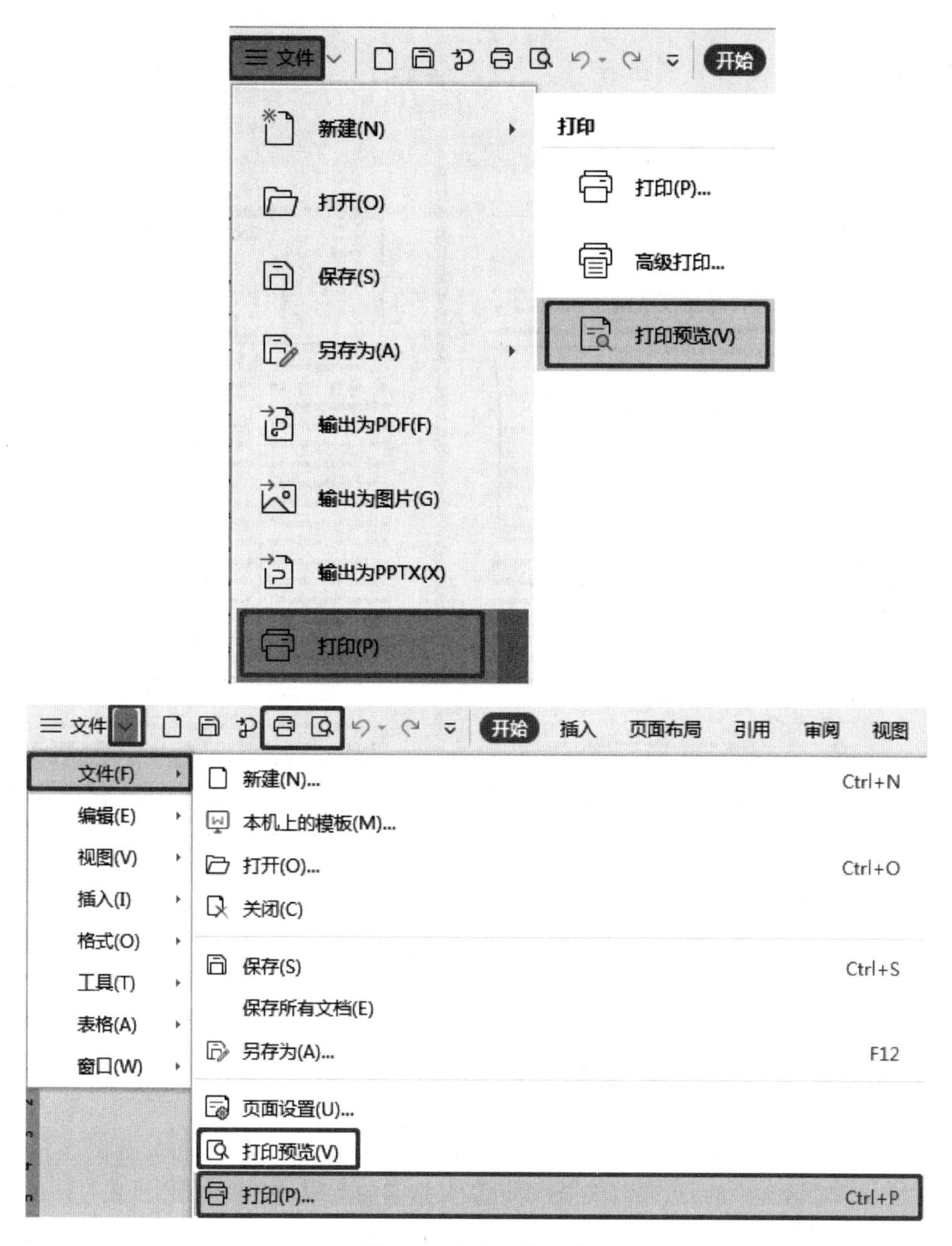

图 3-14　打印预览命令

预览之后,如果没有需要修改的地方,可以单击"打印预览"选项卡中的"直接打印"按钮打印文档。如果要退出打印预览界面,则单击"关闭"按钮,如图 3-15 所示。

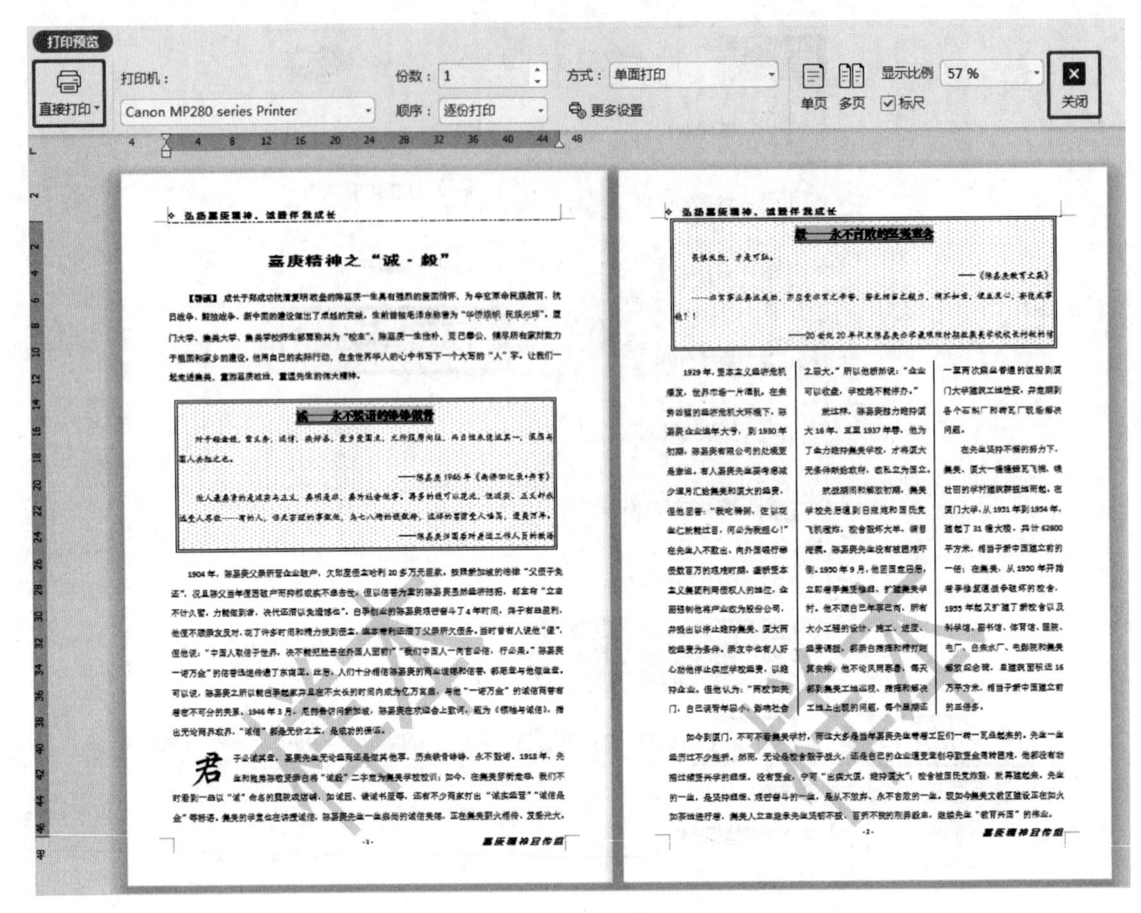

图 3-15 打印预览界面

2. 打印文档

如果需要打印文档的所有内容，可单击“文件”按钮或右边下三角按钮，选择“打印”命令，或按快捷键 Ctrl＋P，或单击“快速访问工具栏”中的“打印”按钮，打开“打印”对话框，单击“确定”按钮即可。

如果只要打印文档中的某几页，不需要将这几页文档重新排版再打印，如图 3-16 所示，只需在“打印”对话框中的“页码范围”栏中设置要打印的页码，在“副本”栏设置打印的份数，然后单击“确定”按钮即可。还可以勾选“双面打印”复选框，进行双面打印，以节约用纸，实现绿色办公。

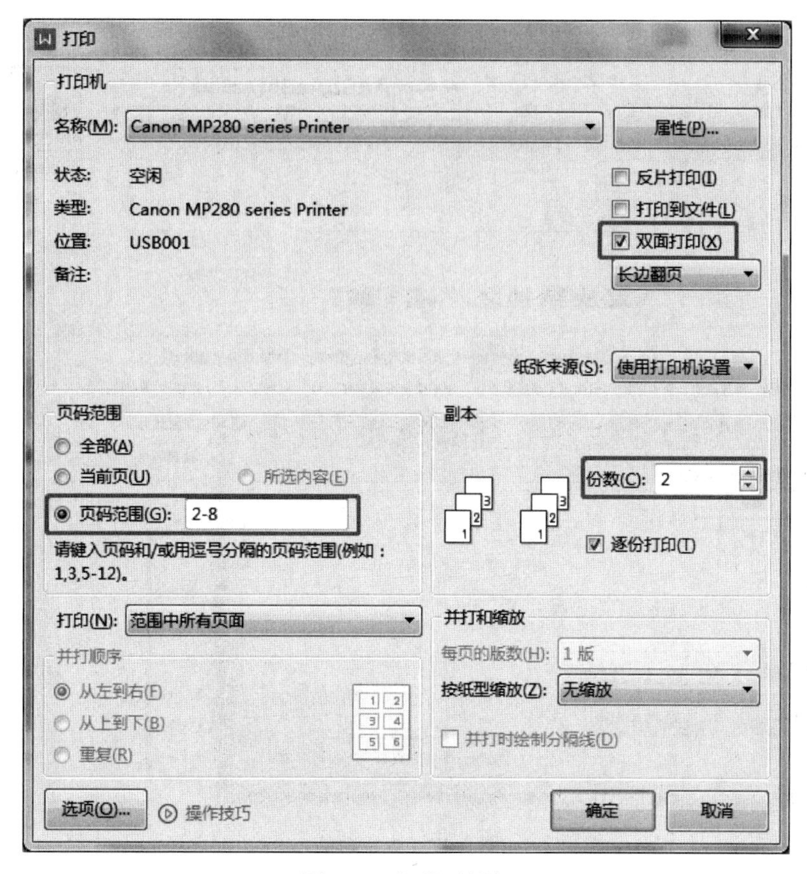

图 3-16　打印对话框

3.1.5 查找与替换

“查找”功能可以在文档中查找任意字符,查找指定的内容是否出现在文档中并定位到该内容的具体位置。“替换”功能是先查找指定的内容,再替换成新的内容,可用于纠错。在编辑文档的过程中,熟练使用查找和替换,可简化重复操作,提高工作效率。

1. 文本的查找

在“开始”选项卡中单击“查找替换”命令,或在下拉列表中选择“查找”,或按快捷键Ctrl+F,可打开“查找和替换”对话框。如图 3-17 所示,在“查找”选项卡的“查找内容”文本框中输入要查找的内容,然后单击“查找下一处”按钮。此时系统会自动从光标插入点所在位置开始查找,当找到第一个目标内容时,会以选中的形式呈现。若继续单击“查找下一处”按钮,系统会继续查找,当查找完成后会弹出提示对话框提示完成搜索。

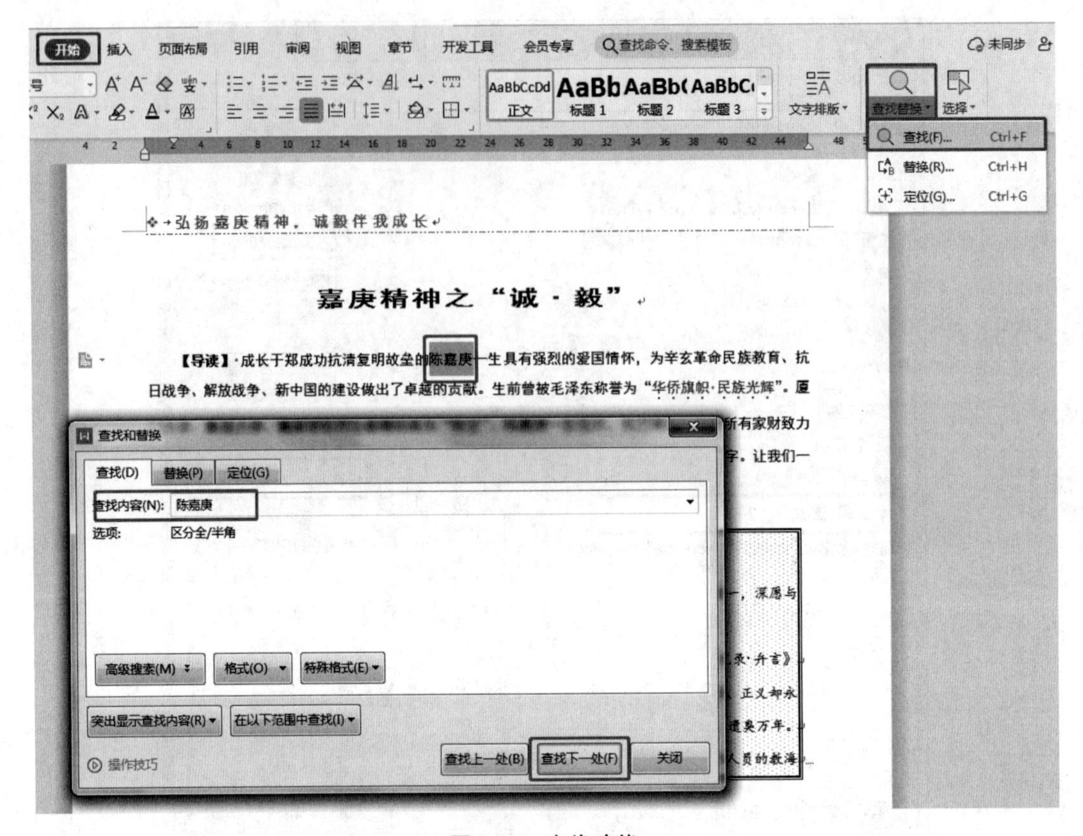

图 3-17　查找功能

单击“突出显示查找内容”按钮，选择“全部突出显示”，然后设置查找范围为“主文档”，则可看到主文档中所有被查找的内容被突出显示出来，如图 3-18 所示。

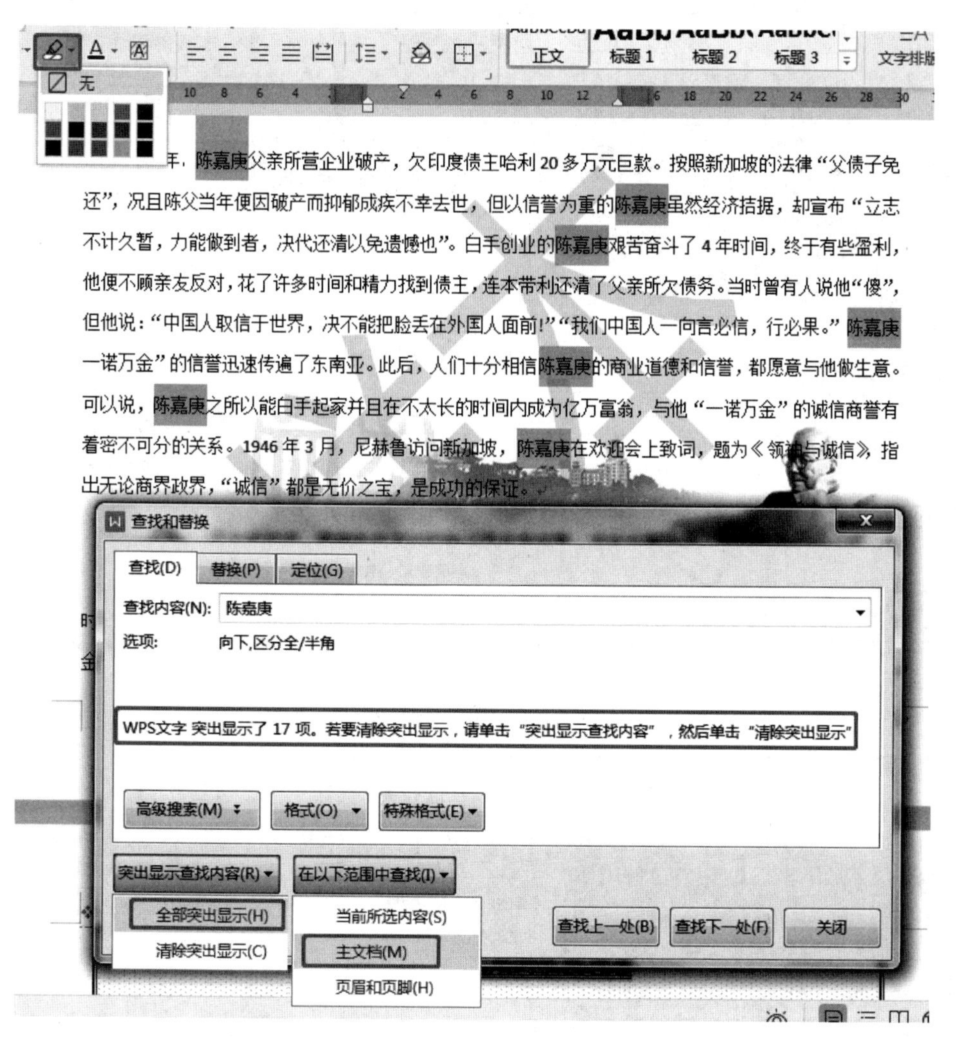

图 3-18　突出显示查找内容

2. 文本的替换

在“开始”选项卡中单击“查找替换”下拉按钮，在列表中选择“替换”，或按快捷键 Ctrl+H，可打开“查找和替换”对话框，并自动定位到“替换”选项卡。在“查找内容”文本框中，输入需要查找的内容，然后在“替换”文本框中，输入需要替换的内容，单击“全部替换”按钮，默认对全文进行查找替换，操作完成后，弹出“WPS 文字”对话框，提示替换完成。如有选定范围，则会先弹出“WPS 文字”对话框，询问是否继续查找其他部分，如单击“取消”，则只对选定范围进行替换操作，如图 3-19 所示。

此外，还可为查找替换的内容设置相应的格式，如图 3-20 所示，可在“替换”选项卡中单击“格式”按钮，在下拉列表中选择“字体”，打开“查找字体”对话框，并设置下划线类型和颜色。

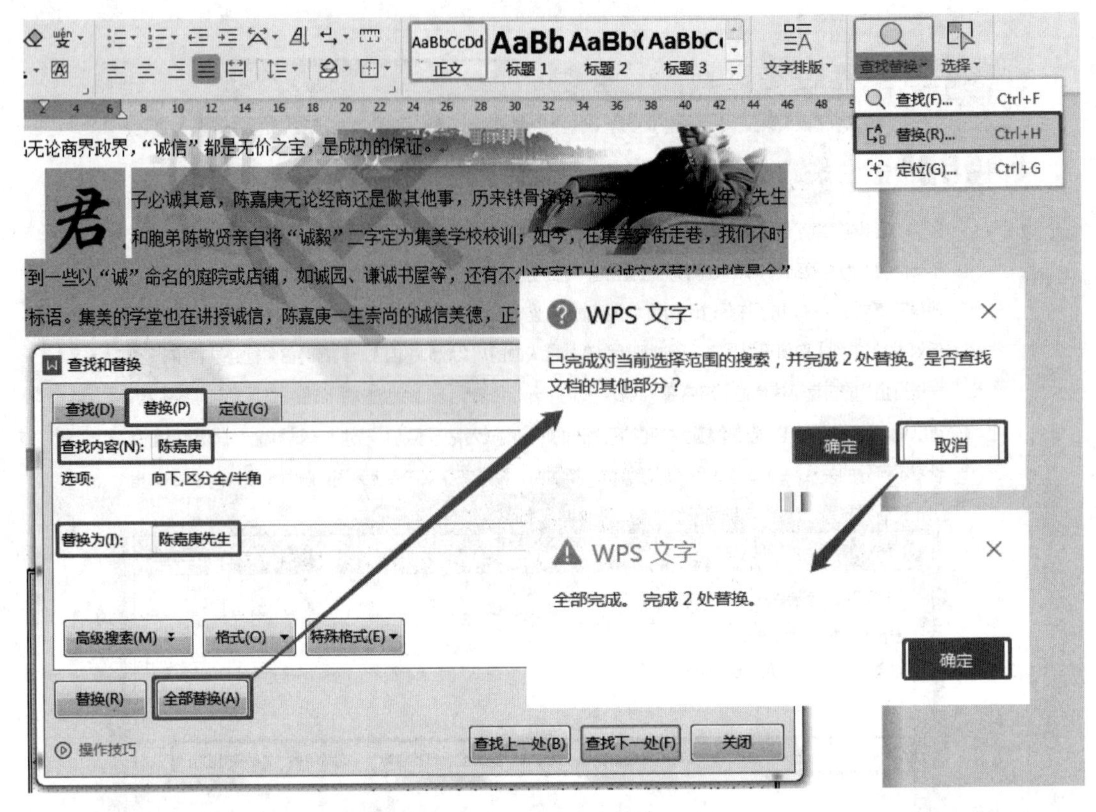

图 3-19　替换文本

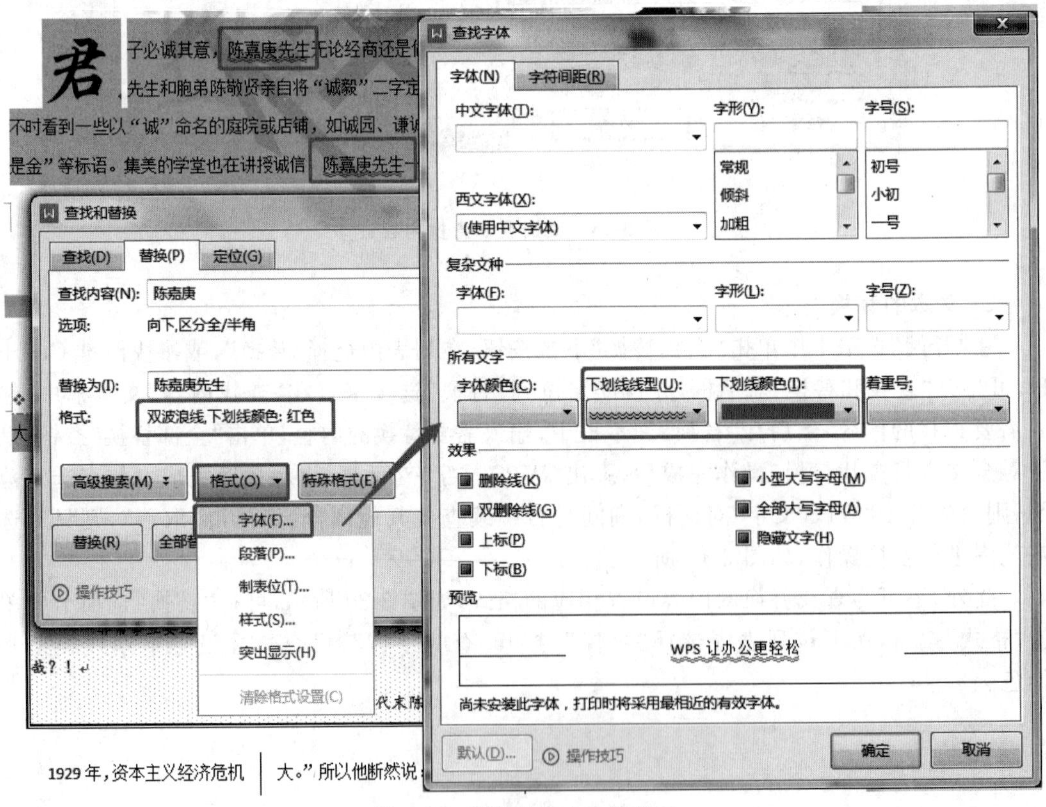

图 3-20　设置替换文本的格式

3.1.6 加密和保护

在日常工作中,很多文档只需要供他人浏览,而不希望别人修改文档的内容,这就需要对文档进行保护设置,限制对文档内容的编辑和修改。

1. 限制编辑文档

限制编辑包括设置格式化限制和编辑限制,格式化限制就是不允许对文档的应用样式进行格式设置;编辑限制包括是否允许对文档进行修订、批注,还是不允许进行任何更改。

如图 3-21 所示,单击"审阅"选项卡的"限制编辑"按钮,打开"限制编辑"窗格,勾选"限制对选定的样式设置格式",并勾选"设置文档的保护方式"(只读),然后单击"启动保护",在对话框中输入密码,即可完成对文档的保护操作。

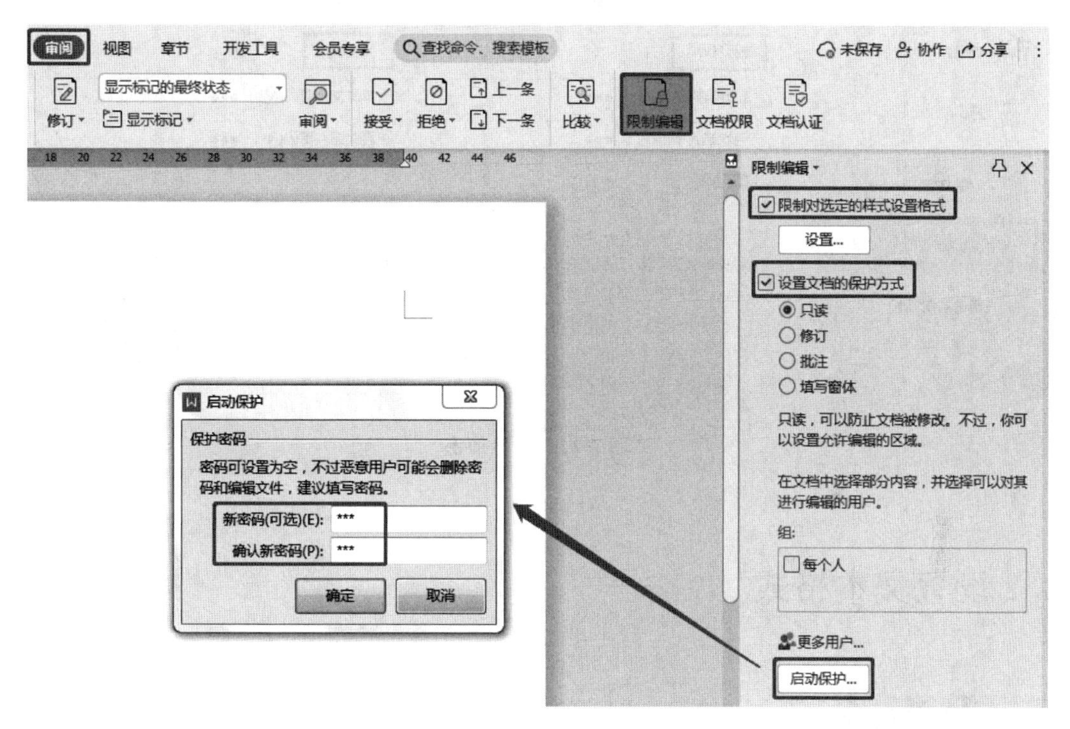

图 3-21　限制编辑文档

2. 文件加密

给文档设置密码,是为了保护文档,只有知道密码的人才有权限打开和编辑文档。单击"文件"按钮,在弹出的下拉菜单中选择"文档加密"→"密码加密",打开"密码加密"对话框,可以设置"打开权限"和"编辑权限"的密码和密码提示,如图 3-22 所示。

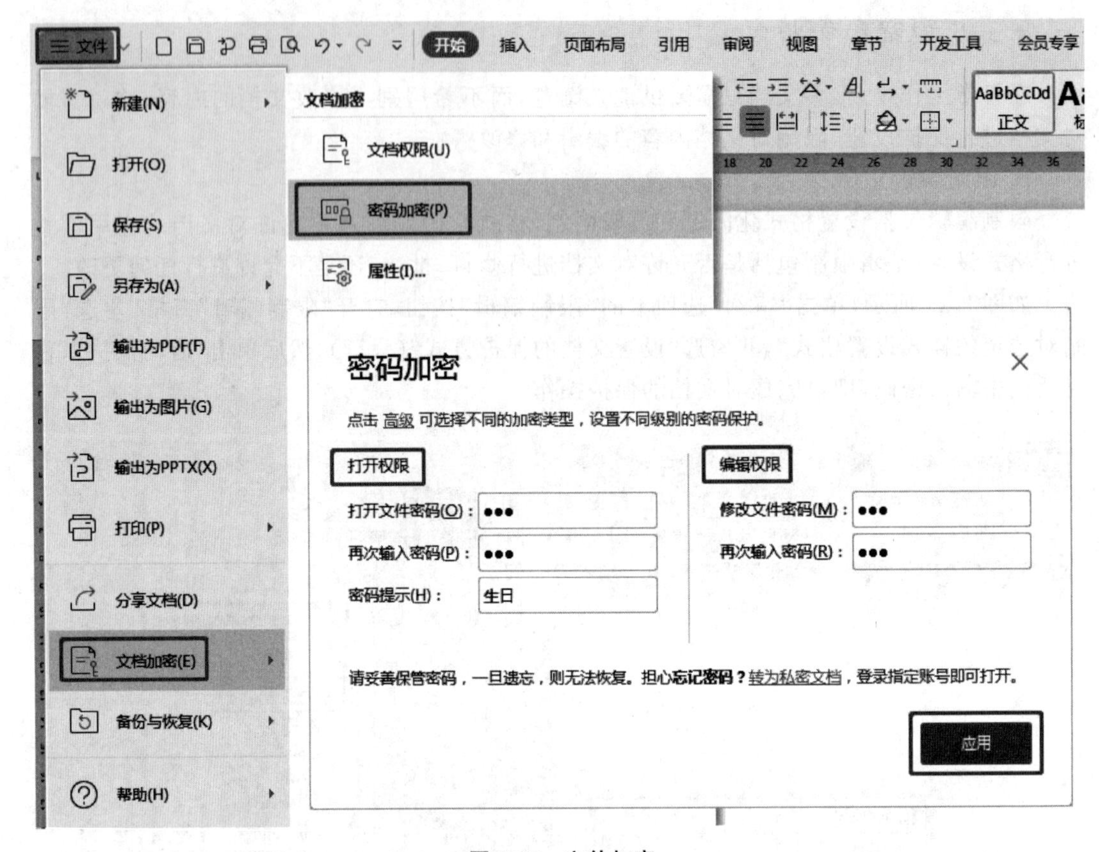

图 3-22　文件加密

3.2 设置文本格式

任务目标

➢ 熟练掌握设置文本的字体、段落和页面格式；

➢ 熟练掌握使用样式对文本格式的快捷设置。

➢ 掌握对文档插入和设置批注、页眉页脚和页码。

知识储备

3.2.1 设置字体格式

为使文档更加丰富多彩，WPS 文字处理软件提供了多种字体格式供用户进行设置。字体格式设置包括文本的字体、字号、颜色、边框、底纹、文本效果及字符间距等。设置字体格式有以下几种常用方法：

1. 浮动工具栏

当文字处于选中状态下,将鼠标指针移动到被选文字上,将会出现一个浮动工具栏,可以单击浮动工具栏中的按钮快速设置常见的文本格式。

将《陈嘉庚诞辰 140 周年习近平回信弘扬“嘉庚精神”》文稿中的标题文字设置为:黑体、三号、加粗,颜色为“培安紫”,并居中对齐,如图 3-23 所示。

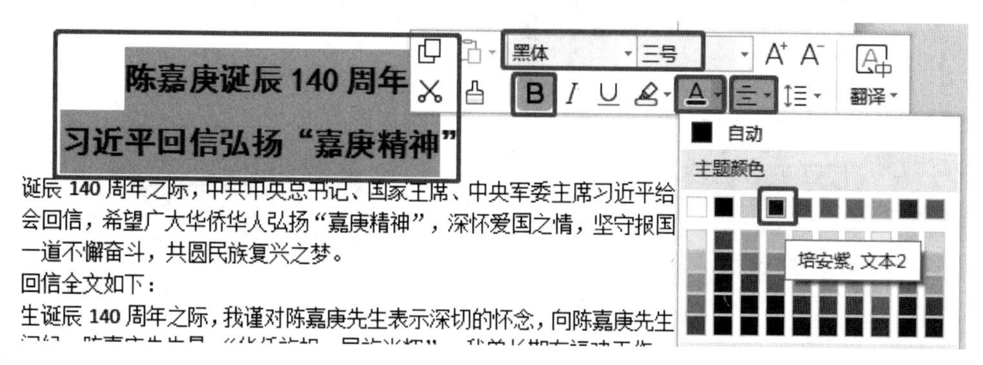

图 3-23　使用浮动工具栏设置标题文本格式

2. 字体组按钮

利用“开始”选项卡中的“字体”组按钮也可设置文本格式。例如,为了使文档美观和引人注目,除了给文字设置字体、字号外,还可以给文字添加下划线、底纹、文字效果和突出显示等,以达到突出醒目的效果。常用的字体格式按钮名称如图 3-24 所示。

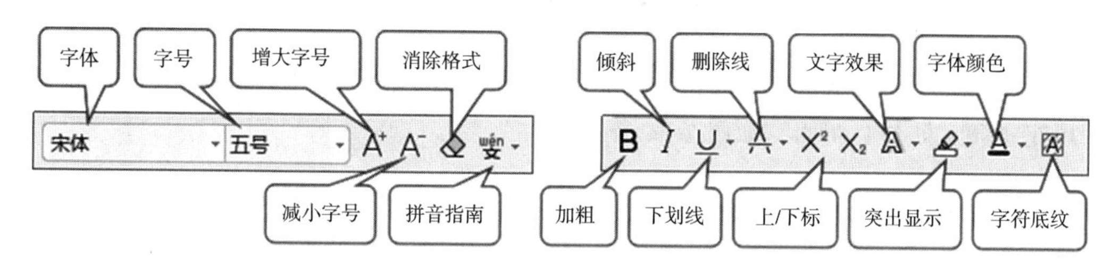

图 3-24　字体格式设置按钮

为文稿标题中的“陈嘉庚诞辰 140 周年”设置深红色下划线,线型为波浪线,并设置突出显示,颜色为黄色,如图 3-25 所示。

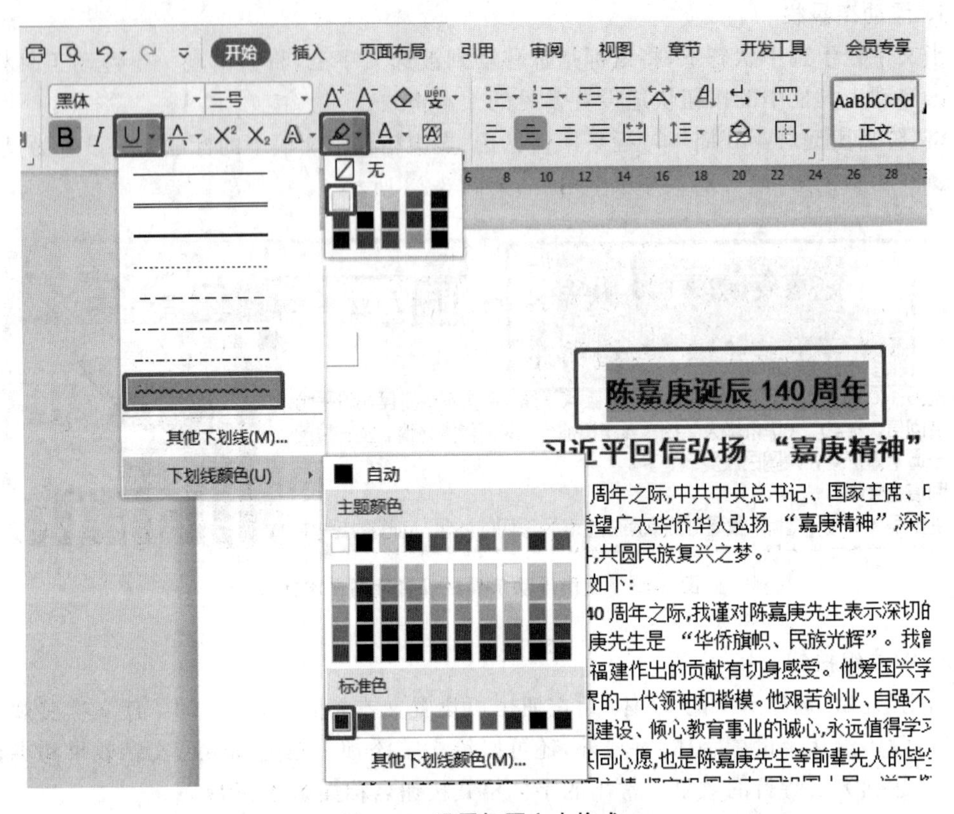

图 3-25　设置标题文本格式

为文稿中的“习近平总书记回信全文如下：”添加字符底纹，文字效果为艺术字，预设样式“填充-黑色，文本 1，阴影”，如图 3-26 所示。

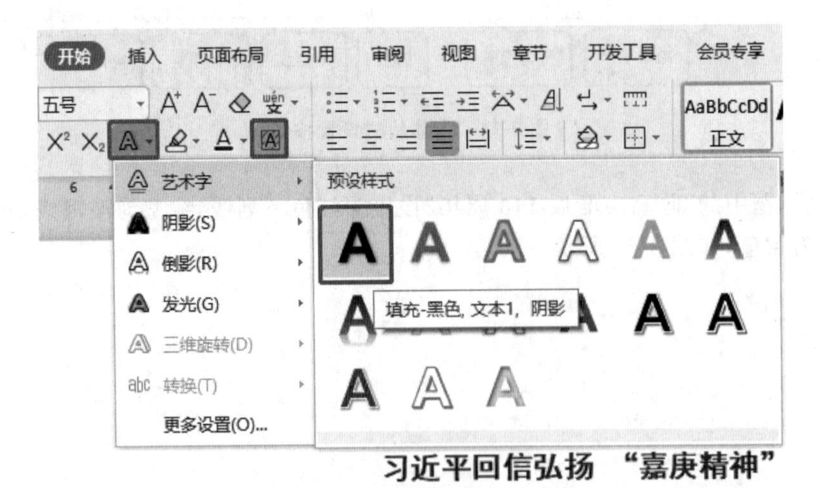

图 3-26　设置字符底纹和文字效果

3. 字体对话框

单击"字体"右下角的对话框启动器按钮,可打开"字体"对话框,对话框分两个选项卡,"字体"选项卡中可设置字体、字号、字形等,"效果"组中可设置上下标、删除线、大小写字母等文字效果;"字符间距"选项卡可设置字符缩放、间距、位置等。

为文稿标题中的"陈嘉庚诞辰 140 周年"文字内容设置缩放 90%、字符间距加宽 3 磅、位置上升 6 磅,如图 3-27 所示。

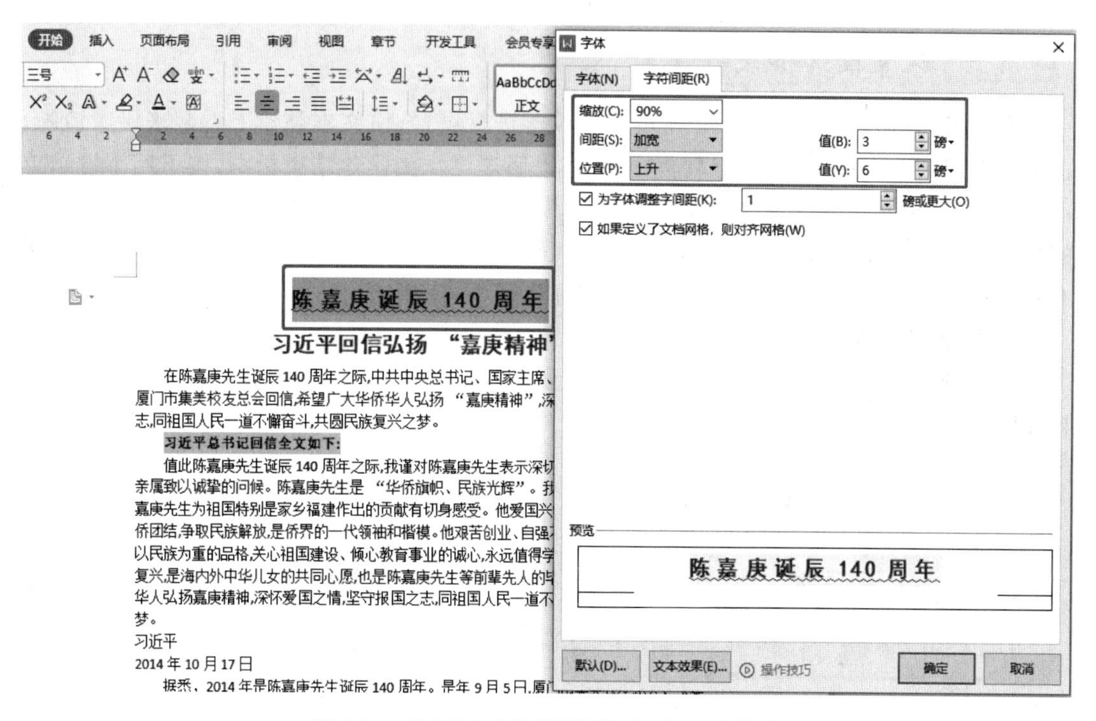

图 3-27　使用"字体"对话框设置标题文本格式

4. 格式刷

当文档中有多个地方需要使用同一文本或段落的格式时,可以使用"格式刷"复制格式,操作快捷高效,如图 3-28 所示。

格式刷的使用方法:选中要复制格式的文本或段落,单击格式刷按钮,此时鼠标指针为刷子形状,然后在需要应用格式的地方,按住鼠标左键拖曳即可完成格式复制。如需要将格式应用到多个位置的内容中,可双击激活持续格式刷,设置完毕后,再次单击格式刷按钮取消即可。

5. 清除格式

如需清除所选内容的所有格式,只留下无格式文本,可选定将要清除格式的文本,单击"开始"选项卡中"字体"组的清除格式按钮即可完成清除,如图 3-28 所示。

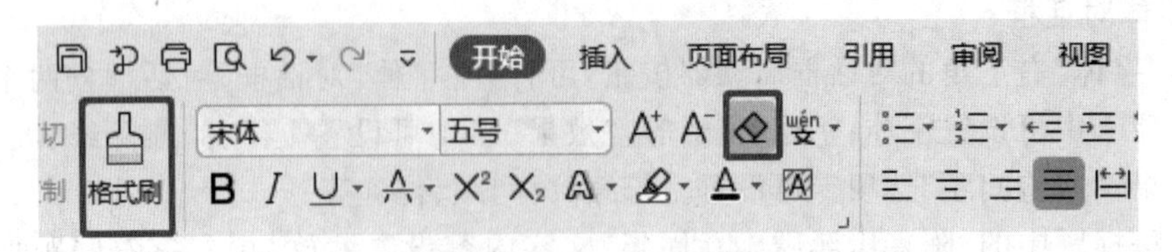

图 3-28　格式刷和清除格式

3.2.2 设置段落格式

在编辑文档时，通常会对文档中的文字段落进行设置，使文本整体上看起来层次清晰，也更加美观和谐。在 WPS 文字软件中，段落以回车符作为段落结束标志，按下回车键结束一段，同时开始另一段，新生成的段落与上一段的格式相同。我们也可为每个段落设置不同的格式，例如段落的对齐方式、行距、缩进与间距、边框与底纹等。设置段落格式的常用方法有两种：使用“开始”选项卡中“段落”组按钮和使用“段落”对话框。

1. 段落组按钮

利用“开始”选项卡中的“段落”组按钮可设置段落的各种格式。常用的段落格式按钮名称如图 3-29 所示。

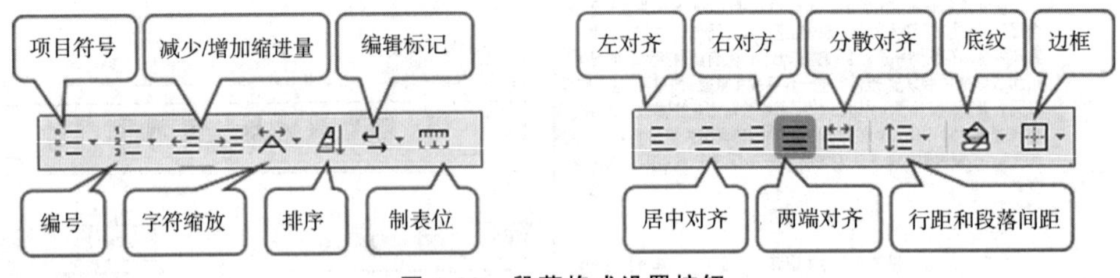

图 3-29　段落格式设置按钮

为文稿的正文部分设置两端对齐、1.5 倍行距，如图 3-30 所示。

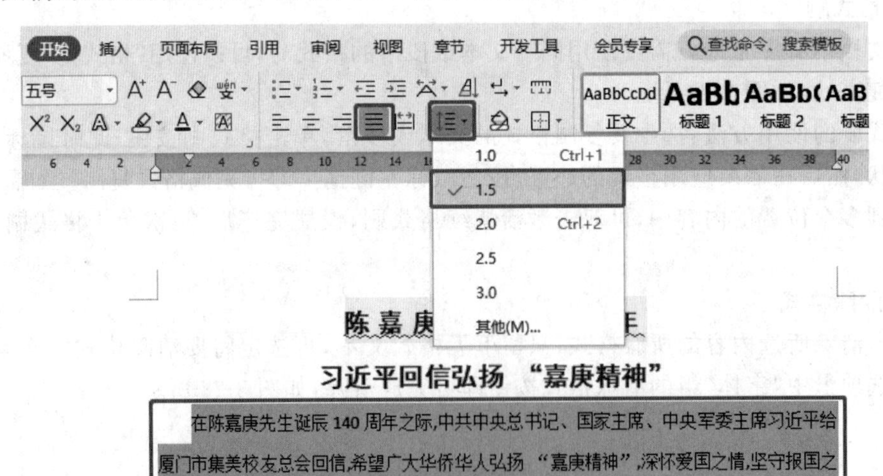

图 3-30　使用段落设置正文段落格式

2. 段落对话框

(1)段落对话框

单击"段落"右下角的对话框启动器按钮,可打开"段落"对话框,对话框分两个选项卡,"缩进和间距"选项卡用于设置段落的对齐方式、缩进、间距、行距等,"换行和分页"选项卡用于设置段落的分页、换行和字符间距等。

为文稿中回信正文部分设置左右各缩进 1.5 个字符,段前、段后 0.5 行,并为回信的落款和时间设置右对齐,左右各缩进 1.5 个字符,如图 3-31 所示。

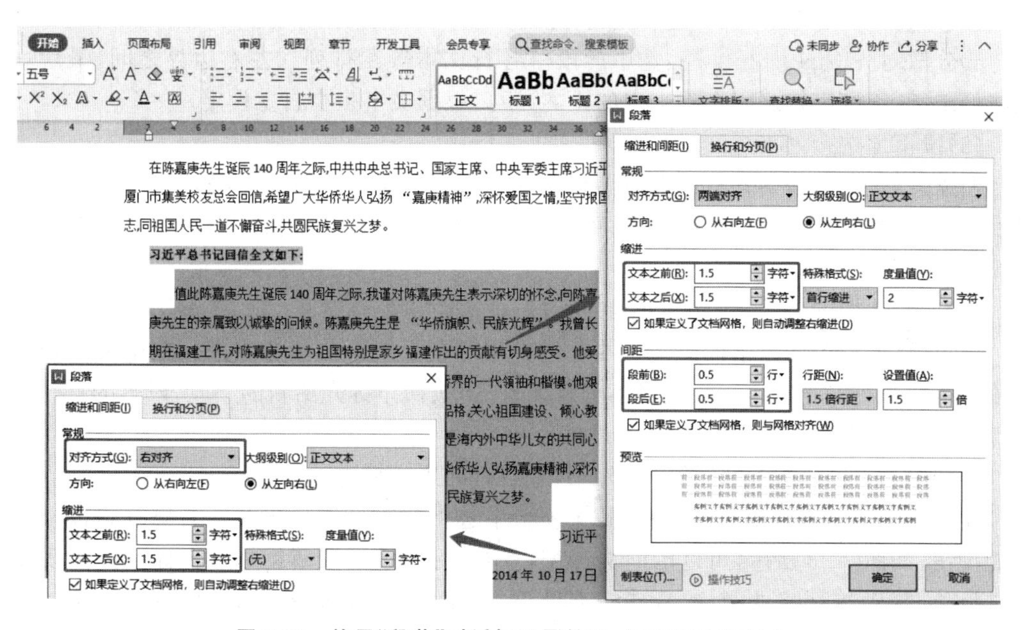

图 3-31　使用"段落"对话框设置缩进、间距和对齐方式

为文稿中回信部分设置边框为双波浪线,颜色标准色(深蓝),线宽 0.75 磅,设置底纹图案样式为浅色棚架,填充"橙色,强调文字颜色 6,淡色 40%",如图 3-32 所示。

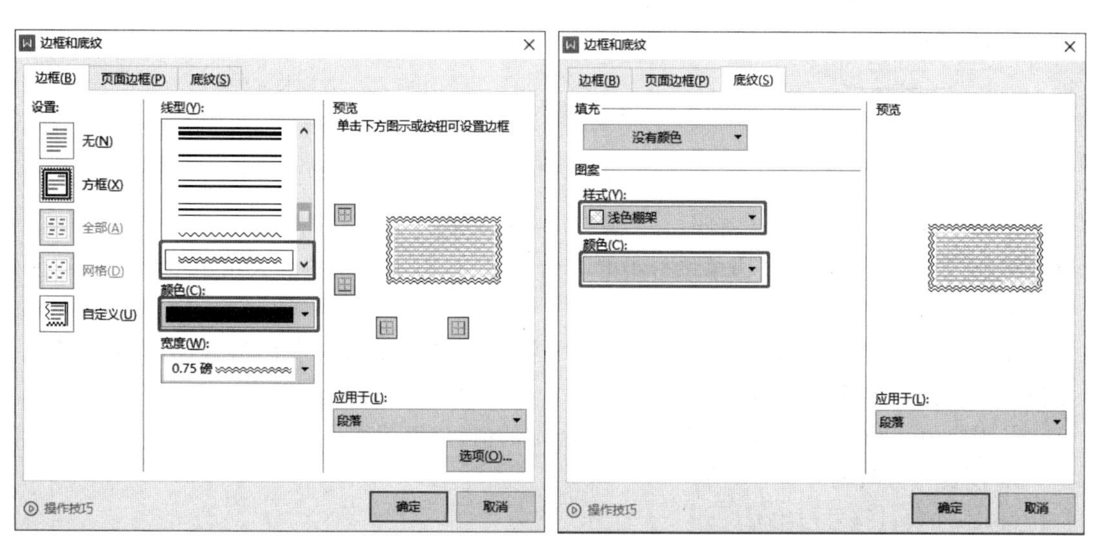

图 3-32　使用"边框和底纹"对话框设置边框和底纹

(2)段落对齐方式

①左对齐 Ctrl+L:选中的段落各行按左边界对齐,右侧不考虑。

②居中对齐 Ctrl+E:选中的段落各行靠中间对齐,此方式多用于标题、作者等。

③右对齐 Ctrl+R:选中的段落各行按右边界对齐,左侧不考虑。此方法多用于文档尾部的署名和日期等。

④两端对齐 Ctrl+J:选中的段落除最后一行外的其余各行文本均匀沿左右边界对齐,最后一行则为左对齐。此方法能保证不会出现段落左右边界参差不齐的情况,是段落的默认对齐方式。

⑤分散对齐 Ctrl+Shift+J:选中的段落各行文本等距排列在左右边界之间,最后一行文本如未满行,则字符之间会有一定的距离(距离根据文字多少自主设定)。

(3)段落缩进

左缩进:选中的段落各行的左边界相对左页边距向版心缩进。"开始"选项卡的"段落"组中的"增加缩进量"和"减少缩进量"可用于调整左缩进,默认单击一次按钮调整 1 个字符的缩进量。

右缩进:选中的段落各行的右边界相对右页边距向版心缩进。

首行缩进:选中的段落的第一行的左边界相对左页边距向版心缩进。在中文文档中一般段落首行缩进 2 个字符。设置段落首行缩进后,按回车键开始新的一段,段落的首行缩进仍保持不变。

悬挂缩进:选中的段落除第一行外,其余各行向版心缩进。

使用标尺调整段落缩进:在"视图"选项卡中选中"标尺"或单击文档右侧垂直滑动条上方的按钮,如图 3-33 所示,可以借助文档窗口中的标尺设置段落缩进。在标尺上出现 4 个缩进滑块,拖动首行缩进滑块、悬挂缩进滑块、左缩进和右缩进按钮,可以调整相应的段落缩进。

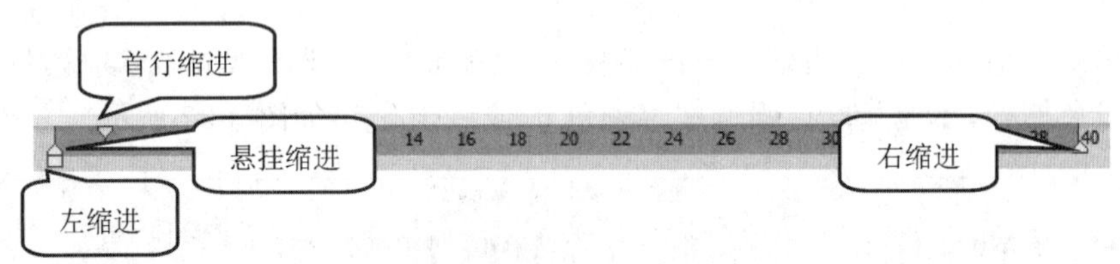

图 3-33 使用"标尺"调整段落缩进

(4)行距

①行距:单倍行距是默认行距;1.5 倍行距则行与行之间的距离为单倍行距的 1.5 倍;2 倍行距则行与行之间的距离为单倍行距的 2 倍;多倍行距则由用户输入指定的单倍行距的倍数值。

②最小值:行与行之间的距离使用大于或等于单倍行距的最小行距值,如用户指定的最小值小于单倍行距,则使用单倍行距;如大于单倍行距,则使用最小值。

③固定值:行与行之间的距离使用用户指定的值,该值不能小于字体的高度。

3. 项目符号与编号

(1)添加项目符号与编号

方法一:选中要添加的段落,或将光标置于要添加的段落中,单击鼠标右键,在快捷菜单中选择“项目符号”命令或“编号”命令,单击“项目符号库”或“编号库”中的一种样式即可。

方法二:选中要添加的段落,或将光标置于要添加的段落中,在“开始”选项卡的“段落”组中,单击“项目符号”按钮或“编号”按钮直接添加项目符号或编号,或单击右边的箭头,选择“项目符号库”或“编号库”中的一种样式插入即可。

为文稿正文的第 9、10、11 段添加编号,如图 3-34 所示。

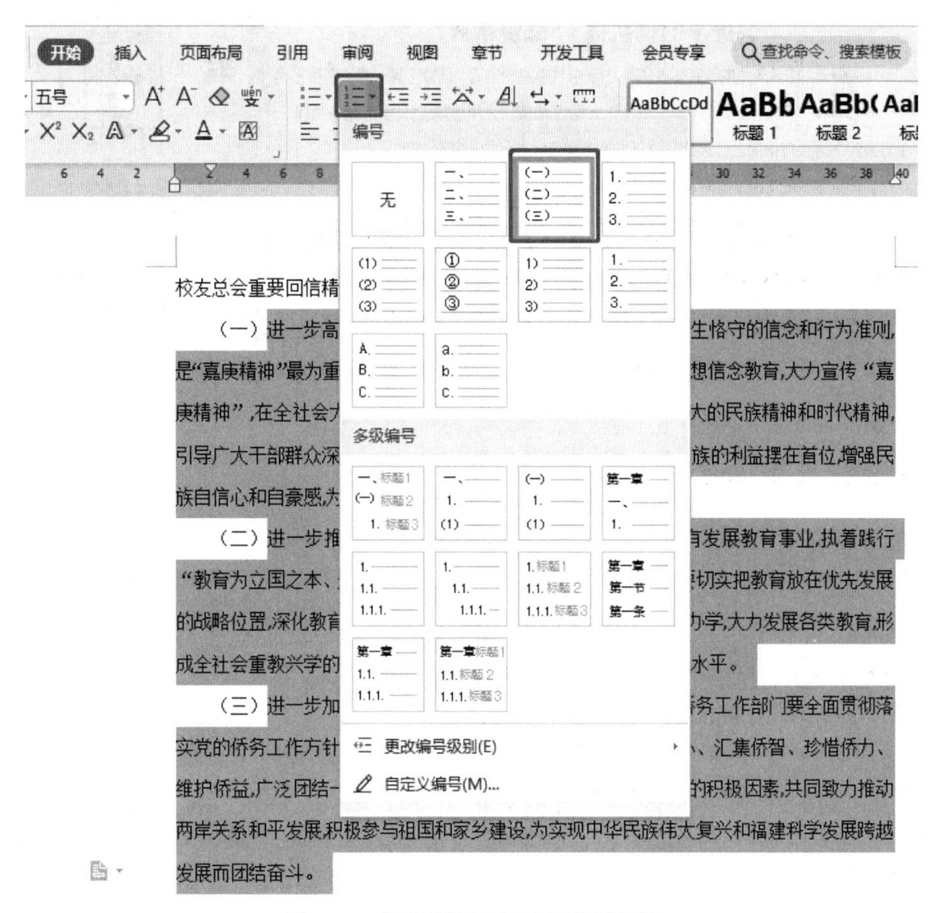

图 3-34　使用“段落”组按钮设置编号

(2)取消项目符号与编号

取消项目符号或编号,只需选中该段落或将光标置于段落中,然后单击“开始”选项卡的“段落”组中的项目符号按钮或编号按钮,即可取消设置。

4. 首字下沉

首字下沉即将段落的第一个字符加大并下沉,通过突出显示的特殊效果引起读者的注意。设置的方法为:将光标置于段落的第一行中,在“插入”选项卡的“文本”组中单击“首字下沉”按钮选择相应位置,或单击“首字下沉选项”打开“首字下沉”对话框进行设置。

将文稿中的第 1 段首字下沉 2 行位置,字体为华文新魏,距正文 0.2 厘米,如图 3-35 所示。

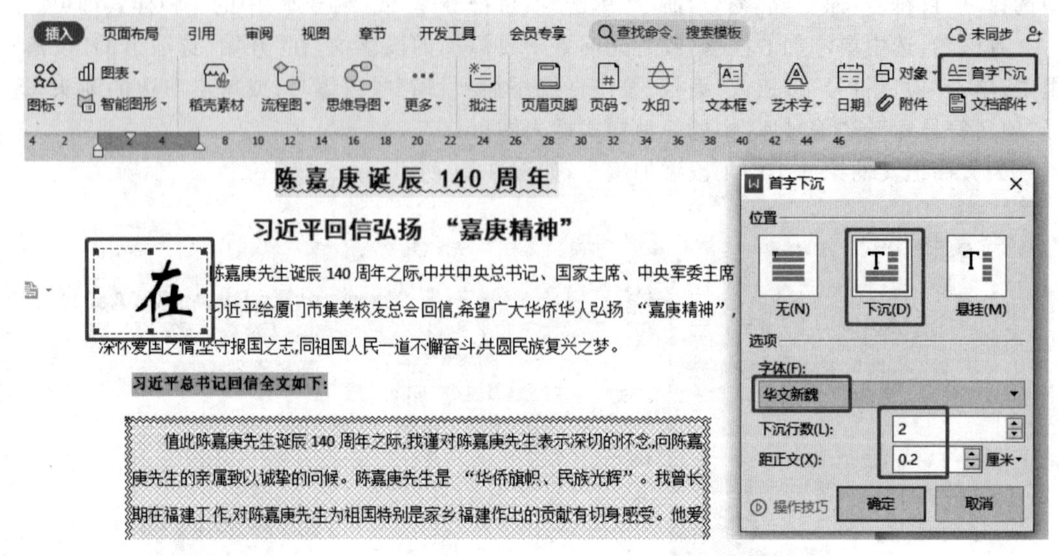

图 3-35　使用"首行下沉"对话框设置特殊效果

3.2.3 设置页面格式

1. 页面设置

对电子板报、海报、宣传画册等进行版面设计时,除了内容的文本和段落的格式设计之外,还要注意页面格式的设置,才能使其更加精致、美观。页面格式设置包括页边距、纸张大小、页眉页脚、水印、页面颜色等。设置的方法有两种。

(1)"页面设置"工具按钮

在"页面布局"选项卡的"页面设置"组中单击页边距、纸张方向、纸张大小、分栏、分隔符等按钮可快速进行页面格式设置,如图 3-36 所示。

页边距是文档内容距离纸张四边的距离,设置本节文档内容或整篇文档内容与页面之间的距离。单击"页边距"按钮,可选择一种页边距大小或自定义页边距。

纸张方向是指打印方向,打印方向与文档的页面方向相同,默认为纵向。单击"纸张方向"按钮,在列表中选择"横向"或"纵向",可对当前页面的纵向和横向布局进行切换。

纸张大小是打印纸的规格,与文档的页面大小相同。单击"纸张大小"按钮,可选择当前节的纸张规格,若要将特定页面大小应用到文档中的所有节,要单击"其他页面大小"。

图 3-36　使用工具按钮设置页面格式

(2)"页面设置"对话框

单击"页面设置"右下角的对话框启动器按钮,可打开"页面设置"对话框,对话框分为页边距、纸张、版式、文档网格和分栏五个选项卡。

为文稿设置纸张大小为 A4,打印方向为纵向,页边距为上下各 2.5 厘米,左右各 3 厘米,页眉和页脚位置各为 1.5 厘米,如图 3-37 所示。

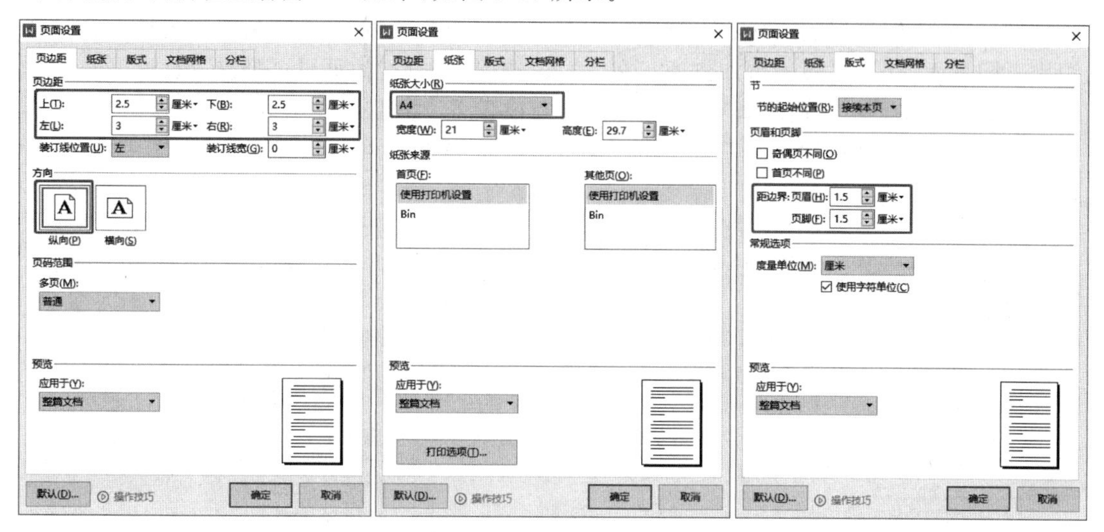

图 3-37　使用“页面设置”对话框设置页面格式

2. 分栏

许多杂志、报纸排版时,往往采用多栏的排版方式,对段落进行分栏,可使文档层次分明,阅读方便。

设置分栏的方法:在“页面布局”选项卡的“页面设置”组中单击“分栏”按钮,选择分栏类型或单击“更多分栏”选项,打开“分栏”对话框进行设置。

删除分栏的方法:选中已分栏的段落,或将光标置于段落中,在“页面布局”选项卡的“页面设置”组中单击“分栏”按钮,选择“一栏”即可。

为文稿中的第 7 段设置预设偏左,栏间距为 0.5 厘米,添加分隔线,如图 3-38 所示。

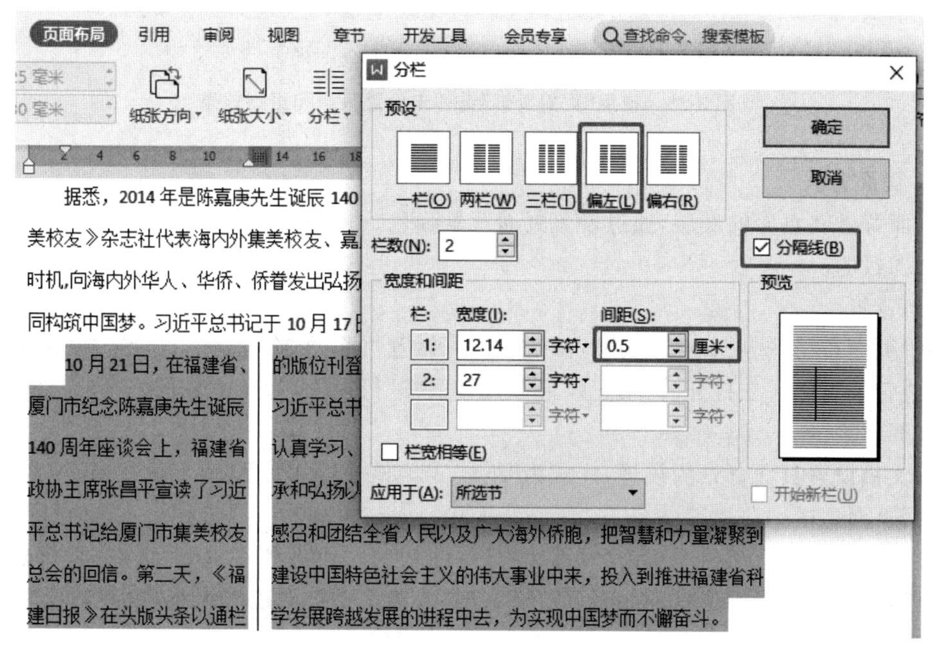

图 3-38　使用“分栏”对话框设置分栏效果

3. 页眉与页脚

文档的页眉和页脚是在每个页面的顶部和底部页边距以外的区域,用于插入一些说明性的信息,如文档的标题、页码、日期和时间等。如文档有多页时,通过页眉和页脚可更好地识别不同页面,让用户阅读更加方便。在“插入”选项卡中单击“页眉页脚”按钮,可以进入页眉页脚编辑状态,在“页眉页脚”选项卡中进行相应设置。

为文稿设置页眉为“弘扬嘉庚精神,诚毅伴我成长”,并在页脚中插入页码,如图3-39所示。

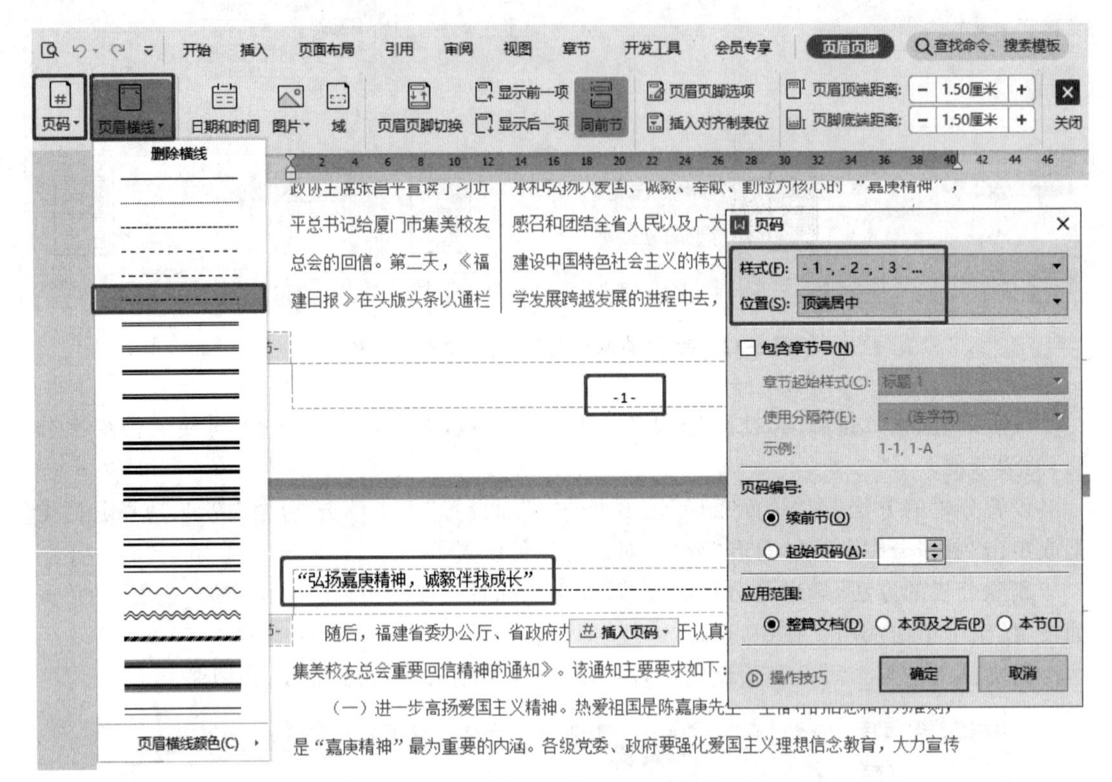

图3-39 使用“页眉页脚”选项卡设置页眉和页脚效果

4. 页面背景

页面背景在页面的底层,通过设置页面背景颜色、边框和水印等,呈现特殊效果,达到美化文档的目的。

(1)背景

在“页面布局”选项卡中单击“背景”按钮,可设置页面的背景颜色,也可选择“图片背景”或“其他背景”,然后在打开的“填充效果”对话框中进行设置,为页面背景填充渐变色、纹理、图案和图片等。

为文稿设置页面背景为纹理,样式为“纸纹2”,如图3-40所示。

(2)页面边框

在“页面布局”选项卡中单击“页面边框”按钮,打开“边框和底纹”对话框,默认显示“页面边框”选项卡,可设置边框的线型、颜色、宽度,或艺术型页面边框效果,如图3-41所示。

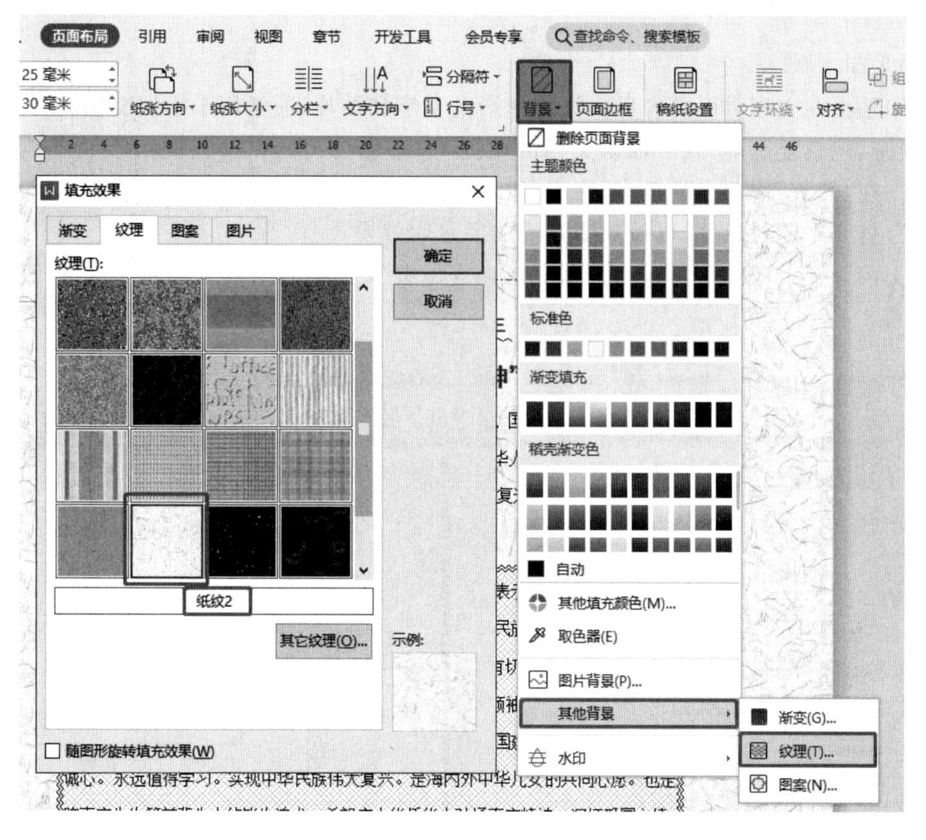

图 3-40　使用“填充效果”对话框设置背景纹理

图 3-41　使用“边框和底纹”对话框设置页面边框

(3)水印

水印是指在文档页面内容后面添加虚影的文字和图片,通常用于标识文档的特殊性,如加密、绝密、严禁复制等;或者标识文档的出处,如添加公司的 Logo 图标,或文档制作者的信息等。在“插入”选项卡中单击“水印”按钮,可在列表中选择预设水印效果,也可选择“插入水印”,打开水印对话框,可设置图片或文字水印效果。

为文稿设置水印文字,内容为“嘉庚精神宣传组”,字体“微软雅黑”,垂直对齐为“底端对齐”,如图 3-42 所示。

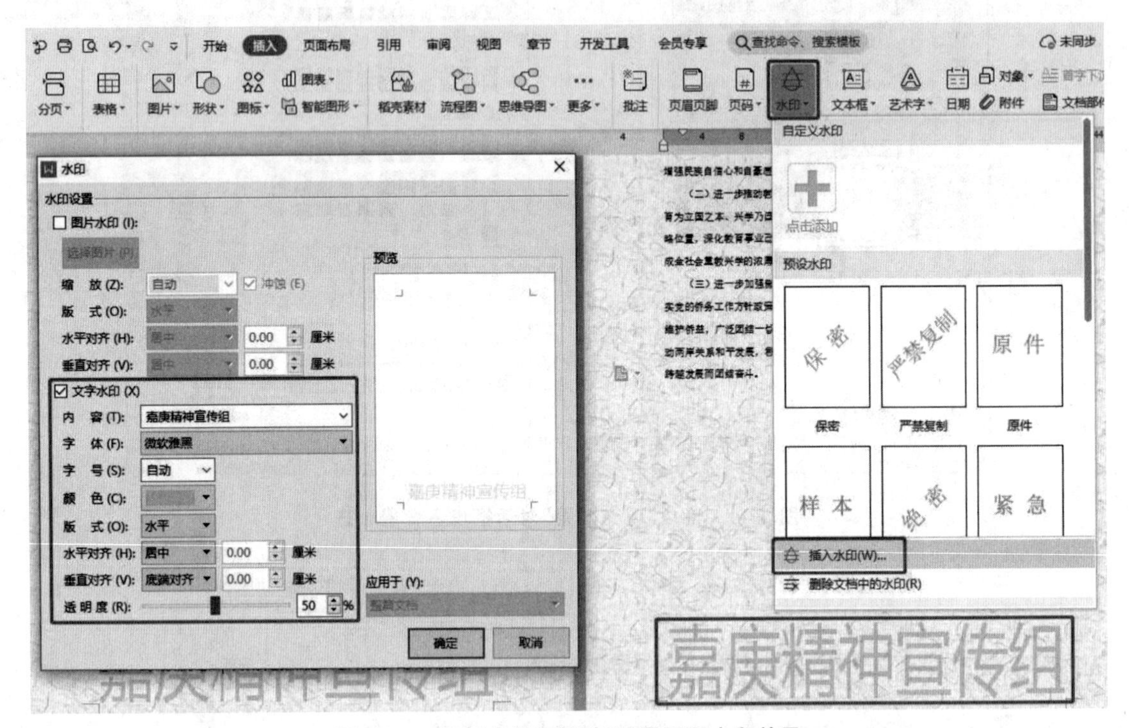

图 3-42　使用“水印”对话框设置页面水印效果

(4)文字方向

在进行古诗、文言文等内容排版时,可能需要将文档设置为竖排方向。设置文字方向的方法为:选择文字内容,在“页面布局”选项卡的“页面设置”组中单击“文字方向”按钮,在列表中选择一种样式,或单击“文字方向选项”,打开“文字方向”对话框进行设置,如图 3-43 所示。

(5)分隔符

在对文档进行页面设置时,设置的效果一般应用于整个文档。但如果需要对不同内容设置不同的页面格式时,就需要插入分隔符,WPS 文字处理软件中的分隔符主要有分页符、分栏符和换行符。设置的方法为:将光标置于要插入分隔符的位置,在“页面布局”选项卡中单击“分隔符”按钮,在列表中选择需要的分隔符,如图 3-43 所示。

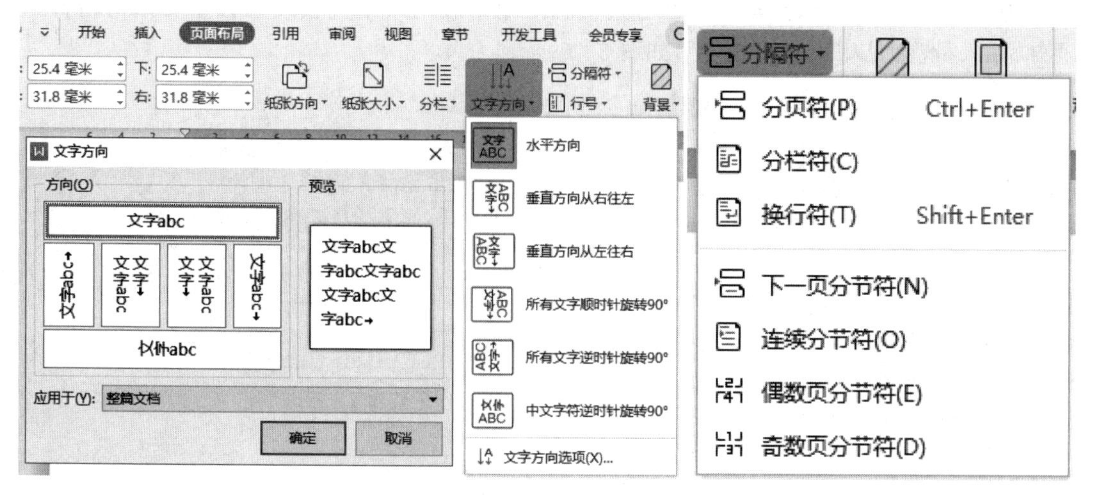

图 3-43　文字方向和分隔符的设置

5. 批注文档

批注即为文档添加注释和说明,用于记录某些词句的含义或作者的写作意图等,便于修改文档时参考。如图 3-44 所示,选择要插入批注的文本内容,在“审阅”选项卡中单击“插入批注”按钮,在右侧的批注框中输入相应的批注内容。

修改批注时如果批注没有显示,可以在“审阅”选项卡中,单击“显示标记”,在下拉列表中选择“批注”选项,在要编辑的批注框中对内容直接进行修改。如果批注框处于隐藏状态或只显示部分批注,可以在“审阅窗格”的下拉列表中选择“垂直审阅窗格”或“水平审阅窗格”,然后在窗格中更改批注。

要删除批注,只需右击该批注,在弹出的快捷菜单中选择“删除批注”命令或“删除文档中的所有批注”即可。如果要删除特定审阅者的批注,在“审阅”选项卡中,单击“显示标记”下拉按钮,在“审阅人”中选择相应的审阅者的名字。如果要清除所有审阅者批注,选择“所有审阅人”选项。

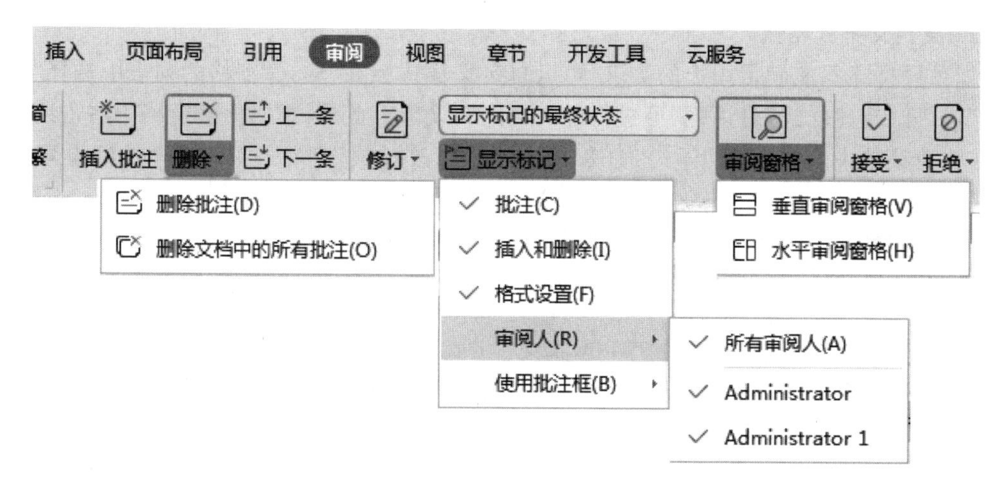

图 3-44　审阅选项卡的批注与修订

为文稿中的《关于认真学习贯彻习近平总书记给厦门市集美校友总会重要回信精神的通知》插入批注“见相关通知文件”,如图 3-45 所示。

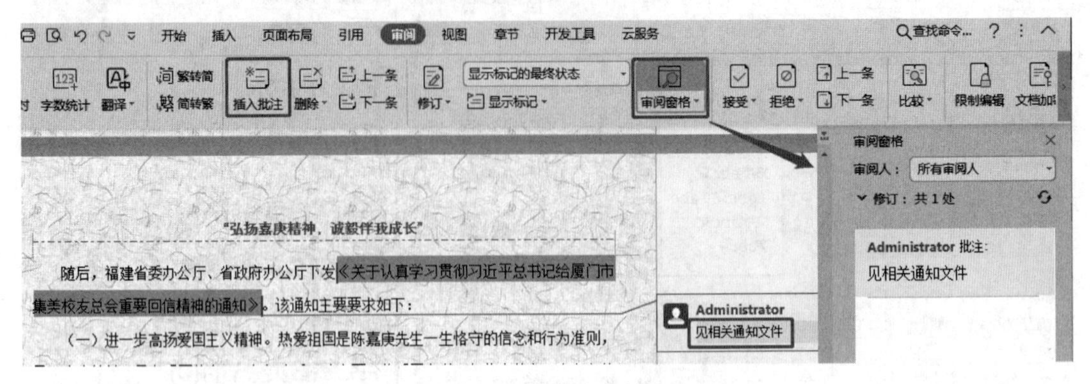

图 3-45 插入批注内容

3.2.4 使用样式

样式是格式的集合,包括字体、段落、制表位、边框和底纹等格式。WPS 文字处理软件的样式可分为字符样式和段落样式。字符样式包含字符格式和语言种类的样式,用来控制字符的外观。段落样式是同时包含字符、段落、边框和底纹、制表位、项目符号和编号、图文框等格式的样式,用于控制段落的外观。常见的段落样式有章节标题、正文、目录、题注、页眉和页脚、脚注和尾注等。

在文档编辑过程中,使用样式格式化文档的文本,可以确保文档中格式的一致性,同时简化重复设置文本格式的工作,提高了用户的工作效率。

1. 预设样式格式

WPS 文字处理软件提供了多种类型的样式集,并放置在样式库中。在“开始”选项卡的“样式”组中,单击“其他”下拉按钮,打开“样式”窗格在列表中可以选择预设的样式格式。也可单击“显示更多样式”,打开“样式和格式”面板进行选择和设置。

2. 自定义样式格式

如预设样式不能满足用户的需求,可以自定义样式。在“样式”窗格的列表中选择“新建样式”,打开“新建样式”对话框,可进行样式自定义设置。此外,在“样式”窗格中右击已有样式,在快捷菜单中选择“修改样式”命令,可打开“修改样式”对话框,对该样式的设置进行修改。

为文稿自定义页眉样式格式,并进行应用,如图 3-46 所示。

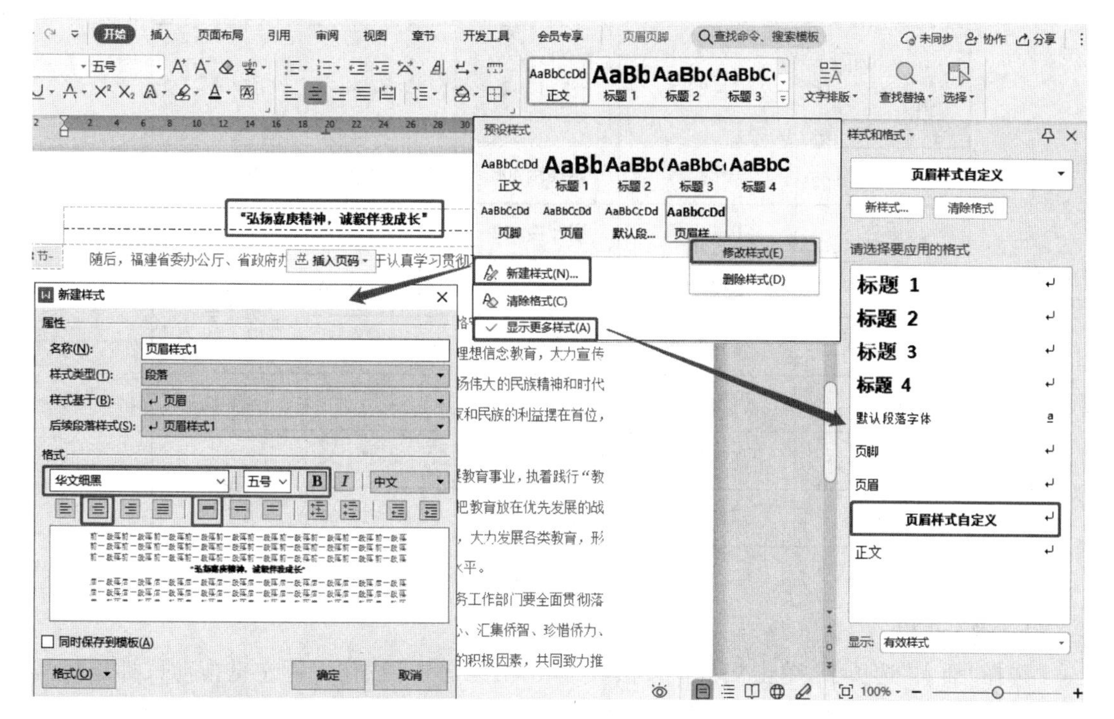

图 3-46　自定义样式格式

3.3 制作表格

任务目标

- 熟练掌握插入和编辑表格；
- 熟练掌握设置表格格式；
- 熟练掌握文本与表格的相互转换。

知识储备

3.3.1 创建表格

表格由一行或多行单元格组成，用于显示数字和其他项以便快速引用和分析。表格中的项被组织为行和列。表格既是一种可视化交流模式，又是一种组织整理数据的手段，被广泛应用于通信交流、科学研究以及数据分析等活动中。

为《××学校“嘉庚精神”宣传周活动通知》文档插入活动安排表，表格效果如图 3-47 所示。

“嘉庚精神”宣传周活动安排表

<table>
<tr><th colspan="2">项目
星期</th><th>活动内容</th><th>活动地址</th><th>活动时间</th><th>组织单位</th></tr>
<tr><td colspan="2">周一</td><td>写作比赛</td><td>嘉庚楼 406</td><td>16：30-17：30</td><td>文学社</td></tr>
<tr><td colspan="2">周二</td><td>书法比赛</td><td>敬贤楼 402</td><td>16：30-17：30</td><td>书法社</td></tr>
<tr><td rowspan="2">周三</td><td>下午</td><td>嘉庚讲堂</td><td>诚毅楼 204</td><td>15：00-16：30</td><td rowspan="2">学生会</td></tr>
<tr><td>晚上</td><td>影片展播</td><td>诚信楼 401</td><td>18：00-19：30</td></tr>
<tr><td colspan="2">周四</td><td>摄影作品展</td><td>诚信楼一楼大厅</td><td>全天</td><td>摄影社</td></tr>
<tr><td colspan="2">周五</td><td>主题教育</td><td>学校嘉庚文化园</td><td>16：30-17：30</td><td rowspan="2">团委</td></tr>
<tr><td colspan="2">周六</td><td>实践参观</td><td>陈嘉庚纪念馆</td><td>9：30-11：30</td></tr>
</table>

图 3-47　范例表格

1. 插入表格

选择“插入”选项卡，单击“表格”按钮，在弹出的菜单中，按住鼠标左键拖动鼠标选择需要的行数和列数再松开；或单击“插入表格”命令，在对话框中输入行数与列数，再单击确定。

打开《信息工程产业系“嘉庚精神”宣传周活动通知》文档，在正文第三段中插入一个 7 行 5 列的表格，如图 3-48 所示。

“嘉庚精神”宣传周活动安排表

XX 学校团委

2020 年 11 月 6 日

图 3-48　插入表格

2. 插入内容型表格

在“插入”选项卡的“表格”下拉列表中，还可以插入内容型表格，例如选择“通用表”，在打开的对话框中选择需要的表格类型，单击插入即可，如图 3-49 所示。

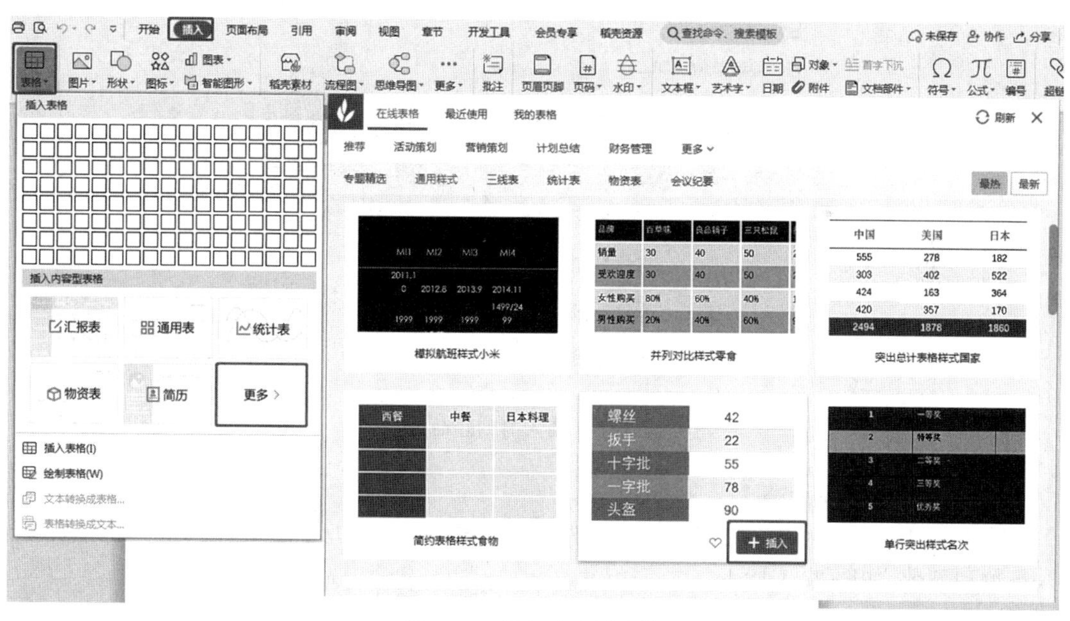

图 3-49　插入内容型表格

3.3.2 编辑表格

1. 选定对象

将鼠标指针指向单元格的左边，当鼠标指针变为 ➚ 时，单击鼠标可以选定该单元格。在单元格上拖动鼠标，拖动的起始位置和终止位置间的单元格被选定。先按住 Ctrl 键，然后在不同的单元格中拖动鼠标，可选择不连续的单元格。将鼠标指针指向行的左边，当鼠标指针变↗时，单击可以选定该行；如拖动鼠标，则拖动过的行被选中。列操作与行类似。鼠标指针指向表格左上角的⊞符号并单击即可选中整个表格。若按住鼠标拖动这个符号可移动整个表格。

也可将光标置于表格的某一单元格中，在“表格工具”选项卡中单击“选择”，在下列表中选择相应对象。

2. 插入与删除

将光标置于需要插入“行或列”的相邻单元格中，在“表格工具”选项卡中选择“在上方/下方插入行”或“在左侧/右侧插入列”即可。而单击“删除”下拉列表按钮，在弹出的列表中包含删除单元格、行、列和表格命令。此外对表格的编辑操作也可以通过右击鼠标，在弹出的快捷菜单中包含了插入、删除、合并、拆分单元格等命令，如图 3-50 所示。

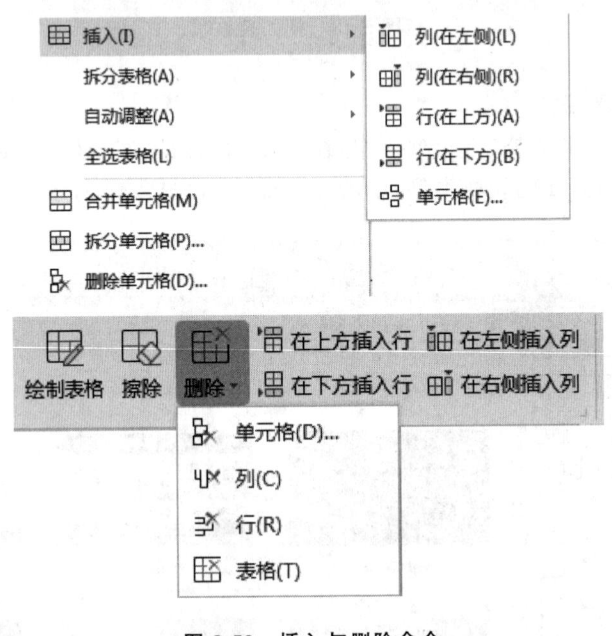

图 3-50　插入与删除命令

3. 合并和拆分单元格

将光标置于单元格中，在“表格工具”选项卡中选择“拆分单元格”，在打开的对话框中输入行数和列数，如图 3-51 所示。

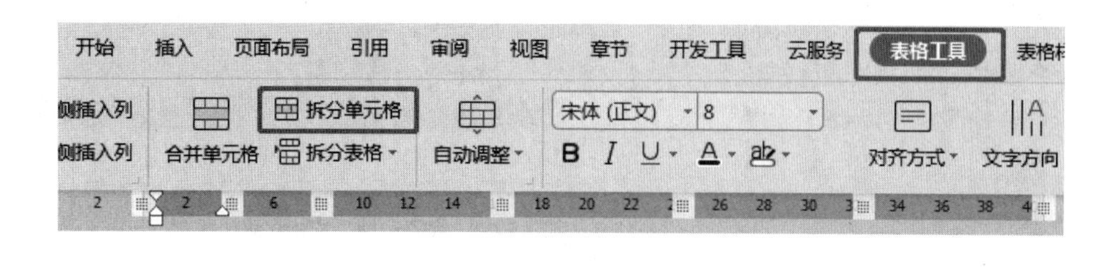

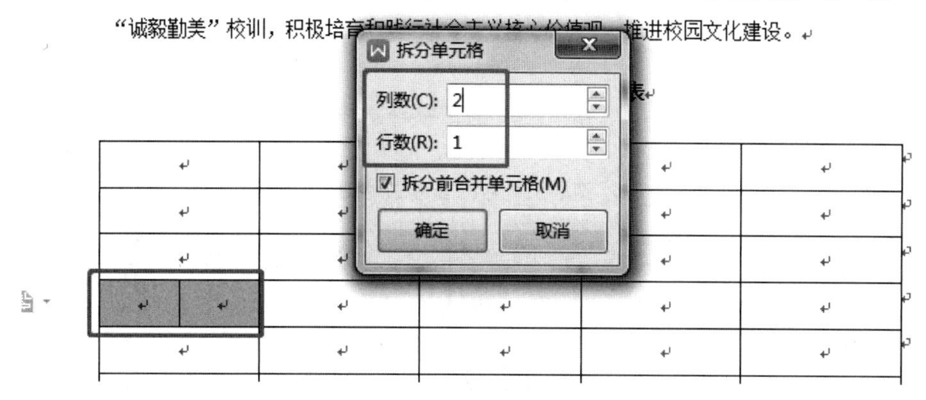

图 3-51　拆分单元格

单击“绘制表格”按钮，添加需要的表格线，对于多余的表格线可使用“橡皮擦”按钮进行删除，如图 3-52 所示。选中要合并的单元格，在“表格工具”选项卡中单击“合并单元格”按钮，如图 3-53 所示。

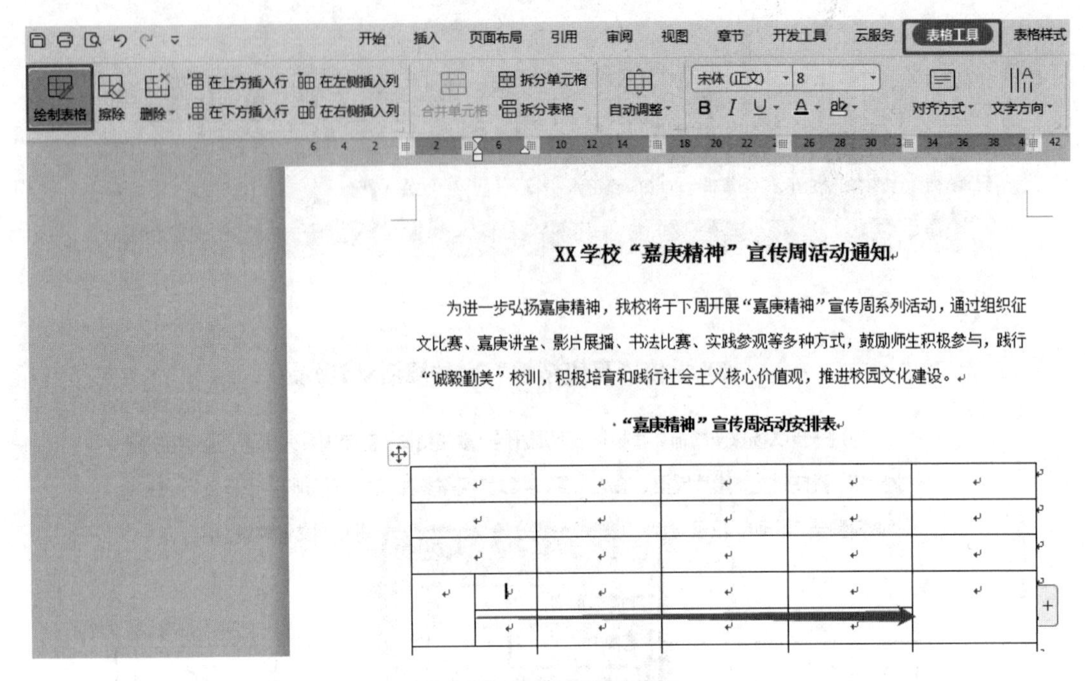

图 3-52　手工绘制表格线

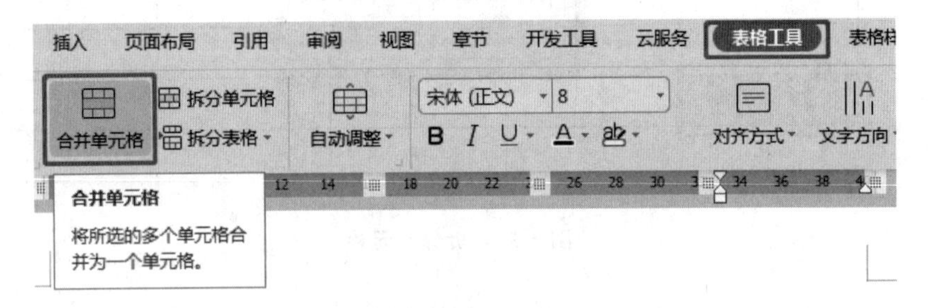

XX学校“嘉庚精神”宣传周活动通知

为进一步弘扬嘉庚精神，我校将于下周开展“嘉庚精神”宣传周系列活动，通过组织征文比赛、嘉庚讲堂、影片展播、书法比赛、实践参观等多种方式，鼓励师生积极参与，践行“诚毅勤美”校训，积极培育和践行社会主义核心价值观，推进校园文化建设。

“嘉庚精神”宣传周活动安排表

图 3-53　合并单元格

4. 绘制斜线表头

表头一般指表格的第一行,指明表格每一列的内容和意义。有时候为了清晰表示表格的项目内容,还需要绘制斜线表头。先把光标置于要绘制斜线表头的单元格中,在“表格样式”选项卡,单击“绘制斜线表头”按钮,在对话框中选择需要的斜线表头,如图 3-54 所示。

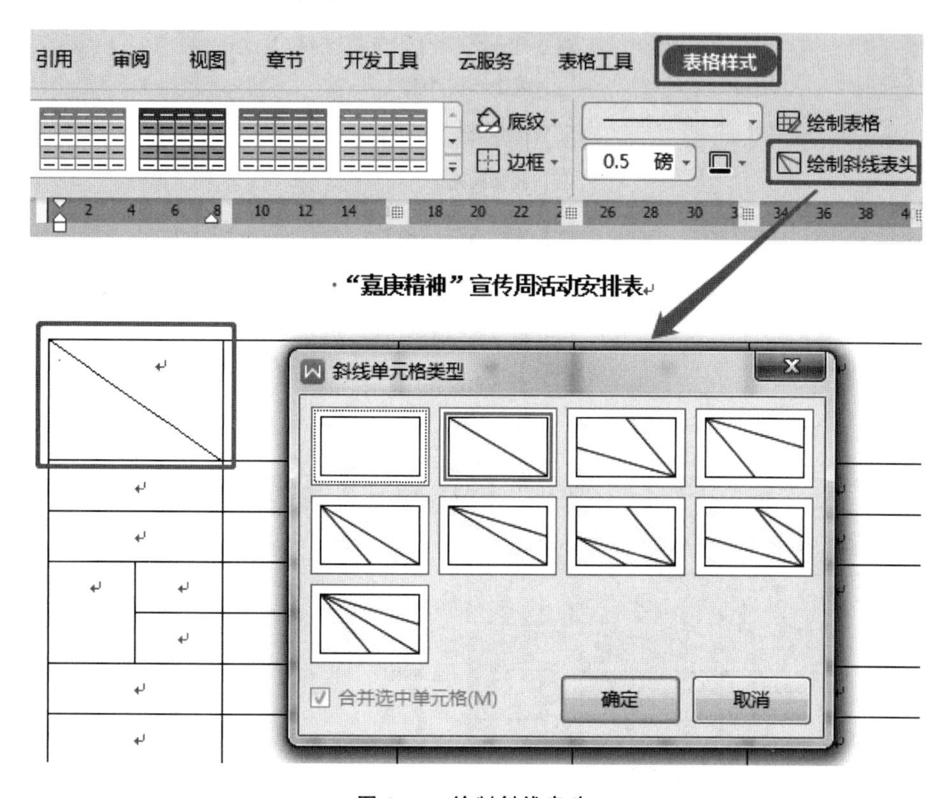

图 3-54　绘制斜线表头

5. 拆分表格

拆分表格是指将表格从某一行开始截断,划分为两个表格。将光标置于表格的拆分处,在“表格工具”选项卡中单击“拆分表格”,在下拉列表中选择“按行拆分”或“按列拆分”。

3.3.3 设置表格格式

1. 对齐与环绕方式

在“表格工具”选项卡单击“对齐方式”,打开下拉列表,里面包含了 9 种单元格对齐方式,也可以右击单元格,在快捷菜单中进行选择,如图 3-55 所示。

右击单元格,在弹出的快捷菜单中选择“表格属性”,在“表格”选项卡中可设置表格对齐方式(左对齐、居中、右对齐)和环绕方式(无、环绕)。

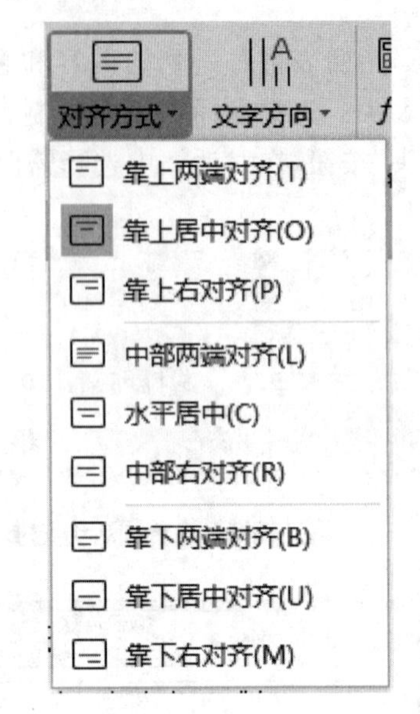

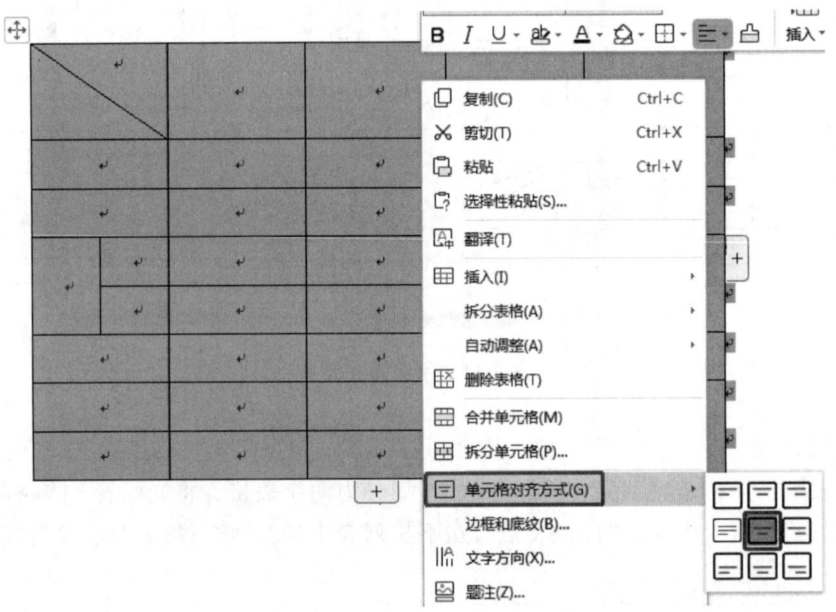

图 3-55 单元格对齐方式

2. 行高与列宽

将鼠标指针指向需调整行高或列宽的边框线上，按下左键拖动鼠标即可进行粗略调整。如要精确调整，则可在“表格工具”选项卡中单击“表格属性”，打开“表格属性”对话框，在“行”或“列”选项卡中，勾选“指定高度”或“指定宽度”，并输入数值，如图 3-56 所示。

如果需要表格的行高或列宽相等，则选中需要平均分布的行或列，在“表格工具”选项卡中单击“自动调整”，在下拉列表中选择“平均分布各行”或“平均分布各列”。

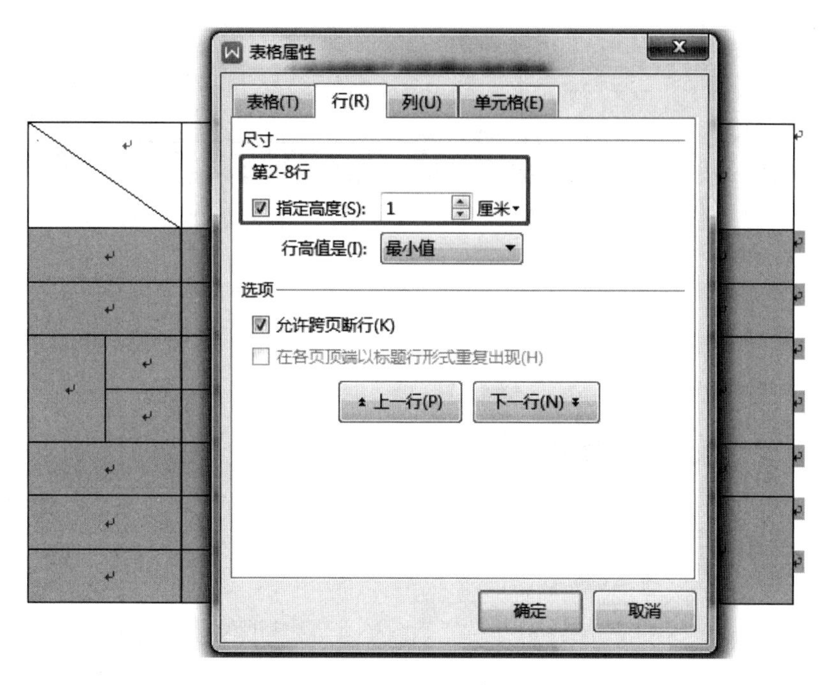

图 3-56　设置行高值

3. 边框和底纹

为美化表格或突出表格的某一部分,可以为表格添加边框和底纹。例如,选中如图 3-57 所示的单元格,右击选区,在弹出的快捷菜单中选择"边框和底纹"命令,在弹出的对话框中设置单元格的右边框线为 0.5 磅的双实线。

在"底纹"选项卡中可以设置填充色、底纹的图案和颜色。例如,选中表格的第一行,设置其底纹为"灰色-25%,背景 2",如图 3-58 所示。

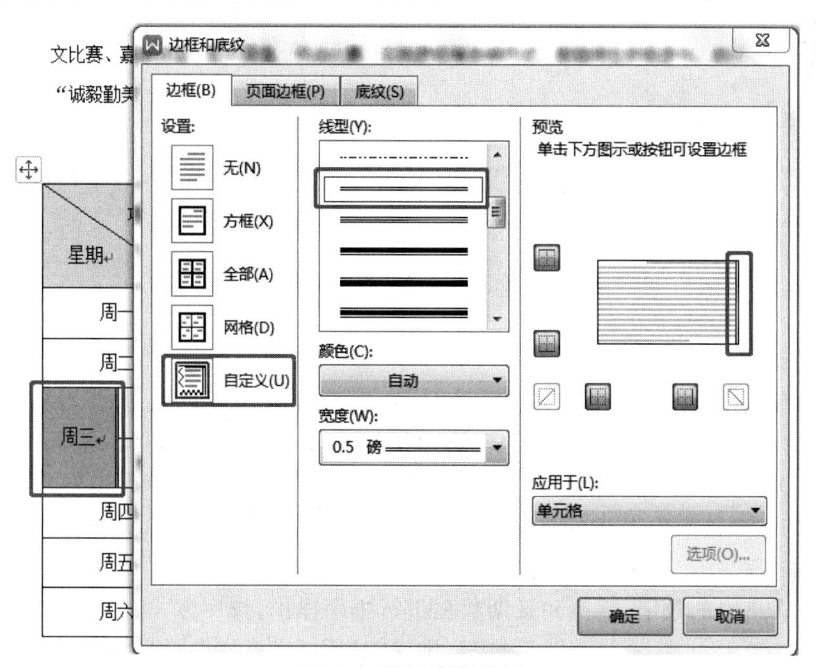

图 3-57　设置表格边框

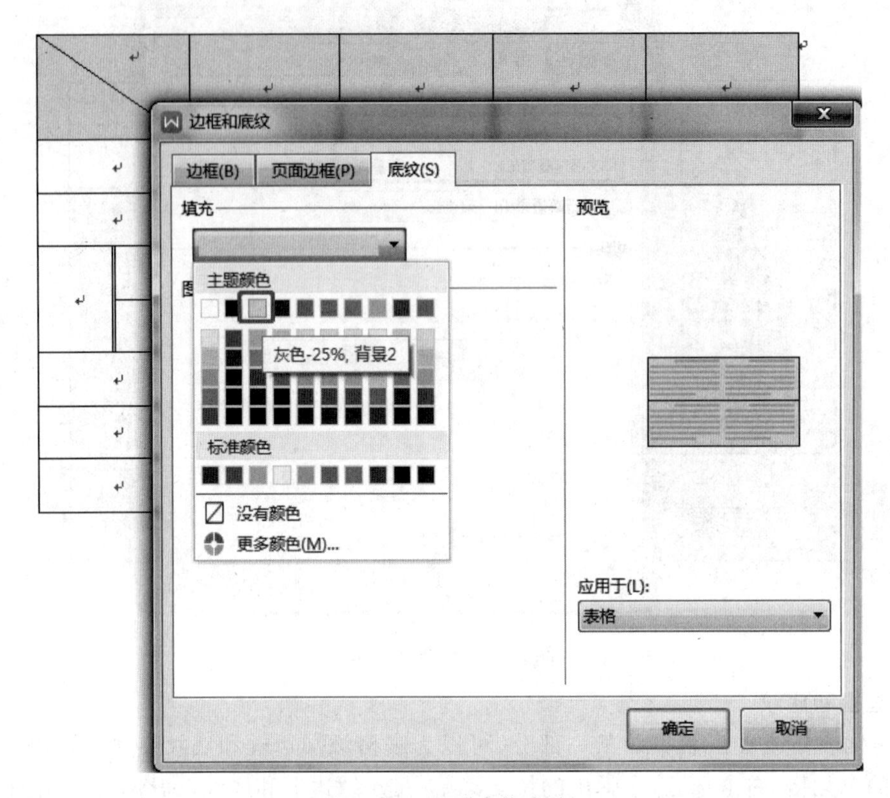

图 3-58　设置表格底纹

4. 自动套用格式

在 WPS Office 2019 之文字中提供了多种内置的表格样式，可以选中整个表格，在"表格样式"选项卡中，单击如图 3-59 所示的下三角按钮，在列表中选择需要的表格样式。

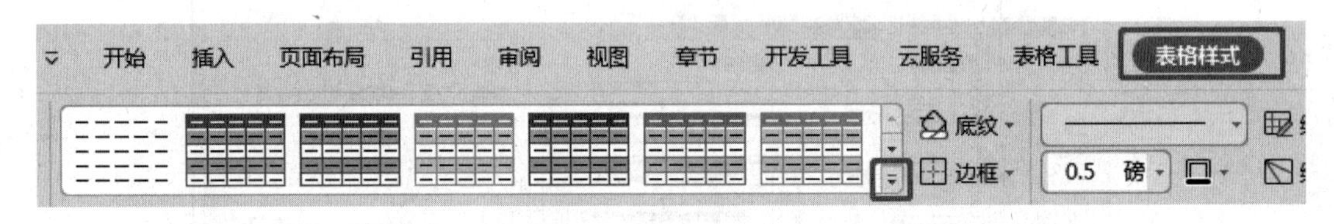

图 3-59　自动套用格式

5. 表格数据计算

表格具有数据计算功能，能够实现对表中数据进行基本的求和、求平均数、求最大值等简单计算，满足一般的工作需要。在"表格工具"选项卡中单击"公式"，可打开"公式"对话框进行数据计算。例如求与当前单元格同列的，上方所有含数字的单元格的平均值，则如图 3-60 所示，在粘贴函数中选择"AVERAGE"，在表格范围中选择"ABOVE"。

6. 表格排序

可以对表格中的数字、字符和日期数据进行排序操作，排序方式有升序和降序两种。在"表格工具"选项卡中单击"排序"，可打开"排序"对话框进行排序设置，如图 3-60 所示，先选择"有标题行"，设置主要关键字，并选择"升序"即可。

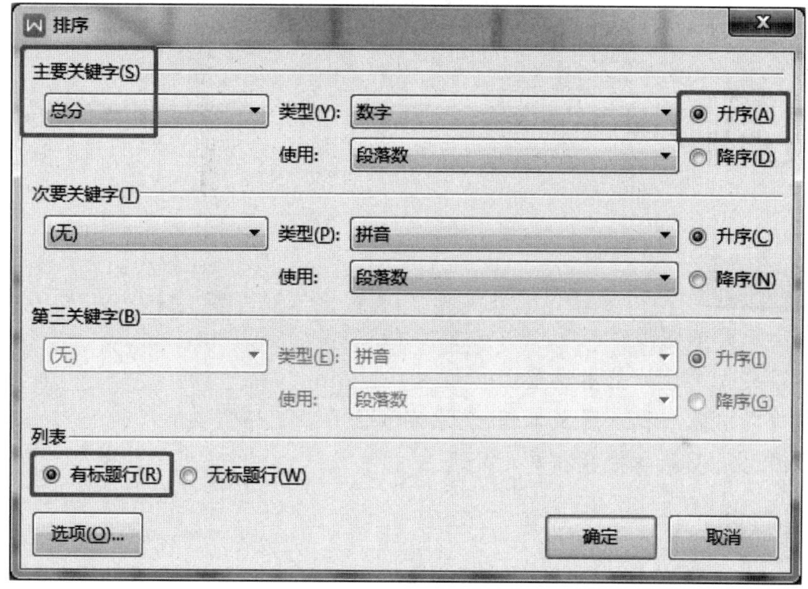

图 3-60　表格的计算与排序

3.3.4 文本与表格的相互转换

在文档编辑过程中,有时需要将文本内容的呈现方式转换为表格方式,或将表格中的内容转换为文本,以减少数据的重复输入。

如图 3-61 所示,要把文本转换为表格,进行转换的文本必须是格式化的文本,即文本中的每一行用段落标记符分开,每一列用分隔符(如空格、逗号或制表符等)分开。先选择文本,在"插入"选项卡中单击"表格",在下拉列表中选择"表格转换成文本",在弹出的对话框中输入相应的列数和行数,选择文字分隔位置,再单击确定按钮即可完成转换。

反之,要把表格转换为文本,则将光标置于表格中,在"表格工具"选项卡中单击"转换成文本",在打开的对话框中设置文字分隔符,再单击确定按钮即可完成转换。

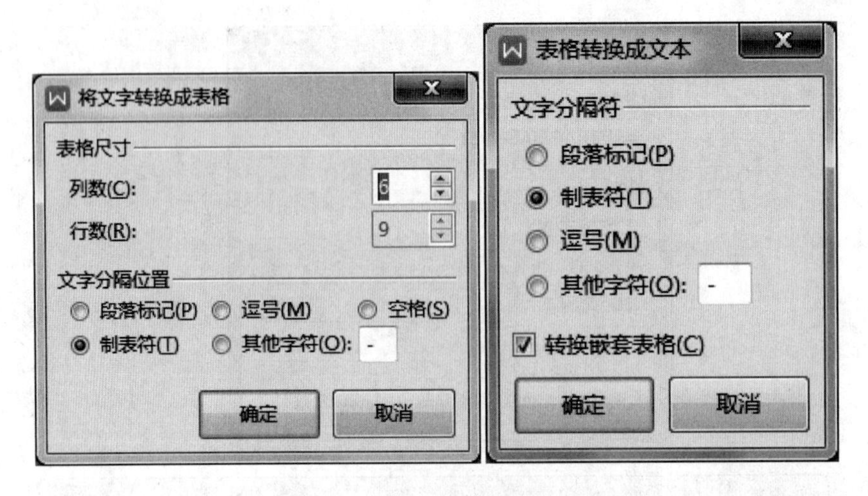

图 3-61　文本与表格的相互转换

3.4 图文编排

任务目标

- 掌握绘制简单图形；
- 了解图文版式设计基本规范；
- 掌握对文档插入和设置文本框、艺术字和图片；
- 掌握图、文、表混合排版和美化处理。

知识储备

3.4.1 绘制简单图形

在 WPS 文字中提供了多种形状，包括线条、矩形、基本形状、箭头、流程图、星与旗帜、标注等。在“插入”选项卡中单击“形状”，可在下拉列表中选择需要的形状，在文档中按住鼠标并拖动，即可绘制相应的图形。

例如，在《陈嘉庚简介》文稿中插入“星与旗帜”组中的“双波形”，样式为“强烈效果-巧克力黄，强调颜色 2”，轮廓为主题颜色“灰色-25%，背景 2”，形状效果为“半倒影，4pt 偏移量”，环绕方式为“四周型环绕”，如图 3-62 所示。

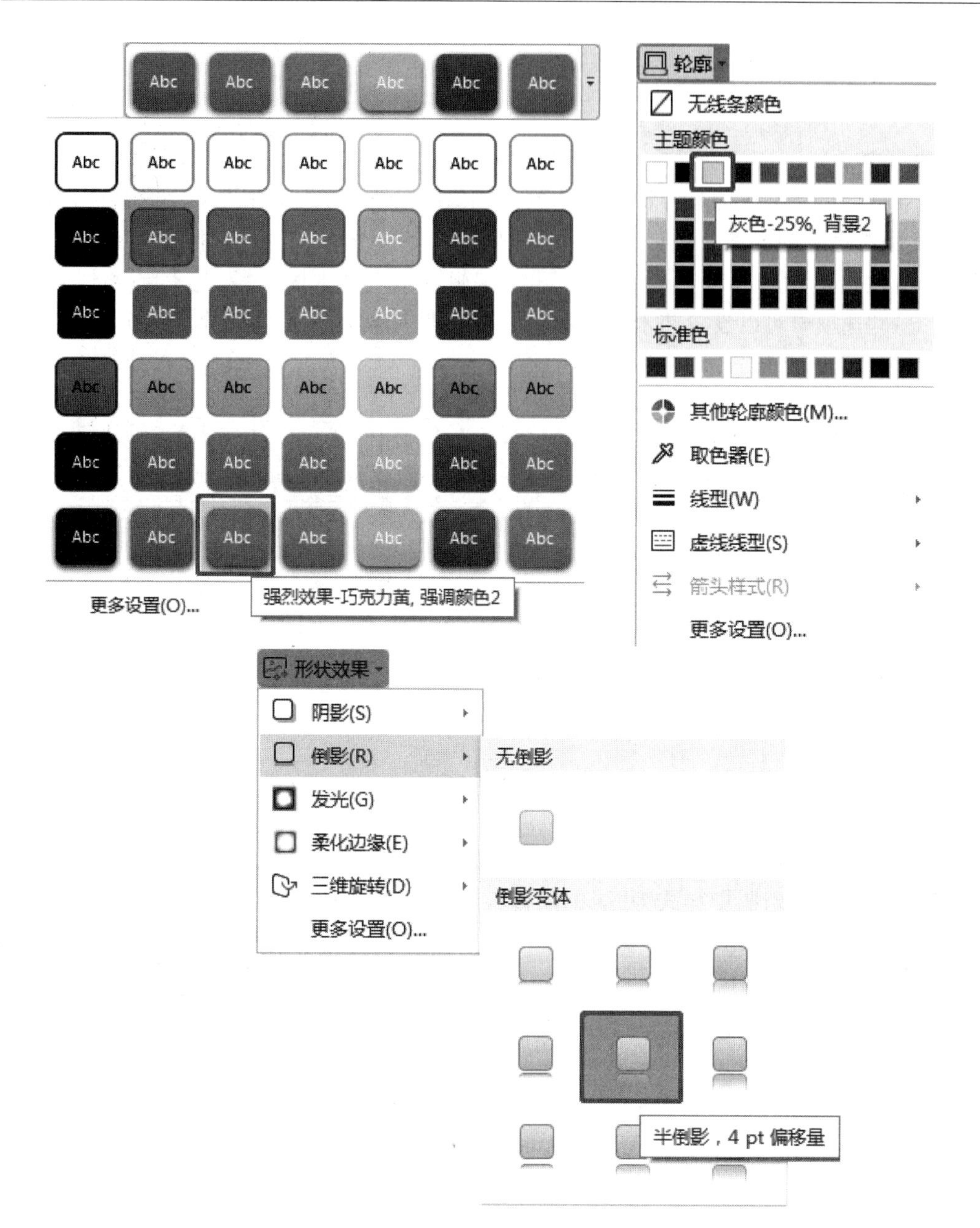

图 3-62　插入形状

然后右击该形状，在弹出的快捷菜单中选择“添加文字”命令，然后输入“华侨旗帜 · 民族光辉”，设置字体为方正姚体、小二、加粗，预设样式“渐变填充-钢蓝”，并设置文本效果“无倒影”，如图 3-63 所示。

图 3-63　添加文字

3.4.2 图文表混排

1. 艺术字

艺术字是指将文字经过各种特殊的着色、变形处理得到的艺术化文字。合理使用艺术字，能使文档有更好的视觉效果。在“插入”选项卡中单击“艺术字”按钮，打开艺术字样式列表，如图 3-64 所示，选择一种艺术字样式，出现编辑艺术字文本框，输入艺术字文本。切换到“文本工具”选项卡可以设置艺术字字体、大小、艺术字样式、文本效果等。切换到“绘图工具”选项卡可设置形状样式、环绕和对齐方式等。

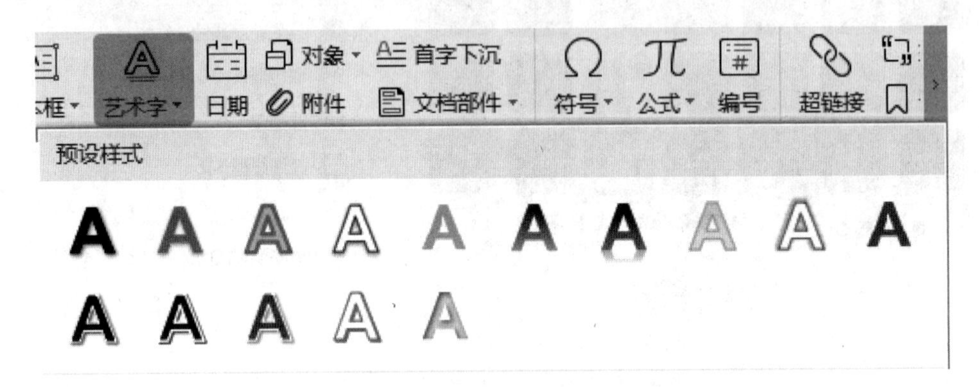

图 3-64 艺术字样式列表

例如，在《陈嘉庚简介》文稿中插入标题艺术字“陈嘉庚简介”，艺术字样式为“渐变填充-钢蓝”，华文隶书，一号，阴影样式为“居中偏移”，环绕方式为“嵌入型”，如图 3-65 所示。

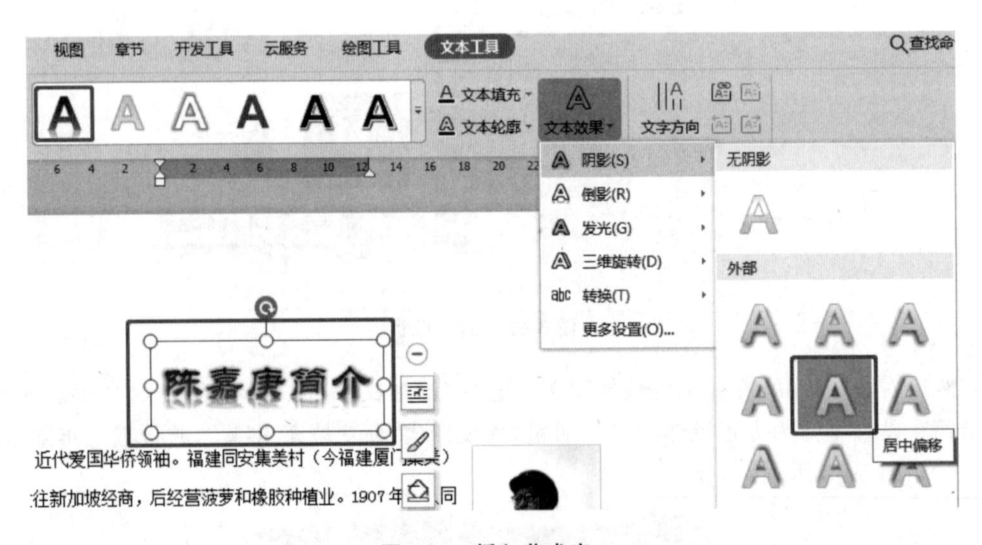

图 3-65 插入艺术字

2. 图片

(1)插入图片

插入图片的方法，除了“复制、粘贴”操作外，还可以在“插入”选项卡中单击“图片”按钮选择要插入的图片。例如,在《陈嘉庚简介》文稿中插入来自“图文编辑\图文编排\陈嘉庚.jpg”的图片,如图 3-66 所示。

图 3-66　插入来自文件的图片

(2)编辑图片

在文档中插入图片后,可通过“图片工具”选项卡对图片进行大小、裁剪、颜色、图片轮廓、图片效果、环绕方式等格式调整,如图 3-67 所示。

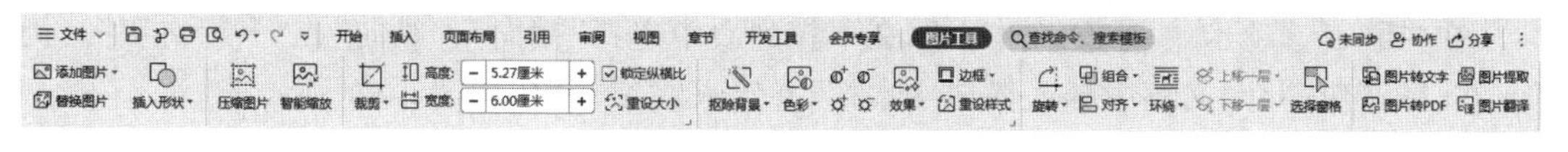

图 3-67　图片工具选项卡

例如,对《陈嘉庚简介》文稿中的图片进行设置,缩放 40%,环绕为“四周型环绕”。图片轮廓为“主体颜色:灰色-25%,背景 2”,并将图片调整到合适位置,如图 3-68 所示。

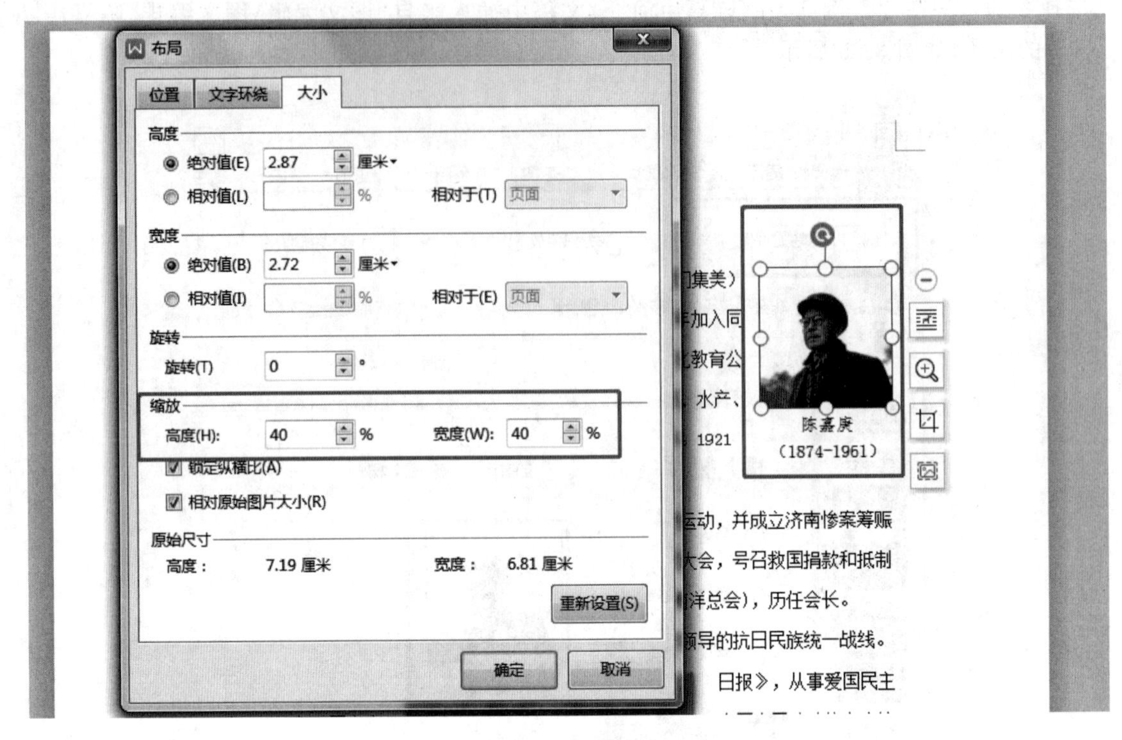

图 3-68　编辑图片

3. 文本框

文本框是存放文本的容器，将对象放入文本框中，可单独编辑而不受周围文本的影响。文本框可作为一个整体进行删除、移动、复制、缩放等。在文档中灵活设置文本框，可以使文档页面更加美观、富有个性。文本框分为横排文本框与竖排文本框两种。

(1)插入文本框

在“插入”选项卡中单击“文本框”，在下拉列表中选择“横向”、“纵向”或“多行文字”。例如，在《陈嘉庚简介》文稿中插入横向文本框，并输入文字内容，如图 3-69 所示。

(2)编辑文本框

在文档中插入文本框后，可在“绘图工具”和“文本工具”选项卡中对文本框及其文本内容进行格式设置。例如，对《陈嘉庚简介》文稿中的文本框进行设置，填充为“无填充颜色”，轮廓为“无线条颜色”，环绕为“四周型环绕”；文本字体为仿宋，五号，居中对齐，如图 3-69 所示。

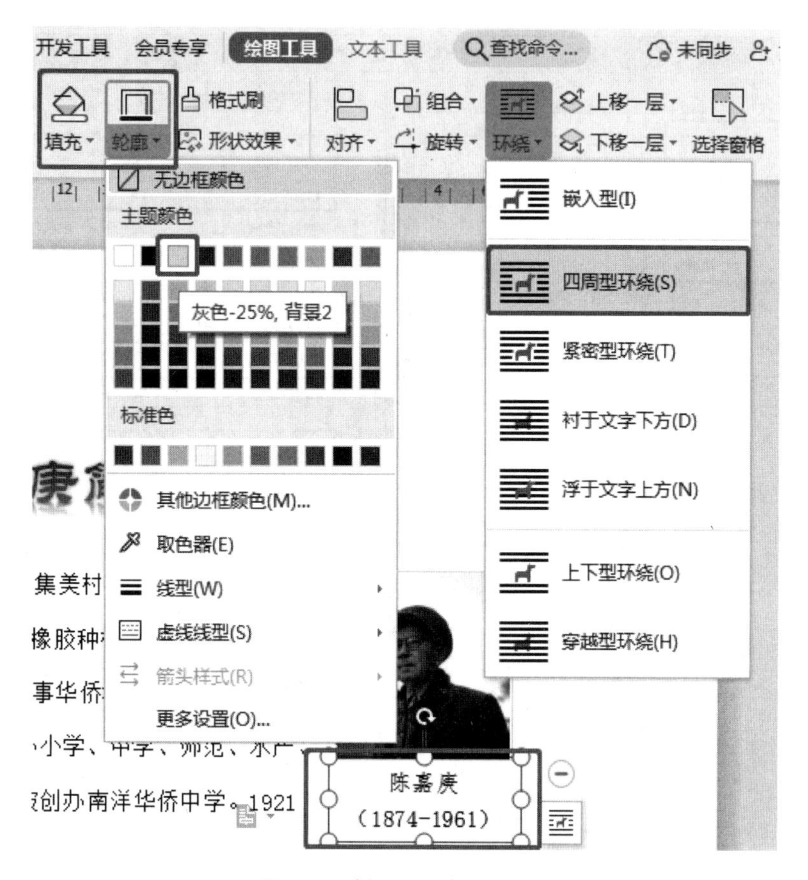

图 3-69　插入和编辑文本框

（3）文本框位置与大小

右击文本框，在弹出的快捷菜单中选择“其他布局选项”命令，打开“布局”对话框，可以精确设置文本框的水平位置、垂直位置、高度、宽度以及文字环绕方式等。例如，对《陈嘉庚简介》文稿中的文本框进行设置，大小为“绝对高度 1.3 厘米，绝对宽度 3 厘米”，水平位置为“绝对位置：离右侧栏 11.7 厘米”，垂直位置为“绝对位置：离下侧段落 3 厘米”，如图 3-70 所示。

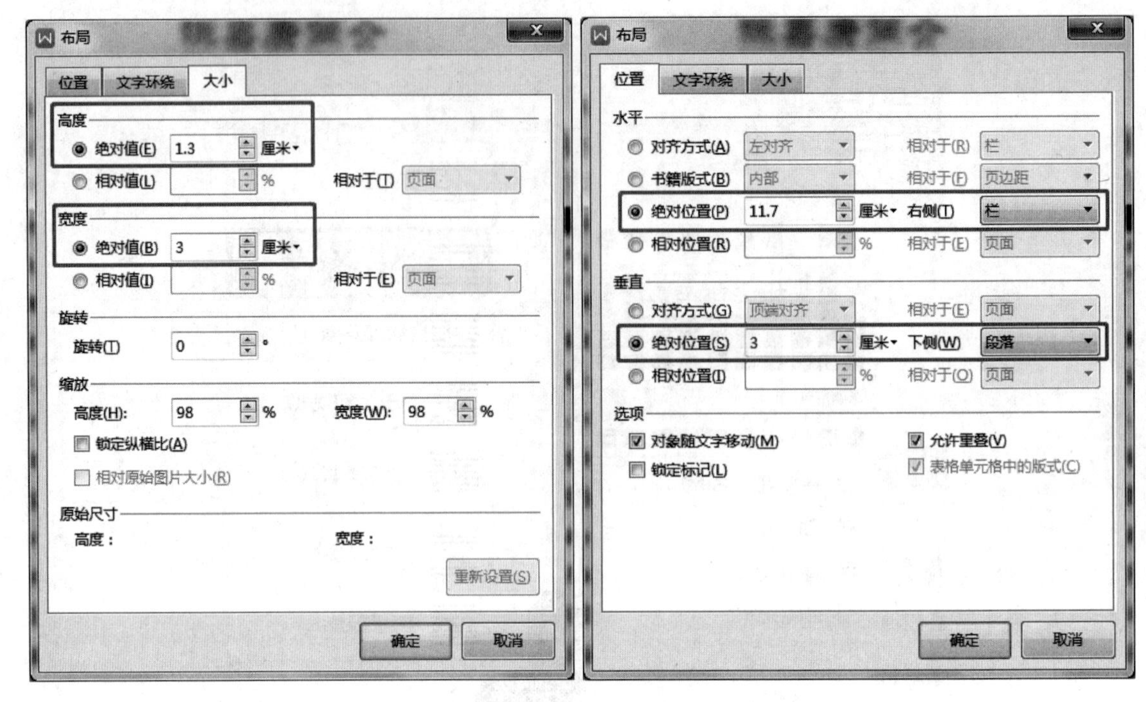

图 3-70　布局选项卡

3.4.3 图文版式设计

在工作和学习过程中，经常见到不同格式的文件，例如，党政机关下发公文、学术期刊论文等，这些专业领域的文件一般都有明确的版式要求；而期刊、画册、海报、招贴画、网页页面等文档，版面设计则比较灵活，一般根据设计主题和视觉需求，运用造型要素和形式原则，将文字、图片、图形及色彩等视觉传达信息要素进行组合设计，以达到设计目标。

1. 公文版式

公文是党政机关实施领导、履行职能、处理公务的具有特定效力和规范体式的文书，公文用纸、印刷装订、格式要素等有如下具体规定：

幅面尺寸：A4 纸张；

行页字数：每页 22 行，每行 28 个字；

页边距：上 3.7 厘米、下 3.5 厘米、左 2.8 厘米、右 2.6 厘米；

行距：固定值 28 磅；

字体字号：标题为小标宋二号，正文为仿宋 GB 2312、三号，一级标题为黑体、三号，二级标题为楷体、三号，如无特殊说明，公文中文字的颜色均为黑色；

落款日期：阿拉伯数字；

附件与正文：空一行。

2. 日常版式设计

版式设计，就是在有限的版面空间里，将视觉元素文字、图像(图形)、线条和颜色等进行有机的排列组合，并运用造型要素及形式原理，把构思与计划以视觉形式表达出来，将理性思维个性化地表现出来,是一种具有个人风格和艺术特色的视觉传达方式。因此,版式设计不仅是一种技能,更实现了技术与艺术的高度统一。版式设计是现代设计艺术的重要组成部分,是视觉传达的重要手段。版式设计可以说是现代设计从业者所必备的基本功之一。

版式设计的范围,涉及报纸、刊物、书籍(画册)、产品样本、招贴画、直邮广告(DM)、企业形象(CI)、包装、网页页面等平面设计各个领域。版面的构成要素是由文字、图形、色彩等通过点、线、面的组合与排列构成的,并采用夸张、比喻、象征等手法来体现视觉效果,既美化了版面,又提高了信息传达的效用。

3. 使用模板

文档模板是指文字编辑软件中内置的包含固定格式设置和版式设置的模板文件,用于帮助用户快速生成特定类型版式文档。例如,除了通用的空白文档模板之外,文字编辑软件内置了多种文档模板,包括书法字帖、创意简历、求职信、报表设计等。借助这些模板,可以创建比较专业版式的文档。

第4章

数据处理

“数据处理”是一个非常广义的概念,包含与数据这一对象所进行的一切活动。WPS表格具有强大的计算、分析、传递和共享数据的功能,可以帮助人们将繁杂的数据加工处理为信息。

日常工作和生活中,表格文档广泛应用于数据处理、分析、统计等方面,熟练掌握表格处理技能,能快速提升工作效率。WPS表格处理是办公的必备技能。

学习目标

- 了解数据在生产、生活中的应用,根据业务需求选择相应的数据处理工具采集、加工与管理数据;
- 初步掌握数据分析及可视化表达等相关技能。

4.1 采集数据

任务目标

- 理解数据处理软件(WPS Office 2019之表格)的功能和特点;
- 理解数据处理中工作簿、工作表、单元格等基本概念;
- 熟练掌握工作表的重命名、插入、复制、移动等基本操作;
- 熟练掌握输入、编辑和修改工作表中的数据;
- 掌握导入和引用外部数据。

任务描述

孤立的数据包含的信息量很少,而太多的数据又让人觉得杂乱无章,可利用WPS表格将它们采集记录下来并加以整理。WPS表格能帮助人们将繁杂的数据加工成有用的信息。

知识储备

4.1.1 WPS 表格的基本操作

1. WPS Office 2019 之表格的窗口界面与视图

(1)启动 WPS 表格

方法一:单击开始菜单→所有程序→WPS Office 里的 WPS Office 菜单项;

方法二:单击桌面的快捷方式 

;

方法三:双击任意一个已有的表格文件。

(2)新建表格

WPS 表格的启动窗口与 WPS 文字的窗口类似,选择"WPS 表格→新建空白文档"后,界面如图 4-1 所示。它由标题栏、菜单栏、快速启动工具栏、选项卡、工作区和账号控制按钮、功能按钮、名称栏、公式编辑栏等组成。

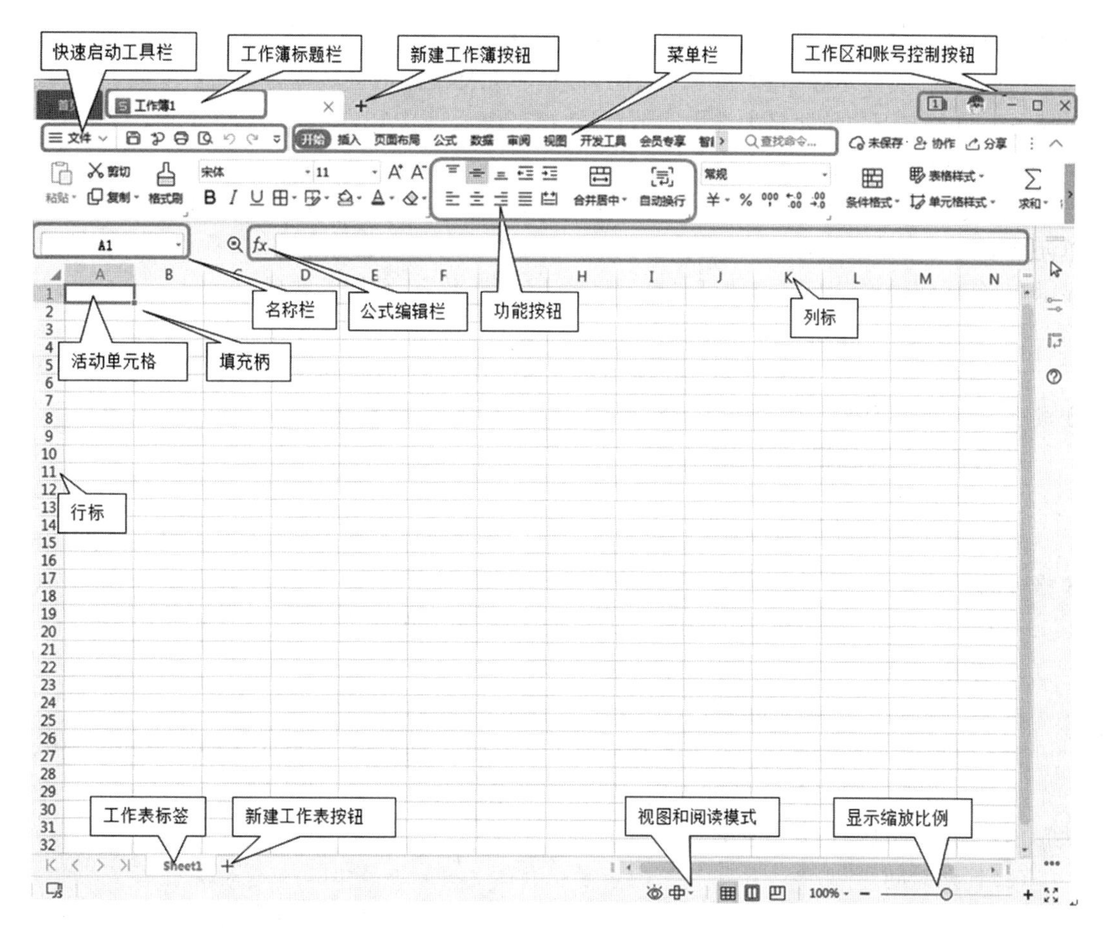

图 4-1　WPS 表格的启动界面

2. 表格相关概念

(1)工作簿

工作簿是 WPS 表格用来存储数据的文件,一个工作簿就是一个电子表格文件,其扩展名可以使 WPS 的表格“.et”格式,也可以是常见的“.xlsx”。一个工作簿可以由若干个工作表组成。新建表格文件时,系统会创建一个默认的文件名“工作簿 1”,当用户保存时,会弹出对话框要求用户给文件命名。

(2)工作表

工作表是显示在工作簿窗口中的表格,由排成行和列的单元格组成,其中最左侧的纵向阿拉伯数字表示行标,工作表各列上方的大写英文字母表示列标。新创建的工作簿包含一个“Sheet1”工作表,工作表标签在工作区的右下角,该标签边上的“+”是新建工作表按钮,可创建多个工作表,如“Sheet2”“Sheet3”等。双击工作表标签,可以对工作表进行重命名。也可右击工作表标签,弹出菜单,可对工作表进行“插入”“删除”“移动”“合并”“拆分”等操作。

(3)单元格

工作表中行列交叉位置的小方格就是一个单元格,是电子表格存储数据的基本单位。由列标和行标形成单元格的地址(或称为单元格名称),如 A1 单元格、E6 单元格。被选中的单元格名称,会显示在名称栏中。多个连续的单元格组成的区域称为单元格区域,可用该区域左上角和右下角单元格地址中间加冒号“:”来表示,如“A2:E6”。

(4)活动单元格

活动单元格是指 WPS 表格中处于激活状态的单元格,单击点中工作表中的单元格,该单元格即为活动单元格,其边框会显示加粗深绿色,它的地址会显示在“名称栏”中,内容会显示在“公式编辑栏”中,这时即可对单元格输入字符、数字、日期等数据。

(5)填充柄

填充柄是活动单元格或者活动区域的右下角的小方块,鼠标指针指向小方块时,指针会变成小十字形,按住鼠标左键拖动填充柄即可按某种序列或公式对相应单元格进行填充。

3. 数据录入与编辑

(1)文本

需要注意,有些数据虽全部由数字组成,如学号、身份证号等,其形式表现为数值,WPS 表格可将其作为文本型数据处理,输入时应在数据前输入半角单引号“'”(如输入“'0032618”),或者选定需要改变为文本的数据区域,将其改变为文本格式,再输入数码。

(2)数值

输入分数时(如 1/5),应先输入“0”和一个空格,再输入“1/5”。

输入的数值超过 11 位时,数值自动转换为文本形式显示(在该单元格的左上角会显示一个小三角形角标);若列宽已被规定,输入的数据无法完整显示时,则显示为“科学计数法”,用户可以通过调整列宽使之完整显示。

(3)日期时间

输入日期时,要用斜杠(/)或连接符(-)隔开年、月、日,如:2020/5/10 或 2020-5-10(其中连接符需要用自定义进行设置)。输入时间时,要用冒号(:)隔开时、分、秒,如“9:30 am”和“9:30 pm”(注:am 或 pm 之前要有空格)。

(4)智能填充数据

通过“填充柄”来实现智能填充数据。如步长为 1 的自动填充,先在选定的单元格中输入数值,如“1”,将鼠标指针指向选定单元格右下角的填充柄,指针变成十字形状,按行或列的方向拖动鼠标,即可在拖过的单元格内生成依次递增的数值(步长为 1);这时若按住“Ctrl”键,则可产生等差数列填充。也可在功能按钮区域,选中“填充”下拉按钮 填充 ,进行“向下填充”“序列填充”“智能填充”等。

4. 单元格的格式化

在 WPS 表格中,对工作表中的不同单元格数据,可以根据需要设置不同的格式,如设置单元格的数据类型、文本的对齐方式、字体以及单元格的边框和底纹等。

在要设置格式的单元格上单击右键,再选择弹出的快捷菜单中的“设置单元格格式”菜单项,即可出现“单元格格式”对话框,可进行各种格式的设置。如图 4-2 所示。

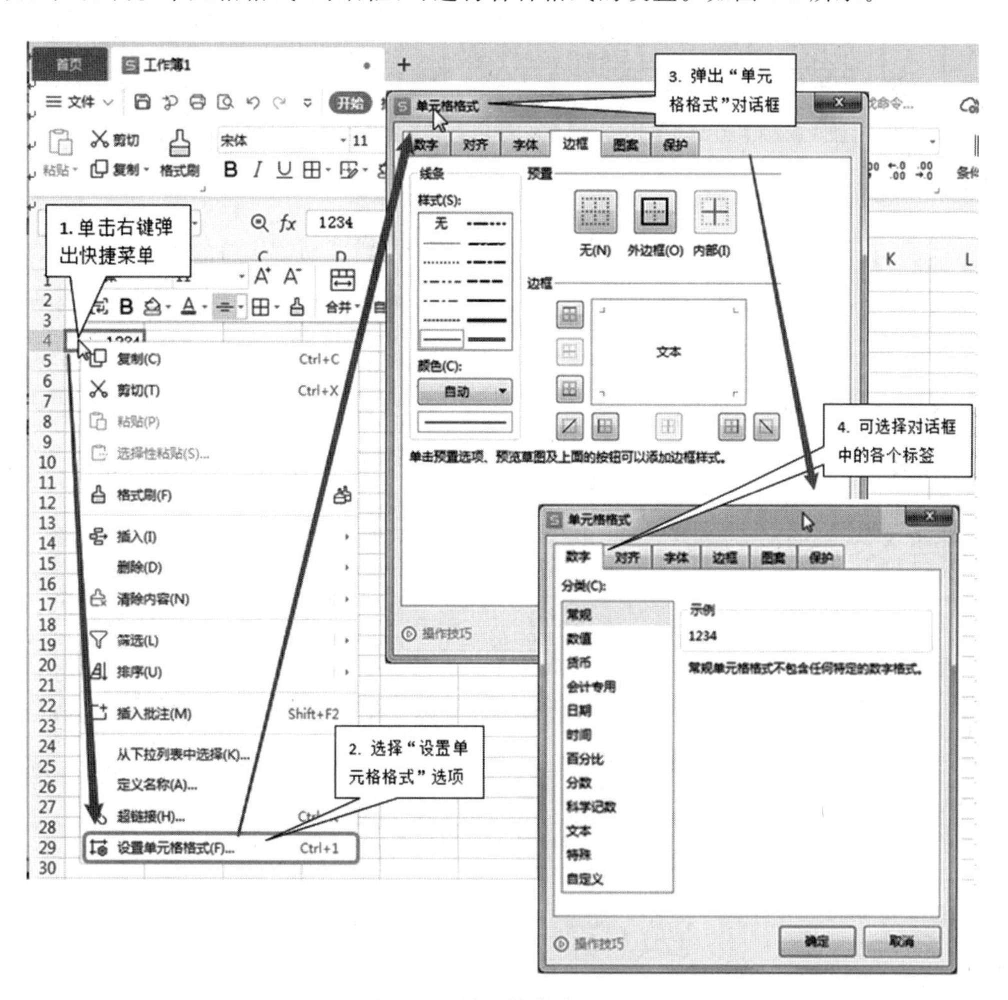

图 4-2 单元格格式设置

4.1.2 编辑与管理工作表

WPS 表格在工作表数据输入之后，经常需要对工作表进行编辑加工和各种管理操作。

1. 删除或插入行列

打开"D:\A0001\WPS 之表格\公司员工信息汇总表.xlsx"工作簿，如图 4-3，看到"Sheet1"是一张行和列空白区域的表格。

C4 公司员工信息汇总表

空白行区域

空白列区域

公司员工信息汇总表							
编号	姓名	性别	身份证号	参加工作时间	部门	职务	基本工资
0001	张志民	男	352101198109301738	2007/5/21	厂部	经理	¥8,283.00
0002	王三力	男	350101198510233214	2008/9/5	市场部	主任	¥6,674.00
0003	陈芬芳	女	320101198812034527	2010/9/2	一车间	主任	¥6,784.00
0004	陈文清	女	355407198602052303	2012/6/5	市场部	职员	¥4,559.00
0005	刘天宏	男	250125198905122115	2013/1/15	一车间	职员	¥4,156.00
0006	李四	男	350105198105122811	2019/8/5	二车间	职员	¥3,559.00
0007	周丽萍	女	220108198501022321	2018/10/16	二车间	职员	¥4,321.00
						填表日期：	2020-10-18

Sheet1

图 4-3　公司员工信息汇总表

将图中"Sheet1"工作表中顶部和左边的空白行与列区域删除，操作步骤如图 4-4 所示。

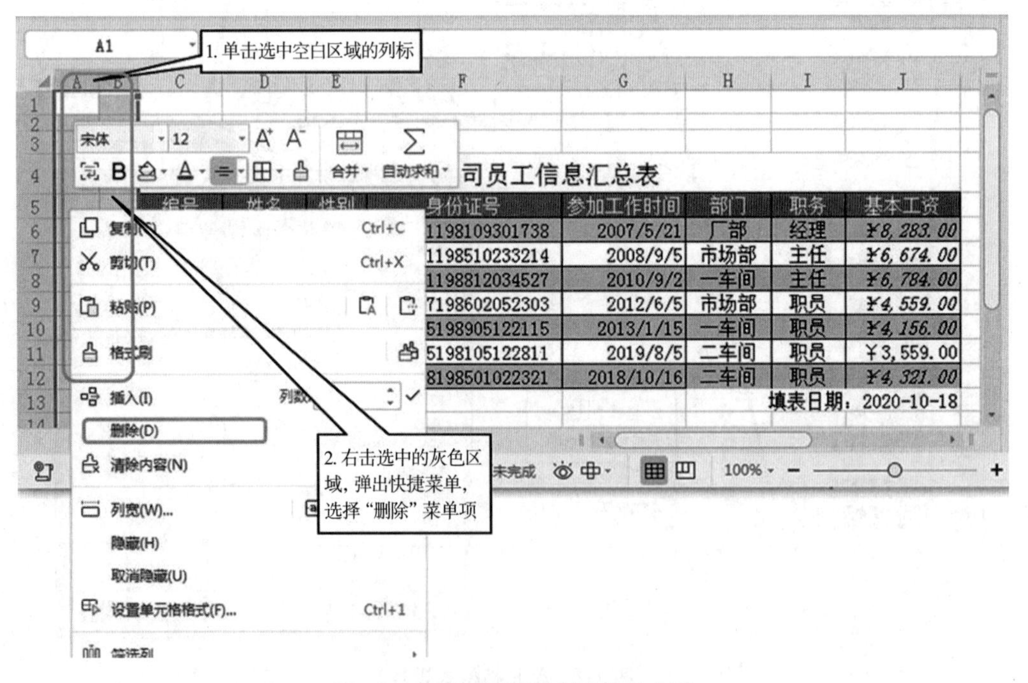

图 4-4　空白列区域的删除操作步骤

空白行区域的删除操作与此操作相似，先选中空白行区域的行标，再右击选中区域，弹出快捷菜单，选择“删除”菜单项。

插入行操作，若要在表中的“0004 陈文清”这行信息之前，添加下列新记录并重新编号，数值如下：

0004	马前进	男	352101198609142323	2011/7/8	二车间	主任	6635

操作步骤如图 4-5 所示。

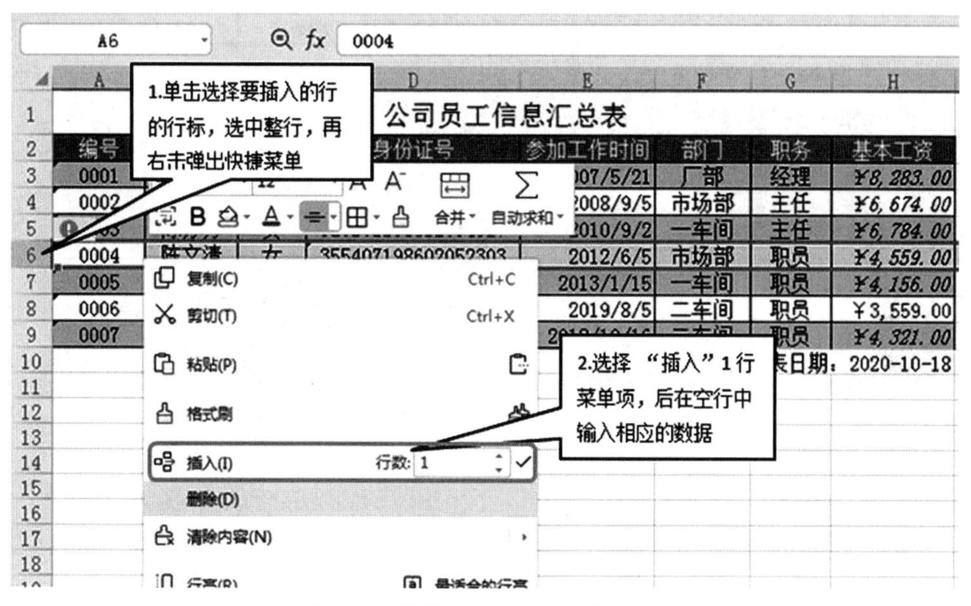

图 4-5　数据表中插入行操作步骤

2. 调整行高与列宽

编辑工作表的工作中，经常会出现单元格的高度宽度不合适，这时就需要调整行高和列宽。

方法一：使用快捷方式粗略调整，当用鼠标，指向行标或者列标中的线条，光标会变成双向箭头“←┃→”形状，这时拖动行高或者列宽即可。

方法二：精确调整，使用“功能区按钮”中的“行和列”下拉菜单中的“行高”与“列宽”菜单项就可以对一个单元格或对选定区域的多个单元格进行精确调整行高和列宽。操作步骤如图 4-6 所示。

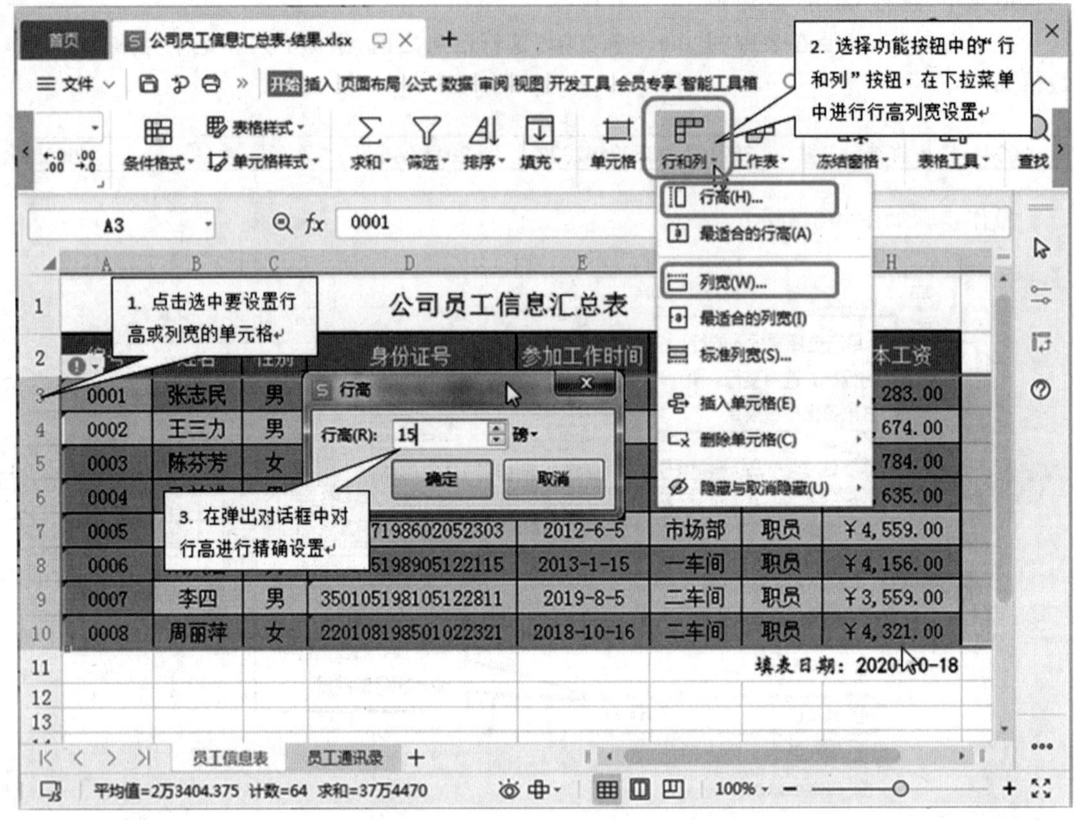

图 4-6　精确调整行高操作步骤

3. 复制、粘贴与移动单元格

鼠标在 WPS 表格工作区中是空心十字指针"✜"，当指向选中单元格边框时，变为实心十字箭头指针时，即可对选中的单元格内容进行移动，配合"Ctrl"组合键可进行复制、粘贴单元格。

4. 合并与拆分单元格

选定要合并的两个或多个单元格(可位于同一行或多行、多列)的区域，单击"工具按钮"区域的"合并居中"下拉按钮，进行合并；拆分单元格与之相反。

5. 重命名工作表

方法一：鼠标右击工作表的标签，弹出快捷菜单→选择"重命名"；

方法二：直接双击工作表的标签，进入重命名状态。

6. 新建工作表

方法一：鼠标右击工作表的标签，弹出快捷菜单→选择"插入工作表"；

方法二：直接单击工作表的标签右边的小十字符号。

7. 导入和引用外部数据

点击菜单栏"文件"菜单项边上的向下的三角标，选择"数据"→"导入外部数据"→"导入数据"，根据需求进行设置和选择即可。如图 4-7 所示。

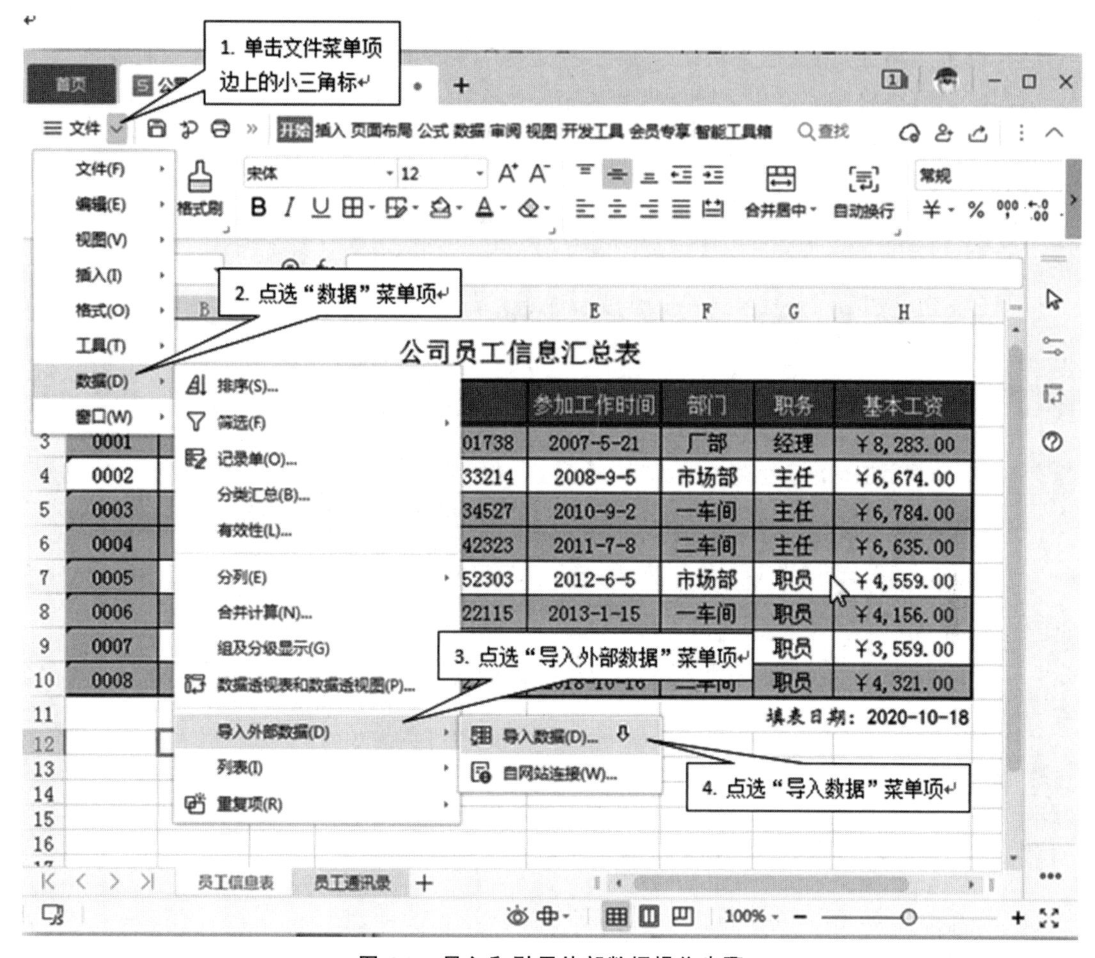

图 4-7　导入和引用外部数据操作步骤

任务实施

在掌握以上知识内容的基础上，打开素材文件“D:\A0001\WPS 之表格\公司员工信息汇总表.xlsx”文件，上机完成下列要求的设置操作。

（1）删除表格中左边的 A、B 两列和顶部 1、2、3 行的空白区域。

（2）将单元格 A1:H1 合并居中，作为表格标题行，并将单元格内字号改为 16 磅。

（3）设置表格标题行的高度为 35 磅，表头行高度 25 磅，其余各行高度均为 20 磅，各列的宽度根据需要调整。

（4）将单元格 F11:H11 合并单元格，右对齐，并将单元格内字体设置为楷体，作为表格的落款。

（5）在表中的“0004 陈文清”这行信息之前，添加下列新记录并重新编号，数值如下：

0004	马前进	男	352101198609142323	2011/7/8	二车间	主任	6635

（6）将基本工资栏的工资额格式用：“货币”、货币符号“￥”、保留两位小数、负数“黑色

￥－1,234.10”格式显示。

(7)设置表格线：内边框为交叉细实线，外边框为粗匣框线，表头行下方为双底框线。

(8)将所有表格中非空单元格的内容居中。

(9)将工作表标签 Sheet1 重命名为“员工信息表”。

(10)将该工作簿文件保存。

本任务操作前的原始素材截图和完成以上要求设置后的效果图样张如图 4-8、图 4-9 所示。

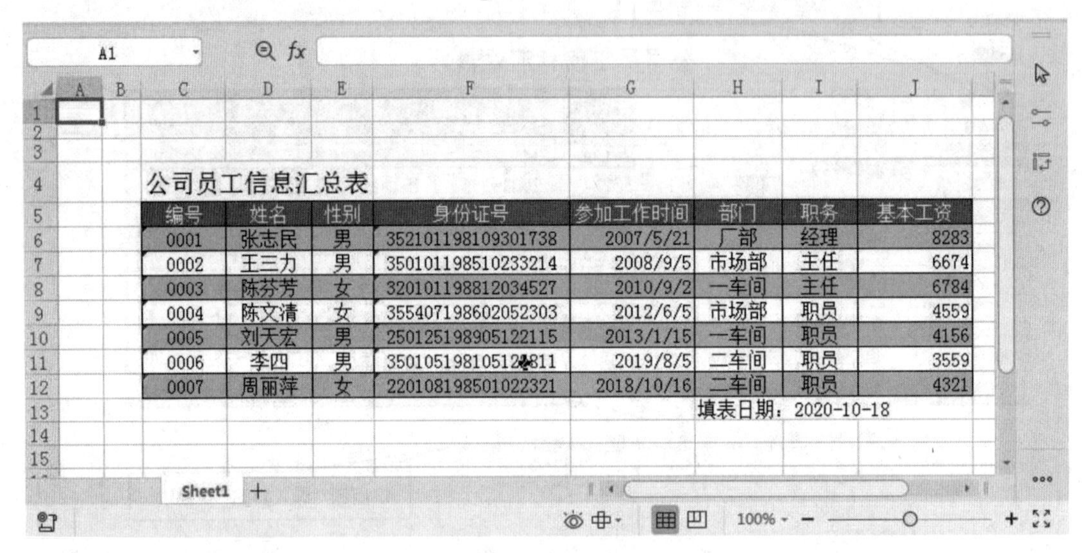

公司员工信息汇总表

编号	姓名	性别	身份证号	参加工作时间	部门	职务	基本工资
0001	张志民	男	352101198109301738	2007/5/21	厂部	经理	8283
0002	王三力	男	350101198510233214	2008/9/5	市场部	主任	6674
0003	陈芬芳	女	320101198812034527	2010/9/2	一车间	主任	6784
0004	陈文清	女	355407198602052303	2012/6/5	市场部	职员	4559
0005	刘天宏	男	250125198905122115	2013/1/15	一车间	职员	4156
0006	李四	男	35010519810512[illegible]811	2019/8/5	二车间	职员	3559
0007	周丽萍	女	220108198501022321	2018/10/16	二车间	职员	4321

填表日期：2020-10-18

图 4-8　操作前原始数据素材截图

公司员工信息汇总表

编号	姓名	性别	身份证号	参加工作时间	部门	职务	基本工资
0001	张志民	男	352101198109301738	2007/5/21	厂部	经理	￥8,283.00
0002	王三力	男	350101198510233214	2008/9/5	市场部	主任	￥6,674.00
0003	陈芬芳	女	320101198812034527	2010/9/2	一车间	主任	￥6,784.00
0004	马前进	男	352101198609142323	2011/7/8	二车间	主任	￥6,635.00
0005	陈文清	女	355407198602052303	2012/6/5	市场部	职员	￥4,559.00
0006	刘天宏	男	250125198905122115	2013/1/15	一车间	职员	￥4,156.00
0007	李四	男	350105198105122811	2019/8/5	二车间	职员	￥3,559.00
0008	周丽萍	女	220108198501022321	2018/10/16	二车间	职员	￥4,321.00

填表日期：2020-10-18

图 4-9　按步骤完成设置操作后效果

学以致用

在上述文件中，继续制作一张员工通信录，要求如下：

(1)复制或新建一张工作表。

(2)将原来的“员工信息表”中的“编号”“姓名”“性别”“部门”“职务”栏目的数据，复制到新的工作表中。

(3)设置新的工作表标签为“员工通信录”。

(4)保存工作簿，并退出。

完成上述操作后效果图样张如图 4-10 所示。

编号	姓名	性别	部门	职务
0001	张志民	男	厂部	经理
0002	王三力	男	市场部	主任
0003	陈芬芳	女	一车间	主任
0004	马前进	男	二车间	主任
0005	陈文清	女	市场部	职员
0006	刘天宏	男	一车间	职员
0007	李四	男	二车间	职员
0008	周丽萍	女	二车间	职员

图 4-10　制作员工通信录操作效果

4.2 加工数据

任务目标

- 熟练掌握数据的类型转换及格式化处理；
- 理解单元格的绝对地址和相对地址的应用；
- 掌握公式和常用函数的使用；
- 熟练掌握对数据的排序、筛选、分类汇总。

任务描述

数据的加工可以按照指定格式显示数据，使得重要数据更加突出，更有科学性，还可以优化、美化表格，制作色彩丰富个性化的表格；同时利用 WPS 表格提供的各种运算、公式和函数等，对原始数据进行计算、加工、引用、分类汇总等，使得原始枯燥无序的数据更有规律、价值，更能提高工作效率。

4.2.1 格式化数据

在 WPS 表格中格式化数据的操作方法主要有两种，一种是通过“开始”菜单的“功能按钮”区域的各种设置按钮，对选定的单元格或者选定区域的数据进行人工的设置；一种是通过条件格式，对选定区域的数据按一定条件进行设置。

打开素材文件“D:\A0001\WPS 之表格\学生成绩表.xlsx”。

1. 利用“功能按钮”区域逐步设置

(1)对打开的“学生成绩表.xlsx”中的“Sheet1”表中，将 A1:I1 单元格“合并居中”，设置“垂直居中”，设置字体为“黑体”“加粗”“18 磅”。操作步骤如图 4-11 所示。

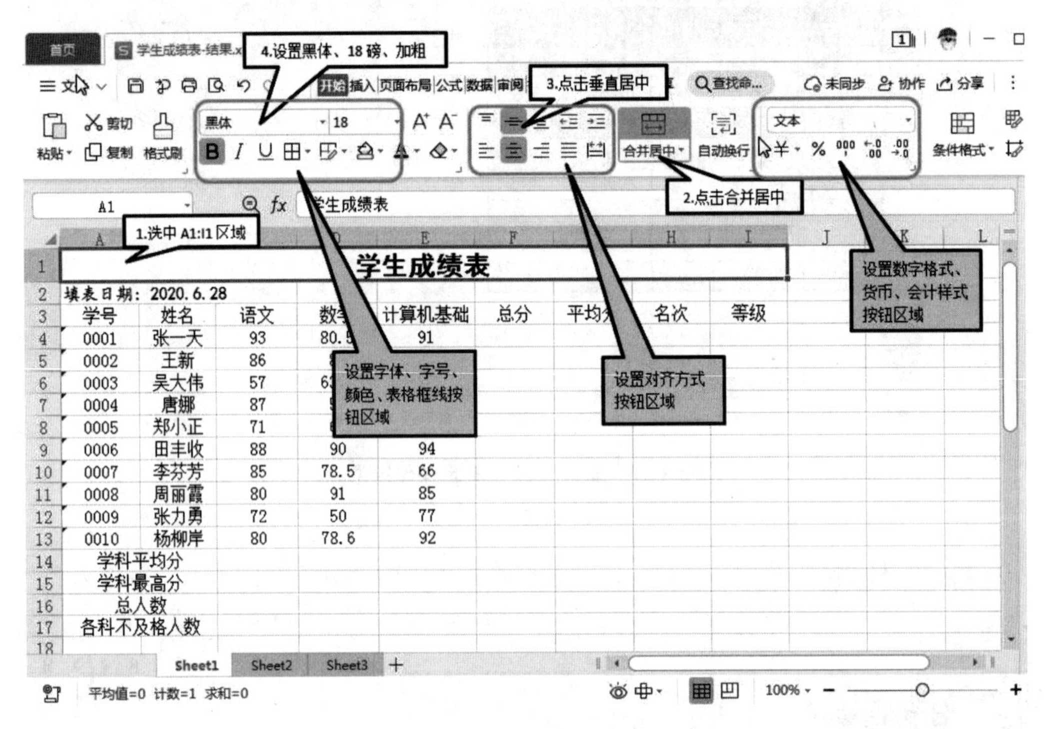

图 4-11　设置“A1：I1”单元格操作步骤

(2)对数据表中所有表示分数的数值数据单元格，设置保留一位小数。操作步骤如图 4-12 所示。

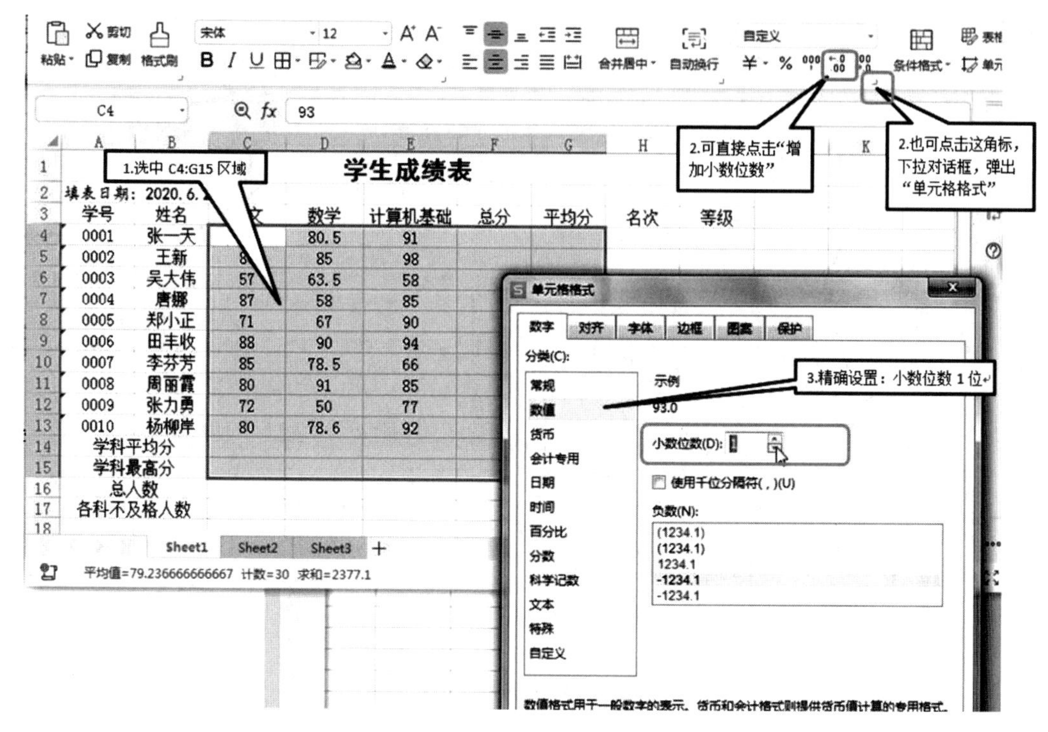

图 4-12　设置保留一位小数操作步骤

上述操作，也可以先对某一个数值单元格设置"保留一位小数"，后再用格式刷将所有数值区域单元格刷成相同的设置。

2. 条件格式设置

我们可以设置单元格或者某区域数据满足指定条件时，显示不同的字体、字号或颜色等，以便突出强调符合条件的数据。如设置"学生成绩表"中所有分数的区域的条件格式为"突出显示单元格规则"数值小于 60，则设定为"浅红填充色深红色文本"。操作步骤如图 4-13 所示。

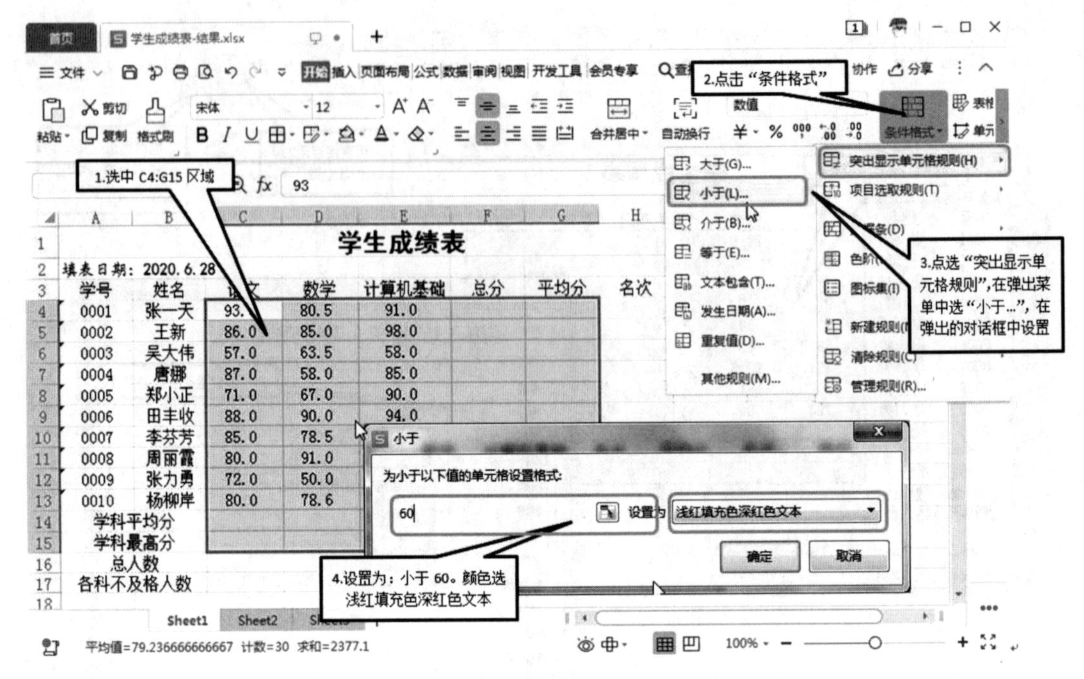

图 4-13　设置条件格式操作步骤

4.2.2 格式化工作表

同样格式化工作表的操作方法也主要有两种：一种是通过“开始”菜单的“功能按钮”区域的各种设置按钮，对工作表进行边框线、颜色、底纹或者背景等进行逐步的人工设置；另一种是通过直接套用表格样式或单元格样式，进行设置。

1. 利用“功能按钮”区域逐步设置

(1)设置工作表边框

给当前工作表的单元格区域 A3：I17 设置为“所有框线细实线”，外边框为“粗匣框线”；表头行填充“标准色-橙色”。操作步骤如图 4-14 所示。

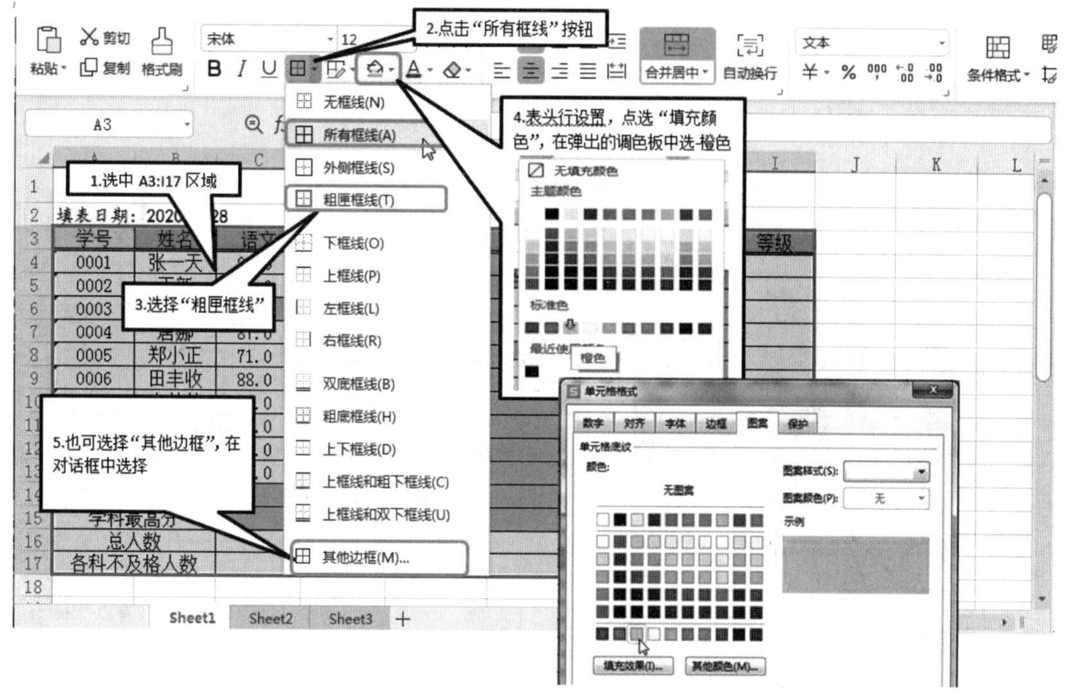

图 4-14　设置工作表框线操作步骤

(2)设置背景、底纹等图案填充

给当前工作表的单元格区域 A4：B17 设置为图案填充，图案样式为“细垂直条纹”，图案颜色为“浅绿，着色 6”。操作步骤如图 4-15 所示。

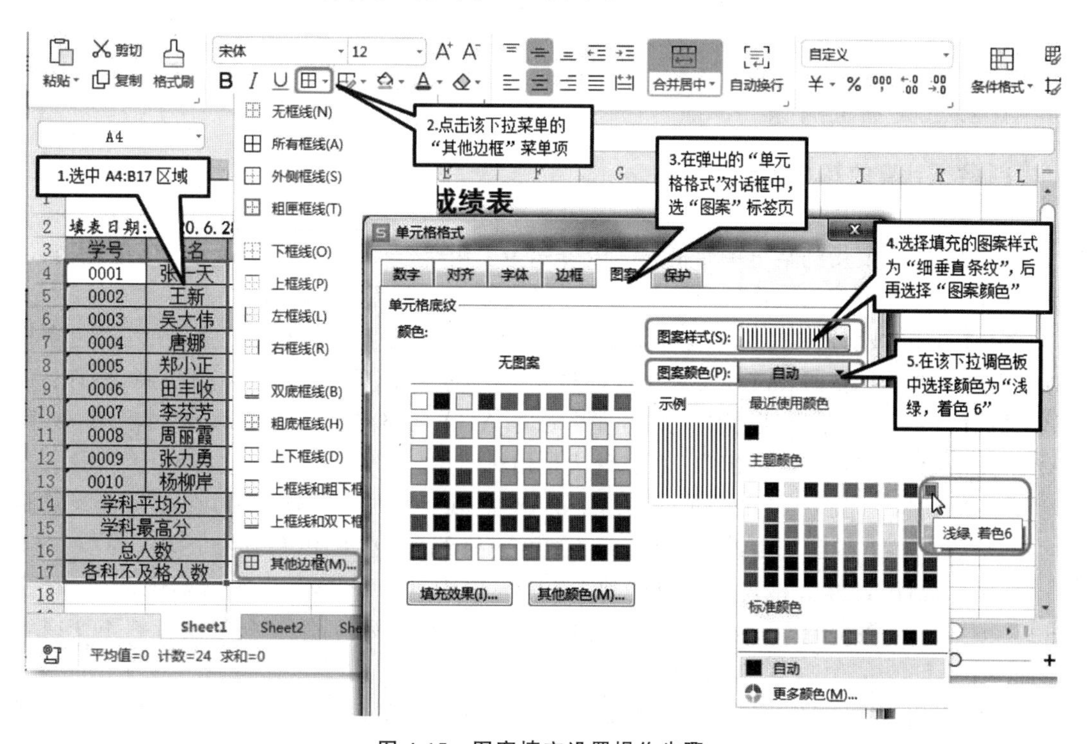

图 4-15　图案填充设置操作步骤

2. 利用样式套用

打开此工作簿的“Sheet2”工作表，对其中的单元格区域 A1：E11 套用：浅色系中的第三行第二个样式“表样式浅色 9”。操作步骤如图 4-16 所示。

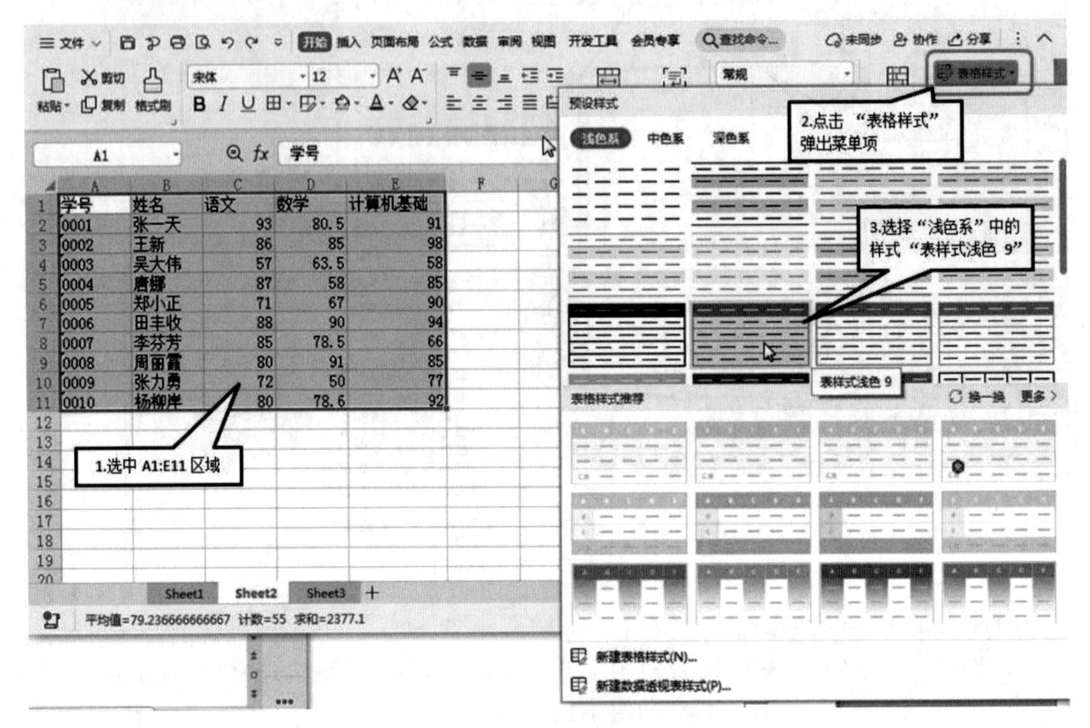

图 4-16　套用表样式操作步骤

4.2.3 数据的计算

1. 数据计算的基本概念

(1)引用

数据计算中要用到某个单元格中的内容称为引用，该单元格的地址称为引用地址，通过引用可以在计算中使用工作表中的任意单元格的数据。引用的方法分为三种：

相对引用：被引用的单元格是相对于该公式或该引用单元格的相对位置，在复制包含相对引用公式或单元格时，WPS 表格会自动根据行列的变化调整该对象中的引用，例如：A1 单元格引用 B1 单元格的值，为“＝B1”，那么若将 A1 单元格复制或填充到 A2 单元格中，则 A2 单元格中自动调整为“＝B2”。系统默认是相对引用。

绝对引用：就是在引用的原单元格地址的行标、列标前加上“＄”符号，在进行公式复制时，单元格的地址不会发生改变。例如：A1 单元格绝对引用 B1 单元格的值，为“＝＄B＄1”，那么若将 A1 单元格复制或填充到 A2 单元格中，则 A2 单元格的内容还是：“＝＄B＄1”。绝对引用的符号“＄”也可只加在行标前或只加在列标前，那么只限制行标不变或者列标不变。

混合引用：是指在公式的输入中根据计算要求，既有相对引用又有绝对引用，需要在复制公式时自动相对变化地使用相对引用，反之使用绝对引用。例如：单元格 D1 中定义“＝

A1+B1”，这将 D1 复制到 D2 时，为“=A1+B2”。其中 A1 单元格的值引用不变，而原引用的 B1 则变为 B2。

（2）公式与函数

WPS 表格提供了众多函数和公式，可满足日常的数学计算、会计运算、日期时间计算和常用统计等。使用公式函数的基本语法为：函数名（参数 1，参数 2，…），其中参数可以是常量、引用的单元格、区域或者其他函数。函数、算术运算、字符运算等可以组合成一个合法的表达式，称为计算公式。

公式的输入方式有三种：在公式编辑栏输入、在单元格输入、点击插入函数。公式总是以“=”开始，一些简单常用的函数计算，可以直接在“功能按钮”区域点击计算。如图 4-17 所示。

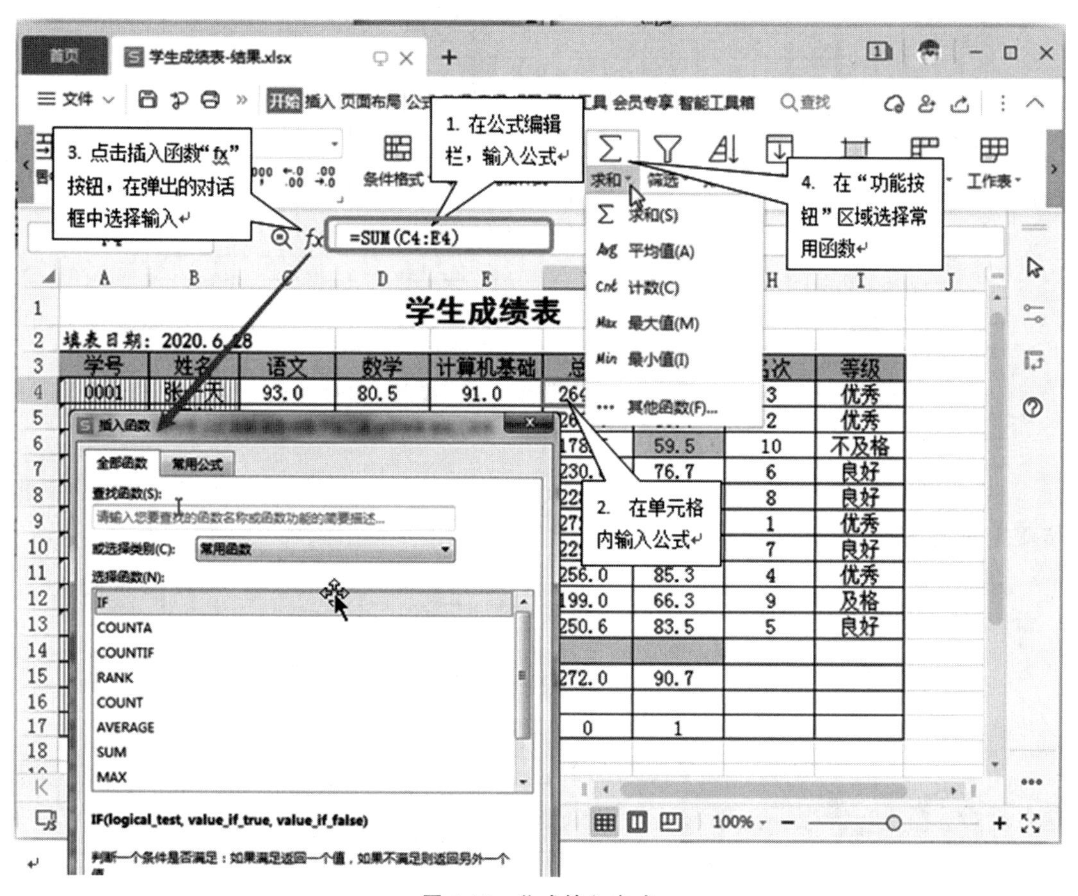

图 4-17 公式输入方式

算术运算有加（+）、减（−）、乘（*）、除（/）、乘方（^）、百分号（%），文本运算符有 &，关系运算符有等于（=）、不等于（<>）、大于（>）、小于（<）、不小于（>=）、不大于（<=）。

常用的函数有求和 SUM()、平均值 AVERAGE()、计数 COUNT()、最大值 MAX()、最小值 MIN()、条件 IF()。

2. 常见的数据计算

打开素材文件为“D:\A0001\WPS 之表格\学生成绩表.xlsx”，使用其“Sheet1”工作表。

(1)求总分:利用"功能按钮"区域的"求和"按钮计算学生成绩表中的总分列。操作步骤如图 4-18 所示。

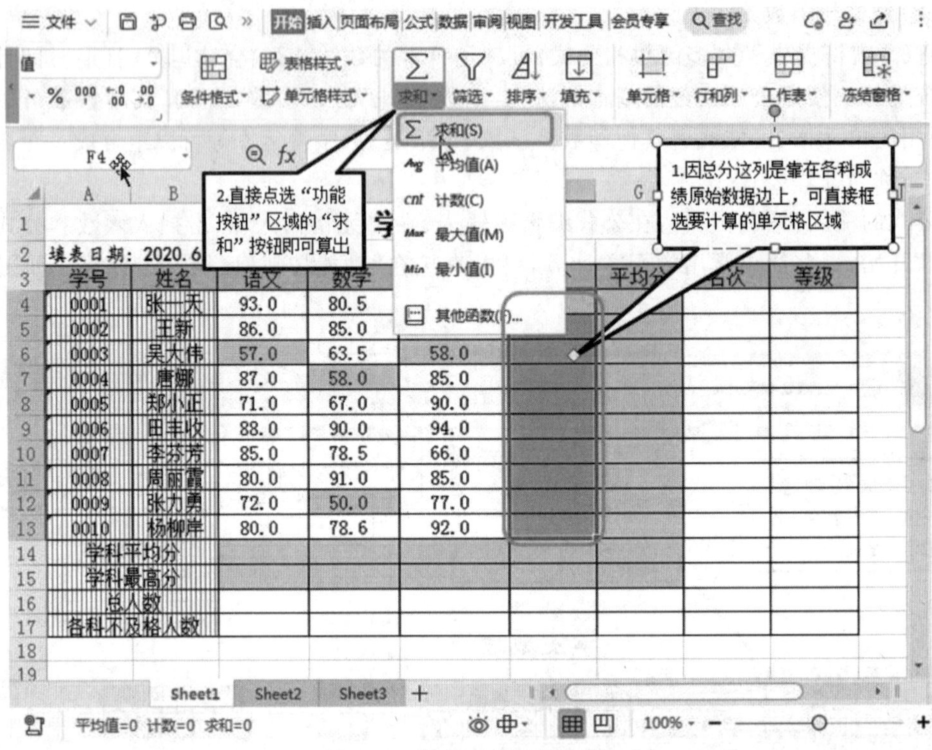

图 4-18 计算总分操作步骤

(2)求平均分:利用"平均值 AVERAGE()"函数计算学生成绩表中的平均分列。操作步骤如图 4-19 所示。

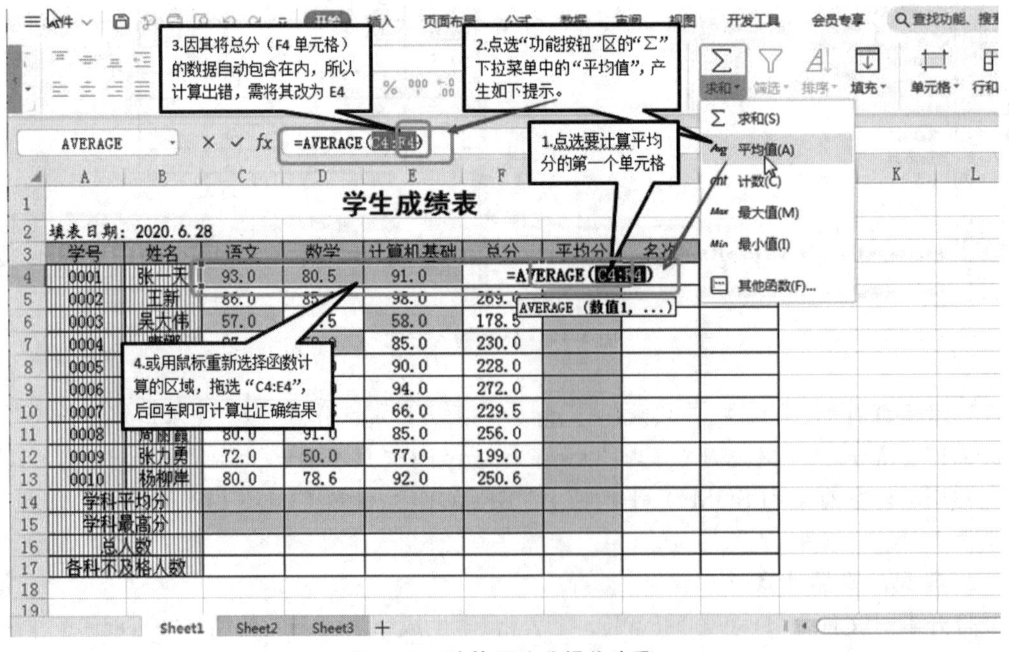

图 4-19 计算平均分操作步骤

操作至此，完成该平均分列中的第一个单元格的计算，接下来可选中该列中所有要计算平均分的单元格区域，用“填充”按钮的“向下填充”就可以算出全体学生的平均分。也可对第一个正确计算平均分的单元格的“填充柄”向下拖动，将公式复制到其他要计算平均分的学生的单元格，完成计算。

(3)计算最高分：利用“最大值 MAX()”函数计算学生成绩表中的学科最高分。操作步骤如图4-20所示。

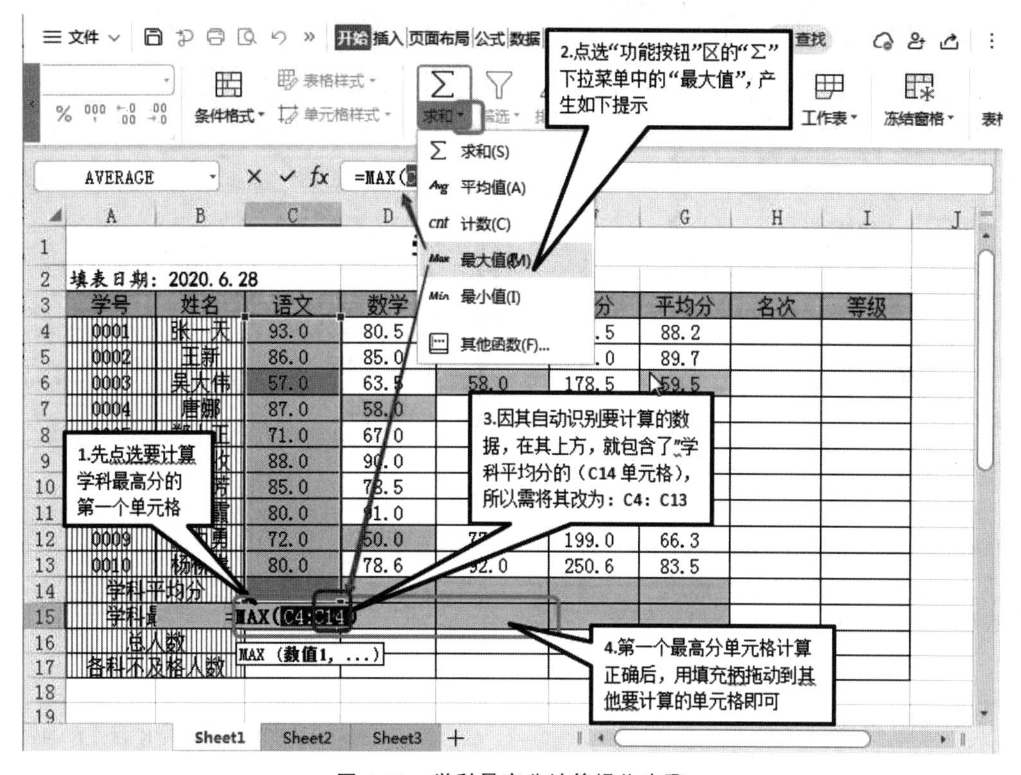

图 4-20 学科最高分计算操作步骤

(4)统计名次：利用统计类函数中“RANK()”函数，计算学生成绩表中的名次列。RANK()函数的语法为：RANK(数值，引用)，参数“数值”为要统计的值，本例中单元格F4的总分数值；而参数“引用”为上述数值要在一组数中判定名次的数据组，本例中为“F＄4：F＄13”。此处为行绝对引用，是由于本单元格名次计算后要将公式复制到其他单元格。操作步骤如图4-21所示。

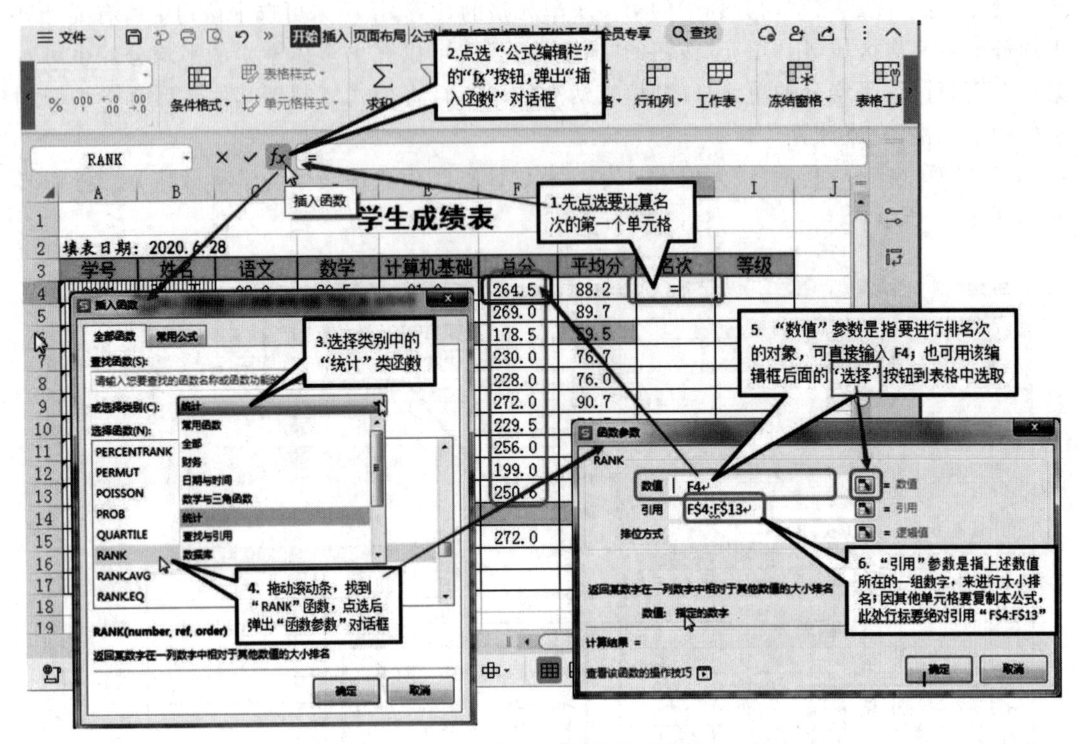

图 4-21　学生名次计算操作步骤

(5)统计不及格人数：利用统计类函数中"COUNTIF()"函数，计算学生成绩表中的各科不及格人数。操作步骤如图 4-22 所示。

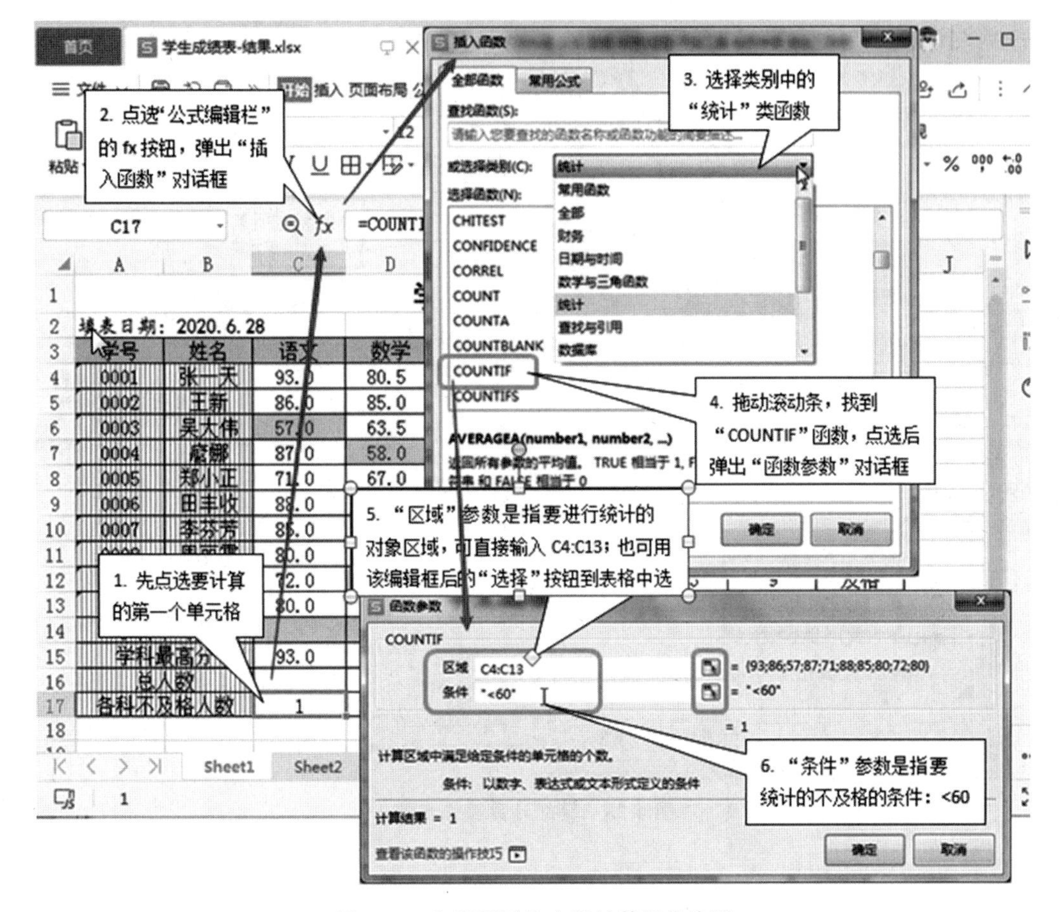

图 4-22 各科不及格人数计算操作步骤

(6)统计等级：利用统计类函数中的条件"IF()"函数，计算学生成绩表中的等级行。因等级的判断是根据平均分来确定，60 分以下的为"不合格"，60～75 分为"及格"，75～85 分为"良好"，85 分以上为"优秀"。IF()函数的语法为：IF(测试条件，真值，假值)，因基本语法只有两个分支，所以可使用 IF()函数的嵌套，根据要求本例 IF()函数描述为：

"＝IF(G4＞＝85,"优秀",IF(G4＜60,"不及格",IF(G4＜＝75,"及格","良好")))"

操作步骤如图 4-23 所示。

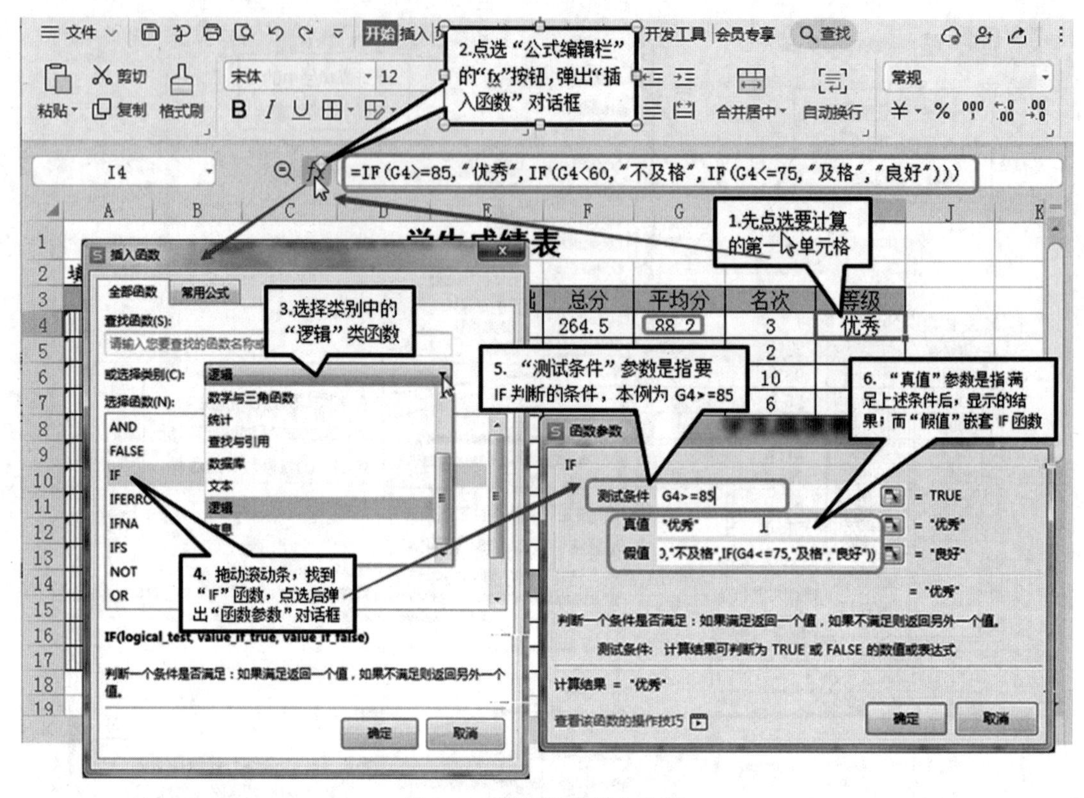

图 4-23　等级计算操作步骤

4.2.4 数据的排序

工作表中数据在输入时可以是随机乱序的，根据人们需要可以把数据表按升序（从小到大）、降序（从大到小）或者自定义重新排序。可以是指定的一个字段列排序，也可以是多个字段的排序。排序可以是数值的大小，也可以是文本的值、日期值、颜色等。

1. 简单排序

打开素材文件为“D:\A0001\WPS之表格\商城电器产品销售表.xlsx”，在“Sheet1”工作表中，按照“商品编号”字段升序排列。操作步骤如图4-24所示。

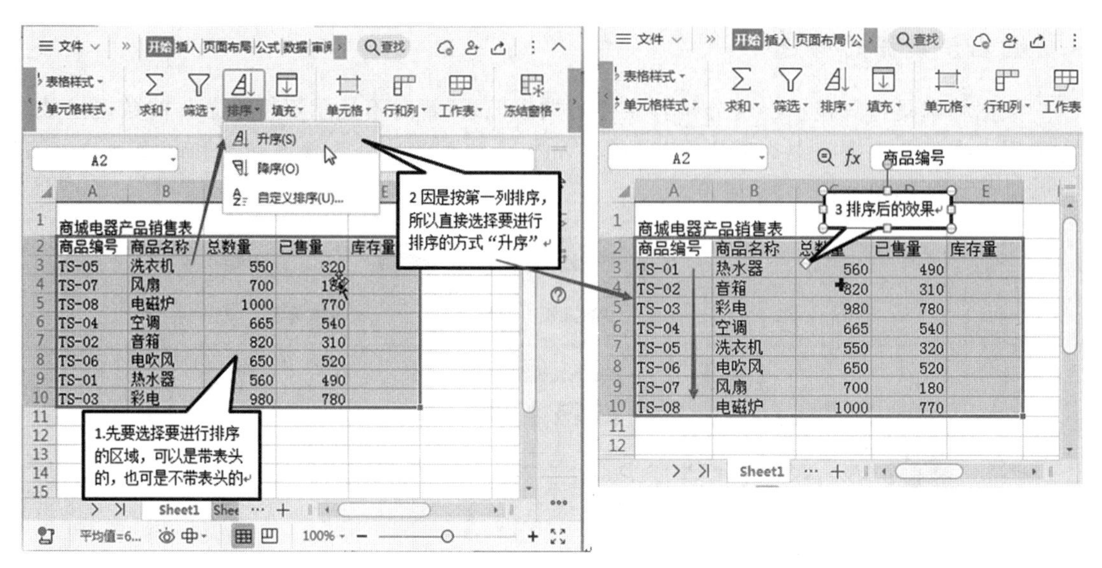

图 4-24　简单排序的操作步骤

2. 自定义排序

WPS 表格的“自定义排序”也叫“多条件排序”，系统会先根据主关键字排序，主关键字值相同的再根据次关键字排序，若主次关键字值都相同，则可按第三个关键字值排序(若有继续定义的话)。

打开素材文件为“D:\A0001\WPS 之表格\商城电器产品销售表.xlsx”，在“Sheet2”工作表中，按“自定义排序”，主关键字“商品编号”字段升序排列，添加条件：次要关键字“商城”字段升序排列。操作步骤如图 4-25 所示。

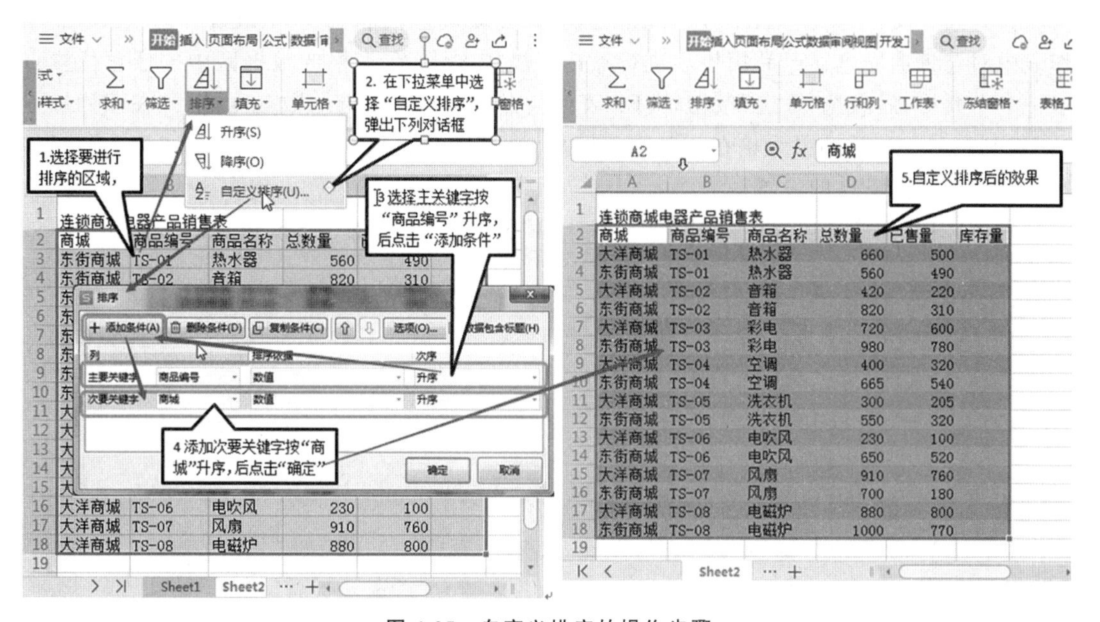

图 4-25　自定义排序的操作步骤

4.2.5 数据的筛选

数据筛选是指只显示出部分符合条件的数据记录，暂时不显示不符合条件的数据记录，方便用户在复杂数据表中查看指定的数据，WPS 表格的筛选分为普通筛选和高级筛选。筛选常见的功能菜单如图 4-26 所示：

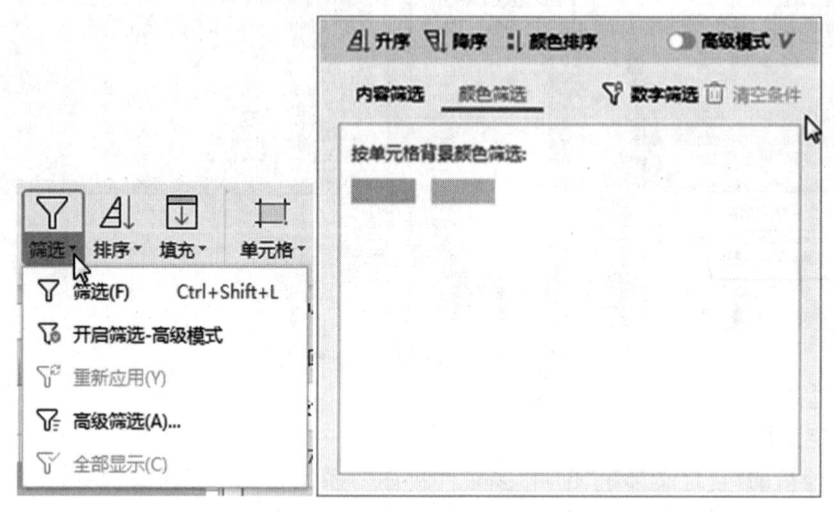

图 4-26　筛选菜单项和筛选模式

1. 自动筛选

自动筛选的模式又可按照内容筛选、颜色筛选和系统自动判定该列的数据类型弹出下拉菜单进行组合筛选。

打开素材文件为“D:\A0001\WPS 之表格\商城电器产品销售表.xlsx”，在“Sheet2”工作表中对连锁商城电器产品销售表进行筛选。操作方法：在表格的数据区中的任意位置点中一个单元格，后点选“筛选”按钮，WPS 表格会自动识别要筛选的数据区域，并在该列加上“▾”控制符号。若活动单元格在无数据的区域，则系统会提示出错。再次点击“筛选”按钮，则可以取消筛选条件的设置。

例如，对连锁商城电器产品销售表，筛选出“已售量”大于等于 500 的记录。操作步骤如图 4-27 所示。

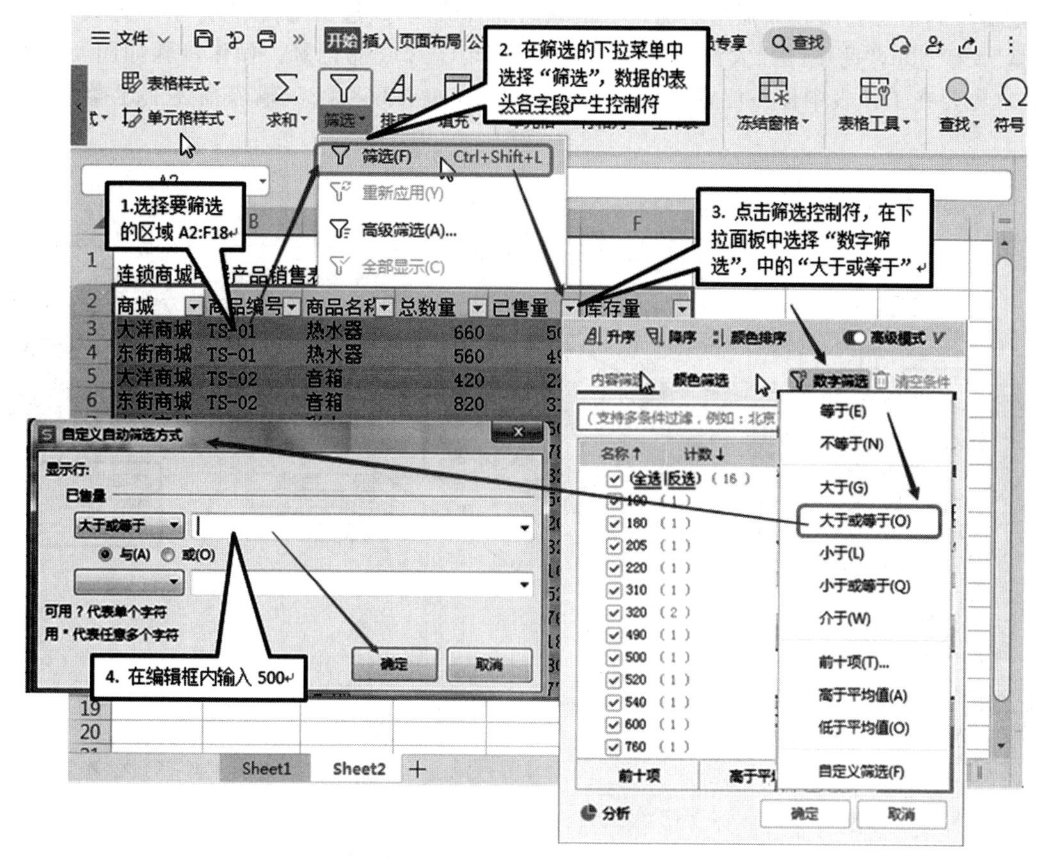

图 4-27　自动筛选操作步骤

筛选后的效果如图 4-28 所示。

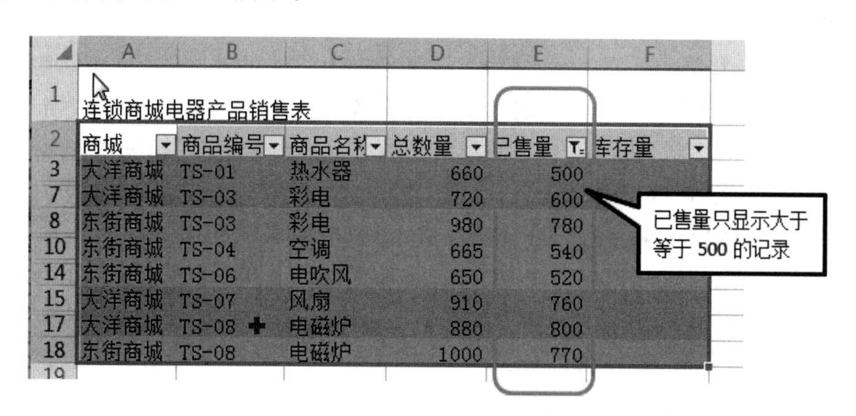
连锁商城电器产品销售表

商城	商品编号	商品名称	总数量	已售量	库存量
大洋商城	TS-01	热水器	660	500	
大洋商城	TS-03	彩电	720	600	
东街商城	TS-03	彩电	980	780	
东街商城	TS-04	空调	665	540	
东街商城	TS-06	电吹风	650	520	
大洋商城	TS-07	风扇	910	760	
大洋商城	TS-08	电磁炉	880	800	
东街商城	TS-08	电磁炉	1000	770	

图 4-28　自动筛选后效果样张

2. 高级筛选

高级筛选可以横向筛选条件为且的关系、纵向筛选条件为或的关系、横纵向混合筛选条件为且和或的关系。需要在数据表中事先根据需要定义好“条件区域”。例如，打开素材文件为“D:\A0001\WPS 之表格\商城电器产品销售表.xlsx”，在“Sheet3”工作表中对连锁商城电器产品销售表用高级筛选功能进行横纵向混合筛选，筛选出“商城”为“东街商城”的“已售量”大于500，“商城”为“大洋商城”的“已售量”小于300的记录。操作步骤如图4-29所示。（先要在工作表中任一位置制作一个条件区域，如A22：B25，输入描述上述操作的条件）

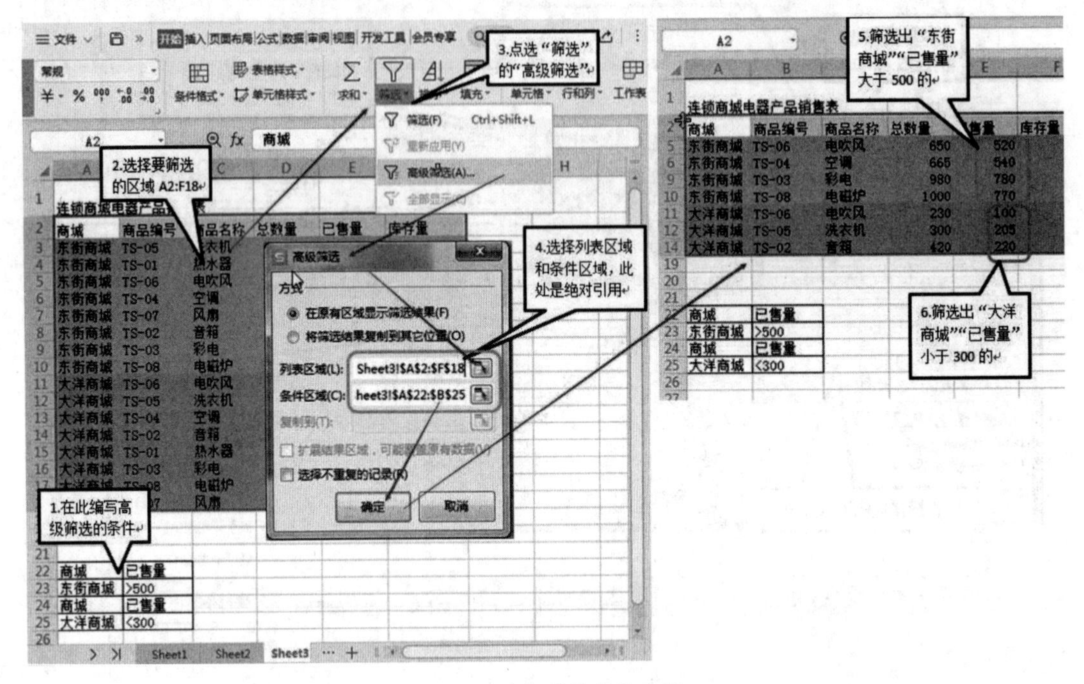

图 4-29　高级筛选操作步骤

4.2.6 分类汇总

分类汇总是指在数据量较大的情况下，按照一定的条件对数据进行汇总，增加表格的可读性，方便工作人员分析。分类汇总之前需要对分类字段进行排序，WPS表格可进行简单分类汇总，也可嵌套（多级）分类汇总。对数值型数据汇总即统计计算，如求和、求平均、求最大值、求最小值、乘积、计数等。

打开素材文件为“D:\A0001\WPS之表格\商城电器产品销售表.xlsx”，在“Sheet4”工作表中对连锁商城电器产品销售表按照“商品编号”进行“库存量”的“求和”分类汇总。操作步骤如图4-30所示。（本例中“商品编号”为分类字段，先要对数据按“商品编号”进行排序，最后按照汇总项“库存量”的“求和”汇总）

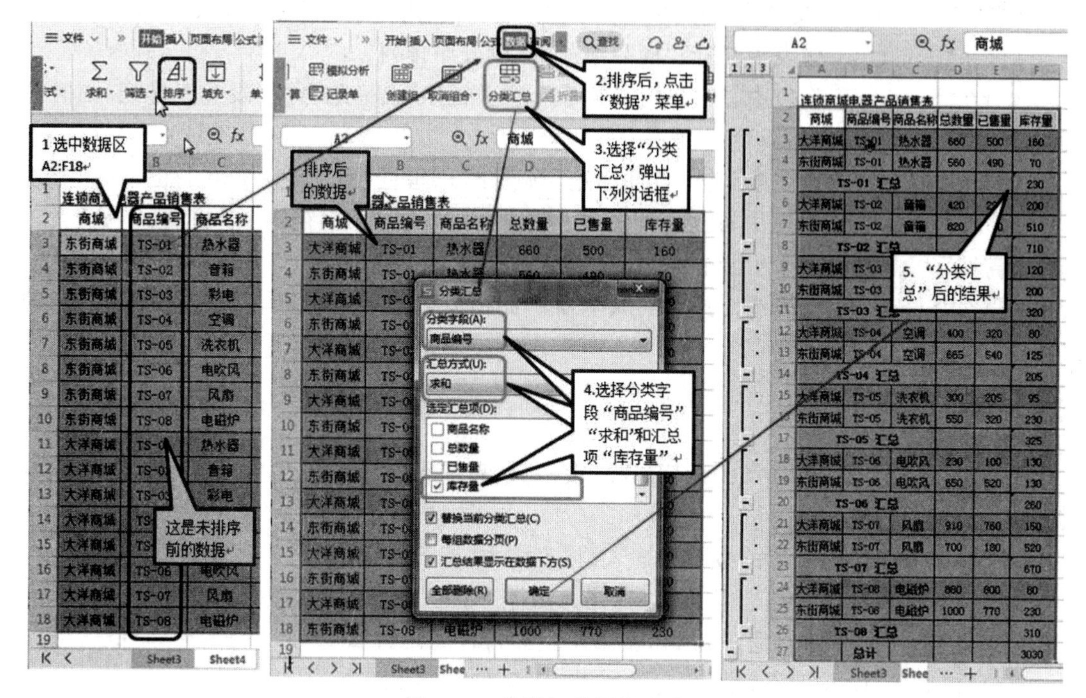

图 4-30　分类汇总操作步骤

任务实施

在掌握以上知识内容的基础上，完成下列例题。

例题 1　打开素材文件为“D:\A0001\WPS 之表格\学生成绩表.xlsx”。

(1)在打开的“学生成绩表.xlsx”中的“Sheet1”表中，将 A1：I1 单元格“合并居中”，设置“垂直居中”，设置字体为“黑体”“加粗”“18 磅”。

(2)对“Sheet1”表中 C4：G15 单元格，设置保留一位小数；并且设置该区域的条件格式为“突出显示单元格规则”数值小于 60，则设定为“浅红填充色深红色文本”。

(3)对“Sheet1”表中单元格区域 A3：I17 设置为“所有框线细实线”，外边框为“粗匣框线”；表头行填充“标准色-橙色”。

(4)对“Sheet1”表中单元格区域 A4:B17 设置为图案填充，图案样式为“细垂直条纹”，图案颜色为“浅绿，着色 6”。

(5)在“Sheet1”表中，用 SUM()函数计算总分列，用 AVERAGE()函数计算平均分列和学科平均分行，用 MAX()函数计算学科最高分行，用 COUNT()函数计算总人数行。

(6)在“Sheet1”表中，用 RANK()函数，按照总分的值，计算学生的名次。

(7)在“Sheet1”表中，用 COUNTIF()函数，统计计算各科不及格人数。

(8)在“Sheet1”表中，用 IF()函数，按照“平均分”列的值，根据 60 分以下为“不合格”、60～75 分为“及格”、75～85 分为“良好”、85 分以上为“优秀”的条件，统计学生的等级。

(9)打开此工作簿的“Sheet2”工作表，对其中的单元格区域 A1：E11 套用浅色系中的第三行第二个样式“表样式浅色 9”。

例题 2 打开素材文件为“D:\A0001\WPS之表格\商城电器产品销售表.xlsx”。

(1)在“Sheet1”工作表中,按照“商品编号”字段升序排列。

(2)在“Sheet2”工作表中,按“自定义排序”,主关键字“商品编号”字段升序排列,同时按照次要关键字“商城”字段升序排列。

(3)在“Sheet2”工作表中,进行自动筛选,筛选出“已售量”大于等于500的记录。

(4)在“Sheet3”工作表中,用“高级筛选”筛选出“商城”为“东街商城”的“已售量”大于500,“商城”为“大洋商城”的“已售量”小于300的记录。

(5)在“Sheet4”工作表中对连锁商城电器产品销售表按照“商品编号”进行“库存量”的“求和”分类汇总。

学以致用

打开素材文件为“D:\A0001\WPS之表格\消费品统计表.xlsx”,在“Sheet1”工作表中进行以下操作并保存。

(1)完成“序号”列内容的按顺序输入,将表格中“裤子”列与“帽子”列对调。

(2)将A1∶H1单元格合并居中;字体为楷体、加粗,字号为18,颜色为红色。

(3)将A至H列的列宽设为11,将第1到8行行高设为25。

(4)将A2∶H2单元格背景填充颜色设为“标准色”“浅绿”。

(5)将单元格区域A2∶H8所有框线设置为“双实线”,垂直居中、水平居中。

(6)在单元格区域H3∶H8用函数SUM()计算各城市的“总消费”。

(7)将单元格区域A2∶H8以“总消费”为关键字升序排列。

(8)在单元格C9用函数计算出“消费品”列中的最大值,在单元格E9用函数计算出“服装”列中的最低值。

(9)用条件格式的“突出显示单元格规则”将C3∶G8中“大于8500”的单元格设置为“黄填充色深黄色文本”。

在“消费品销售额”工作表中进行以下操作并保存。

(10)将数据分类汇总,分类字段为“销售地区”,汇总方式为“求和”,汇总项为“销售额”显示在数据下方。

(11)设置单元格区域F2∶G19的数字分类为“货币”,小数位保留2位,货币符号用“¥”。

(12)将G列的销售额转化为销售级别,放在H列相应的单元格中。若销售额大于或等于1000000的,那么等级为“百万”,否则等级为“正常”。

上述要求操作结果如图4-31所示。

消费品销售额统计							
序号	城市	消费品	鞋子	服装	帽子	裤子	总消费
0001	成都	5000	6000	8000	1000	8500	28500
0003	福州	6000	7500	9000	2800	8000	33300
0006	杭州	7500	7500	9200	2300	7600	34100
0002	上海	8000	8500	7500	3500	7600	35100
0005	北京	9500	7000	7500	5000	7500	36500
0004	广州	9000	9000	6800	4600	8000	37400
消费品最大值:		9500	服装最低:	6800			

产品编号	产品名称	类别	销售地区	销售数量	销售价格	销售额	销售级别
XF_01	沙发	家具	北京市	95	¥8,480.00	¥805,600.00	正常
XF_03	空调	电器	北京市	1040	¥4,560.00	¥4,742,400.00	百万
XF_07	电视	电器	北京市	176	¥2,688.00	¥473,088.00	正常
			北京市 汇总			¥6,021,088.00	百万
XF_02	圆桌	家具	成都	432	¥360.00	¥155,520.00	正常
XF_08	台式机	数码	成都	104	¥8,530.00	¥887,120.00	正常
XF_09	衣柜	家具	成都	1034	¥1,190.00	¥1,230,460.00	百万
			成都 汇总			¥2,273,100.00	百万
XF_05	冰柜	电器	深圳	286	¥3,450.00	¥986,700.00	正常
XF_10	椅子	家具	深圳	1145	¥150.00	¥171,750.00	正常
XF_12	电冰箱	电器	深圳	215	¥2,690.00	¥578,350.00	正常
XF_13	洗衣机	电器	深圳	865	¥4,470.00	¥3,866,550.00	百万
			深圳 汇总			¥5,603,350.00	百万
XF_04	笔记本	数码	天津	76	¥8,240.00	¥626,240.00	正常
XF_06	电风扇	电器	天津	782	¥480.00	¥375,360.00	正常
XF_11	U盘	数码	天津	215	¥268.00	¥57,620.00	正常
			天津 汇总			¥1,059,220.00	百万
			总计			¥14,956,758.00	百万

图 4-31　操作结果

4.3 分析数据

任务目标

➢ 了解查询、数据透视表、统计图表等数据分析方法；

➢ 掌握使用图表制作简单数据图表的方法。

任务描述

要从大量的数据中获取信息，仅仅依靠计算、加工是不够的，还要能利用多种思路和方法进行科学的分析查询。在分析数据时，统计图表、数据透视表等能合理将表格中数据做进一步归类与组织，会用图表来说明数据情况。所谓一图胜千言，多彩的图表可以让枯燥的数据变得生动、直观，更易于展示数据之间的规律，揭示事物发展的趋势，为决策提供准确的信息。

4.3.1 查找和替换

要想知道某个数值在表格中的位置，或者想要修改某个数据，可以使用查找替换功能，以达到事半功倍的效果。具体操作步骤如下：

打开需要编辑的工作表，在开始菜单的“功能按钮”区点击“查找”按钮，或按下组合键Ctrl+F将弹出对话框，如图4-32所示。

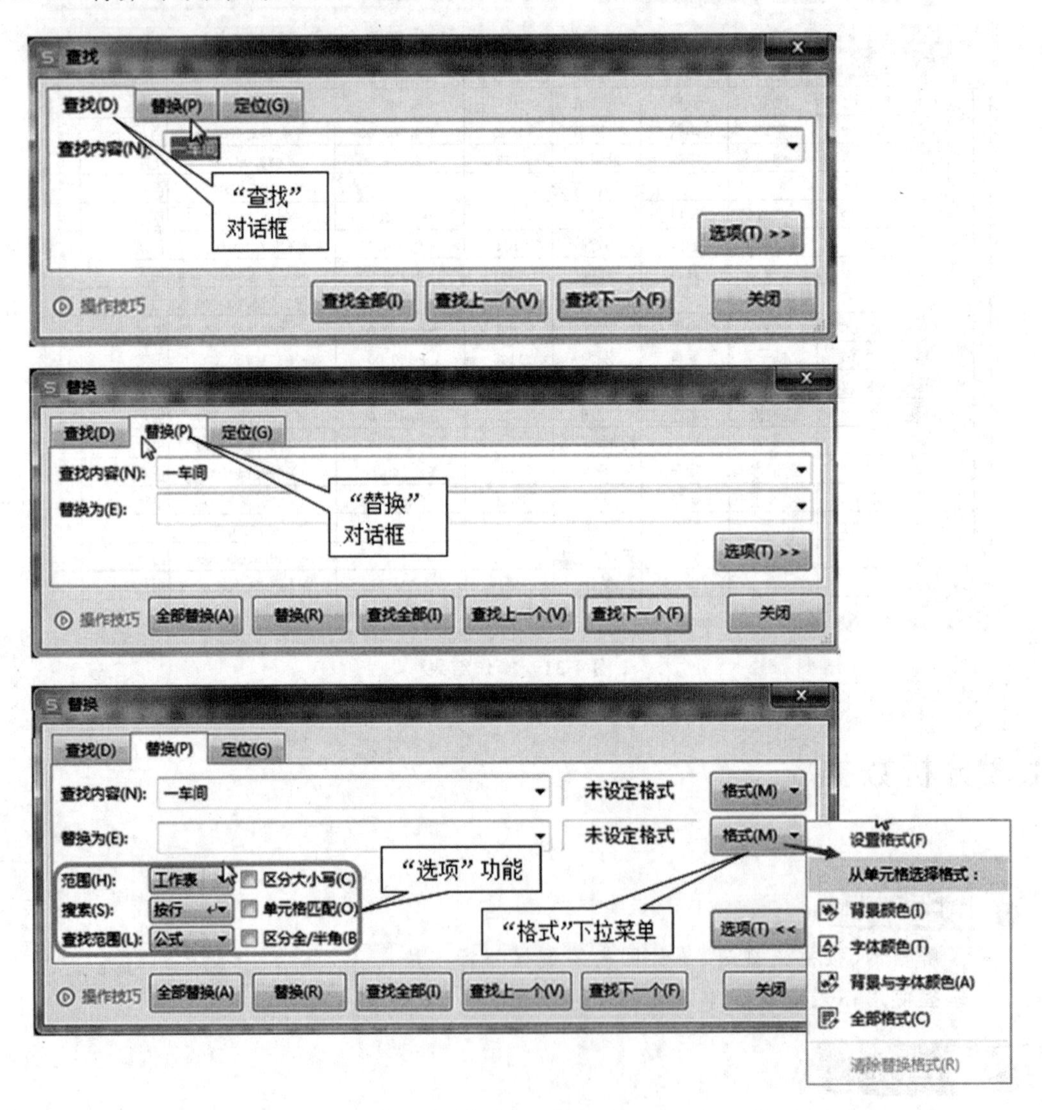

图 4-32 查找、替换对话框

4.3.2 数据透视表

数据透视表是一种快速汇总大量数据的交互方式，使用数据透视表可以深入分析数据，并可以用多种方式查询数据、汇总数据、动态查看数据等，还可以对重要数据进行筛选、排序、分组、突出显示或用报表格式打印。

打开素材文件为“D:\A0001\WPS 之表格\消费品统计表.xlsx”，在“透视表数据源”工作表，制作以“销售地区”为列、以“产品名称”为行、以“销售额”为求和项新建数据透视表，操作步骤如图 4-33、图 4-34 所示。

图 4-33　建立数据透视表

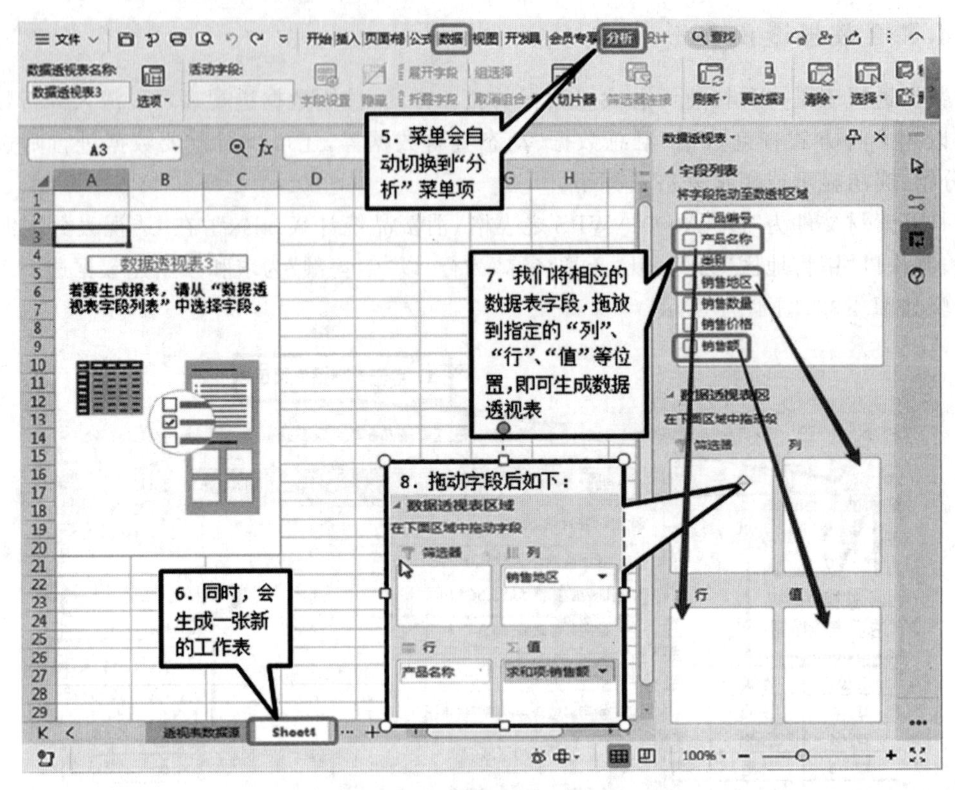

图 4-34　数据透视表的设置

设置后结果如图 4-35 所示。

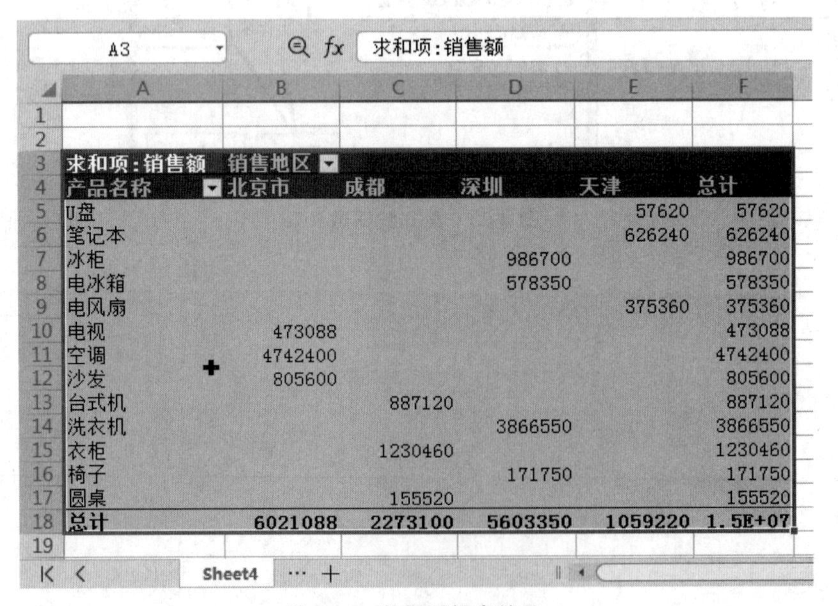

求和项:销售额	销售地区				
产品名称	北京市	成都	深圳	天津	总计
U盘				57620	57620
笔记本				626240	626240
冰柜			986700		986700
电冰箱			578350		578350
电风扇				375360	375360
电视	473088				473088
空调	4742400				4742400
沙发	805600				805600
台式机		887120			887120
洗衣机			3866550		3866550
衣柜		1230460			1230460
椅子			171750		171750
圆桌		155520			155520
总计	6021088	2273100	5603350	1059220	1.5E+07

图 4-35　数据透视表结果

4.3.3 常用图表的制作

图表是工作表的直观表现形式，是以工作表中的数据为依据创建的，所以要想建立图表就必须先建立好工作表。图表与工作表中的数据相链接，并随工作表中数据的变化而自动调整。通过创建图表可以更加清楚地了解各个数据之间的关系和数据之间的变化情况，方便对数据进行对比和分析。WPS 表格具有多种图表，基本的图表类型有柱状图、折线图、饼形图、条形图，甚至可联网获取最新的图表模板。

1. 创建基本图表

WPS 表格在“插入”菜单的功能按钮区有基本的图表制作按钮，如图 4-36 所示。

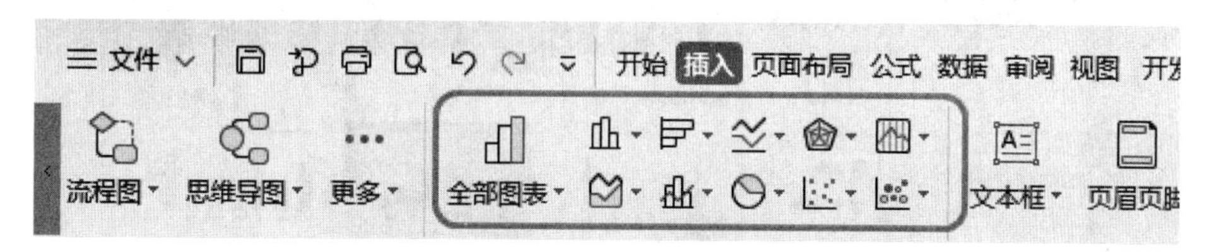

图 4-36　“插入”菜单的图表功能按钮区域

点击图中“全部图表”将弹出对话框，显示 WPS 表格可制作的全部图表选项，如图 4-37 所示。

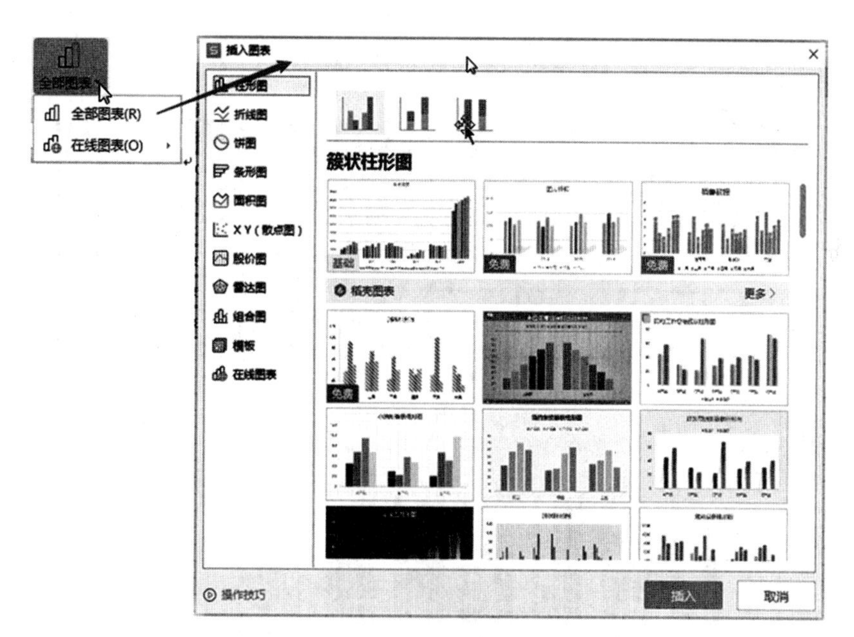

图 4-37　“全部图表”按钮的弹出对话框

打开素材文件为“D:\A0001\WPS 之表格\消费品统计表.xlsx”，在“Sheet1”工作表中使用 B2：G8 数据区，制作“簇状柱形图”的第一种“基础图表”样式。操作步骤如图 4-38 所示。

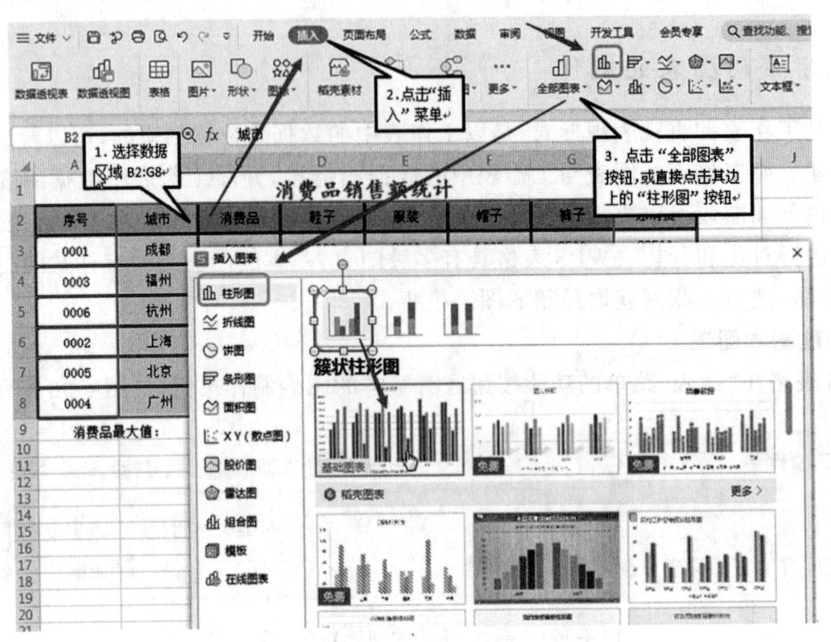

图 4-38　制作"簇状柱形图"操作步骤

制作好的图表结果如图 4-39 所示。

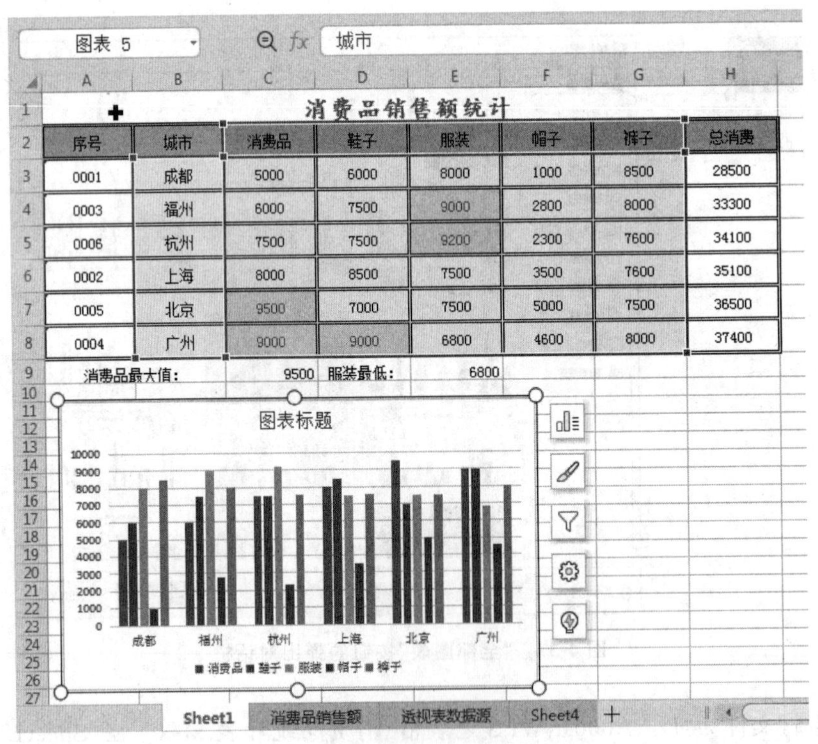

消费品销售额统计

序号	城市	消费品	鞋子	服装	帽子	裤子	总消费
0001	成都	5000	6000	8000	1000	8500	28500
0003	福州	6000	7500	9000	2800	8000	33300
0006	杭州	7500	7500	9200	2300	7600	34100
0002	上海	8000	8500	7500	3500	7600	35100
0005	北京	9500	7000	7500	5000	7500	36500
0004	广州	9000	9000	6800	4600	8000	37400

图 4-39　簇状柱形图结果

2. 编辑和格式化图表

图表创建后,可以对图表的类型、位置、大小和图表中的文本格式、颜色等进行调整和修改，点击已创建的图表，WPS 表格的菜单会多出“绘图工具”、“文本工具”和“图表工具”，利用这些菜单的工具按钮可方便对图表进行修改，菜单功能按钮如图 4-40 所示。

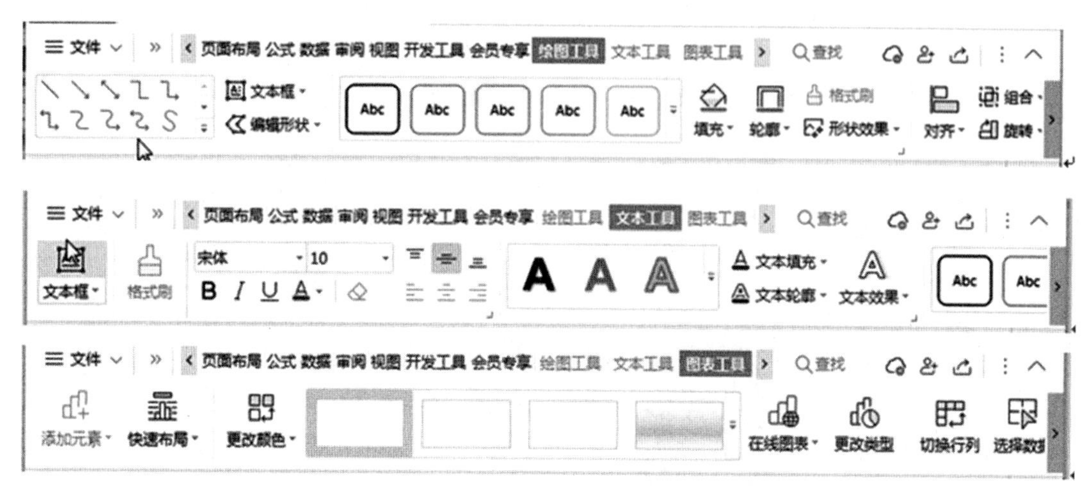

图 4-40　“绘图工具”、“文本工具”和“图表工具”的功能按钮

同时，在创建的图表的右边有一组的快捷按钮，可以快速对图表进行调整，如图 4-41 所示。

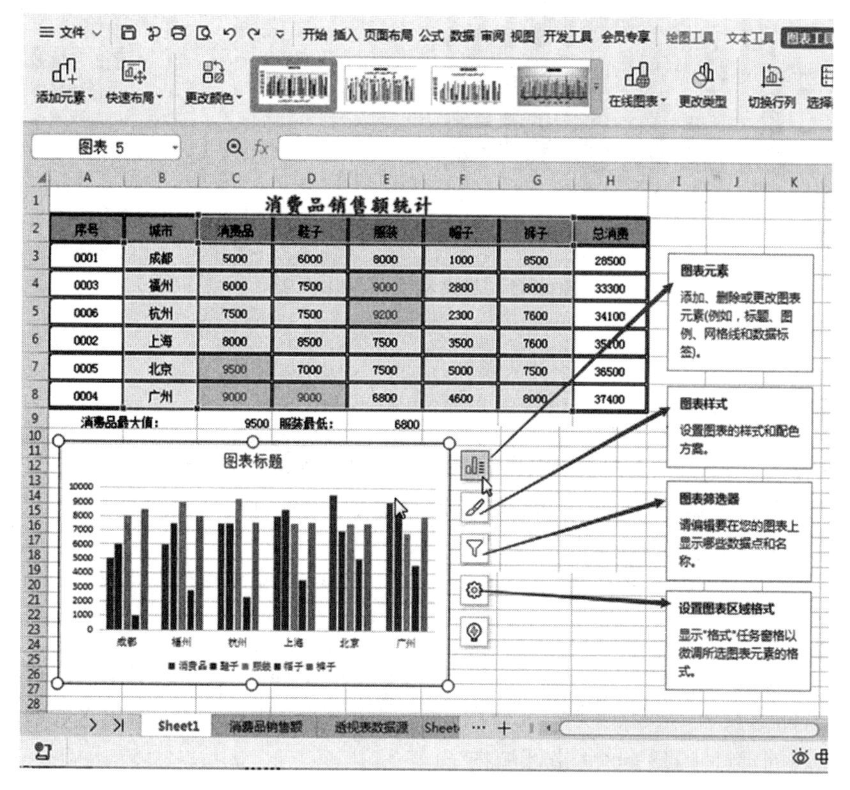

图 4-41　图表快捷工具按钮

日常格式化图表主要是对图表的“样式”及元素中的“标题”、“图例”、“数据标签”和“颜色”等进行修改，下面通过实例进行说明。

将上面创建的“簇状柱形图”设置为“快速布局”的“布局 1”，即元素“标题”在上，“图例”在右边；图表标题设为“城市消费品统计图”，文本填充为“纯色填充，黑色文本 1”，最后将图表插入到表的 B11∶H29 单元格区域内。操作步骤如图 4-42 所示。

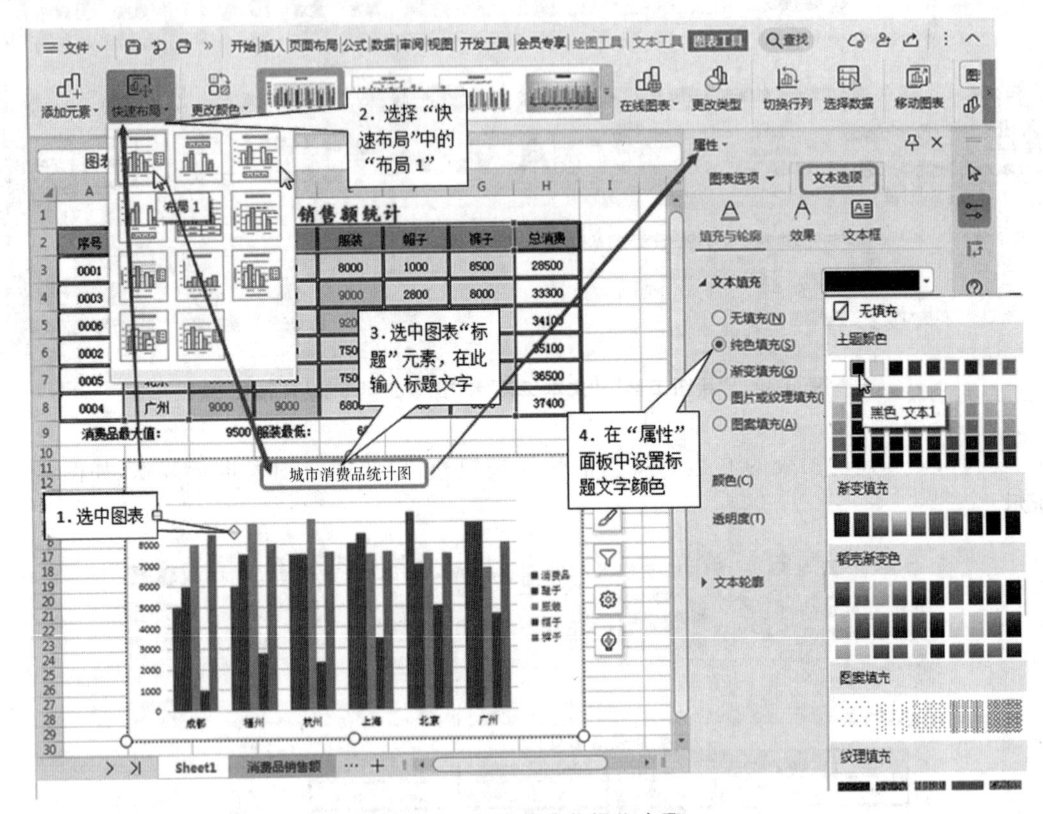

图 4-42　图表格式化操作步骤

任务实施

打开素材文件为“D:\A0001\WPS 之表格\消费品统计表.xlsx”。

(1)在“透视表数据源”工作表，制作以“销售地区”为列、以“产品名称”为行、以“销售额”为求和项的新建数据透视表。

(2)在“Sheet1”工作表中使用 B2∶G8 数据区，制作“簇状柱形图”的第一种“基础图表”样式的图表。

(3)将创建的“簇状柱形图”设置为“快速布局”的“布局 1”，即元素“标题”在上，“图例”在右边；图表标题设为“城市消费品统计图”，文本填充为“纯色填充，黑色文本 1”。最后将图表插入到表的 B11∶H29 单元格区域内。

学以致用

打开素材文件为“D:\A0001\WPS 之表格\透视表与图表.xlsx”。

(1)在“Sheet1”工作表，制作以“类别”为列、以“分店”为行、以“净销售额(万元)”为求和项的新建数据透视表，透视表放置在现有工作表的 F2 单元格。

(2)在“一分店”工作表，创建“带数据标记的折线图”，设置为“快速布局”的“布局 6”，图表标题设为“一分店销售情况”，文本颜色为“标准色深红”，最后将图表插入到表的A9：G23单元格区域内。

(3)在“二分店”工作表，创建“簇状条形图”，设置为“快速布局”的“布局 9”，图表标题设为“二分店销售情况”，最后将图表插入到表的 A9：G24 单元格区域内。

上述要求操作结果样张如图 4-43、图 4-44 所示。

A2　fx　年度

销售统计表

年度	分店	类别	净销售额（万元）
2020	三分店	冰箱	186
2020	二分店	电视机	398
2020	二分店	洗衣机	336
2020	一分店	冰箱	1547
2020	三分店	空调	385
2020	一分店	空调	916
2020	二分店	微波炉	67
2020	一分店	洗衣机	83
2020	三分店	电视机	682
2020	一分店	微波炉	74
2020	三分店	洗衣机	89
2020	一分店	电视机	582
2020	二分店	空调	891
2020	三分店	微波炉	365
2020	二分店	冰箱	528

求和项:净销售额（万元）	类别					
分店	冰箱	电视机	空调	微波炉	洗衣机	总计
二分店	528	398	891	67	336	2220
三分店	186	682	385	365	89	1707
一分店	1547	582	916	74	83	3202
总计	2261	1662	2192	506	508	7129

Sheet1　一分店　二分店

图 4-43　数据透视表结果

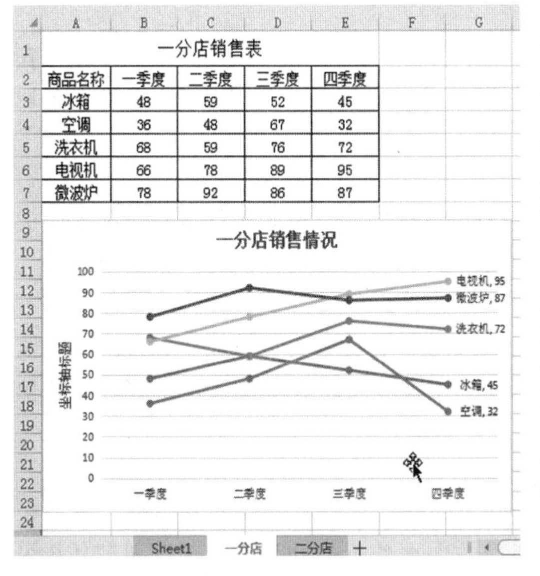

一分店销售表

商品名称	一季度	二季度	三季度	四季度
冰箱	48	59	52	45
空调	36	48	67	32
洗衣机	68	59	76	72
电视机	66	78	89	95
微波炉	78	92	86	87

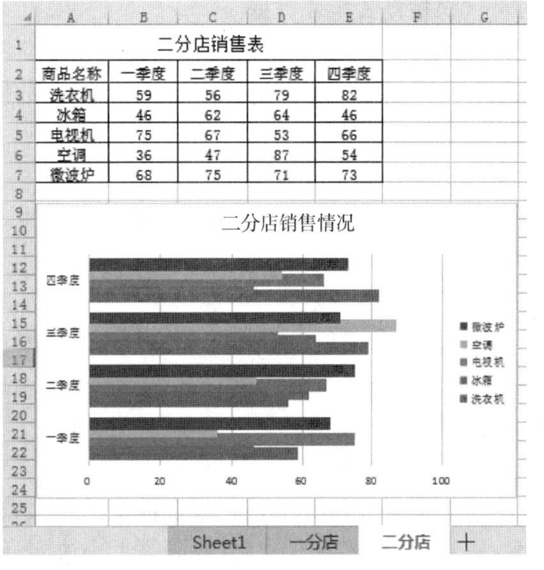

二分店销售表

商品名称	一季度	二季度	三季度	四季度
洗衣机	59	56	79	82
冰箱	46	62	64	46
电视机	75	67	53	66
空调	36	47	87	54
微波炉	68	75	71	73

图 4-44　一分店、二分店图表制作结果

4.4 初识大数据

- ➢ 了解大数据基础知识；
- ➢ 了解大数据采集与分析方法。

任务描述

随着信息技术的迅猛发展和普及应用，全社会各行业应用系统的规模迅速扩大，其所产生的数据呈指数级增长。达到 PB(1024 TB)级规模的海量数据已远远超出了传统的计算技术和信息系统的处理能力，从而促进了大数据(big data)的产生。

目前，我们已经进入大数据时代。那么，什么是大数据？大数据是怎么产生的？它有什么用？怎样从计算机的角度认识从信息时代进入大数据时代？这些是本节要解决的问题，让我们能从科学的角度了解大数据。

知识储备

4.4.1 大数据基础知识

1. 大数据的定义

大数据是现有数据库管理工具和传统数据处理应用方法很难处理的大型、复杂的数据集，大数据技术的范畴包括大数据的采集、存储、搜索、共享、传输、分析和可视化等。从各种各样类型的数据中，快速获得有价值信息，就是大数据技术。

2. 生产数据的三个阶段

(1)被动式生成数据

数据库技术使数据的保存和管理变得简单，业务系统在运行时产生的数据直接保存在数据库中，这个时候数据的产生是被动的，数据是随着业务系统的运行产生的，并且更多地依赖人工收集数据。

(2)主动式生成数据

Web 2.0 的发展大大加速了数据的产生，人们可以通过手机、电脑等终端随时随地生成数据。

(3)感知生成数据

物联网的发展促使数据生成方式发生根本性的变化。各种智能传感设备、智能仪表、监控探头和 GPS(global positioning system，全球定位系统)定位等数据采集设备源源不断地自动采集、生成数据。

3. 大数据特征

(1)规模性(volume)。规模性指的是大数据巨大的数据量及其规模的完整性。需要采集、处理、传输的数据量大，数据的大小决定所考虑的数据的价值和潜在信息。处理 PB 级的数据是比较常态的情况。

(2)多样性(variety)。多样性指大数据有多种途径来源的关系型和非关系型数据,包括网络日志、音频、视频、图片、地理位置信息等,数据的种类多、复杂性高。大数据有不同格式,有结构化的关系型数据,有半结构化的网页数据,还有非结构化的视频音频数据,多类型的数据对数据的处理能力提出了更高的要求。

(3)高速性(velocity)。高速性主要表现为数据流和大数据的移动性。获得数据的速度快速增长,数据需要频繁地采集、处理并输出;因为数据存在时效性,需要快速处理,并得到结果,这也是大数据区分于传统数据挖掘最显著的特征。

(4)价值性(value)。价值性体现出的是大数据运用的真实意义所在。如随着物联网的广泛应用,信息感知无处不在,大量的不相关信息不经过处理则价值较低,挖掘大数据的价值类似于沙里淘金。如何通过强大的机器算法更迅速地完成数据的价值"提纯"是目前大数据要解决的问题,即合理运用大数据,以低成本创造高价值。

4. 大数据的数据类型

大数据包括结构化、半结构化和非结构化数据,半结构化和非结构化数据越来越成为数据的主要部分。

(1)结构化数据

结构化数据也称作行数据,是指可以用二维表结构来逻辑表达实现的数据(如学生成绩表),严格地遵循数据格式与长度规范,主要通过关系型数据库进行存储和管理。如 MySQL、Oracle、SQL Server 等可以存储表现二维形式的数据。

结构化数据的一般特点是:数据以行为单位,一行数据表示一个实体的信息,每一行数据的属性是相同的。但它的扩展性不好,如增加一个字段。

结构化数据通常按照特定的应用对事物进行相应的抽象,数据最终以表格的形式保存在数据库中,数据格式统一,呈现大众化、标准化的特点。

(2)非结构化数据

与结构化数据相对的是不适于用数据库二维表来表现的数据,可以说都是非结构化数据。非结构化数据没有统一的数据结构属性,一般直接整体进行存储,并且一般存储为二进制数据格式,包含全部格式的办公文档(如 Word、PPT)、文本、日志、图片、音频、视频、地形等数据。

(3)半结构化数据

半结构化数据是介于结构化数据和非结构化数据之间的数据,如标记语言 XML、HTML 文档、电子邮件等属于半结构化数据。电子邮件的本地元数据可以实现分类和关键字搜索,不需要任何其他工具,所以半结构化数据一般是自描述的,数据的结构和内容混在一起,没有明显的区分。目前,对于半结构化的数据的存储多采用 NoSQL 数据库。NoSQL 泛指非关系型的数据库,NoSQL 数据库正处于探索阶段。

5. 云计算与大数据的关系

云计算与大数据是一对相辅相成的概念,它们描述了面向数据时代信息技术的两个方面,云计算侧重于提供资源和应用的网络化交付方法,大数据侧重于应对数据量巨大所带来的技术挑战。大数据分析常和云计算联系到一起,因为云计算的核心是业务模式,其本质是数据处理技术。数据是资产,云计算为数据资产提供了存储、访问的场所和计算能力,即云计算更偏重海量数据的存储和计算，以及提供的云计算服务、运行云应用，但是云计算缺乏盘活数据资产的能力。挖掘价值性信息和进行预测性分析，为各级管理、决策和人们日常生活服务，是大数据的核心议题。云计算是基础设施架构，大数据是思想方法，大数据技术将帮助人们从大体量、高度复杂的数据中分析、挖掘信息，从而发现价值，预测趋势。

4.4.2 大数据采集与分析方法

1. 大数据处理的基本流程

大数据的处理流程可以定义为在适合工具的辅助下，对广泛异构的数据源进行抽取和集成，结果按照一定的标准统一存储，利用合适的数据分析技术对存储的数据进行分析，从中提取有益的知识并利用恰当的方式将结果展示给终端用户。

大数据的处理步骤分为：采集即获取源数据→数据预处理，即进行数据清洗→数据分析→数据解释→展现与应用。大数据处理流程主要包括数据收集、数据预处理、数据存储、数据处理与分析、数据展示/数据可视化、数据应用等环节，其中数据质量贯穿于整个大数据流程，每一个数据处理环节都会对大数据质量产生影响作用。通常，一个好的大数据产品要有大量的数据规模、快速的数据处理、精确的数据分析与预测、优秀的可视化图表以及简练易懂的结果解释等。

2. 数据分析

数据分析是指用适当的统计分析方法对收集来的大量数据进行分析，提取有用信息并形成结论而对数据加以详细研究和概括总结的过程。

3. 数据分析的目的和价值

通过数据来发现规律、研究规律。数据本身就具有价值，数据分析使其价值展现得更加淋漓尽致。分析后的数据可在决策分析前，给人们提供正确的方向指示。

4. 基于机器学习的数据分析

机器学习(machine learning，ML)是一类算法的总称，这些算法企图从大量历史数据中挖掘出其中隐含的规律，并用于预测或者分类。更具体地说，机器学习可以看作寻找一个函数，输入是样本数据，输出是期望的结果，只是这个函数过于复杂，以至于不太方便形式化表达。

1. 下列有关数据的描述中，说法不正确的是(　　)。
   A)随着信息技术的发展，数据的内涵得以丰富
   B)数据就是数字
   C)借助数字设备，人们可以方便地获取身边事物的相关数据
   D)数据本身没有意义，只有经过数据处理解释后才有意义
2. 2017 年第 13 号台风“天鸽”在广东珠海南部沿海登陆，登陆时中心附近最大风力有 14 级。由于中央气象台的正确预报，减少了人员的伤亡与财产损失。对这一事件的描述，主要体现出信息的(　　)。

A)不完全性　　B)价值性　　C)真伪性　　D)依附性

3. 在不损失有用信息的前提下,按照一定的编码规则对数据进行重新组合,去除数据冗余,以使文件更少地占用存储空间的技术是(　　)。

A)数据压缩　　B)数据采集　　C)数据加密　　D)数据传输

4. 通过对大数据的分析研究,人们发现了大数据的一些特征。其中一个最典型的特征是数据规模巨大,已经从 TB 级别跃升到 PB 级别。足够大的数据量一定程度上提高了数据对事物描述的完整性,这也使全样本分析变为了可能。这体现了大数据的(　　)。

A)数据量大(volume)　　B)类型复杂(variety)

C)产生速度快(velocity)　　D)价值密度低(value)

5. 大数据技术指对巨量数据资源进行采集、提取、存储、分析和表达的技术。其中,通过物联传感、社交网络等方式获得各种类型海量数据的技术属于(　　)。

A)大数据采集技术　　B)大数据存储与管理技术

C)大数据分析与挖掘技术　　D)大数据可视化与应用技术

6. 以下(　　)属于非结构化数据。

A)数据库服务器日志数据　　B)企业财务系统数据

C)企业摄像头视频监控数据　　D)企业 ERP 数据

7. 以下不属于数据挖掘方式的是(　　)。

A)自然语言处理　　B)聚类　　C)分类　　D)关联规则

8. 当前大数据技术的基础是由(　　)首先提出的。

A)微软　　B)百度　　C)谷歌　　D)阿里巴巴

9. 大数据的起源是(　　)。

A)金融　　B)电信　　C)互联网　　D)公共管理

10. 智能健康手环的应用开发,体现了(　　)的数据采集技术的应用。

A)统计报表　　B)网络爬虫　　C)API 接口　　D)传感器

11. 美国海军军官莫里通过对前人航海日志的分析,绘制了新的航海路线图,标明了大风与洋流可能发生的地点。这体现了大数据分析理念中的(　　)。

A)在数据基础上倾向于全体数据而不是抽样数据

B)在分析方法上更注重相关分析而不是因果分析

C)在分析效果上更追求效率而不是绝对精确

D)在数据规模上强调相对数据而不是绝对数据

12. 当前社会中,最为突出的大数据环境是(　　)。

A)互联网　　B)物联网　　C)综合国力　　D)自然资源

13. 以下关于数据的说法正确的是(　　)。

A)数据就是信息,信息就是数据

B)数据就是数值或者数字

C)数据对我们生活和学习的影响越来越大

D)数据是计算机被发明之后产生的,所以在古代没有数据

14. 下面属于数据处理方式的是(　　)。

A)存储　　B)挖掘　　C)分析　　D)以上都是

15. 大数据时代的到来必然带来(　　)。

A)网络带宽的提升

B)云计算的兴起及网络技术的发展

C)智能终端的普及,物联网、电子商务、社交网络、电子地图等的全面应用

D)以上答案都对

16. 大数据不是要教机器像人一样思考;相反,它是(　　)。

A)把数学算法运用到海量的数据上来预测事情发生的可能性

B)人工智能的一部分

C)一种机器学习

D)预测与惩罚

17. 下列关于大数据的特征,说法正确的是(　　)。

A)数据价值密度高　　B)数据类型少

C)数据基本无变化　　D)数据体量巨大

18. 以下(　　)属于非结构化数据库。

A)Mysql　　B)Oracle　　C)MongoDB　　D)SqlServer

19. 下列(　　)不是 Hadoop 运行的模式。

A)单机版　　B)伪分布式　　C)分布式　　D)局域网模式

20. 在线学习过程中,会产生大量的数据。收集和分析相关数据可帮助师生了解学习情况,从而更合理地安排学习进度,提高学习效率。关于在线学习数据,描述正确的是(　　)。

A)老师上传的学习文档是数据,学生提交的作业文档不是数据

B)学生的练习考试成绩是数据,老师上传的微课视频不是数据

C)学生在线学习时长是数据,学生点赞行为也是数据

D)学生的期末考试成绩是数据,学生发的弹幕不是数据

第 5 章

程序设计入门(Python)

导读

计算机程序就是计算机能够识别和执行的一组指令，计算机是通过执行各种计算机程序来实现计算工作，从而帮助我们解决各种实际问题。计算机程序不是凭空存在的，是人们设计和编写的。人们编写程序使用的工具就是程序设计语言。

学习目标

➢了解程序设计语言的分类与发展；

➢了解 Python 语言的特点，了解 python 3.8.6 运行环境的搭建方法；

➢掌握应用 Pycharm-community-2020.3 开发 Python 程序的方法；

➢学习 Python 基础语法、流程控制、函数与模块等知识，了解常用的数据类型、变量的定义和使用方法；

➢掌握输入、输出语句的使用方法，以及算术运算符、关系运算符和成员运算符的使用方法；

➢了解分支语句、循环语句的使用方法，面向对象程序设计的基本方法，以及模块化程序设计的意义；

➢了解调用 math 模块使用数学函数的方法，调用 turtle 模块绘制简单图形的方法，以及累加、累乘、求平均、求最大/最小值等常用算法的实现。

5.1 了解程序设计语言

任务目标

➢ 了解程序设计语言的定义、分类与发展；

➢ 了解 Python 语言的特点；

➢ 了解 Python 3.8.6 运行环境的搭建方法；

➢ 了解 pycharm-community-2020.3 的安装方法以及汉化方法；

➢ 掌握应用 pycharm-community-2020.3 开发 Python 程序的方法。

5.1.1 程序设计语言的定义、分类与发展

1. 程序设计语言的定义

程序设计语言是用于编写程序的开发工具。人们把自己的意图用某种程序设计语言编写成程序,输入计算机,告诉计算机完成什么任务以及如何完成。

2. 程序设计语言的分类与发展

计算机程序设计语言的发展,经历了机器语言、汇编语言、高级语言的历程。

(1)机器语言

计算机内部存储的数据以及计算机执行的指令是由“0”和“1”组成的二进制串。用一串串由“0”和“1”组成的指令序列交给计算机执行,这种语言,就是机器语言。

(2)汇编语言

汇编语言是用一些简洁的英文字母、符号串来替代一个特定指令的二进制串,汇编语言又称为符号语言。比如,用“ADD”代表加法,用“MOV”代表数据传递等。汇编语言和机器语言一样,十分依赖于机器硬件,移植性不好,但执行效率高。

(3)高级语言

高级语言接近于数学语言或人的自然语言,不依赖于计算机硬件,编出的程序能在所有机器上通用。1954 年,第一个完全脱离机器硬件的高级语言 FORTRAN 问世,至今为止共有几百种高级语言出现,其中有重要意义的也有几十种,目前使用较普遍的有 Python、C、C++、C#、Java 等。高级语言编写的程序指令需要被翻译后才能被计算机识别。根据翻译的过程不同,高级语言又分为编译型语言(如 C/C++等)和解释型语言(如 Python 等)。

5.1.2 Python 语言的特点与版本介绍

1. Python 语言特点

Python 是一种跨平台的、面向对象的、解释型程序设计语言,Python 被广泛应用于 Web 应用开发、数据分析、图形图像处理、科学计算等众多领域。Python 具有以下主要特点:

(1)简单、易学

Python 是一种代表简单主义思想的语言。Python 的语法很简单,使用 Python 编程,不必像 C 语言那样关注内存空间的使用,它可以自动地进行内存分配和回收。一个良好的 Python 程序阅读起来就感觉像是在读英语文章一样。

(2)免费、开源

Python 是 FLOSS(自由/开放源码软件)之一,用户可以自由地发布该软件的拷贝,进行修改,用户在使用过程中不需要支付任何费用,也不存在版权问题。

(3)可移植性(跨平台)

Python 编写的程序可以被移植到许多平台上运行,如 Windows、Macintosh、Android 等。

(4)可扩展性、可嵌入性

可以在 Python 中使用 C 或 C++编写的代码,也可以把 Python 代码嵌入 C 或 C++中。

(5)丰富的类库资源

Python 标准库很庞大,还可以加载数量庞大的第三方库。因此使用 Python 开发,许多功能不需要从零开始编写,直接使用现成的库即可快速构建相关应用程序。

2. Python 版本介绍

目前市场上有两个 Python 版本并存,分别是 Python 2. x 与 Python 3. x,这两个版本之间很多用法是不兼容的。下面是 Python 的发展的主要时间轴线:

(1)1989 年,荷兰阿姆斯特丹(Amsterdam)的吉多 • 范 • 罗苏姆(Guido van Rossum)开始编写 Python 语言编译器。

(2)1991 年,Python 第一个版本发布。

(3)2000 年,发布 Python 2. 0,增加了垃圾回收,构成了现在 Python 语言框架的基础。

(4)2008 年,发布 Python 3. 0,不完全兼容之前的版本。

(5)2010 年,发布 Python 2. 7,被定义为最后一个 Python 2. x 版本。

(6)2019 年,发布 Python 3. 8 版本。

5. 1. 3 Python 3. 8. 6 运行环境的搭建方法

1. 查看计算机操作系统版本

首先要查看需要安装 Python 软件的这台电脑的操作系统的版本是否适合安装 Python 3. 8. 6。因为 Python 3. 8. 6 版本不能在 Windows XP 或者更早版本的操作系统上运行。

2. 下载 Python 安装包

进入 Python 官网(www.python.org)主页,如图 5-1 所示,点击 Downloads 菜单下的 Windows 选项后会弹出适用于 Windows 操作系统的 Python 安装包下载界面,在众多版本的 Python 安装包中,选择下载适用于 64 位 Windows 操作系统的 Python 3. 8. 6 安装包。

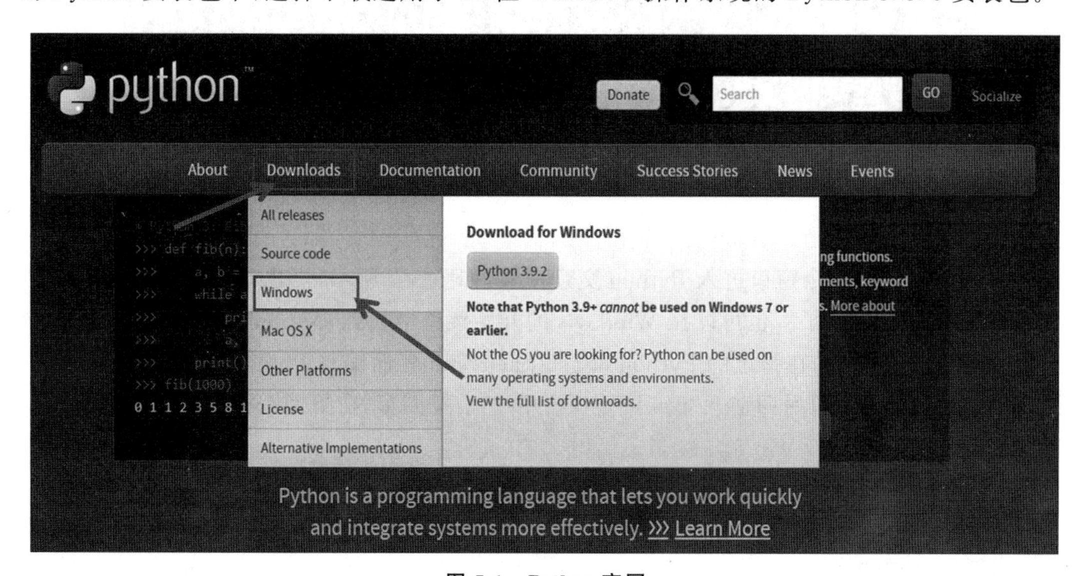

图 5-1　Python 官网

3. 安装 Python 主要步骤

(1)双击下载的 Python 3. 8. 6 安装包,可弹出如图 5-2 所示的安装界面,先勾选“Add

Python 3.8 to PATH”这个选项，然后根据需求选择默认安装(Install Now)或自定义安装(Customize Installation)，我们这里单击默认安装(Install Now)。

图 5-2　Python 3.8.6 安装界面

(2)其余步骤，根据每个对话框提示单击“Next”按钮，即可完成安装。

(3)安装完成后，在 Windows“开始”菜单中输入 cmd，打开命令窗口，在命令窗口的终端输入“python”，然后回车，会出现 Python 的版本号(Python 3.8.6)和 Python 提示符(>>>)，说明安装成功，如图 5-3 所示。

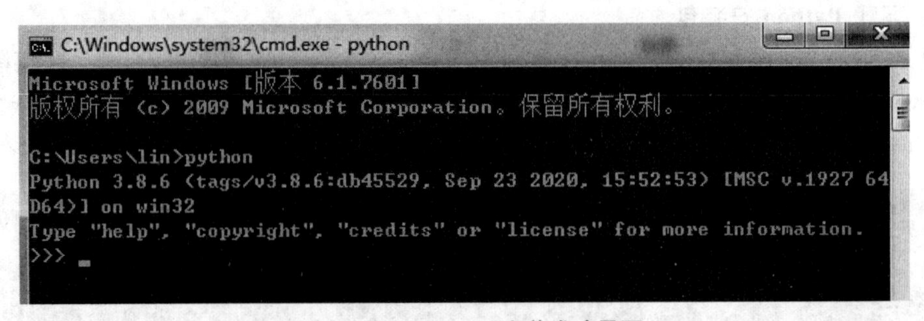

图 5-3　Python 3.8.6 安装成功界面

4. 进入 Python

在 Windows 的命令窗口进入 Python 交互模式，如图 5-3 所示，当出现“>>>”提示符时，便可以编写 Python 程序了。也可以在 Windows 的开始菜单中找到 Python 项下面的 IDLE 选项图标，然后单击该选项，在弹出的 Python 3.8.6 Shell 交互界面编写 Python 程序。如图 5-4 所示，在“>>>”这个提示符后面输入“print("你好")”，然后按回车，在下面一行返回“你好”。

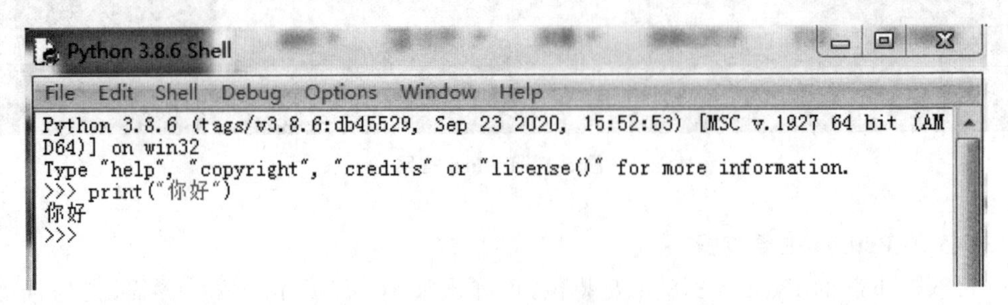

图 5-4　Python 3.8.6 shell 界面

5.1.4 PyCharm 安装

PyCharm 是由 JetBrains 开发的一款非常优秀的 Python 集成开发环境，PyCharm 非常适合大型项目的开发。PyCharm 是图形用户界面，代码编辑器支持代码补全和自动缩进，集成了编译器、解释器、调试器，代码调试支持断点或单步执行，大大提高了 Python 的开发效率。在本书的后续章节中的代码，都是以在 PyCharm 中执行为例。

1. 下载 PyCharm 安装包

如图 5-5 所示，在 PyCharm 的官网(www.jetbrains.com/pycharm/download)即可下载 PyCharm 软件包，有 Windows、Mac、Linux 三种系统的版本系列，每个版本系列里又分为专业版(Professional)和社区版(Community)。专业版是收费的，它功能全面；社区版是免费的，功能不如专业版全面，但也能满足学生使用。我们选择的是社区版，点击 Download 开始下载最新版本。

图 5-5　PyCharm 的官网

2. 安装 PyCharm 主要步骤

(1)双击 PyCharm 安装包，出现"欢迎安装界面"，单击"Next"。

(2)出现"安装路径选择界面"，在"安装路径选择界面"更改安装路径，推荐安装在 D 盘，如果 C 盘容量大的话，也可以不改，确定好安装位置后单击"Next"。

(3)出现图 5-6 所示的"安装选项界面"时勾选所需要的选项，确认好选项后，单击"Next"。如果有把"Add launchers dir to the PATH"选项选上，PyCharm 安装完成后要重新启动。

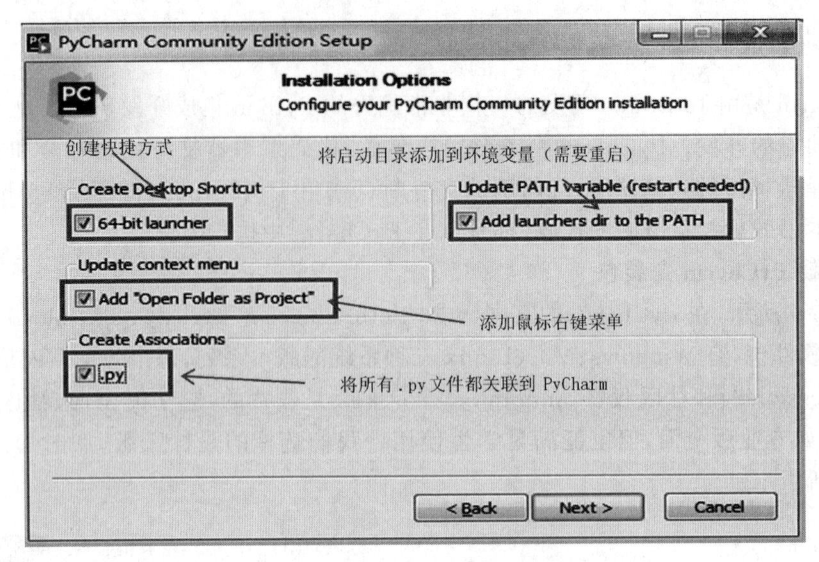

图 5-6　PyCharm 安装选项界面

（4）其余步骤，根据每个对话框提示单击相应的按钮，即可完成安装。

3. 首次启动 PyCharm

首次启动 PyCharm，会弹出配置窗口，如果你之前使用过 PyCharm 并有相关的配置文件，则在此处选择第一个选项；如果没有，则默认为第二个选项，即不要导入配置文件。然后单击“OK”按钮，会出现“Welcome to PyCharm”界面，表示 PyCharm 安装并启动成功。这是 PyCharm 起始界面，如图 5-7 所示。

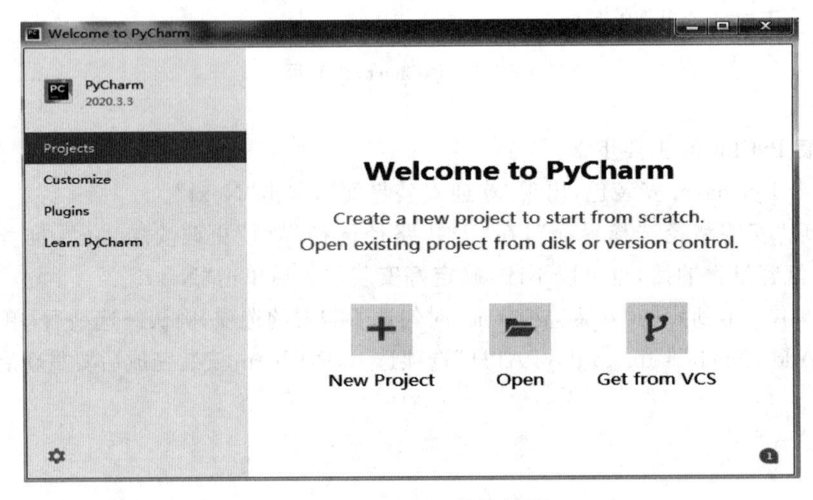

图 5-7　PyCharm 起始界面

4. 汉化 PyCharm

在全英文的“Welcome to PyCharm” 起始界面下，单击界面左侧 Plugins 或同时按下键盘的 Ctrl＋Alt＋S 键，打开“安装插件界面”，如图 5-8 所示，选择“Marketplace”，接着在输入框中输入“Chinese”后即可找到汉化包插件，点击“Install”按钮进行下载安装，下载安装完毕，原先的“Install”按钮变成“Restart IDE”按钮，单击“Restart IDE”按钮，重启 PyCharm，出现中文版本的 PyCharm 起始界面，表示汉化成功。

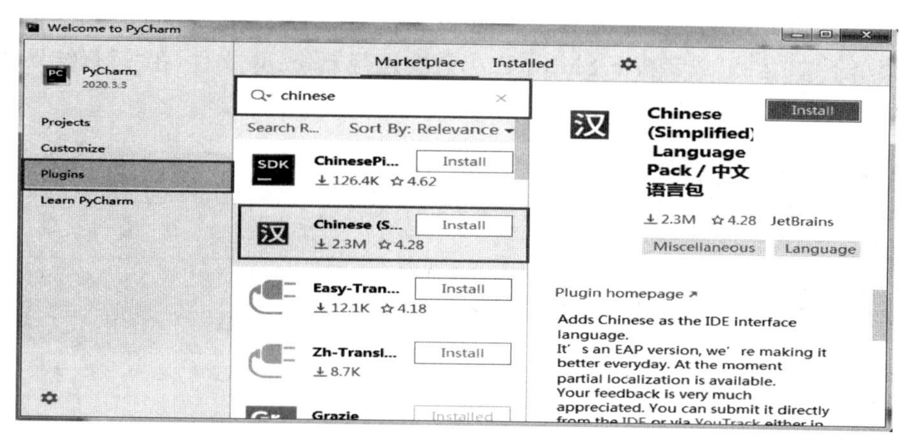

图 5-8　安装插件界面

5. 首次创建项目

(1)在 PyCharm 起始界面选择“新建项目”，然后出现图 5-9 所示的“新建项目”界面，设置项目位置，配置解释器。

图 5-9　新建项目界面

(2)单击图 5-9 界面中“添加 Python 解释器”按钮，会出现“添加 Python 解释器”界面，单击左边的“系统解释器”选项，然后选择解释器的路径，最后单击“确定”按钮，又回到图5-9 所示的“新建项目”界面，在图 5-9 界面单击“创建”按钮，项目就创建成功了。

6. 测试运行 main.py 文件

项目创建成功后，弹出“PyCharm 工作界面”，我们在创建项目的时候，默认勾选了“创建 main.py 欢迎脚本”这个选项，所以 PyCharm 默认会帮我们创建一个 main.py 文件，单击“运行”菜单下的“运行”或者按下 Shift+F10，就会运行 main.py 文件，在“运行结果区”出现“Hi PyCharm”，表示运行成功，如图 5-10 所示。

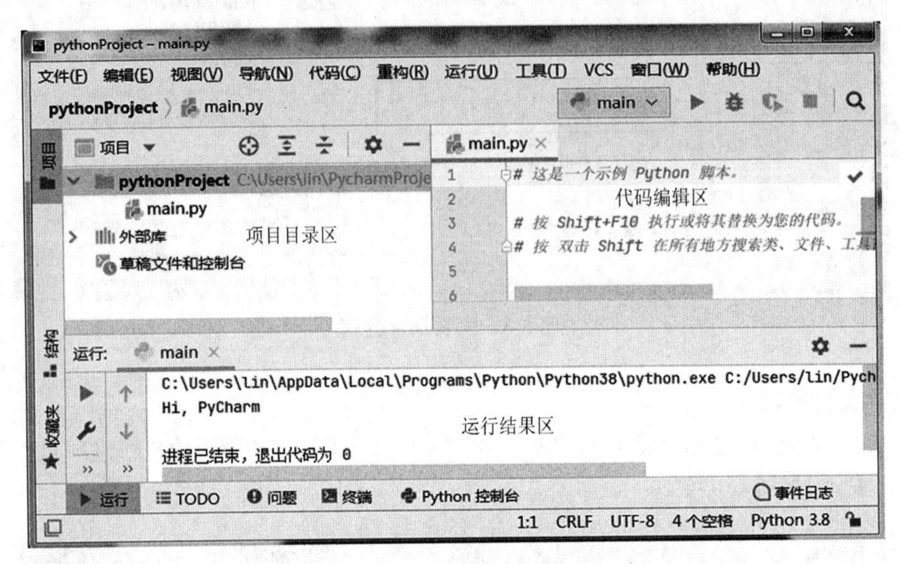

图 5-10 PyCharm 工作界面

5.1.5 应用 pycharm-community-2020.3 开发 Python 程序

1. 开发 Python 程序主要步骤

(1)在 PyCharm 工作界面的项目目录区选中项目名称，右击，在快捷菜单中选择“新建”下面的“Python 文件”命令，如图 5-11 所示。

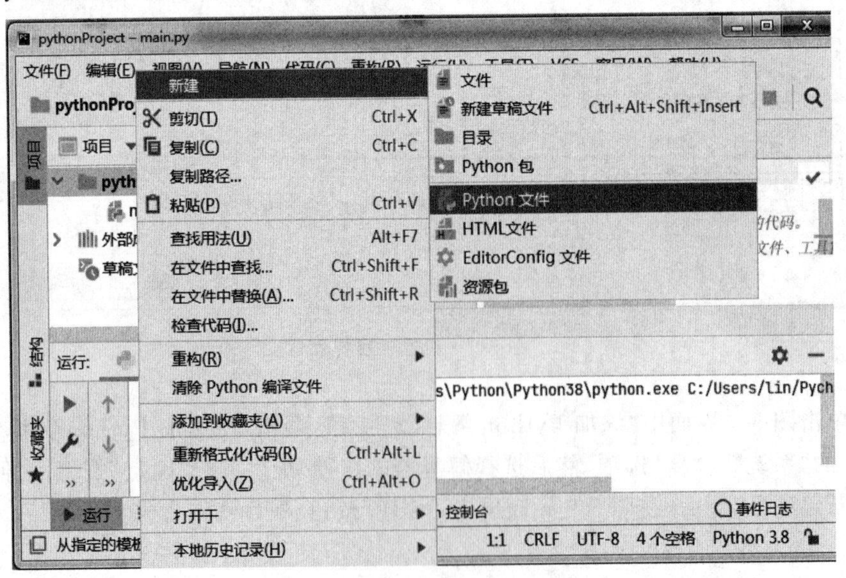

图 5-11 新建 Python 文件

(2)在新建 Python 文件对话中输入文件名,选择“Python 文件”,如图 5-12 所示,按回车键,Python 文件创建完成。

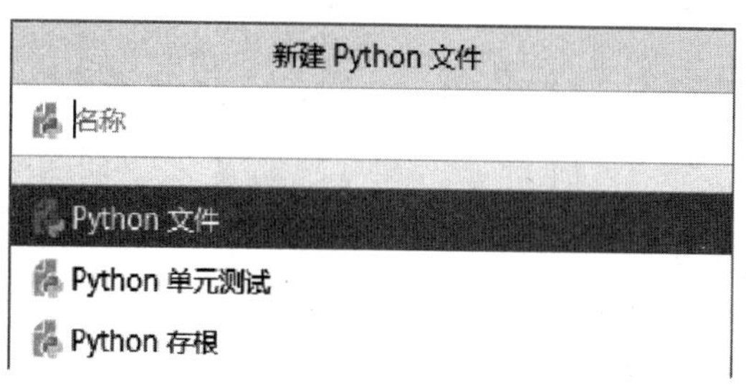

图 5-12　新建 Python 文件对话框

(3)在 PyCharm 的代码编辑区输入代码,按快捷键 Ctrl+F5 或者右上角“运行”按钮,或者“运行”菜单下的“运行”,该程序代码就开始运行,运行结果如图 5-13 所示。

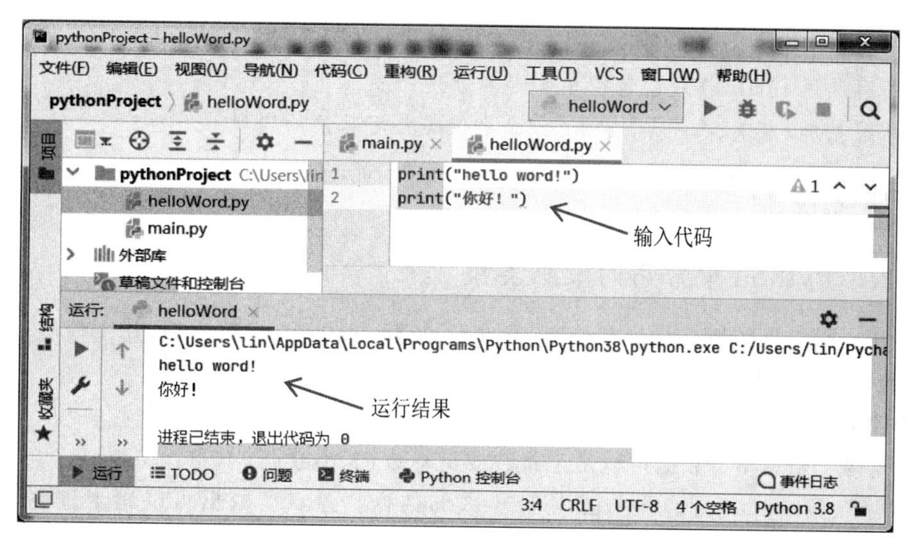

图 5-13　helloWord.py 文件的代码和运行结果

2. Python 编码规范

(1)代码的缩进

Python 使用缩进来划分代码块,同一个代码块的语句必须包含相同的缩进空格数,缩进空格数决定了代码的作用域范围。

(2)注释

注释是代码中的说明性文字,用于解释代码的作用以及相关信息。注释是给阅读代码的人看的,机器不会执行注释语句。单行注释以#开头,多行注释用三个单引号或三个双号将注释内容引起来。

5.2 使用Python语言设计简单程序

任务目标

- 了解常用的数据类型；
- 了解变量的定义和使用方法；
- 掌握输入、输出语句的使用方法；
- 掌握算术运算符、关系运算符、逻辑运算符、成员运算符的使用方法；
- 了解分支语句、循环语句的使用方法；
- 了解面向对象程序设计的基本方法；
- 了解模块化程序设计的意义；
- 了解调用 math 模块使用数学函数的方法；
- 了解调用 turtle 模块绘制简单图形的方法；
- 了解累加、累乘、求平均、求最大/最小值等常用算法的实现。

知识储备

5.2.1 Python 中常用的数据类型

Python 中常见的数据类型有整型、浮点型、复数、布尔型、字符串型，其中整型、浮点型、复数又统称为数值型。

1. 数值型

(1)整型(int)：整型数据可以是正整数或负整数，无小数点。如 5、－6、0。

(2)浮点型(float)：浮点型数据是带小数的数据。浮点型数据可以用十进制表示，如 5.3、－6.7；也可以使用科学计数法表示，如 2.1e2、－2.1E2。

(3)复数(complex)：复数由实数部分和虚数部分构成，用 j 或者 J 表示虚数部分。如 5＋6j、3＋9J。

可以用 Python 提供的数值类型转换函数实现以上三种数值型数据的转换。浮点型数据转换为整型数据用 int()函数，整型数据转换为浮点型数据用 float()函数，整型和浮点型数据转换为复数用 complex()函数。

2. 布尔型(bool)

布尔型数据只有 True 和 False，这两个数据转换为数值型分别是 1 和 0。

3. 字符串型(Str)

Python 中的字符串是用英文的单引号或双引号或三引号括起来的字符，Python 没有单独的字符类型，一个字符就是长度为 1 的字符串。如 '123'、"hello world"、"'a'"。

字符串实际上是一组字符的序列，访问字符串中的字符需要知道它在字符串中的位置(索引)。如 "hello world" 这个字符串中每个字符对应的索引如表 5-1 所示，如果用一个符号 myList 代表 "hello world" 这个字符串，那么 "e" 这个字符在 "hello world" 这个字符串的索引号是 1，myList[1]代表 "e"，myList[M:N]代表 "hello world" 这个字符串中索引号从 M 取到索引号 N 前一个字符的子串。

表 5-1　字符串 "hello world" 索引表

字符	h	e	l	l	o		w	o	r	l	d
索引号	0	1	2	3	4	5	6	7	8	9	10

正常情况下，字符串会被原样输出，但当遇到转义字符(\)时，字符串输出会发生变化，常见的转义字符如表 5-2 所示。

表 5-2　常见的转义字符

转义字符	含义	转义字符	含义
\'	单引号	\r	回车符
\"	双引号	\\	单个\
\t	制表符	\n	换行

【例 5-1】 数据类型转换与输出

在 PyCharm 中，创建一个项目名称为 pythonProject 的项目，在 pythonProject 项目中新建一个名称为 tests5-1.py 的 Python 文件，在 tests5-1.py 中输入如下代码：

```
print(int(3.5))              #把浮点型 3.5 转化为整型，结果是去掉小数后面的数
print(float(3))              #把整型 3 转化为浮点型
print(complex(5,6))          #complex(x,y)将 x 和 y 转换为复数，实部为 x，虚部为 y
print("\\abc\\")             #\\为转义字符，只能输出一个\
```

程序运行结果如图 5-14 所示。

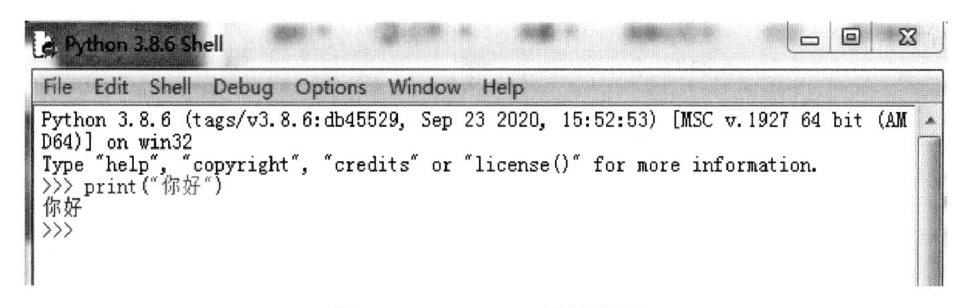

图 5-14　tests5-1.py 运行结果

5.2.2 常量与变量

在程序运行中值不会发生改变的量称为常量，值随时都有可能发生变化的量称为变量。Python 中的变量赋值前不需要显示地进行数据类型申明，它会根据赋值或运算结果自动判断变量的数据类型。

1. Python 变量的赋值方式

```
y=1          #普通赋值,给 y 赋值 1,同时申明了变量 y 是整型的变量
x=y=1        #链式赋值,给 x,y 赋值 1,同时申明了变量 x 和 y 是整型的变量
x,y=[1,2]#多元赋值, 给 x,y 分别赋值 1 和 2,同时申明了变量 x 和 y 是整型的变量
x+=1         #增量赋值,把 x+1 的结果赋值给 x
```

2. Python 变量命名规则

(1)只能包含字母、数字、下划线。

(2)不能以数字开头。

(3)Python 的变量名的英文字母区分大小写。

(4)系统关键字不能作为 Python 变量名使用。

此外要养成良好的编程习惯,以“见名知意”的原则来命名变量,一般每个单词首字母大写,或第一个单词首字母小写其他单词首字母都大写,或单词之间用下划线相连。不建议使用系统内置函数、类型名、模块名来命名变量。

【例 5-2】变量的使用。

在 PyCharm 中,创建一个项目名称为 pythonProject 的项目,在 pythonProject 项目中新建一个名称为 tests5-2.py 的 Python 文件,在 tests5-1.py 中输入如下代码:

```
myName="Lily"    #给变量 myName 赋值"Lily",同时申明 myName 是字符串变量
a=myName[3]      #把 myName 中索引号为 3 的字符赋值给 a 变量
b= myName[0:2]   #b 取 myName 中索引号 0 到索引号 2 前一个字符的子串
myAge=18         #给变量 myAge 赋值 18,同时申明 myAge 是整型变量
myAge=16         #给变量 myAge 重新赋值 16
print(myName)    #打印输出变量 myName 的值
print(myAge)     #打印输出变量 myAge 的值
print(a)         #打印输出变量 a 的值
print(b)         #打印输出变量 b 的值
```

程序运行结果如图 5-15 所示。

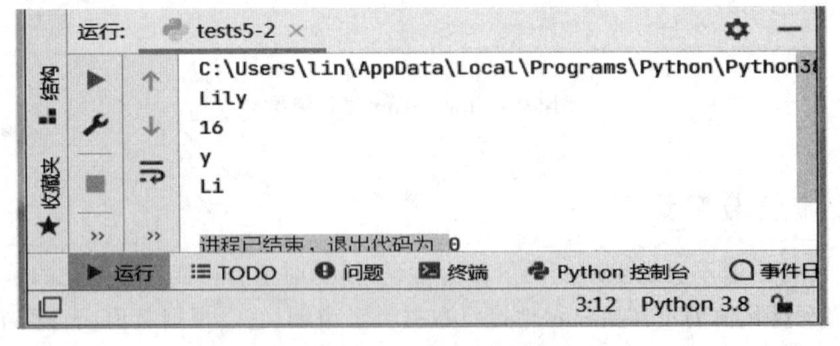

图 5-15　tests5-2.py 运行结果

5.2.3 输入、输出函数

1. Python 输入函数

input()函数可以接收标准输入的字符，返回值是字符串。

语法格式：变量名＝input("提示信息字符串")

例如：

```
a=input("请输入你的名字") # 从标准输入读取一行，并以字符串形式返回给变量名 a
```

提示

- input()函数与 int()、float()函数组合，可以输入整数或浮点数。如 a=int(input())。
- 同时接收多个数据输入，需要使用 eval()函数。如 a,b,c=eval(input())。

2. Python 输出函数

在 print()函数的括号中加上字符串，就可以打印输出指定的字符串，语法格式：

```
print(objects,sep='',end='\n',file=sys.stdout,flush)
```

参数说明：

objects 表示输出的对象，输出多个对象时，中间用英文逗号隔开。

sep 表示在输出字符串之间插入指定字符，默认是空格。

end 表示在 print 输出语句的结尾加上指定字符串，默认是换行(\n)

file 表示将文本输入到 file-like 对象中，可以是文件、数据流等，默认是 sys.stdout。

flush 表示是否立刻将输出语句输入到参数 file 指向的对象中，默认为 False。

提示

- Print 函数的 5 个参数，通常情况下只要写第一个参数，后面 4 个为可选参数。

5.2.4 算术运算符、关系运算符和成员运算符的使用方法

几种常见的输出形式：

(1)print()函数的括号中只有常量

```
print ("苹果")                #输出结果是:苹果
print("苹果","蛋","橘子")    #输出结果是:苹果蛋橘子
```

(2)print()函数的括号中只有变量

```
a='苹果'
b='橘子'
print(a,b)      #输出结果是:苹果橘子
```

(3)print()函数的括号中既有常量也有变量

```
a='苹果'
print("今天餐后水果是",a)      #输出结果是:今天餐后水果是苹果
```

print()函数与相关格式化函数组合使用,可以实现输出格式控制,如 format()格式化函数经常与 print()函数组合使用。format()函数不限参数个数,位置不必按顺序书写,一个参数可多次使用,也可以不使用。花括号里可以用数字代表引用参数的序号,也可以用变量名直接引用。

format()函数使用对齐方向符号<、^、>,分别表示左对齐、居中、右对齐,后面可带宽度数字,表示输出字符占的位数宽度。

【例 5-3】格式化输出测试。

在 PyCharm 中,创建一个项目名称为 pythonProject 的项目,在 pythonProject 项目中新建一个名称为 tests5-3.py 的 Python 文件,在 tests5-3.py 中输入如下代码:

```
print("{0}和{1}".format("苹果","蛋","橘子"))
print("{2}和{1}".format("苹果","蛋","橘子"))
print("{2:<6}和{1:>6}".format("苹果","蛋","橘子"))
```

运行结果如图 5-16 所示

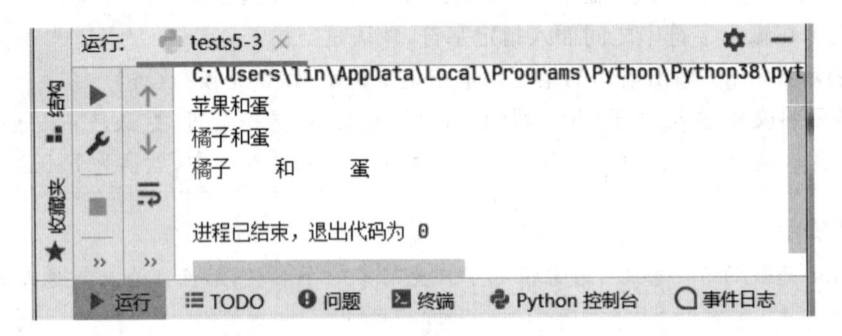

图 5-16　tests5-3.py 运行结果

5.2.5 运算符

Python 运算符包括算术运算符、关系运算符、逻辑运算符、位运算符、成员运算符,其中比较常用的有算术运算符、关系运算符、逻辑运算符、成员运算符。

1. 算术运算符

常见算术运算符见表 5-3。

表 5-3　常见算术运算符

运算符	作用	举例
+	加法运算	3+2,结果是 5
-	减法运算	3-2,结果是 1
*	乘法运算	3*2,结果是 6

续表

运算符	作用	举例
/	除法运算	7/2,结果是 3.5
%	求余数运算	7%2,结果是 1
**	(幂)指数运算	3 ** 2,结果是 9
//	整除运算	7//2,结果是 3

算术运算符的优先级如表 5-4 所示,表中优先级由低到高排列,其中序号为 1 的优先级别最低,在表达式中,同一优先级的运算符按从左到右顺序运算。

表 5-4　算术运算符的优先级

序号	运算符	操作
1	+、—	加法和减法
2	* 、/、//、%	乘法、除法、整除、求余
3	+、—	正号和负号
4	* *	(幂)指数
5	()	括号

【例 5-4】计算长方形的面积,长和宽由键盘输入后,输出面积。

在 PyCharm 中,创建一个项目名称为 pythonProject 的项目,在 pythonProject 项目中新建一个名称为 tests5-4.py 的 Python 文件,在 tests5-4.py 中输入如下代码:

```
a=int(input("请输入长方形的长"))
b=int(input("请输入长方形的宽"))
s=a * b
print("{0}{1}".format("长方形的面积为:",s))
```

运行结果如图 5-17 所示

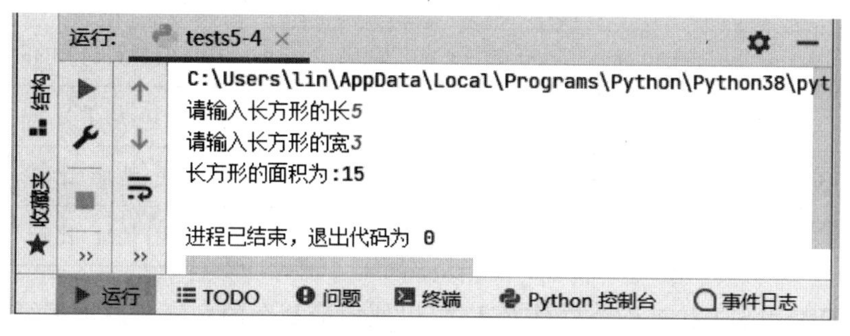

图 5-17　tests5-4.py 运行结果

【例 5-5】编写一个程序,x,y,z 为浮点型,x 和 y 的值由键盘输入,输出 z 的值。$z=\frac{6x+2y}{2}+\frac{x^3}{4}$。

在 PyCharm 中，创建一个项目名称为 pythonProject 的项目，在 pythonProject 项目中新建一个名称为 tests5-5.py 的 Python 文件，在 tests5-5.py 中输入如下代码：

```
x=float(input("请输入 x 的值:"))
y=float(input("请输入 y 的值:"))
z=(6 * x+2 * y)/2+x ** 3/4
print(z)
```

运行结果如图 5-18 所示。

图 5-18　tests5-5.py 运行结果

2. 关系运算符和逻辑运算符

关系运算符用于判断两个值的关系，关系运算的结果只有 False(假)或 True(真)两种。字符串比较也可以使用关系运算符，比较时按字符在编码表中的位置来决定其大小，位置靠前的字符比位置靠后的字符小。常见关系运算符见表 5-5。

表 5-5　常见关系运算符

关系运算符	作用	举例
==	等于	10==20，结果为 False
!=	不等于	10!=20，结果为 True
<	小于	10<20，结果为 True
<=	小于或等于	10<=20，结果为 True
>	大于	10>20，结果为 False
>=	大于或等于	10>=20，结果为 False
is	判断两个标识符是否引用同一个对象	引用(地址)比较
is not	判断两个标识符是否引用不同的对象	引用(地址)比较

逻辑运算符用来连接若干个关系表达式，以便构造复杂的判断。逻辑运算的结果也只有 False(假)或 True(真)这两种。Python 中常见的逻辑运算符如表 5-6 所示。

表 5-6　常见的逻辑运算符

运算符	作用	举例
and	逻辑与(全真才真)	True and False 结果为 False False and True 结果为 False False and False 结果为 False True and True 结果为 True
or	逻辑或(全假才假)	True or False 结果为 True False or True 结果为 True False or False 结果为 False True or True 结果为 True
not	逻辑非(真变假,假变真)	not True 结果为 False not False 结果为 True

提示

- 当一个表达式中既有算术运算符,又有关系运算符和逻辑运算符时,它们的优先级是:算术运算符＞关系运算符＞逻辑运算符,同一级别的优先级按数学运算规则,从右向左的顺序。
- 8 个关系运算符的优先级一样。
- 在无括号的情况下,3 个逻辑运算符的优先级为:not＞and＞or。

【例 5-6】关系运算符和逻辑运算符的测试。

在 PyCharm 中,创建一个项目名称为 pythonProject 的项目,在 pythonProject 项目中新建一个名称为 tests5-6.py 的 Python 文件,在 tests5-6.py 中输入如下代码:

```
print(100>=20,100<=20)
print(100>20 and 100! =20)
print(100>20 or 100<20)
print(not 100>20)
```

运行结果如图 5-19 所示。

图 5-19　tests5-6.py 运行结果

3. 成员运算符

成员运算符用来判断一个元素是否在某一个序列中。比如,判断一个字符是否属于某个字符串，判断某个对象是否是列表中的一个元素等。Python 中成员运算符如表 5-7 所示。

表 5-7　成员运算符

运算符	操作
in	元素在指定的序列中找到，返回 True，否则返回 False
not in	元素在指定的序列中没有找到，返回 True，否则返回 False

【例 5-7】 成员运算符测试。

在 PyCharm 中，创建一个项目名称为 pythonProject 的项目，在 pythonProject 项目中新建一个名称为 tests5-7.py 的 Python 文件，在 tests5-7.py 中输入如下代码：

```
a="abc"
b="abcabccdd"
print(a in b)
print(a not in b)
```

运行结果如图 5-20 所示。

图 5-20　tests5-7.py 运行结果

5.2.6 Python 流程控制结构

Python 流程控制结构主要分为 3 种：顺序结构、选择结构（分支结构）和循环结构。

1. 顺序结构

顺序结构是流程控制中最简单的一种结构。该结构的特点是按照语句的先后顺序依次执行，每条语句只执行一次。本章节中例 5-1 到例 5-7 的代码都是顺序结构。

2. 选择结构（分支结构）

选择结构也叫分支结构，Python 中用 if 语句来实现分支结构控制，还可以使用 if-elif 结构来实现多分支控制。下面我们来看一下 if-else 分支语句的语法格式。

```
if 条件:
    条件为真时要执行的语句块
else:
    条件为假时要执行的语句块
```

提示

- if 和 else 语句末尾的冒号不能省略。
- Python 通过严格的缩进来决定一个块的开始和结束，因此为真或为假的语句块都必须向右缩进相同的距离。
- 条件可以是关系表达式或逻辑表达式，也可以是各种类型的数据。对于数值型数据(int、float、complex)，非零为真，零为假；对于字符串或集合类数据，空字符串和空集合为假，其余为真。
- else 分支可以省略，但 else 不能单独使用。
- if 可以嵌套使用。

【例 5-8】 判断两个数的大小，键盘输入整数 a、b，如果 a>b，就输出 a>b，否则输出 b>a。

在 PyCharm 中，创建一个项目名称为 pythonProject 的项目，在 pythonProject 项目中新建一个名称为 tests5-8.py 的 Python 文件，在 tests5-8.py 中输入如下代码：

```
a=int(input("请输入 a 的值"))
b=int(input("请输入 b 的值"))
if a >b:
    print(a,">",b)
else:
    print(b,">",a)
```

运行结果如图 5-21 所示。

图 5-21　tests5-8.py 运行结果

3. 循环结构

循环结构是指在满足一定条件情况下，重复执行一组语句的结构。

(1)while 循环语句

while 循环语句格式如下：

```
while(循环条件):
    循环体
```

执行到 while 循环的时候，先判断“循环条件”，“循环条件”若为 False，退出循环；如果

“循环条件”为 True,则执行下面缩进的循环体。执行完循环体,再判断“循环条件”,“循环条件”若还为 True,继续执行循环体,“循环条件”若为 False,则退出循环,以此类推。

【例 5-9】 实现累加的算法:sum=1+2+…n,整数 n 由键盘输入,然后输出 sum 的值。

在 PyCharm 中,创建一个项目名称为 pythonProject 的项目,在 pythonProject 项目中新建一个名称为 tests5-9.py 的 Python 文件,在 tests5-9.py 中输入如下代码:

```
n=int(input("请输入一个整数 n:"))
sum=0
i=1
while i<=n:
    sum=sum+i
    i=i+1
print("{0}{1}{2}{3}".format("1+2+3+…+",n,"=",sum))
```

运行结果如图 5-22 所示。

图 5-22　tests5-9.py 运行结果

提示

- while 条件之后的冒号不能丢掉。
- 如果循环条件不成立,则循环体一次也不执行。
- 如果循环控制变量的改变不是向着循环结束条件的方向变化,或者循环条件是一个结果为 True 的表达式,则该循环结构是死循环或无限循环,即循环结构在没有特殊语句的控制下,循环会一直运行,无法结束。
- 循环体的所有语句必须对齐,且与 while 的位置具有相同的缩进。
- 若 while 循环结构的循环体只有一条语句,这条语句可以直接跟在 while 那行的行尾冒号之后。

(2)for 循环语句

for 循环语句语法格式如下:

```
for 变量 in(序列):
    循环体语句块
```

其中,序列可以是等差数列、字符串、列表、元组或者是一个文件对象。在执行过程中,变量依次被赋值为序列中的每一个值,然后执行缩进块中的循环体语句。序列中的所有元素全部扫描完毕,循环结束。

在 for 循环中的序列可以由用户罗列,如[1,2,3,4,5],每个数据之间用逗号分隔;也可以通过 range 来产生。rang 的用法如下:

```
range([start,] stop[,step])
```

参数说明:start 为起始数,stop 为止数,step 为步长。

①range(stop)

功能:range 只有一个参数 stop,则产生一个包含 0~stop-1 的整数序列。

例如, range(6)将产生序列 0、1、2、3、4、5。

②range(start, stop)

功能:从 start 开始,产生一系列整数 start, start+1,start+2,…,stop-1。该序列的步长为 1。要求 start 和 stop 是整数,且 start<stop。

例如,range(0,5)将产生序列 0,1,2,3,4。

③range(start,stop, step)

功能:从 start 开始产生整数序列 start, start+step,tart+2 * step,…,start+r * step,其中最后一个数据小于 stop,即满足公式 start+r * step<stop,start、stop 和 step 都是整数,并且 start<stop。

例如, range(3,10,2)将产生序列 3,5,7,9。

【例 5-10】实现累积算法:用户输入一个正整数 n,求 n 的阶乘并输出结果。

在 PyCharm 中,创建一个项目名称为 pythonProject 的项目,在 pythonProject 项目中新建一个名称为 tests5-10.py 的 Python 文件,在 tests5-10.py 中输入如下代码:

```
n=int(input("请输入一个正整数 n:"))
s=1
for n in range(1,n+1):
    s=s * n
print("{0}! ={1}".format(n,s))
```

运行结果如图 5-23 所示。

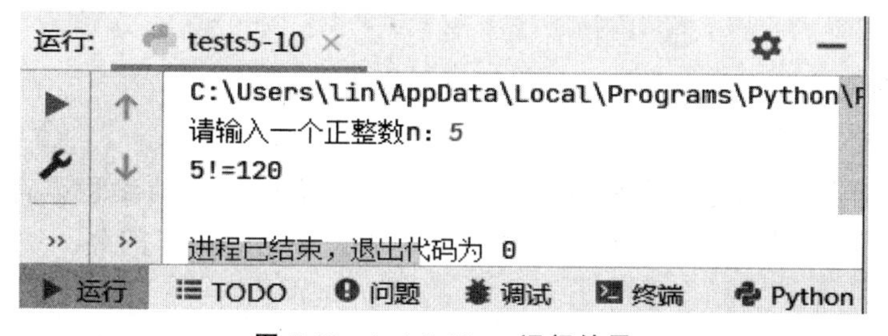

图 5-23　tests5-10.py 运行结果

提示

- for 那一行末尾要加冒号。
- 循环体中的每条语句都缩进至相同的缩进级别。
- 序列表中的数据不需要按顺序排列。

(3)break 和 continue 语句

①break 语句

格式:break

功能:从循环体当前位置退出。在循环结构中执行到该语句时,循环马上退出并终止。通常 break 语句出现在 if 语句中,即通过某种条件判断来决定是否退出循环结构。

②continue 语句

格式:continue

功能:结束当前循环,开始新一轮循环。即当前循环中的剩余语句不再执行,程序跳转到循环的头部重新开始下一轮循环。通常 continue 语句也出现在 if 语句中,即通过某种条件判断来决定是否退出当前循环,而进入下一轮循环。

5.2.7 面向对象程序设计

1. 面向对象概述

程序设计技术分为面向过程程序设计和面向对象程序设计。

面向过程程序设计方法的特征是以算法(功能)为中心,程序=算法+数据结构,算法和数据结构之间的耦合度很高。因此,当数据结构发生变化后,所有与该数据结构相关的语句和函数都需要修改,给程序员带来很大负担。同时,面向过程技术设计的软件安全性差、可重用性差。

面向对象程序设计(OOP)是将软件结构建立在对象上,而不是功能上,通过对象来逼真地模拟现实世界中的事物,使计算机求解问题更加类似于人类的思维活动。面向对象通过类来封装程序和数据,对象是类的实例化。以对象作为程序的基本单元,提高了软件的重用性、灵活性和扩展性。

面向对象具有三大基本特征:封装、继承和多态。

2. 封装

封装是面向对象的特征之一,主要包括对象和类。

(1)类

类是具有相同属性和行为的一组对象的集合。在面向对象的编程语言中,类是一个独立的程序单位,由类名来标识,包括属性定义和行为定义两个主要部分。

(2)对象

对象是系统中用来描述客观事物的一个实体。它是一组属性和有权对这些属性进行操作的一组行为的封装体。

类与对象的关系就如模具和铸件的关系,类的实例化就是对象,对象的抽象就是类。类描述了一组有相同属性、相同方法的对象。

3. 继承

继承是在现有类的基础上通过添加属性或方法来对现有类进行扩展。通过继承创建的新类称为子类或派生类,被继承的类称为基类、父类或超类。继承的过程,就是从一般到特殊的过程。在软件开发中,类的继承性使软件具有开放性、可扩充性,并简化了对象、类的创建工作,增加了代码的可重用性。

4. 多态

多态是指相同的操作、方法或过程可作用于多种类型的对象上并获得不同的结果。

5.2.8 模块化程序设计

1. 模块化程序设计的意义

在编程中会发现某些代码需要重复编写,既降低开发效率,又不易维护。如果代码只写一次,而可以多次使用,可大大提高编程效率。Python 中函数与模块机制可以达到上述目的。

2. 函数

函数是一个被指定名称的代码块,可重复使用。在任何地方要使用该代码块时,只要提供函数的名称即可,也称为函数调用。

3. 模块

模块(module)相当于内部函数的集合。模块的文件类型是 py。

Python 应用程序是由一系列模块组成的,每个 py 文件就是一个模块,每个模块也是一个独立的命名空间。使用模块的优点:首先,提高了代码的可维护性;其次,提高了代码的可重用性;最后,可以避免函数名和变量名冲突,即允许在不同模块中定义同名的对象。

4. 包

为了避免模块名冲突, Python 引入了按目录来组织模块的方法,称为包(package)。包是一个总目录,包目录下为首的一个文件是 init_py,用于定义初始状态。

5.2.9 调用 math 模块和 turtle 模块的方法

模块在使用前,必须先导入,Python 使用 import 导入模块。

1. 第一种模块导入语法格式

import 模块名[,模块名 1,…]

功能:导入模块后,就可以引用该模块的任何公共的函数、类或属性。

【例 5-11】调用 math 模块使用数学函数:输入一个正整数 n,计算 n 的平方根。

在 PyCharm 中,创建一个项目名称为 pythonProject 的项目,在 pythonProject 项目中新建一个名称为 tests5-11.py 的 Python 文件,在 tests5-11.py 中输入如下代码:

```
import math
n=int(input("请输入一个正整数:"))
a=math.sqrt(n)
print("{0}的平方根为:{1}".format(n,a))
```

运行结果如图 5-24 所示。

图 5-24　tests5-11.py 运行结果

2. 第二种模块导入语法格式

```
from 模块名 import ＊|对象名[,对象名,…]
```

功能:导入指定函数和模块变量。如果在 import 之后使用＊,则任何只要不是以“_”开始的对象都会被导入。

> **提示**
> - 比起第一种导入模块方式,第二种方式所导入的对象直接导入到本地命名空间,因此在访问这些对象时不需要加模块名。
> - from-import 语句常用于有选择地导入某些属性和函数。
> - 尽量少用 from 模块名 import ＊,因为较难判定某个特殊的函数属性的来源,且不利于程序调试和重构。

【例 5-12】 调用 turtle 模块绘制简单图形:绘制一个蓝色边框的正方形。

在 PyCharm 中,创建一个项目名称为 pythonProject 的项目,在 pythonProject 项目中新建一个名称为 tests5-12.py 的 Python 文件,在 tests5-12.py 中输入如下代码:

```
from turtle import
color("blue")
hideturtle()
speed(10)
fd(100)
right(90)
back(100)
right(90)
fd(100)
left(90)
fd(100)
done()
```

运行结果如图 5-25 所示。

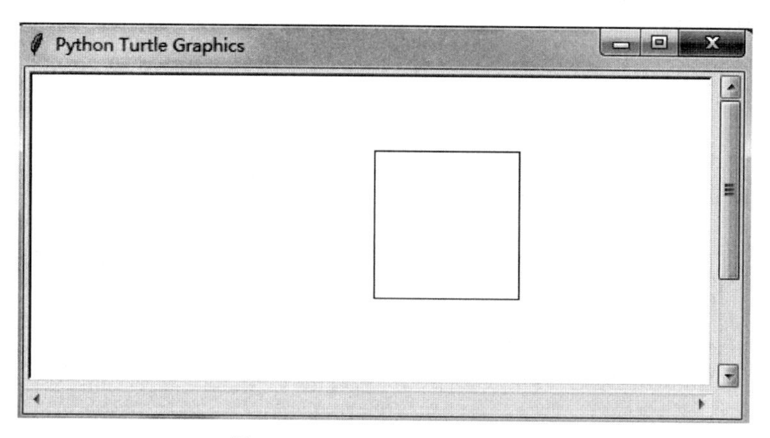

图 5-25　tests5-12.py 运行结果

5.2.10 常用的算法

1. 累加

例如，求 sum＝1＋2＋3＋…＋n。

(1)使用 while 循环语句

```
n=int(input("请输入一个整数 n:"))
i=0
sum=0
while i<=n:
sum=sum+i
i+=1
print(sum)
```

(2)使用 for 循环语句

```
n=int(input("请输入一个整数 n:"))
sum=0
for i in range(1,n+1):
sum=sum+i
print(sum)
```

2. 累乘

例如，求 s=1＊2＊3＊…＊n，即求 n!。

(1)使用 while 循环语句

```
i=1
s=1
n=int(input("请输入一个整数 n:"))
while i<=n:
    s=s*i
i+=1
print(s)
```

(2)使用 for 循环语句

```
s=1
n=int(input("请输入一个整数 n:"))
for i in range(1,n+1):
    s=s*i
print(s)
```

3. 求平均

在累加的基础上,在退出循环后,把累加后的值除以项数,可以使用 while 循环语句,也可以使用 for 循环语句,这里以 while 循环语句为例。

```
i=0
sum=0
avg=0.0
n=int(input("请输入一个整数 n:"))
while i<=n:
    sum=sum+i
i+=1
avg=sum/n
print(avg)
```

4. 求最大/最小值

键盘输入 10 个整数,输出最大数。

```
i=1
n=int(input("请输入一个数"))
maxNum=n
while(i<10):
    n=int(input("请输入一个数"))
    if(maxNum<n):      #如果求最小值,这里的小于号"<"改成大于号">"
        maxNum=n
i=i+1
print("{0}{1}".format("这 10 个数的最大值是:",maxNum))
```

练习题

1. 下列变量名中,合法的是(　　)。

A)sale.2017　　B)room&Board　　C)num_1020　　D)1028B

2. 关于 Python 语言的特点,以下选项中描述错误的是(　　)。

A)Python 语言是非开源语言　　B)Python 语言是解释型语言

C)Python 语言是面向对象语言　　D)Python 语言是脚本语言

3. IDLE 环境的退出命令是(　　)。

A) esc()　　B) close()　　C)回车键　　D)exit()

4. 以下选项不属于程序设计语言类别的是(　　)。

A)机器语言　　B)汇编语言　　C)高级语言　　D)解释语言

5. 在面向对象编程中,对象是(　　)的实例化。

A)封装　　B)包　　C)类　　D)模块

6. 语句 x,y,z=[1,2,3]执行后,变量 y 的值为(　　)。

A)1　　B)2　　C)3　　D)1,2,3

7. 在 Python 中,导入模块用(　　)关键字。

A)class　　B)return　　C)import　　D)while

8. 下面(　　)模块可以用来绘图。

A)math　　B)turtle　　C)sys　　D)random

9. 以下选项中,Python 语言中代码注释使用的符号是(　　)。

A)/…/　　B)!　　C)#　　D)//

10. Python 文件的后缀名是(　　)。

A)pdf　　B)do　　C)pass　　D) py

11. 下面代码的输出结果是(　　)。

```
mystr1="abc"
mystr2="def"
print("{0}{1}".format(mystr1,mystr2))
```

A)abcdef　　B)ad　　C)be　　D)cf

12. 下面代码的输出结果是(　　)。

```
print( 7%9>6 or 2 ** 3<8)
```

A)True　　B)-1　　C)0　　D)False

13. 下面代码的输出结果是(　　)。

```
print(True and False or False)
```

A)True　　B)-1　　C)0　　D)False

14. 下面代码的输出结果是(　　)。

```
print(10//3)
```

A)3　　B)1　　C)0　　D)False

15. 下面代码的输出结果是(　　)。

```
print(100<20 and 100!=20)
```

A)True　　B)-1　　C)0　　D)False

16. 下面代码的输出结果是(　　)。

```
mystr="hello world"
print(mystr[0:5])
```

A)hello　　B)world　　C)hello　world　　D)False

17. 下面代码的输出结果是(　　)。

```
a=5
b=8
if a>b:
    print(a)
else
    print(b)
```

A)5　　B)8　　C)True　　D)False

18. 下面代码的输出结果是(　　)。

```
a=3
b=float(a)
print(type(a))
```

A)<class 'int'>　　B)<class 'float'>　　C)<class 'str'>　　D) <class 'bool'>

19. 下面代码的输出结果是(　　)。

```
a="a"
b="bcabccdd"
print(a in b)
```

A)True　　B)2　　C)3　　D)False

20. 下面代码的输出结果是(　　)。

```
s=0
i=1
while i<=3:
    s=s+i
i=i+1
print(s)
```

A)5　　B)6　　C)7　　D)8

第6章

数字媒体技术应用

数字媒体技术及其应用已经成为信息技术的一个重要领域，日益深入社会生活的各个方面，使人们的工作和生活方式发生了巨大的改变。本章主要介绍数字媒体的基本知识及软件应用，让大家对数字媒体技术有一个初步的了解。数字媒体技术使计算机具备了综合处理文字、音频、图像、视频和动画的能力，帮助人们创作丰富多彩、赏心悦目的作品，给人们的生活、工作和学习增添了色彩和乐趣。

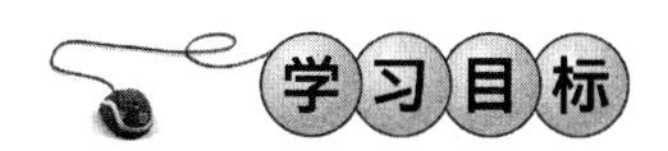

1. 获取加工数字媒体素材

- 了解数字媒体的定义；
- 了解数字媒体文件的类型、格式及特点；
- 了解获取文本、图像、声音、视频素材的方法；
- 了解使用 Photoshop 软件对图像素材的简单编辑、处理的方法。

2. 演示文稿的制作

- 理解演示文稿处理软件(WPS Office 2019 之演示)的功能和特点；
- 熟练掌握演示文稿的创建、打开、关闭与退出操作；
- 熟练掌握演示文稿的编辑、保存及浏览操作；
- 熟练掌握对幻灯片进行选择、插入、复制、移动和删除操作；
- 熟练掌握幻灯片版式的更换；
- 掌握幻灯片母版的应用；
- 掌握设置幻灯片背景；
- 熟练掌握文字格式的复制；
- 熟练掌握在幻灯片中插入艺术字、形状等内置对象；
- 掌握在幻灯片中插入图片、音频、视频等外部对象；
- 掌握在幻灯片中建立表格与图表；
- 掌握创建动作按钮、建立幻灯片的超链接；
- 熟练掌握幻灯片之间切换方式的设置；
- 熟练掌握幻灯片对象动画方案的设置；

➢ 掌握设置演示文稿的放映方式；
➢ 掌握对演示文稿打包，生成可独立播放的演示文稿文件。

3. 虚拟现实与增强现实技术

➢ 了解虚拟现实与增强现实技术基本定义；
➢ 了解虚拟现实与增强现实技术发展现状。

6.1 获取加工数字媒体素材

任务目标

➢ 了解数字媒体的定义；
➢ 了解数字媒体文件的类型、格式及特点；
➢ 了解获取文本、图像、声音、视频素材的方法；
➢ 了解使用 Photoshop 软件对图像素材的简单编辑、处理的方法。

任务描述

数字媒体在我们的生活中无处不见，无论是使用计算机观看影片，听音乐，制作文档，处理图像、音频和视频，还是通过 Internet 与他人进行视频聊天，召开视频会议等，它们都属于数字媒体技术的范畴。

在工作中，赵展经常要为公司制作一些数字媒体作品，如商品照片和视频等，因此，他不仅需要了解数字媒体的相关知识，还要收集一些图像、音频和视频素材，以便在制作数字媒体作品时调用。

知识储备

6.1.1 认识数字媒体技术

数字媒体技术是指利用计算机对文字、图形、图像、音频、视频、动画等多种媒体信息进行数字化采集、编码、存储、加工等处理，整合在一定的交互式界面上并传播的技术。例如，“阅读赏析”在线课程的制作，便是首先收集图形、图像、音频、视频等素材，然后对这些素材进行各种加工处理并合成，利用编程语言实现交互功能，最终形成一个数字媒体作品并通过网络传播。根据多媒体技术的定义可以看出其有多样性、集成性、交互性、实时性的特点。

6.1.2 数字媒体技术的应用

随着数字媒体技术的不断发展，它的应用领域也越来越广泛。表 6-1 列举了数字媒体技术的一些典型应用领域。数字媒体文件主要包括图像、音频和视频。如表 6-2 列举了常见的图像文件格式及用途，表 6-3 列举了常见的音频文件格式及用途，表 6-4 列举了常见的视频文件格式及用途。

表 6-1　数字媒体技术的典型应用

应用领域	说　明	图　例
平面设计	广告设计、商标设计、包装设计、海报设计、插画设计、宣传册设计、装饰装潢设计、网页设计、商品照片处理、电子相册制作等	
动画设计	二维动画设计、三维动画设计等	
影视制作	影视广告制作、企业或产品宣传片制作、影视特效制作、电视栏目包装等	
娱乐、教育、医疗、办公	看电子书、看电影/电视、听音乐、玩游戏、多媒体教学、远程教育、远程诊断、自动化办公、视频会议等	

表 6-2　常见的图像文件格式及用途

格式	格式说明	用途
BMP	是微软推出的图像格式，采用无损压缩，图像质量高，但文件稍大	适合保存原始图像素材
JPEG	是一种压缩率很高的图像文件格式。由于它采用的是具有破坏性的压缩算法，因此会降低图像的质量	广泛应用于数码相片、网页图像、新闻图像等
GIF	是网络上经常使用的图像文件格式，支持透明背景和动画，但由于它最多只包含 256 种颜色，因此图像色彩表现不够丰富	常用于网页设计和制作 GIF 动画
PNG	支持 24 位图像，具有很高的压缩比，支持透明	常用于网页图像
TIFF	采用无损压缩方式来存储图像信息，图像质量高，但体积大	广泛地应用于对图像质量要求较高的图像的存储，如作为印前文件
PSD	是 Photoshop 的专用文件格式，可保存图层和透明信息	适合保存使用 Photoshop 处理但尚未制作完成的图像

表 6-3　常见的音频文件格式及用途

格式	格式说明	用途
WAV	是微软公司开发的一种音频文件格式，被大多数应用程序支持。由于 WAV 格式的音频文件没有经过压缩，所以音质很好	适合保存原始音频素材
AIFF	是苹果公司开发的一种音频文件格式，与 WAV 相似，被大多数应用程序支持	应用于个人计算机及其他电子音响设备存储音乐数据
MP3	是一种采用有损压缩的音频文件格式，其压缩率可达到 1∶10。由于 MP3 文件体积小，音质也不错，因此成为网络上最流行的音频文件格式	适合网络应用、移动存储设备使用
WMA	是微软力推的一种音频文件格式，其压缩率可达 1∶18，音质与 MP3 差不多	适合在网络上在线播放

表 6-4 常见的视频文件格式及用途

格式	格式说明	用途
AVI	是微软推出的视频格式,可用来封装多种编码的视频流	在多媒体中应用广泛,一般视频采集直接存储的文件就是此格式
MKV	与 AVI 格式一样,可用来封装多种编码的视频流,被誉为万能封装器	常用于本地计算机中播放的视频
MOV	是苹果公司开发的音视频文件格式,常用来封装 QuickTime 编码的视频流	不仅能支持 Mac OS,同样也支持 Windows 操作系统
WMV	是微软公司推出的一种网络视频格式,常用来封装采用 WMV、VC-1 编码的视频流,具有很高的压缩比	可以直接在网上实时观看视频节目
MP4	被广泛应用于封装 H.264 和 MPEG-4 编码的视频流,具有很高的压缩比	用于在移动端和 PC 端播放的视频

6.1.3 Photoshop 软件处理图像

Adobe Photoshop,简称“PS”,是由 Adobe Systems 开发和发行的图像处理软件。Photoshop 主要处理以像素所构成的数字图像。使用其众多的编修与绘图工具,可以有效地进行图片编辑工作。Photoshop 的专长在于图像处理,而不是图形创作。图像处理是对已有的位图图像进行编辑加工处理以及运用一些特殊效果,其重点在于对图像的处理加工;图形创作是按照自己的构思创意,使用矢量图形等来设计图形。平面设计是 Photoshop 应用最广泛的领域,无论是图书封面,还是招贴、海报,这些平面印刷品通常都需要 Photoshop 软件对图像进行处理。

Photoshop 默认保存的文件格式是 PSD,可以保留所有有图层、色版、通道、蒙版、路径、未栅格化文字以及图层样式等,但无法保存文件的操作历史记录。Adobe 其他软件产品,例如 Premiere、Indesign、Illustrator 等可以直接导入 PSD 文件。还可以保存的格式有 BMP、GIF、EPS、PDF、PNG、TIFF、JPEG 等。

从功能上看,该软件可分为图像编辑、图像合成、校色调色及功能色效制作部分等。

图像编辑是图像处理的基础,可以对图像做各种变换,如放大、缩小、旋转、倾斜、镜像、透视等;也可进行复制、去除斑点,修补、修饰图像的残损等。

图像合成则是将几幅图像通过图层操作、工具应用合成完整的、传达明确意义的图像,这是美术设计的必经之路;该软件提供的绘图工具让外来图像与创意很好地融合。

校色调色可方便快捷地对图像的颜色进行明暗、色偏的调整和校正,也可在不同颜色进行切换以满足图像在不同领域如网页设计、印刷、多媒体等方面的应用。

特效制作在该软件中主要由滤镜、通道及工具综合应用完成,包括图像的特效创意和特效字的制作,如油画、浮雕、石膏画、素描等常用的传统美术技巧都可借由该软件特效完成。

Photoshop 的颜色模式有很多。常用的如 RGB 是色光的色彩模式,R 代表红色,G 代表绿色,B 代表蓝色,通过这 3 个颜色叠加形成其他的色彩。因此 RGB 模式也叫作加色模式。因为这 3 种颜色都有 256 个亮度等级,所以能叠加形成 1670 万种颜色,是 PS 当中色彩最佳的模式，在显示屏上显示颜色定义时，往往采用这种模式。图像如用于电视、幻灯片、网页、多媒体，一般使用 RGB 模式。CMYK 颜色模式中，四个字母分别代表印刷的四种颜色，C 代表青色，M 代表洋红色，Y 代表黄色，K 代表黑色。它是一种减色的色彩模式，常于印刷喷绘当中使用。

6.1.4 获取数字媒体素材的方法

1. 获取图像素材

以从网上获取宠物图片为例，学习获取图像素材的操作方法。

步骤 1：启动 IE 浏览器，打开 360 导航网站的主页（https://hao.360.cn），然后在搜索栏的上方单击"图片"按钮，如图 6-1 所示。

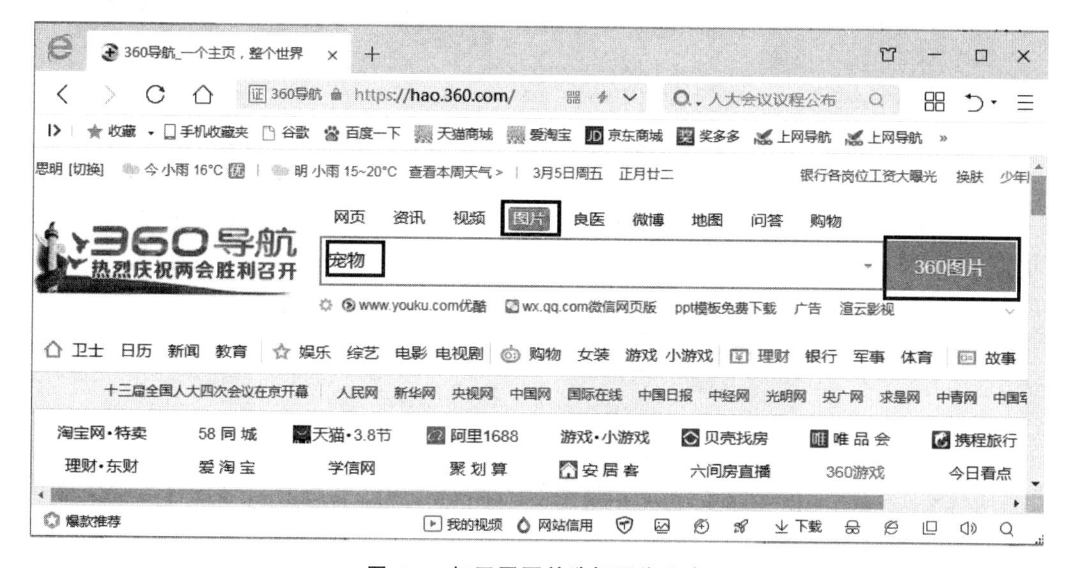

图 6-1　打开网页并选择图像分类

步骤 2：在搜索栏中输入想要获取的图像的名称或类别，如输入"宠物"，然后单击"360 图片"按钮，即可显示所有与宠物相关的图片，将鼠标指针移到"全部尺寸"链接文本上，可在展开的列表中选择想要获取的图像的尺寸，如选择"大尺寸"选项，如图 6-2 所示。

图 6-2　搜索宠物图像并选择图像尺寸

步骤 3：在图像列表中单击想要获取的图像，然后在打开的图像上右击，在弹出的快捷菜单中选择“图片另存为”选项，再在打开的“保存图片”对话框中选择保存路径并输入图片名称，单击“保存”按钮，如图 6-3 所示，即可将所选图片保存到计算机中。

图 6-3　将网络中的图片保存到计算机中

2. 获取音频素材

以从网上下载一首《外婆的澎湖湾》为例，介绍获取音频素材的操作方法。

步骤 1：首先在计算机中安装酷我音乐软件（也可安装 QQ 音乐、酷狗音乐盒等）。可打开百度（www.baidu.com）网站首页，输入关键词“酷我音乐”，打开搜索结果列表中的酷我音乐网站，下载 PC 版酷我音乐软件，如图 6-4 所示。

图 6-4　下载酷我音乐

步骤 2：双击下载的酷我音乐安装文件，根据提示操作将其安装在计算机中。

步骤 3：安装完毕后，打开酷我音乐窗口，在上方的编辑框中输入要下载的音乐名，单击“搜索”按钮，即可搜索出与关键字相同的音乐文件，将鼠标指针移到下载按钮上并单击，出现一个列表，选择“下载”选项，如图 6-5 所示。

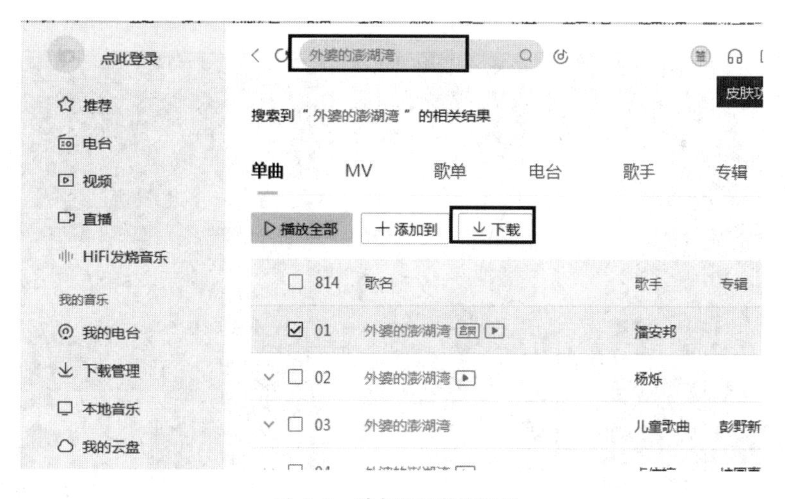

图 6-5　选择“下载”选项

步骤 4：打开选择音乐品质页面，选择一种音乐品质（部分音乐需要注册会员并登录才能下载），选择保存的位置，如图 6-6 所示，单击“下载”按钮，即可将所选音乐保存到计算机中。

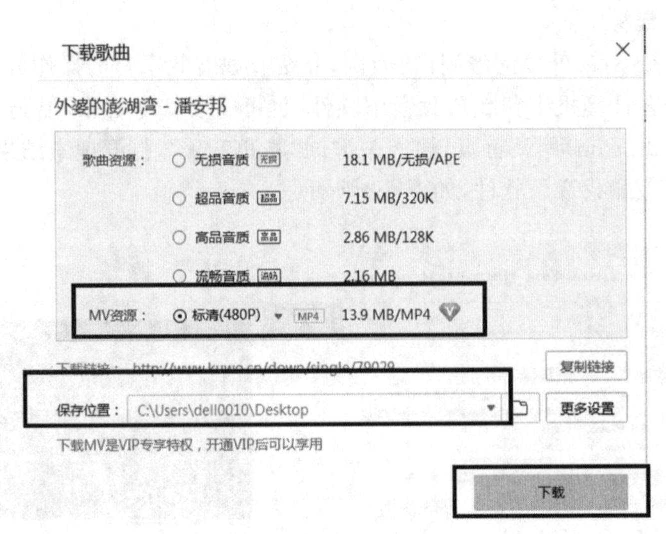

图 6-6 选择音乐品质

3. 获取视频素材

以在爱奇艺播放器中下载体育视频为例，学习获取视频素材的方法。

步骤 1：将爱奇艺客户端下载并安装到计算机中，然后启动它。在其主界面的“主页”列表中选择视频的类型，如“更多”→“体育”分类，然后搜索要下载的视频文件，如“乒乓球步伐训练”，如图 6-7 所示。

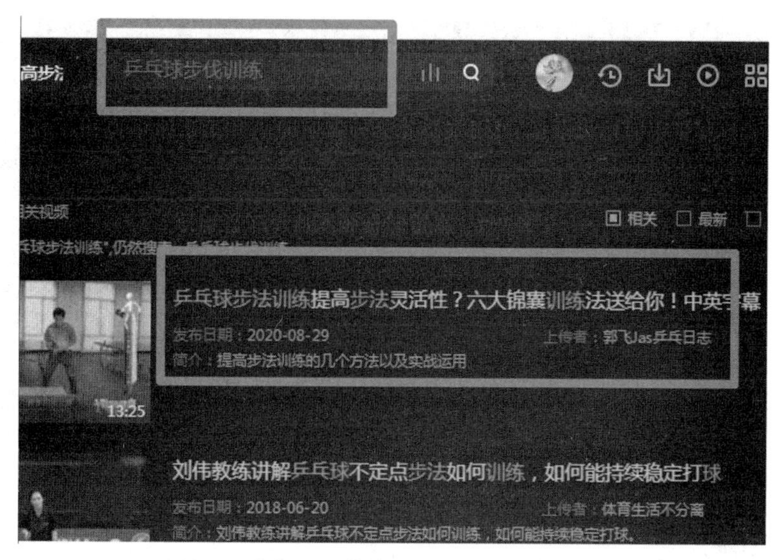

图 6-7　选择要下载的视频文件并播放

步骤 2：进入该视频文件的播放界面，可看到在播放界面的右下方有下载按钮，单击“下载”按钮，如图 6-8 所示。

图 6-8　在播放界面单击“下载”按钮

步骤 3：此时系统自动打开下载页面，设置好保存路径和画质(高清及以上画质需要注册会员并登录才能下载)，如图 6-9 所示。单击“下载”按钮，即可将视频文件下载到指定的位置。

图 6-9　设置视频文件的保存路径和画质

以“垃圾分类”为主题，从网上获取文字、图片、音频、视频等素材，为下面制作演示文稿做准备。

6.2 演示文稿的制作

任务目标

- 理解演示文稿处理软件(WPS Office 2019 之演示)的功能和特点；
- 熟练掌握演示文稿的创建、打开、关闭与退出操作；
- 熟练掌握演示文稿的编辑、保存及浏览操作；
- 熟练掌握对幻灯片进行选择、插入、复制、移动和删除操作；
- 熟练掌握幻灯片版式的更换；
- 掌握幻灯片母版的应用；
- 掌握设置幻灯片背景；
- 熟练掌握文字格式的复制；
- 熟练掌握在幻灯片中插入艺术字、形状等内置对象；
- 掌握在幻灯片中插入图片、音频、视频等外部对象；
- 掌握在幻灯片中建立表格与图表；
- 掌握创建动作按钮、建立幻灯片的超链接；
- 熟练掌握幻灯片之间切换方式的设置；
- 熟练掌握幻灯片对象动画方案的设置；
- 掌握设置演示文稿的放映方式；
- 掌握对演示文稿打包，生成可独立播放的演示文稿文件。

任务描述

WPS Office是由金山软件股份有限公司自主研发的一款办公软件套装，它的个人版对个人用户永久免费，包含WPS文字、WPS表格、WPS演示三大功能模块，另外有PDF阅读功能。我们将使用WPS演示功能制作任务中相应主题的演示文稿。

闽菜是中国八大菜系之一，闽南菜是它的重要组成部分，它涵盖了福建泉州、厦门、漳州闽南地区的菜肴，和台湾以及东南亚地区的菜肴有重要的渊源关系。为了在美食博览会上给大家介绍闽南美食，我们要制作用于宣传的闽南美食演示文稿。首先需要了解演示文稿的组成和设计原则，熟悉WPS 2019的工作界面，并掌握编辑演示文稿的方法。

知识储备

6.2.1 演示文稿的组成和制作原则

演示文稿由一张或若干张幻灯片组成，每张幻灯片一般包括两部分内容：幻灯片标题（用来表明主题）、若干文本条目（用来论述主题）。另外，还可以包括图片、图形、图表、表格等其他对于论述主题有帮助的内容。

如果是由多张幻灯片组成的演示文稿，通常在第一张幻灯片上单独显示演示文稿的主标题和副标题，在其余幻灯片上分别列出与主标题有关的子标题和文本条目。

制作演示文稿的最终目的是给观众演示，能否给观众留下深刻的印象是评定演示文稿效果的主要标准。因此，在进行演示文稿设计时一般应遵循以下原则：

(1)重点突出；

(2)简洁明了；

(3)形象直观。

在演示文稿中应尽量减少文字的使用，因为大量的文字说明往往使观众感到乏味，应尽可能地使用其他更直观的表达方式，如图片、图形和图表等。如果可能的话，还可以加入声音、动画和视频等，来加强演示文稿的表达效果。

6.2.2 认识WPS 2019的初始界面

单击“开始”按钮，然后依次单击“所有程序”→“WPS Office”→“WPS 2019”菜单，即可启动软件。其工作界面组成元素如图6-10所示。

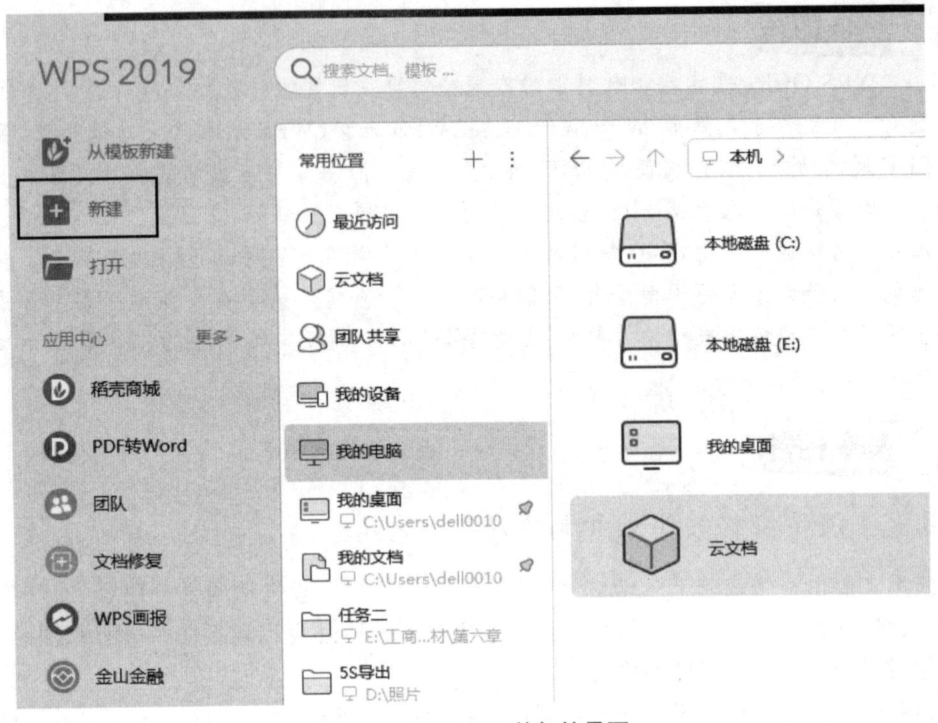

图 6-10　WPS 2019 的初始界面

6.2.3 新建演示文稿

在 WPS 2019 中,可以创建空白演示文稿,或者根据模板或主题来创建演示文稿。

单击“新建”选项卡标签,在打开的界面中单击“演示”按钮,然后选择要创建的空白演示文稿,如图 6-11 所示。如果是根据“主题”或模板创建演示文稿,则还需要在打开的界面中选择具体的主题或模板,然后单击“下载”按钮。

图 6-11　WPS 2019 新建空白演示文稿

创建一个空白演示文稿，其中会有一张包含标题占位符和副标题占位符的“空白演示”幻灯片，如图 6-12 所示。

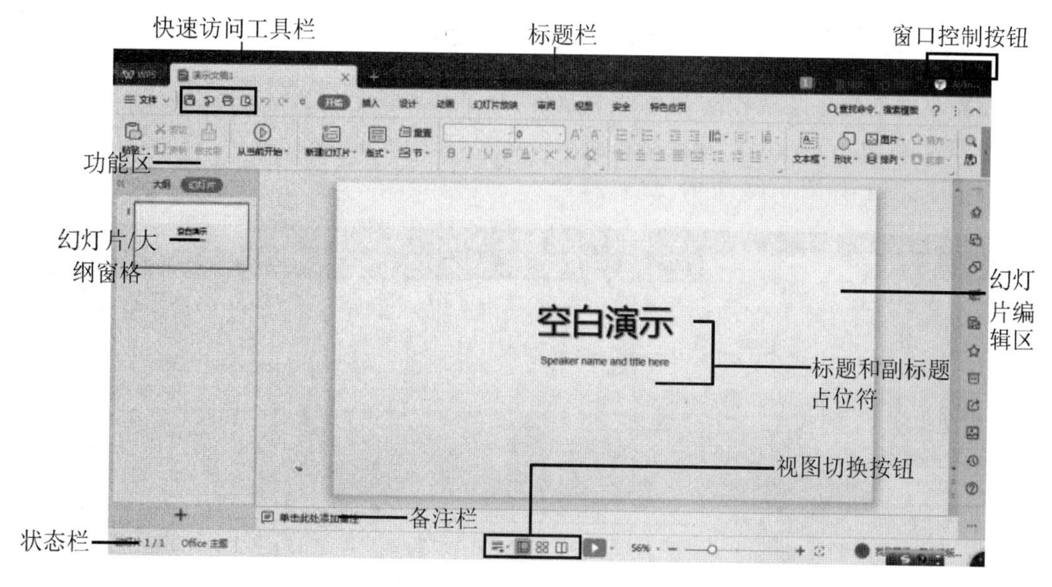

图 6-12　WPS 2019 的工作界面

幻灯片/大纲窗格：利用“幻灯片”窗格或“大纲”窗格（单击窗格上方的标签可在这两个窗格之间切换）可以快速查看和选择演示文稿中的幻灯片。其中，“幻灯片”窗格显示了幻灯片的缩略图，单击某张幻灯片的缩略图可选中该幻灯片，此时即可在右侧的幻灯片编辑区编辑该幻灯片内容；“大纲”窗格显示了幻灯片的文本大纲。

备注栏：用于为幻灯片添加一些备注信息，放映幻灯片时，观众无法看到这些信息。

视图切换按钮：单击不同的按钮，可切换到不同的视图模式。

幻灯片编辑区：编辑幻灯片的主要区域，在其中可以为当前幻灯片添加文本、图片、图形、声音和影片等，还可以创建超链接或设置动画。

提示

幻灯片编辑区中有一些带有虚线边框的编辑框，被称为占位符，用于指示可在其中输入标题文本（标题占位符，单击即可输入文本）、正文文本（文本占位符），或者插入图表、表格和图片（内容占位符）等对象。幻灯片的版式不同，占位符的类型和位置也不同。

WPS 2019 提供了普通视图、幻灯片浏览视图、阅读视图和备注页视图 4 种视图模式。其中，普通视图是默认的视图模式，主要用于制作演示文稿；在幻灯片浏览视图中，幻灯片以缩略图的形式显示，方便用户浏览所有幻灯片的整体效果；阅读视图是以窗口的形式来查看演示文稿的放映效果；备注页视图用来看每一页的备注说明，以更详细的方式了解演示文稿中的幻灯片。

任务实施

6.2.4 创建和保存闽南美食宣传演示文稿

根据主题创建并保存名为“闽南美食宣传”的演示文稿。

步骤 1：启动 WPS 2019，新建空白演示幻灯片，在功能取单击“设计”，然后在主题列表中选择一个主题，如图 6-13 所示。

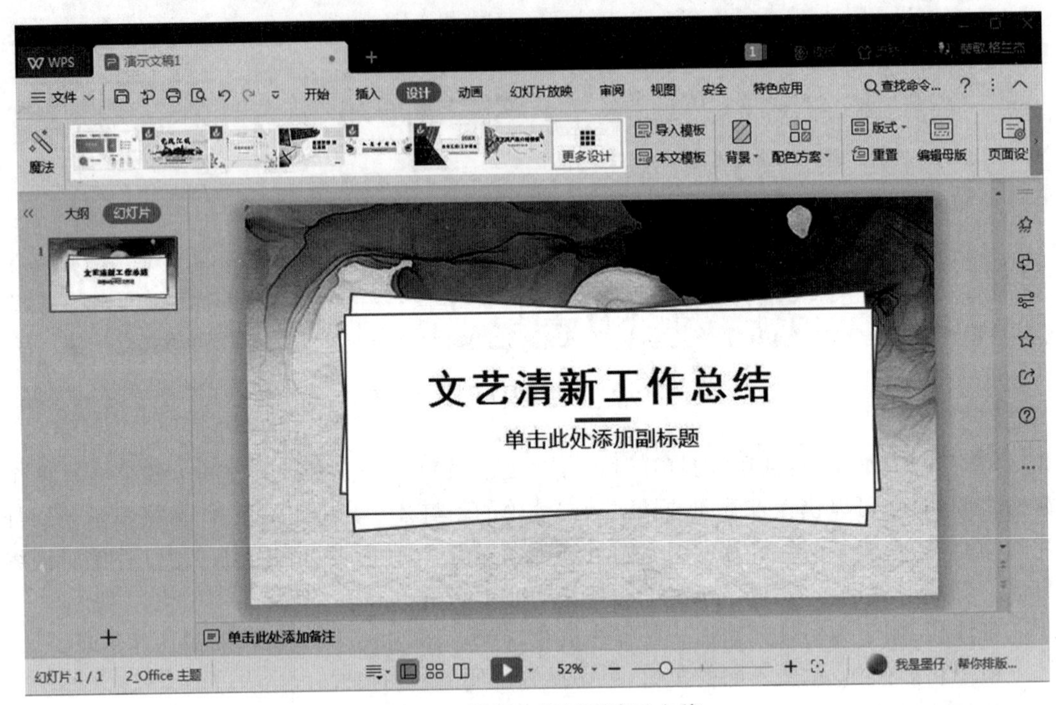

图 6-13 根据主题创建演示文稿

步骤 2：单击“快速访问”工具栏中的“保存”按钮，打开“另存为”对话框，在左侧的导航窗格中选择保存位置，在“文件名”编辑框中输入文件名“闽南美食宣传”（默认扩展名为.pptx），单击“保存”按钮保存演示文稿，如图 6-14 所示。

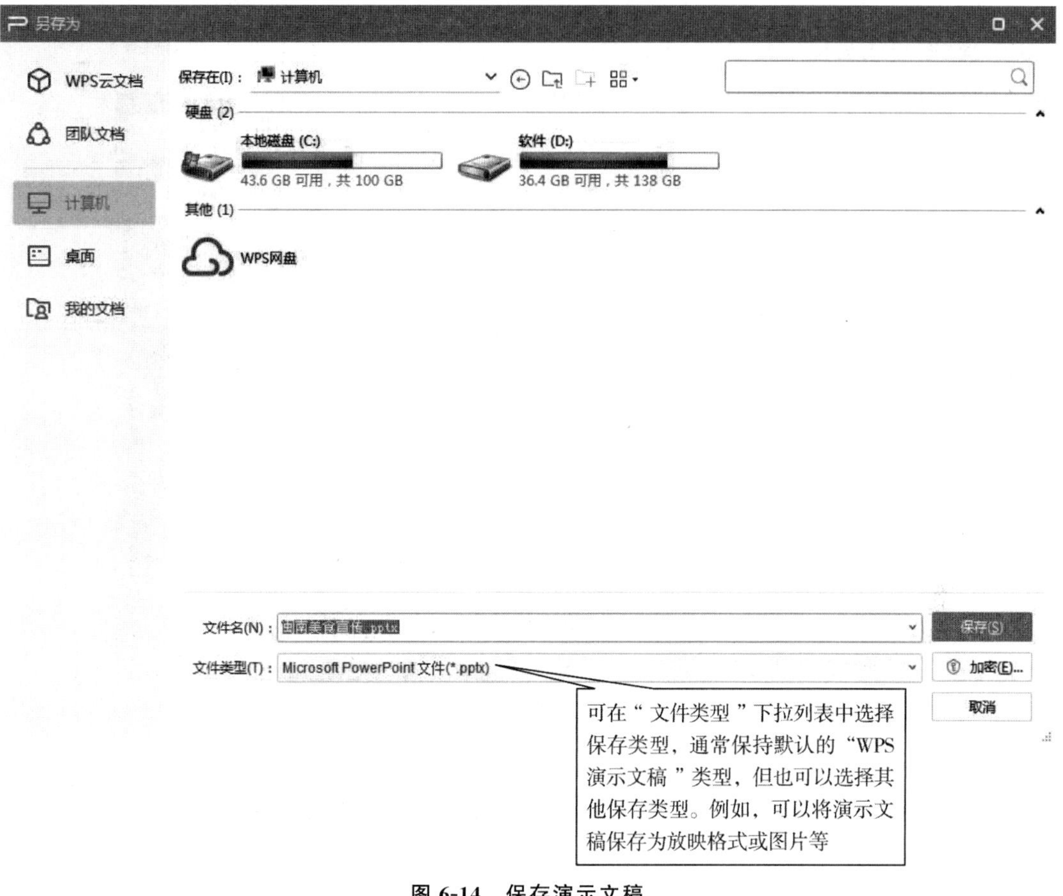

图 6-14　保存演示文稿

> **提示**
>
> 主题是主题颜色、主题字体、主题效果等格式的集合。WPS 2019 内置了多个由专家精心制作的主题。这些主题不仅造型精美，而且颜色搭配非常合理。灵活地使用主题可以快速制作出具有专业品质的演示文稿。当用户为演示文稿应用了某主题之后，演示文稿中默认的幻灯片背景，以及图形、表格、图表、艺术字或文字等都将自动与该主题匹配，使用该主题规定的格式。此外，还可以自定义主题的颜色、字体和效果等，以及设置幻灯片背景等。

6.2.5 制作闽南美食宣传演示文稿封面

1. 设置演示文稿背景

默认情况下，演示文稿中的幻灯片使用主题规定的背景，用户也可重新为幻灯片设置纯色、渐变色、图案、纹理和图片等背景，使制作的演示文稿更加美观。

步骤 1：继续在打开的演示文稿中进行操作。单击“设计”选项卡“背景”组中的“设置背景格式”按钮，在右边显示背景对象属性。

步骤 2:在“填充”分类中选择一种填充类型(纯色填充、渐变填充、图片或纹理填充等),本例选择“图片或纹理填充”单选钮,再单击“本地文件”按钮,如图 6-15 所示。

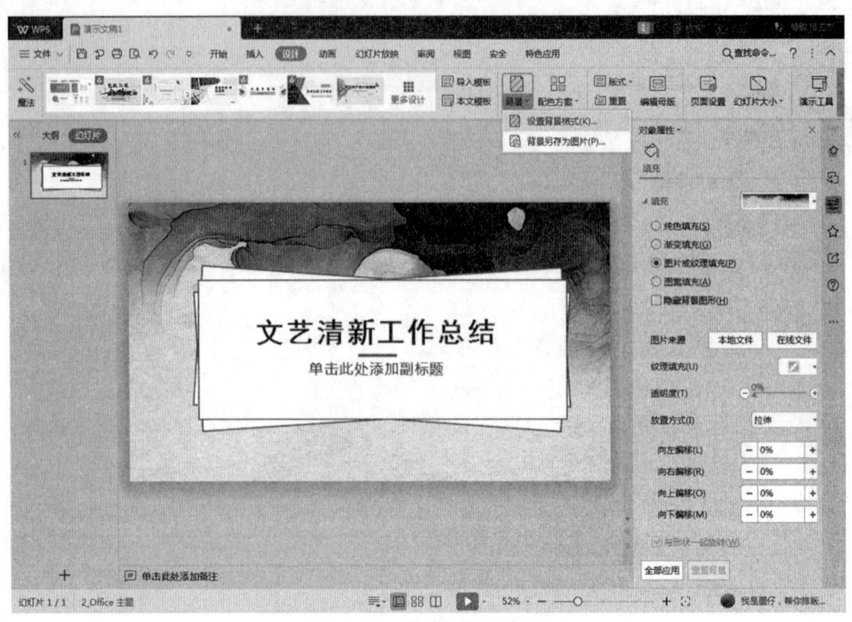

图 6-15　设置背景格式

步骤 3:打开“选择纹理”对话框,选择本书配套素材“第六章”→“任务二”文件夹中的“土笋冻”图片打开后,右下角有全部应用按钮,若不点击,默认修改的背景只应用于当前幻灯片。如图 6-16 所示。

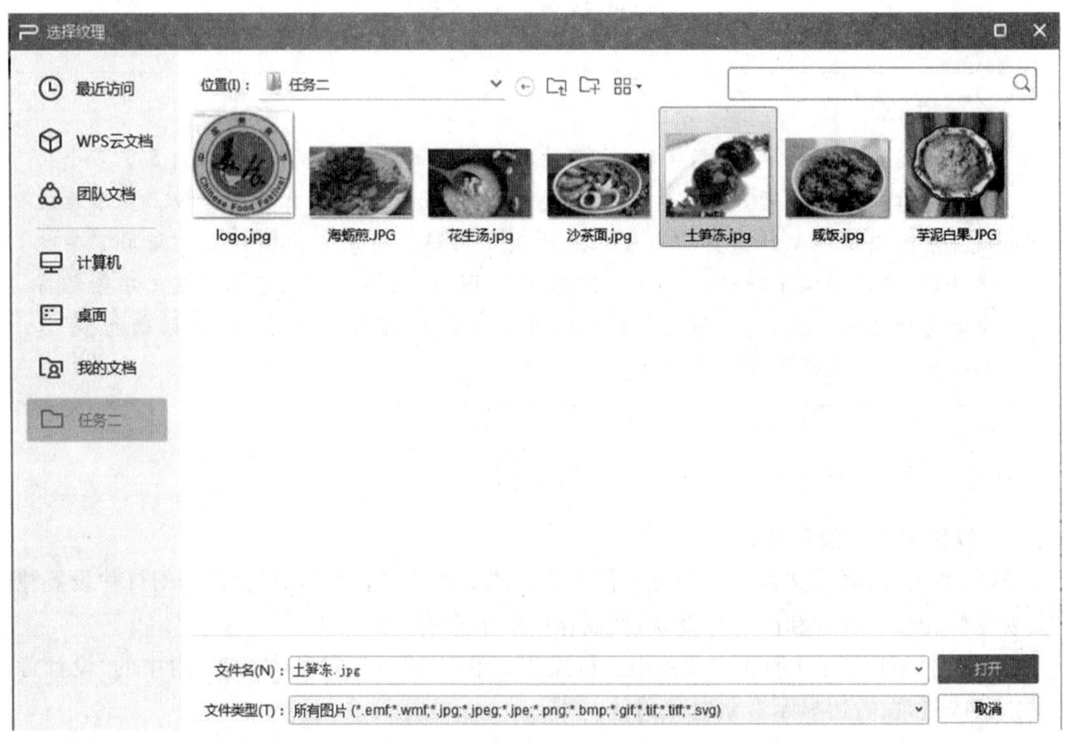

图 6-16 插入背景图片

“设置背景格式”对象属性中各填充类型的作用如下：

- 纯色填充：用来设置纯色背景，可设置所选颜色的透明度。
- 渐变填充：选择该单选钮后，可通过选择渐变类型、设置色标等来设置渐变填充。
- 图片或纹理填充：选择该单选钮后，若要使用纹理填充，单击“纹理”右侧的按钮，在弹出的列表中选择一种纹理即可。
- 图案填充：用来设置图案填充。设置时，只需选择需要的图案，并设置图案的前景色、背景色即可。

若在对话框中选择“隐藏背景图形”复选框，设置的背景将覆盖幻灯片母版中的图形、图像和文本等对象，也将覆盖主题中自带的背景。

2. 输入文本并设置格式

在 WPS 2019 中，用户可以使用占位符或文本框在幻灯片中输入文本。

步骤 1：在封面的标题占位符中单击，输入标题文本“闽南美食”，再在占位符中选中输入的文本，利用“开始”选项卡的“字体”组设置标题的字号为 54，字形为加粗，如图 6-17 所示。

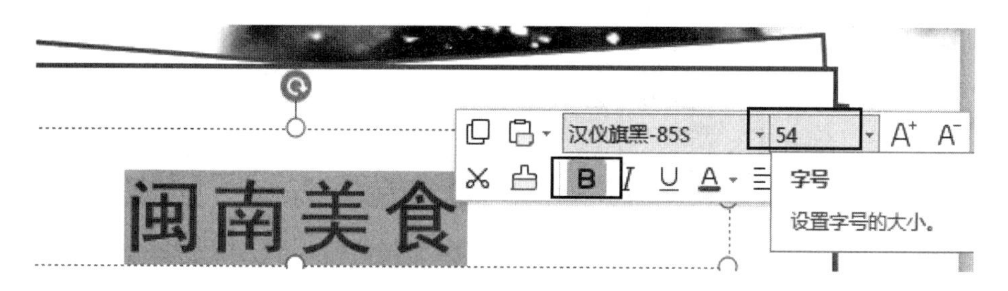

图 6-17 输入文本并设置格式

步骤 2：在副标题占位符中输入“美食博览会重点推介”，然后将鼠标指针移至副标题占位符的边缘。待鼠标指针变成“十”字形状的四个箭头时，按住鼠标左键向左适当拖动，使其效果如图 6-18 所示。选择占位符、调整占位符的大小及移动占位符等操作与在 WPS 文字中调整文本框的操作相同。

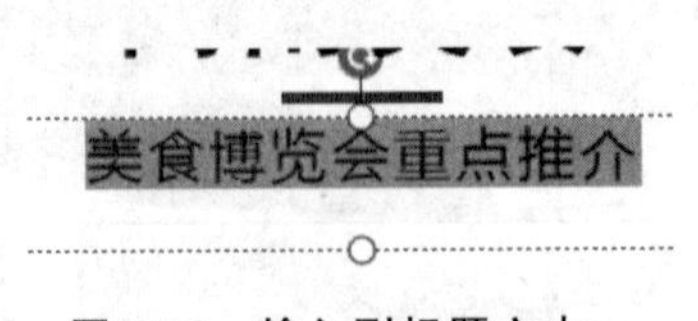

图 6-18　输入副标题文本

步骤 3：单击“开始”或“插入”选项卡中的“文本框” 按钮，在幻灯片右下角拖动鼠标绘制一个横排文本框，然后输入日期。

> **提示**
>
> 与 WPS 文字中的文本框不同的是，在 WPS 演示中拖动鼠标绘制的文本框没有固定高度，其高度会随输入的文本自动调整。若选择文本框工具后在幻灯片中单击，则文本框没有固定宽度，其宽度将随输入的文本自动调整。

6.2.6 制作闽南美食宣传演示文稿内容幻灯片

1. 幻灯片基本操作

幻灯片的基本操作包括选择、插入、复制、移动和删除幻灯片等。以“闽南美食宣传”演示文稿为例，操作步骤如下：

步骤 1：要在演示文稿中封面幻灯片后添加一张新幻灯片，可首先在“幻灯片”窗格中单击该幻灯片。

步骤 2：单击“开始”选项卡中“新建幻灯片”按钮，如图 6-19 所示，即可新建一张幻灯片。

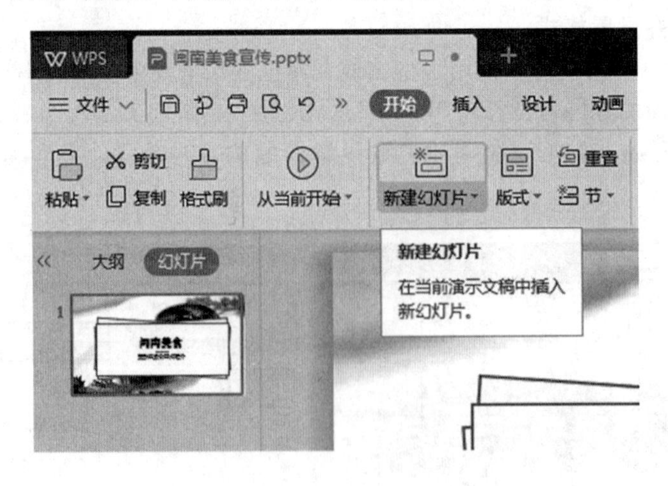

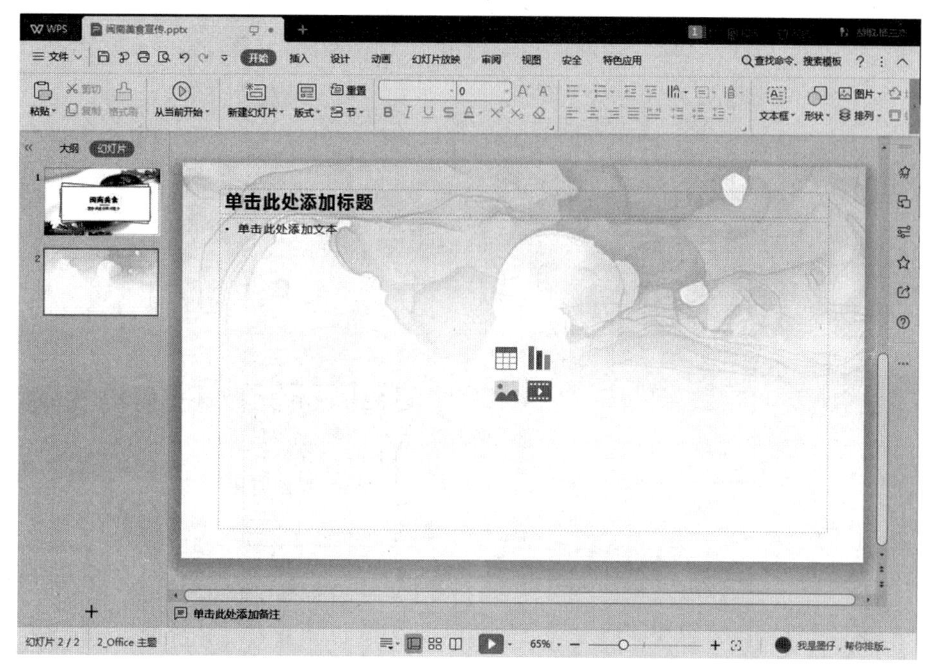

图 6-19　添加新幻灯片

> **提示**
>
> 用户也可在选择幻灯片后，按 Enter 键或 Ctrl+M 组合键，按默认版式在所选幻灯片的后面添加一张幻灯片。

步骤 3：要复制幻灯片，可在“幻灯片”窗格中右击要复制的幻灯片，在弹出的快捷菜单中选择“复制”选项，如图 6-20 所示，然后在“幻灯片”窗格中要插入复制的幻灯片的位置右击鼠标，从弹出的快捷菜单中选择一种粘贴方式。

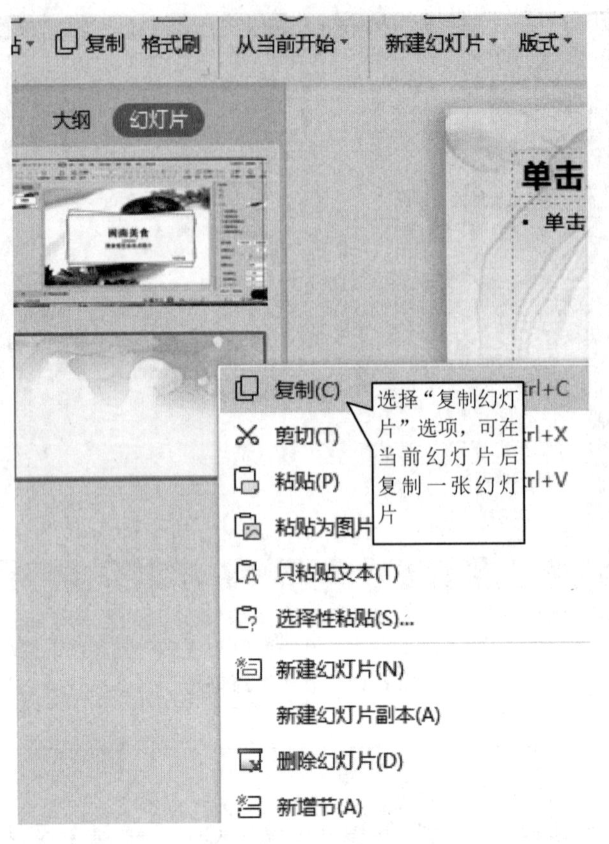

图 6-20　复制幻灯片

提示

在复制幻灯片、调整幻灯片排列顺序和删除幻灯片时，可同时选中多张幻灯片进行操作。要同时选中不连续的多张幻灯片，可按住 Ctrl 键在“幻灯片”窗格中依次单击要选择的幻灯片；要同时选中连续的多张幻灯片，可按住 Shift 键分别单击开始和结束位置的幻灯片。

步骤 4：播放演示文稿时，将按照幻灯片在“幻灯片”窗格中的排列顺序进行播放。若要调整幻灯片的排列顺序，在“幻灯片”窗格中单击选中要调整顺序的幻灯片，然后按住鼠标左键将其拖到需要的位置即可。

步骤 5：要删除幻灯片，可首先在“幻灯片”窗格中单击选中要删除的幻灯片，然后按 Delete键，或右击要删除的幻灯片，在弹出的快捷菜单中选择“删除幻灯片”选项。这里将复制过来多余的幻灯片删除。

2. 设置幻灯片版式

幻灯片版式在 WPS 2019 中具有非常实用的功能，它通过占位符的方式为用户规划好幻灯片中内容的布局，只需选择一个符合需要的版式，然后在其规划好的占位符中输入或插入内容，便可快速制作出符合要求的幻灯片。

根据需要改变第2页幻灯片版式。例如，在“幻灯片”窗格中右击第2张幻灯片，然后单击“幻灯片版式”选项卡，在展开的列表中选择一种幻灯片版式。例如，选择图片与标题版式，即可为所选幻灯片应用该版式，如图6-21所示。

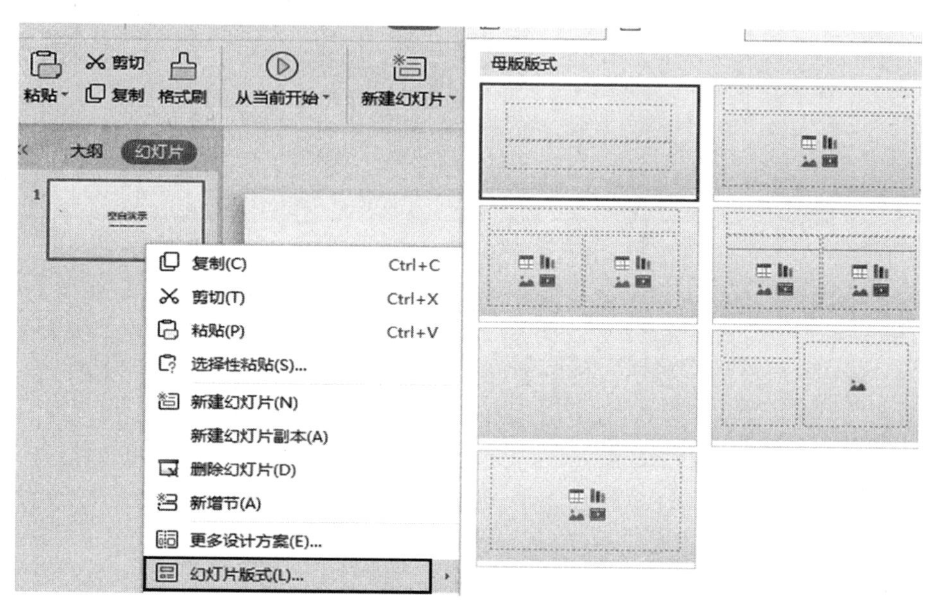

图 6-21 设置幻灯片版式

3. 在幻灯片中插入和美化对象

在幻灯片中插入图片、绘制图形并进行美化的具体操作步骤如下：

步骤1：单击第2张幻灯片左侧的 图标，打开“插入图片”对话框，选择本书配套素材“第六章”→“任务二”文件夹中的“海蛎煎”图片，如图6-22所示，然后单击“打开”按钮，即可在该占位符处插入一张图片。可以在图片工具中，选择“创意剪裁”，使图片更有艺术效果。

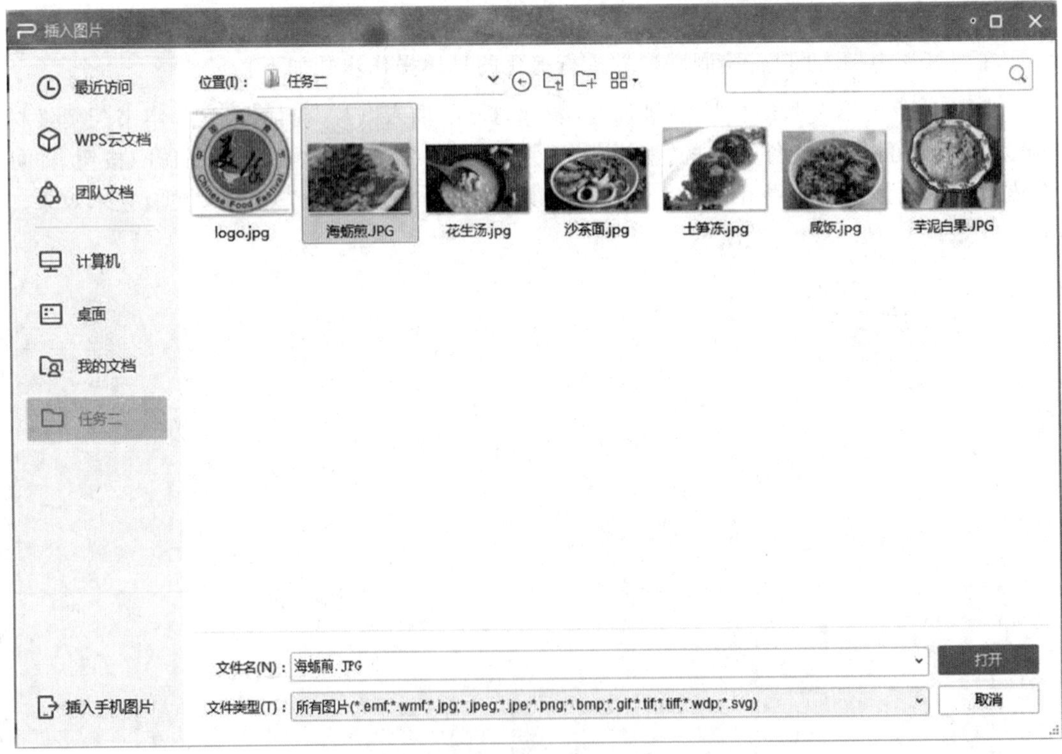

图 6-22　利用图片占位符插入图片

步骤 2:在第 2 张幻灯片右侧的标题占位符中输入文本“闽南美食菜单”,设置字号为 40;在文本占位符中输入其他文本(均为独立段落),设置字号为 32,如图 6-23 所示。

步骤 3:保持文本占位符中文本的选中状态,利用“开始”选项卡“段落”组中“项目符号”按钮 右侧的三角按钮,打开“项目符号和编号”对话框,如图 6-24 所示。也可单击“其他项目符号”按钮,打开“符号”对话框,设置所需的项目符号。

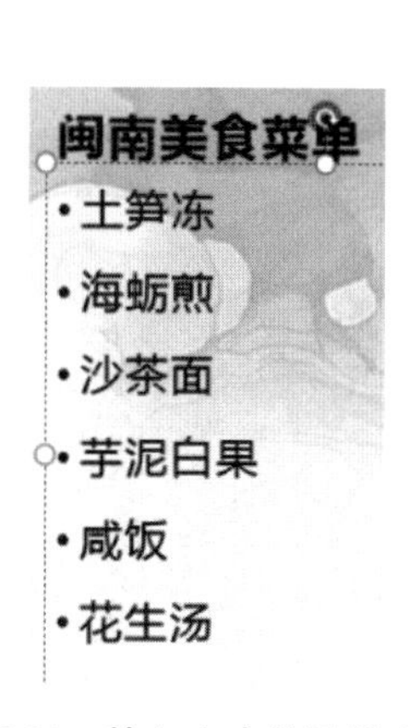

图 6-23　输入文本并设置字号

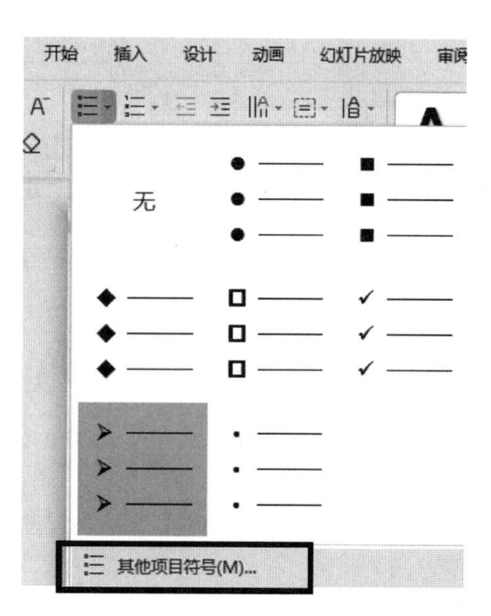

图 6-24　“项目符号和编号”列表

步骤 4:保持文本的选中状态,然后利用“文本工具”选择预设好的文字效果,或者在“文本效果”按钮自行设置效果,如图 6-25 所示。至此,第 2 张幻灯片便制作好了,效果如图 6-26 所示。

图 6-25　美化文本及设置效果

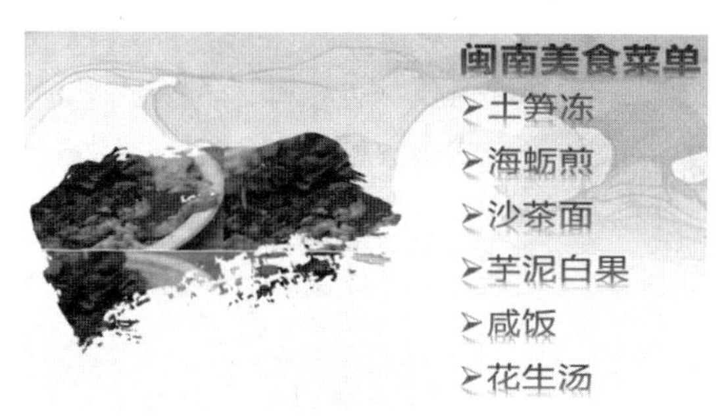

图 6-26　第 2 张幻灯片效果

步骤 5:单击“开始”选项卡“幻灯片”组中“新建幻灯片”按钮下方的三角按钮,选择只有标题的版式,如图 6-27 所示,在第 2 张幻灯片后添加一张幻灯片。

步骤 6:在新幻灯片中输入标题“土笋冻”,然后选中输入的文本,单击“文字工具”选项卡在预设的文字效果中选择“渐变填充-培安紫”,文字大小 32,如图 6-28 所示。

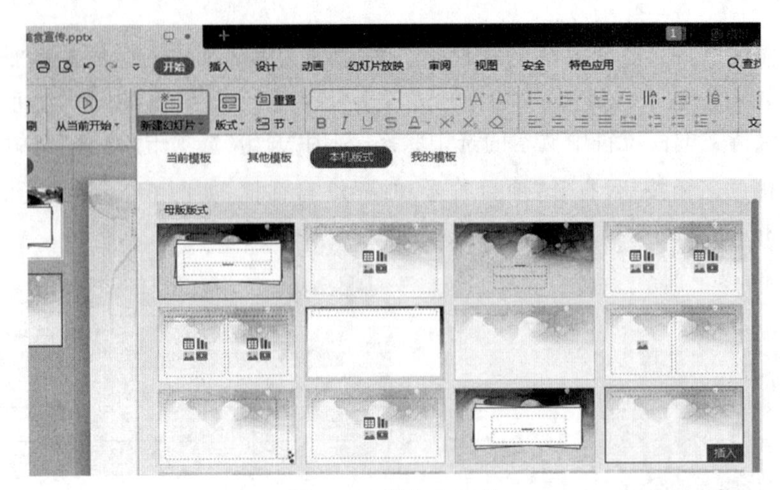

图 6-27　添加幻灯片

图 6-28　输入标题并为其添加艺术字样式

步骤 7:单击"插入"选项卡"文本框"按钮下方的三角按钮,在展开的列表中选择"横向文本框"选项,如图 6-29(a)所示,然后在幻灯片编辑区右侧绘制一个文本框,复制一段关于土笋冻的文字信息,文字素材详见本书配套素材"第六章"→"任务二"文件夹中。设置字体为"微软雅黑",字号 24,颜色"培安紫,着色 5",如图 6-29(b)所示。

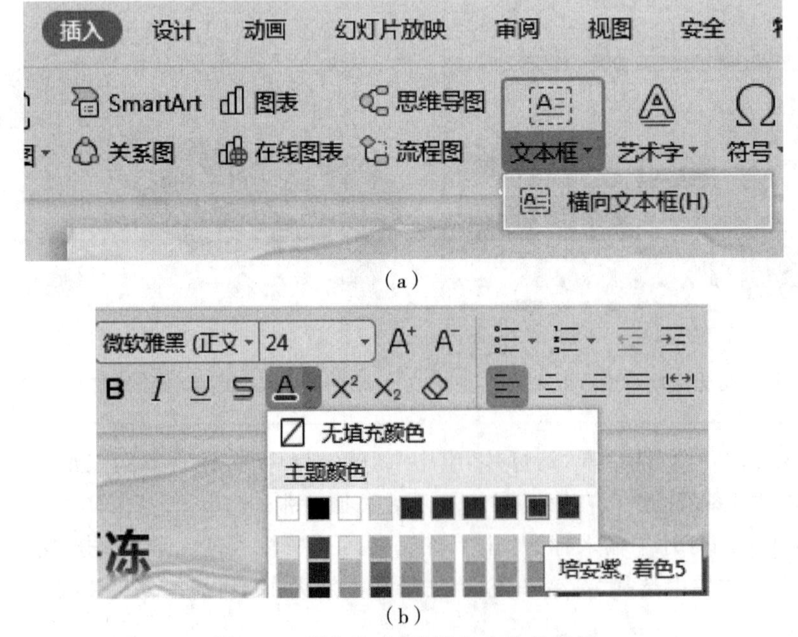

(a)

(b)

图 6-29　添加文本框、输入文本并设置

步骤 8：单击“插入”选项卡的“图片”按钮，如图 6-30(a)所示。在打开的“插入图片”对话框中选择本书配套素材“第六章”→“任务二”文件夹中的“土笋冻”图片，单击“打开”按钮插入图片，如图 6-30(b)所示。

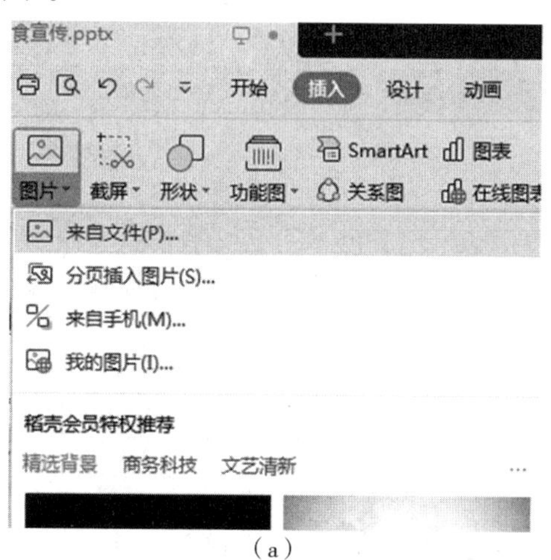

(a)

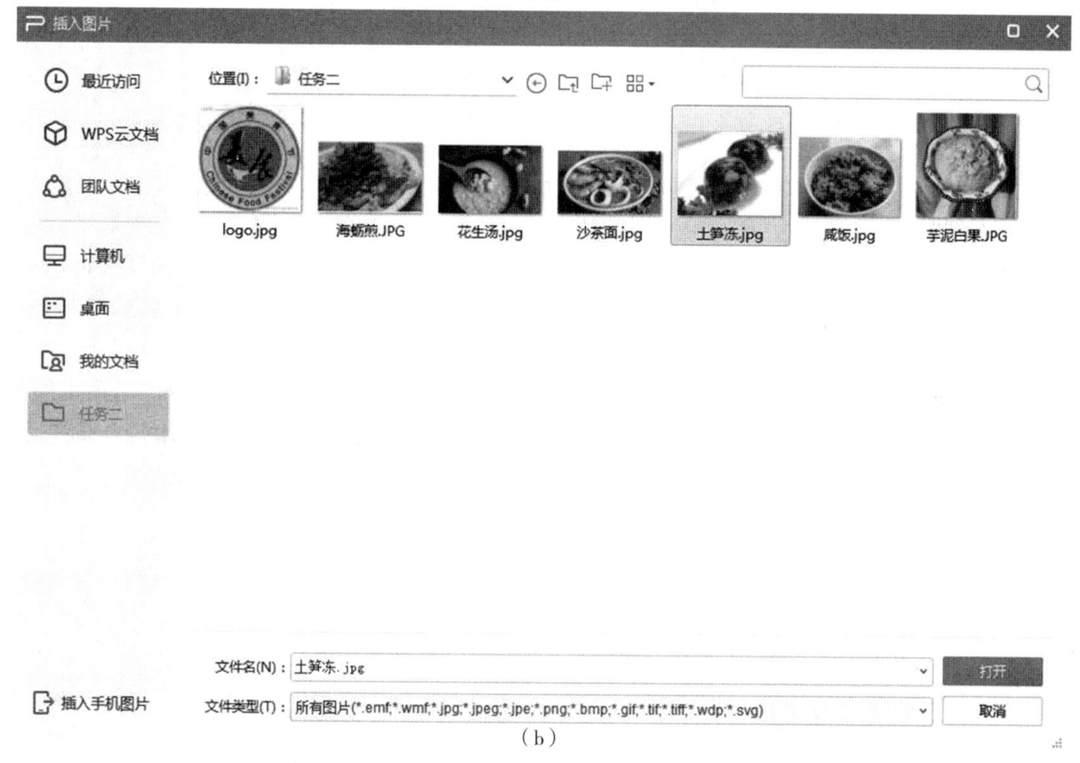

(b)

图 6-30　插入图片

步骤 9：拖动图片 4 个角上的控制点调整其大小，然后将图片移动到幻灯片的左侧。保持图片的选中状态，然后单击“图片工具”选项卡“裁剪”按钮 ，在展开的列表中选择“对角圆角矩形”，设置图片轮廓“白色”，线型 6 磅，在图片效果中设置阴影，如图 6-31 所示。

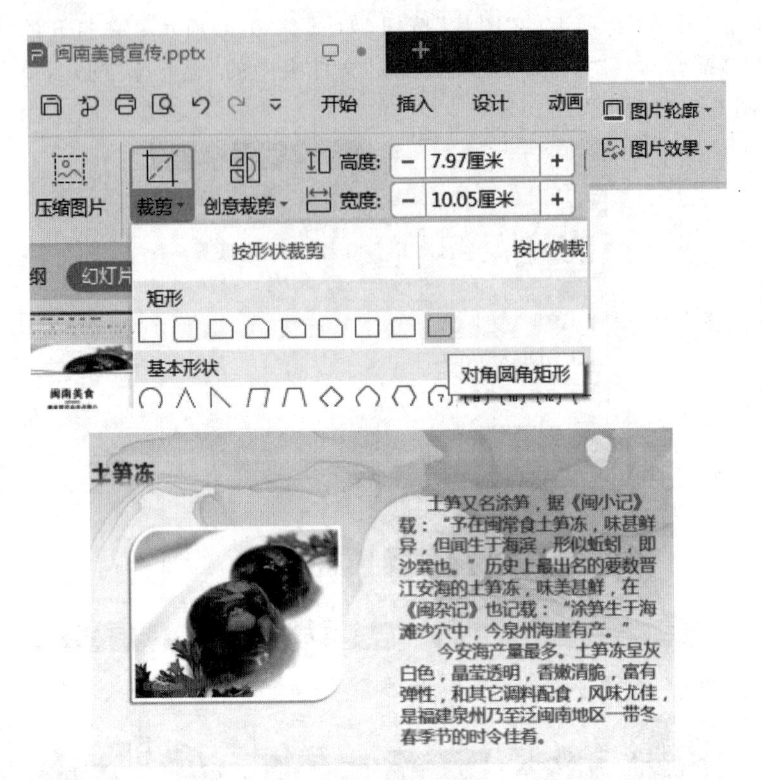

图 6-31　为图片添加样式

步骤 10：参考前面的操作制作第 4 张到第 8 张幻灯片的海蛎煎、沙茶面、芋泥白果、咸饭、花生汤的美食介绍，效果可自行设置，其中用到的图片素材均位于本书配套素材"第六章"→"任务二"文件夹中。

步骤 11：在第 8 张幻灯片后添加一张空白版式的幻灯片，然后单击"插入"选项卡"插图"组中的"形状"按钮，在展开的列表中选择"圆角矩形"，如图 6-32 所示。在幻灯片的左上角位置绘制一个圆角矩形，保持圆角矩形的选中状态，输入"舌"并设置字符格式。

图 6-32　绘制圆角矩形

步骤 12:将鼠标指针移到形状的边框线上,按住 Ctrl,待鼠标指针上方有“十”字形状后按住鼠标左键并向右拖动,复制 5 个同样的形状,并修改其中的文本内容,使其效果如图 6-33 所示。

图 6-33　复制形状并修改内容

步骤 13：选中所有形状，然后在“文本工具”选项卡预设文字效果中选择如图 6-34 所示的样式。

图 6-34　为形状设置艺术字样式

步骤 14：利用“绘图工具”选项卡的预设形状效果，分别为每个形状填充不同的颜色，然后将其适当旋转，使其效果如图 6-35 所示。

步骤 15：下面，将绘制的图形进行对齐。选中幻灯片后右侧的 2 个图形，然后单击“绘图工具”选项卡中的“对齐”按钮，在展开的列表中选择“右对齐”选项，再选中幻灯片左侧的 2 个图形，然后单击“绘图工具”选项卡中的“对齐”按钮，在展开的列表中选择“左对齐”，至此，第 9 张幻灯片就制作好了。

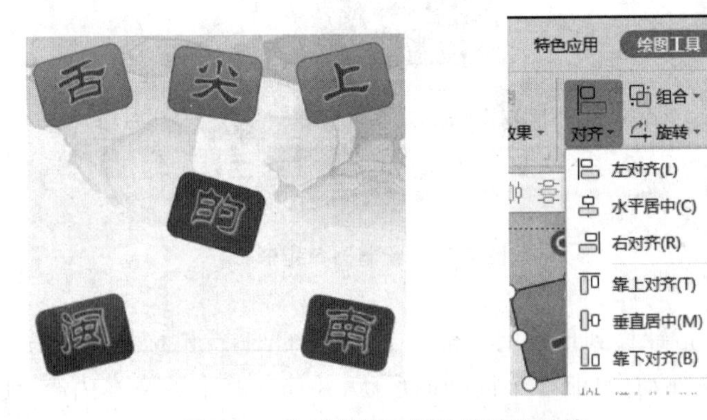

图 6-35　为形状填充颜色并进行旋转

提示

当选择 2 个以上的图形时,“对齐”列表中的“横向分布”和“纵向分布”选项变为可用,此时可将选中的多个图形进行横向或纵向平均分布。

4. 在幻灯片中插入声音

步骤 1:在“幻灯片”窗格中单击第 1 张幻灯片切换到该幻灯片,然后单击“插入”选项卡中“音频”按钮下方的三角按钮,在展开的列表中单击“嵌入音频”选项,如图 6-36(a)所示。

步骤 2:在打开的“嵌入音频”对话框中选择声音所在的文件夹,然后选择所需的声音文件(本书配套素材“第六章”→“任务二”文件夹中的“背景音乐”),单击“打开”按钮,如图 6-36(b)所示。

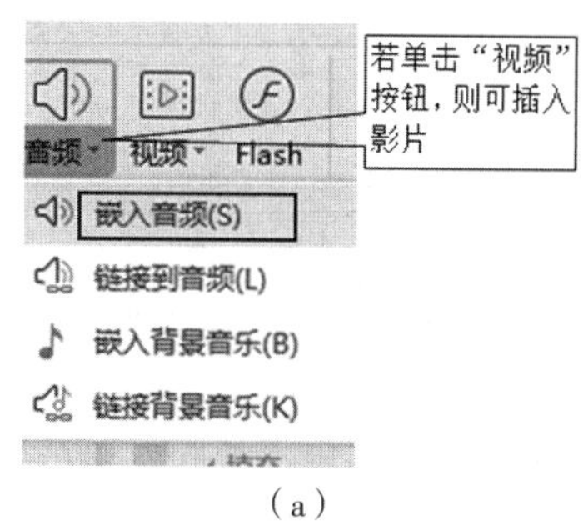

(a)

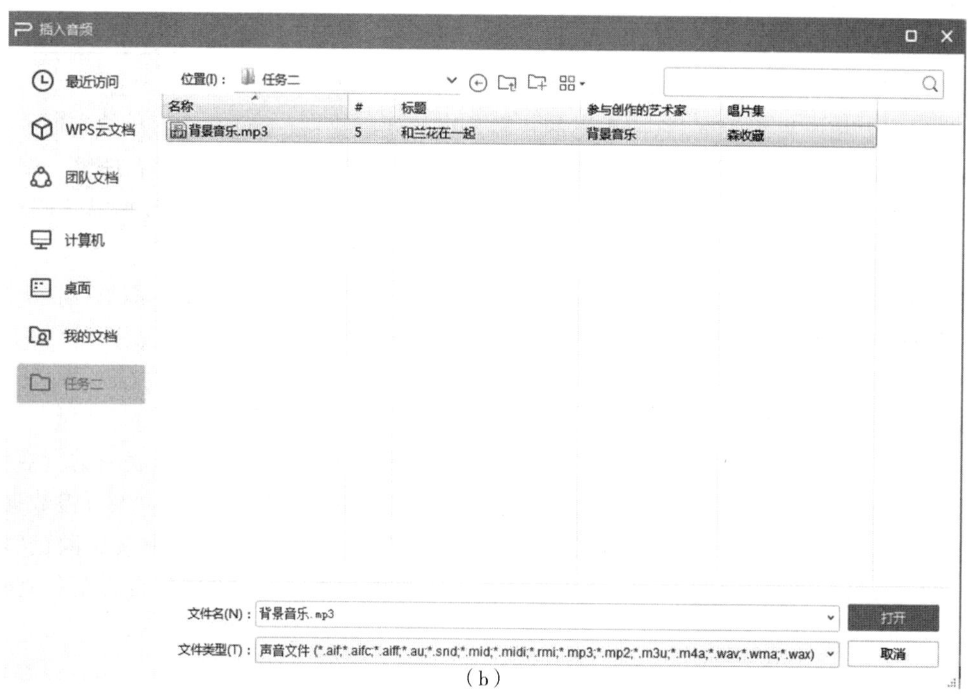

(b)

图 6-36　插入文件中的声音

步骤 3:插入声音文件后,系统将在幻灯片的中间位置添加一个声音图标。用户可以用调整图片的方法调整该图标的位置及尺寸,如图 6-37 所示。

图 6-37　插入声音并调整其位置

步骤 4:选择“声音”图标后,自动出现“音频工具”选项卡,如图 6-38 所示。单击“播放”按钮可以试听声音;在音频选项中可设置放映时声音的开始方式,这里选择“跨幻灯片播放”,还可设置播放时的音量高低及是否循环播放声音等,这里选中“放映时隐藏”和“循环播放,直至停止”复选框。

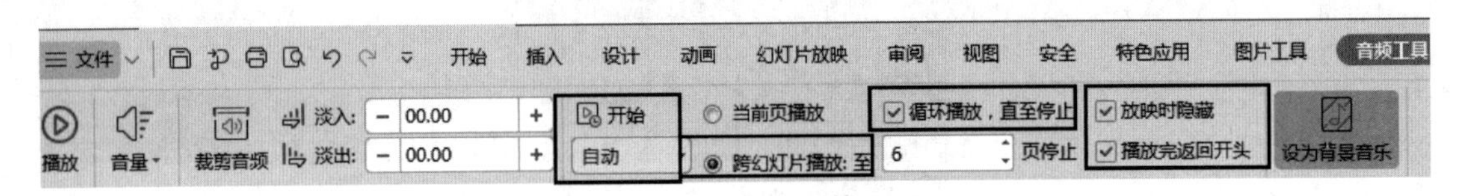

图 6-38　“音频工具　播放”选项卡

在“开始”下拉列表中选择“自动”选项,表示放映幻灯片时自动播放声音;选择“单击”选项,表示单击声音图标才能开始播放声音;选择“跨幻灯片播放”选项,表示声音跨多张幻灯片自动播放。

5. 在幻灯片中建立图表或表格

表格主要用来组织数据,它由水平的行和垂直的列组成,行与列交叉形成的方框称为单元格,可以在单元格中输入各种数据,从而使数据和事例更加清晰,便于读者理解。图表以图形化的方式表示幻灯片中的数据内容,它具有较好的视觉效果,可以使数据易于阅读、评价、比较和分析。

下面首先在“闽南美食宣传”演示文稿的最后创建一个“喜爱度调查表”,然后以依据该表格内容创建图表为例,学习在幻灯片中插入、编辑和美化表格和图表的知识,操作步骤如下:

步骤 1:插入表格。在演示文稿的最后插入一张仅标题版式的幻灯片,输入标题文本“喜爱度调查表”,字体样式同第四页“土笋冻”标题。

步骤 2:单击“插入”选项卡“表格”按钮,在展开的列表中拖动鼠标选择表格的行数和列数,然后单击,即可在幻灯片中插入表格,依次在表格的各单元格中单击,输入所需数据,表格内容的对齐方式设置为居中,字号设置为 24,首行文字颜色为白色,其他文字颜色“培安紫,着色 5”,将表格的大小进行调整,并适当调整表格的列宽和位置,然后将表格移到幻灯片的中部位置,如图 6-39 所示。

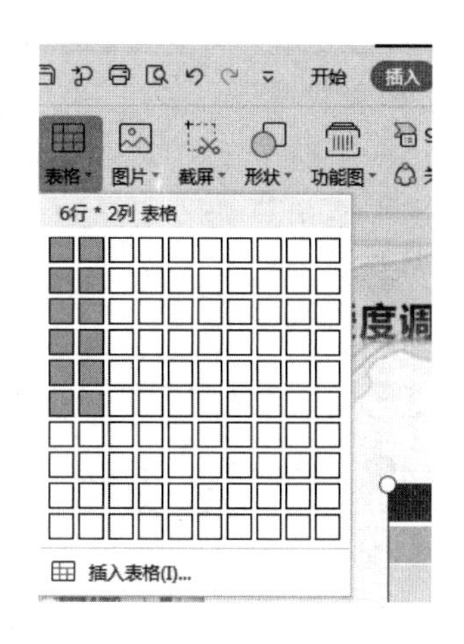

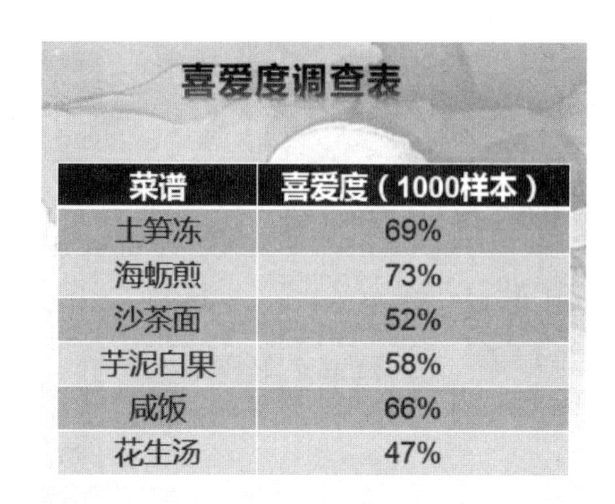

喜爱度调查表

菜谱	喜爱度（1000样本）
土笋冻	69%
海蛎煎	73%
沙茶面	52%
芋泥白果	58%
咸饭	66%
花生汤	47%

图 6-39　在幻灯片中插入表格

步骤 3：插入图表。在表格幻灯片的后面插入一张空白版式的幻灯片，然后单击“插入”选项卡“插图”组中的“图表”按钮，打开“插入图表”对话框，选择一种图表类型，如“柱形图”中的“簇状柱形图”，如图 6-40 所示。

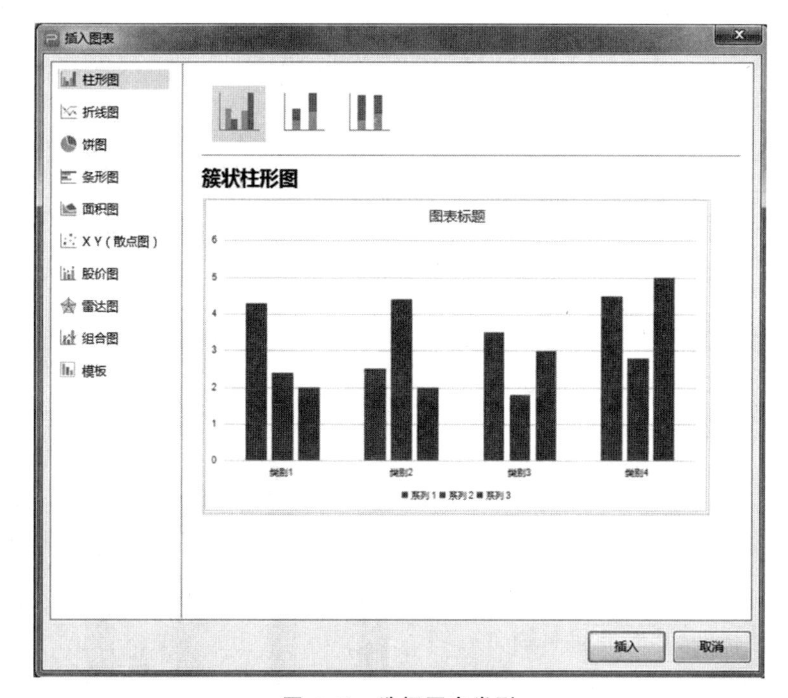

图 6-40　选择图表类型

步骤 4：新建图表后，选择“图标工具”功能区“编辑数据”，系统将调用 WPS 表格，并打开一个预设有表格内容的工作表，如图 6-41 所示，并且依据这套样本数据，在当前幻灯片中自动生成了一个柱形图表。根据前一张幻灯片中的表格内容，在 WPS 表格中复制要创建图表的内容，然后删除不需要的列数据，如图 6-42 所示。

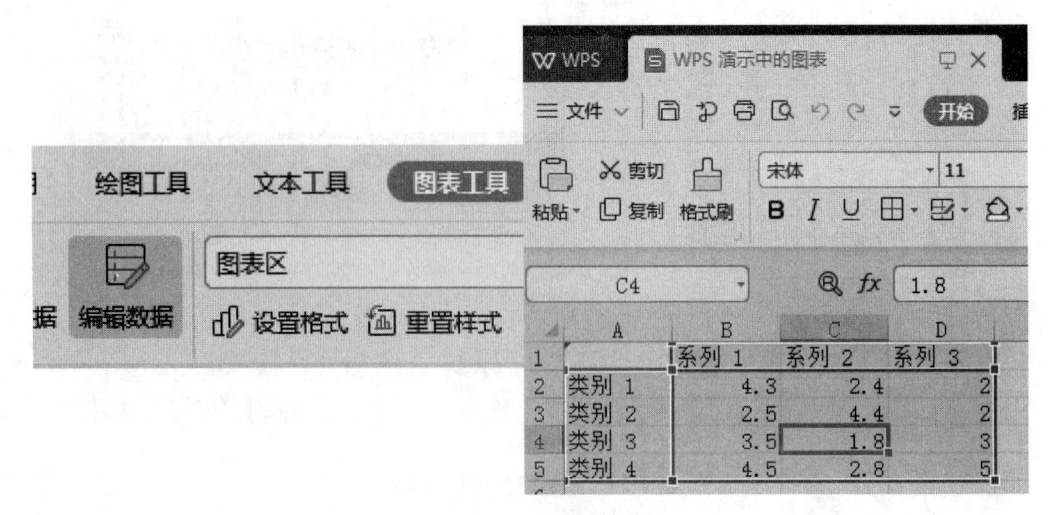

	A	B	C	D
1		系列 1	系列 2	系列 3
2	类别 1	4.3	2.4	2
3	类别 2	2.5	4.4	2
4	类别 3	3.5	1.8	3
5	类别 4	4.5	2.8	5

图 6-41　样本数据

菜谱	喜爱度（100
土笋冻	69%
海蛎煎	73%
沙茶面	52%
芋泥白果	58%
咸饭	66%
花生汤	47%

图 6-42　根据表格内容复制

步骤 5：完成图表数据的输入后，单击 WPS 表格窗口右上角的“关闭”按钮 ，关闭数据表窗口，回到幻灯片编辑窗口即可看到创建好的图表，如图 6-43 所示。

步骤 6：利用前面学过的 WPS 表格知识修改图表的标题为图表主要横、纵坐标轴标题，并对其进行简单的格式化，如填充图表区、绘图区，设置水平轴和垂直轴标题的字号，删除图例，放大图表等（可据自己的喜好进行设置，以美观为目的）。

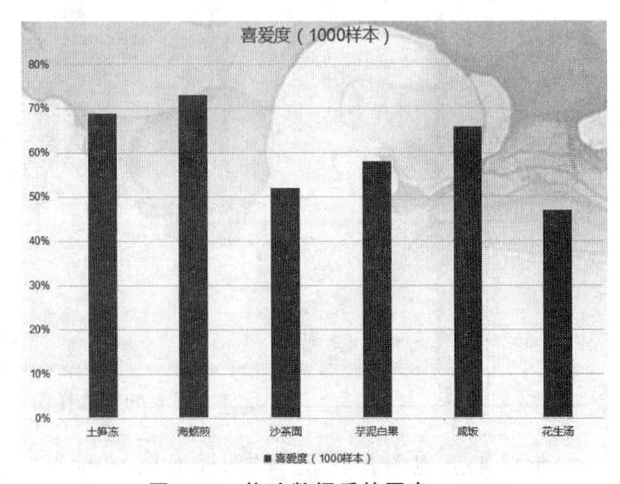

图 6-43　修改数据后的图表

提示

读者还可以在演示文稿中插入影片等，操作方法与插入图片和声音的操作类似，此处就不再赘述。

单击“视图”选项卡中的“幻灯片浏览”按钮，可将幻灯片从普通视图切换到幻灯片浏览视图，如图 6-44 所示，这样可以方便用户浏览幻灯片。单击“普通视图”按钮，可返回普通视图模式。

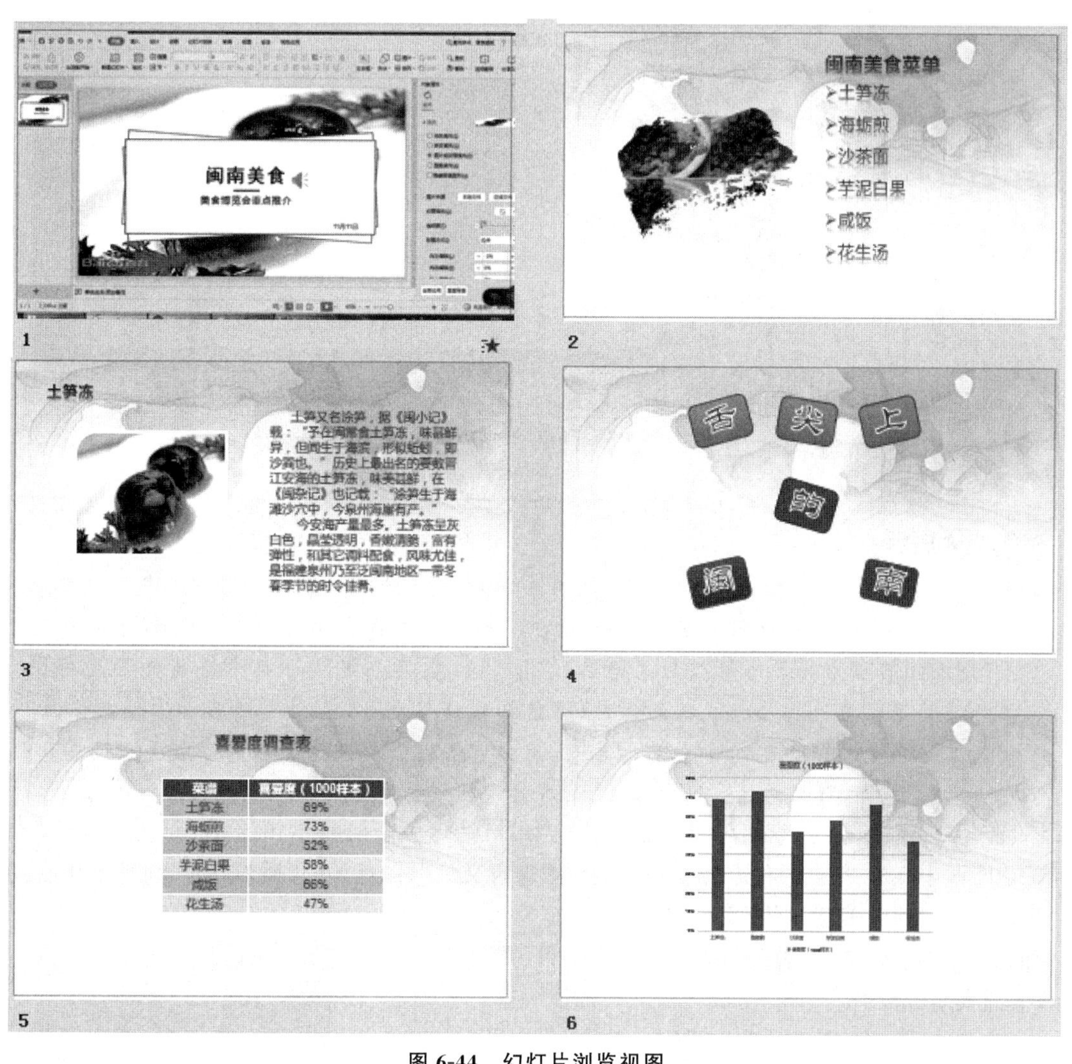

图 6-44　幻灯片浏览视图

6. 编辑幻灯片母版

制作演示文稿时，通常需要为指定幻灯片设置相同的内容或格式。例如，在每张幻灯片中都加入美食博览会的会标(Logo)，且每张幻灯片标题占位符和文本占位符的字符格式和段落格式都一致。如果在每张幻灯片中重复设置这些内容，无疑会浪费时间，此时可在 WPS 2019 的母版中设置这些内容。

利用幻灯片母版在“闽南美食宣传”演示文稿的所有张幻灯片的右上角位置添加一个标志图形。

步骤 1:打开“视图”选项卡,单击“幻灯片母版”按钮,进入母版视图,此时系统自动打开“幻灯片母版”选项卡,如图 6-45 所示。

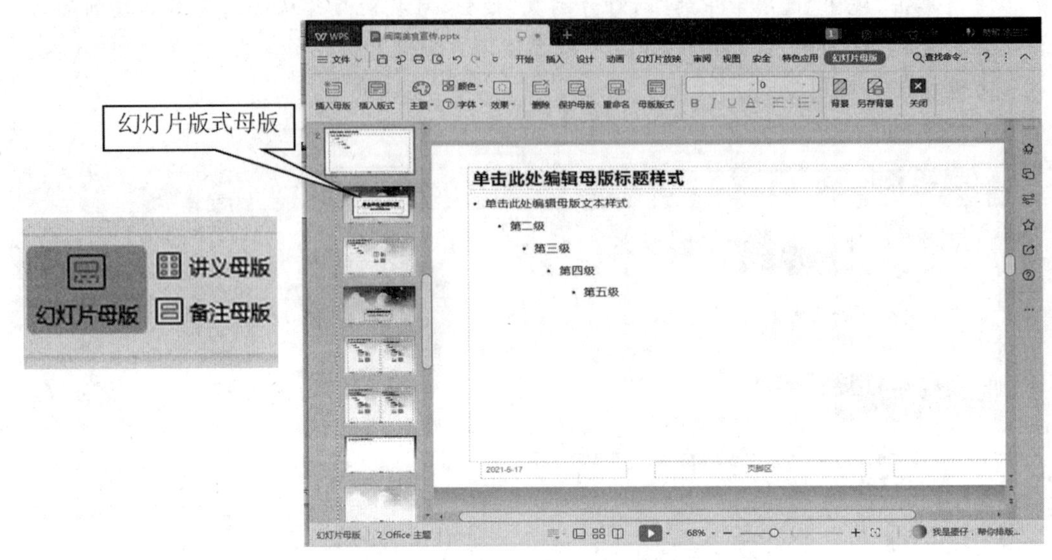

图 6-45　幻灯片母版视图

> **提示**
>
> 默认情况下,在“幻灯片母版”视图左侧任务窗格中的第 1 个母版(比其他母版稍大)称为“幻灯片母版”,在其中设置的内容和格式将影响当前演示文稿中的所有幻灯片;其下方的多个母版为幻灯片版式母版,在某个版式母版中进行的设置将影响使用了对应幻灯片版式的幻灯片(将鼠标指针移至母版上方,将显示母版名称,以及其应用于演示文稿的哪些幻灯片)。用户可根据需要选择相应的母版进行设置。

步骤 2:在“幻灯片”窗格中单击最上方的“幻灯片母版”,如图 6-46(a)所示,然后单击“插入”功能区中点击“图片”右边的三角形,选择“来自文件”,在打开的“插入图片”对话框中找到“第六章”→“闽南美食宣传”文件夹中的“Logo”图片,单击“打开”按钮,将其插入幻灯片中。

步骤 3:在“图片工具”选项卡点击“设置透明色”按钮,然后将鼠标指针移到图片的白色区域上单击,去掉图片的背景颜色,效果如图 6-46(b)所示。

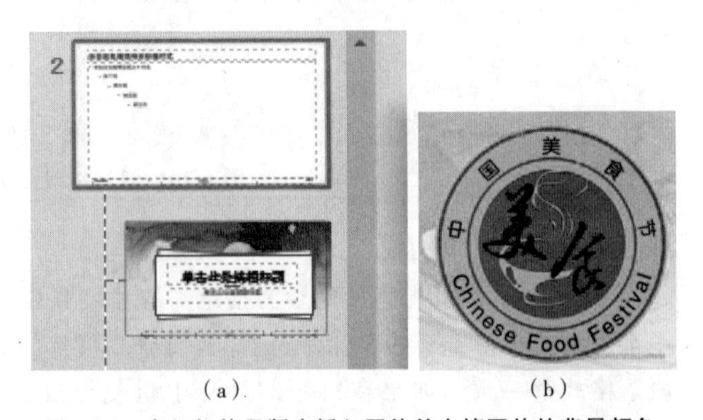

(a)　(b)

图 6-46　在幻灯片母版中插入图片并去掉图片的背景颜色

步骤 4:将标志图片缩小并移动至幻灯片编辑区的右上角,然后按 Ctrl+C 组合键复制图片,再分别切换到"标题幻灯片版式"和"图片和标题版式"幻灯片,按 Ctrl+V 组合键粘贴标志图片,效果如图 6-47 所示。

步骤 5:单击"幻灯片母版"选项卡"关闭"组中的"关闭母版视图"按钮,退出幻灯片母版编辑模式,完成幻灯片母版的编辑。

7. 为对象设置超链接

为"闽南美食"演示文稿中的导航文本设置超链接的具体操作步骤如下:

步骤 1:在"幻灯片"窗格中选择第 2 张幻灯片,然后拖动鼠标选中"土笋冻"文本,再单击"插入"选项卡中的"超链接"按钮,选择"本文档中的位置"第 3 张幻灯片,单击"确定"按钮,为文本添加超链接,如图 6-48 所示。放映演示文稿时,单击该超链接文本,将切换到第 3 张幻灯片。

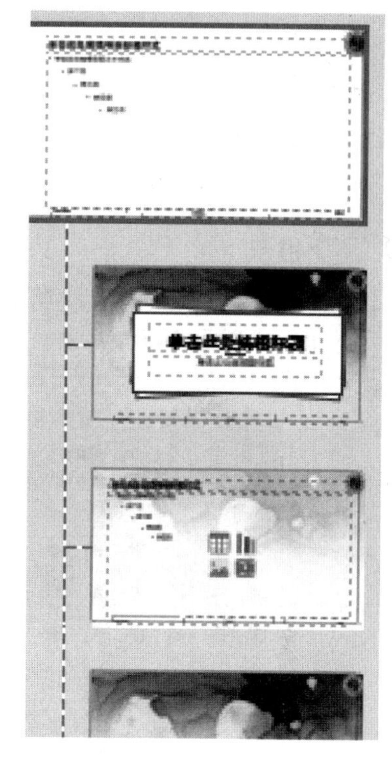

图 6-47　缩小、移动和复制图片

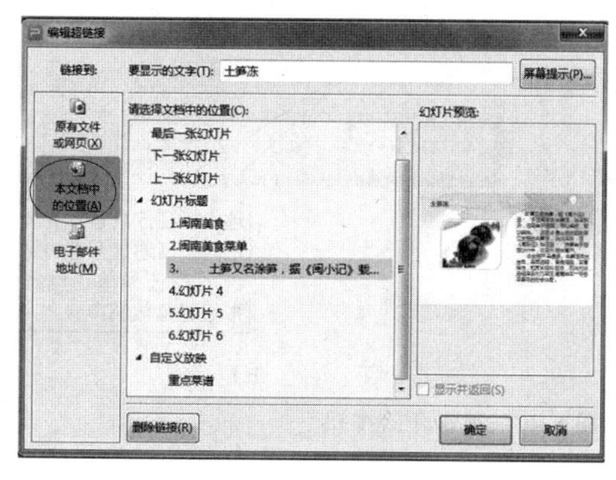

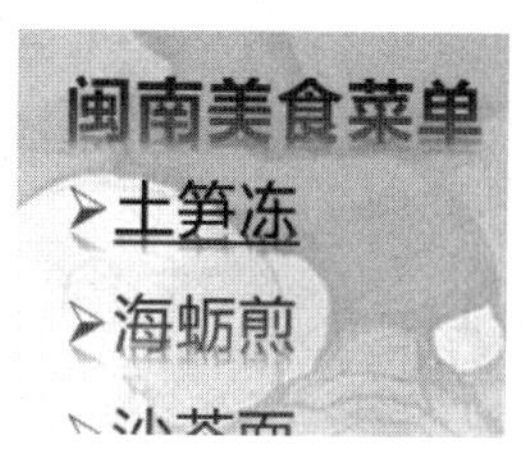

图 6-48　选中文本并单击"超链接"按钮

> **提示**
>
> 选择"原有文件或网页"选项,并在"地址"编辑框中输入要链接到的网址,可将所选对象链接到网页。
>
> 选择"电子邮件地址"选项,可将所选对象链接到一个电子邮件地址。

步骤 2:参考前面的操作,将其他文本链接到第 4~8 张幻灯片。

8. 创建动作按钮

为"闽南美食宣传"演示文稿创建向前、向后翻页等动作按钮的具体操作步骤如下:

步骤 1:切换到第 1 张幻灯片,单击"插入"选项卡的"形状"按钮,在展开的列表中选择

“动作按钮:开始” [|◁] ,如图 6-49(a)所示。

步骤 2:在幻灯片的右下方拖动鼠标绘制一个大小适中的按钮,此时会弹出“动作设置”对话框,选中“超链接到”单选钮,然后在其下方的下拉列表中选择“第一张幻灯片”选项,如图 6-49(b)所示,单击“确定”按钮。

提示

用户也可在幻灯片母版中创建动作按钮,这样,所创建的动作按钮将自动位于套用母版版式的幻灯片中。

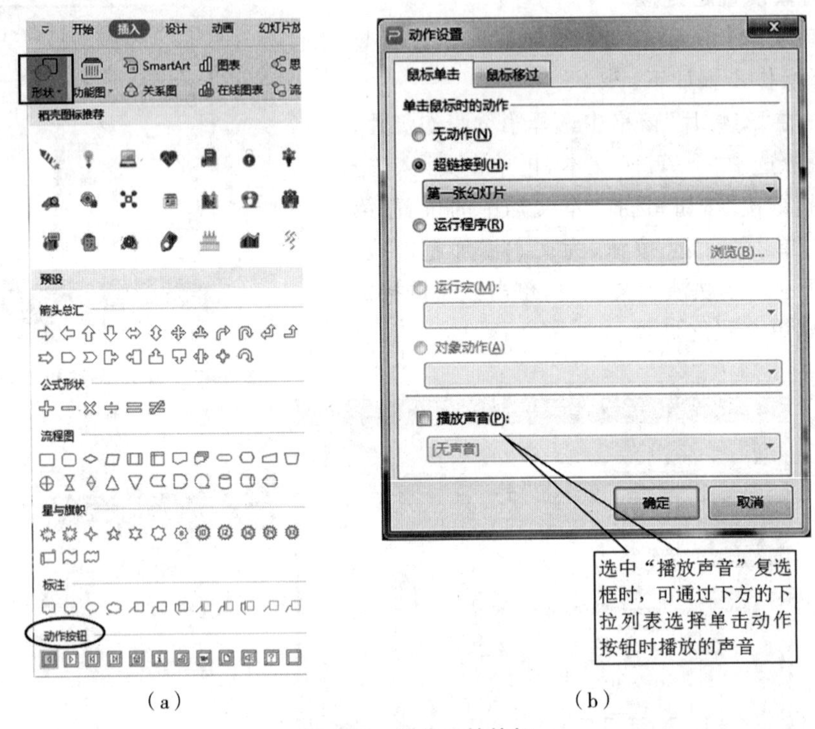

(a) (b)

图 6-49 制作开始按钮

步骤 3:依次绘制“动作按钮:后退或前一项” [◁] 、“动作按钮:前进或下一项” [▷] 和“动作按钮:结束” [▷|] ,效果如图 6-50(a)所示。各按钮在“动作设置”对话框中的参数都保持默认设置。

步骤 4:按住 Shift 键依次单击选中 4 个按钮,然后在“绘图工具”选项卡组中设置按钮的大小,如图 6-50(b)所示。

步骤 5:单击“对齐”按钮,在弹出的列表中选择“垂直居中”和“横向分布”选项,将 4 个按钮上下居中对齐,以及左右均匀分布,如图 6-50(c)所示;再单击“组合”按钮,在弹出的列表中选择“组合”项,组合所选按钮,效果如图 6-50(a)所示。

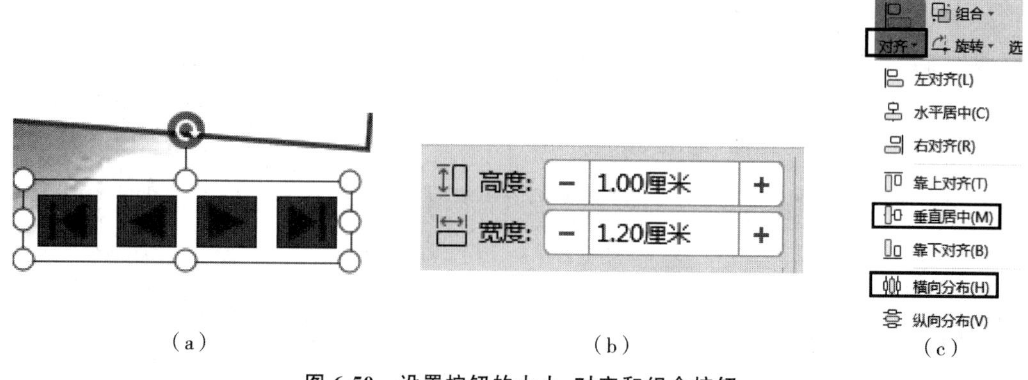

(a)　(b)　(c)

图 6-50　设置按钮的大小、对齐和组合按钮

步骤 6:展开“绘图工具”选项卡中预设的形状效果,在下拉列表中选择“强烈效果-培安紫,强调颜色 3”选项,为所选按钮添加系统内置的样式,如图 6-51 所示。

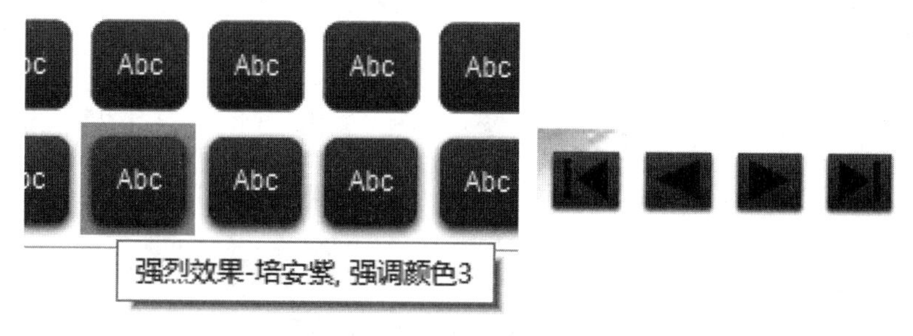

图 6-51　为按钮添加系统内置样式

步骤 7:保持按钮的选中状态,按 Ctrl+C 组合键,然后切换到第 2 张幻灯片,按 Ctrl+V 组合键,将绘制的按钮复制到第 2 张幻灯片;利用相同的方法,将按钮复制到其他幻灯片中。至此,“闽南美食宣传”演示文稿的内容便制作好了。

> **提示**
>
> 为文字、图片等对象设置动作时,只需选中对象,然后单击“插入”选项卡的“动作”按钮,在打开的“动作设置”对话框中进行设置即可。

6.2.7 为闽南美食宣传设置动画效果

为了使演示效果更好,还需要为幻灯片设置切换效果,以及为幻灯片中的对象设置动画效果。

1. 为幻灯片设置切换效果

默认情况下,各幻灯片之间的切换是没有效果的。可以通过设置,为每张幻灯片添加具有动感的切换效果以丰富其放映过程,还可以控制每张幻灯片切换的速度,以及添加切换声音等。

为幻灯片添加切换效果的具体操作步骤如下:

步骤 1:在“幻灯片”窗格中选中要设置切换效果的幻灯片,然后单击“动画”选项卡,在切换效果的展开列表中选择一种幻灯片切换方式,例如,选择“向上擦除”。

步骤 2:“切换效果”设置“声音”和“速度”下拉列表框中可设置切换幻灯片时的声音效果和幻灯片的切换速度,在“换片方式”设置区中可设置幻灯片的换片方式。本例保持默认选中的“单击鼠标时”复选框,如图 6-52 所示。

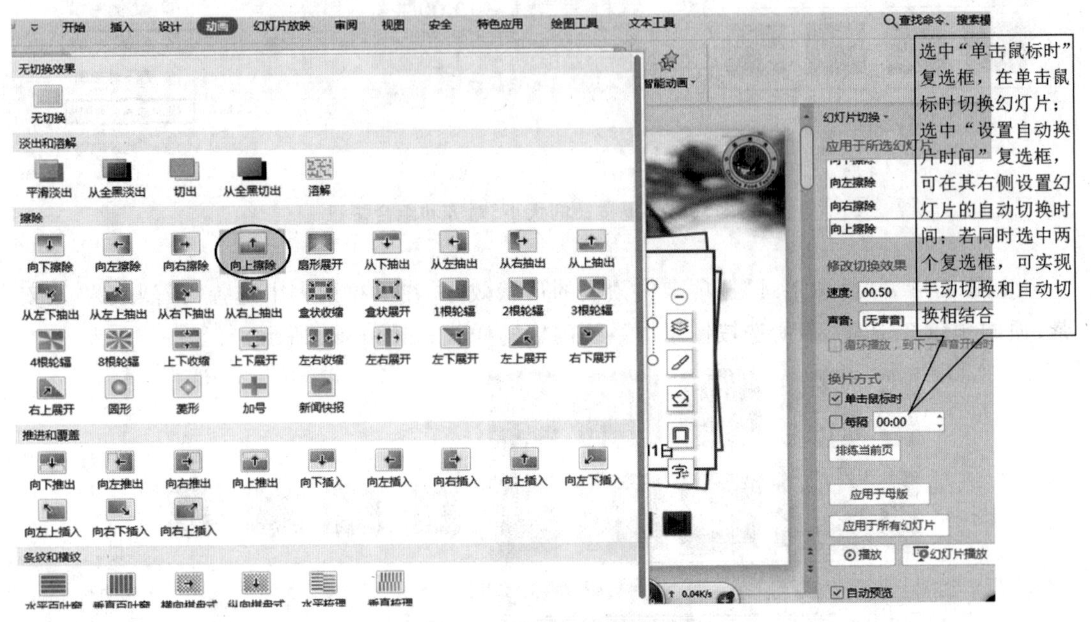

图 6-52　设置幻灯片切换方式

步骤 3:要想将设置的幻灯片切换效果应用于全部幻灯片,可单击“应用于所有幻灯片”按钮,本例选择该项。否则,当前的设置将只应用于当前所选的幻灯片。

2. 为幻灯片中的对象设置动画效果

可以为幻灯片中的文本、图片和图形等对象应用各种动画效果,使演示文稿的播放更加精彩。利用 WPS 2019 的“动画”选项卡中的“自定义动画”,可以为幻灯片中的对象设置各种动画效果,利用“选择窗格”可以对添加的动画效果进行管理。

步骤 1:切换到第 2 张幻灯片,选中要添加动画效果的对象,如左侧的图片,单击“动画”选项卡“自定义动画”面板,如图 6-53 所示。

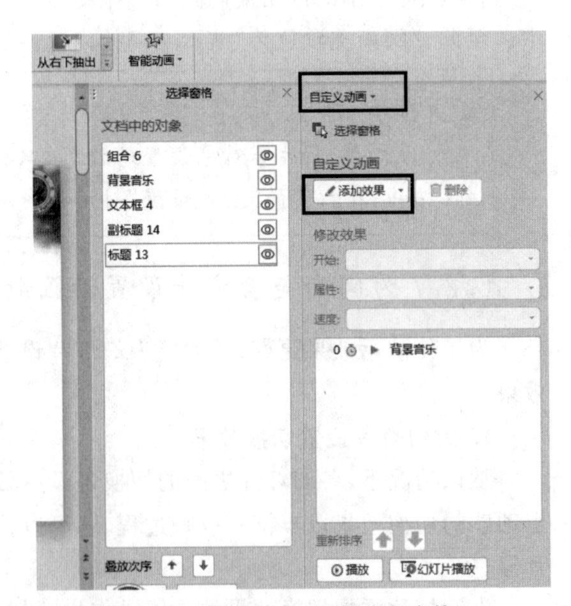

图 6-53　打开“自定义动画”任务窗格

步骤 2:点击“添加效果”选择“进入”类型的“飞入”动画效果,如图 6-54(a)所示。各动画类型的作用如下:

- 进入:设置放映幻灯片时对象进入

放映界面时的动画效果。

● 强调：为已进入幻灯片的对象设置强调动画效果。

● 退出：设置对象离开幻灯片的动画效果，让对象离开幻灯片。

● 动作路径：让对象在幻灯片中沿着系统自带的或用户绘制的路径运动。

步骤 3：在“自定义动画”面板中设置动画的运动方向，如选择“自左侧”；在“速度”中设置动画的播放速度，本例设置如图 6-54(b)所示。“开始”下拉列表中各选项的作用如下：

● 单击时：在放映幻灯片时，需单击鼠标才开始播放动画。

● 之前：在放映幻灯片时，自动与上一动画效果同时播放。

● 之后：在放映幻灯片时，播放完上一动画效果后自动播放该动画效果。

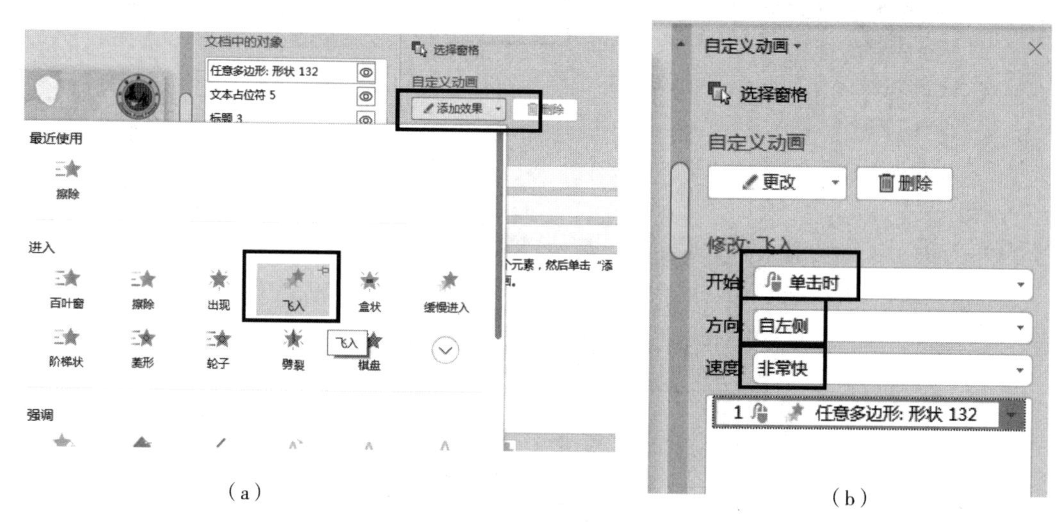

图 6-54　为对象添加动画效果

步骤 4：同时选中幻灯片右侧的 2 个文本框，如图 6-55(a)所示。在图 6-54(a)所示的“动画”列表下方单击打开更改进入效果列表，选择“下降”动画效果，如图 6-55(b)所示。在自定义动画面板中设置其开始播放方式和持续时间，如图 6-55(c)所示。

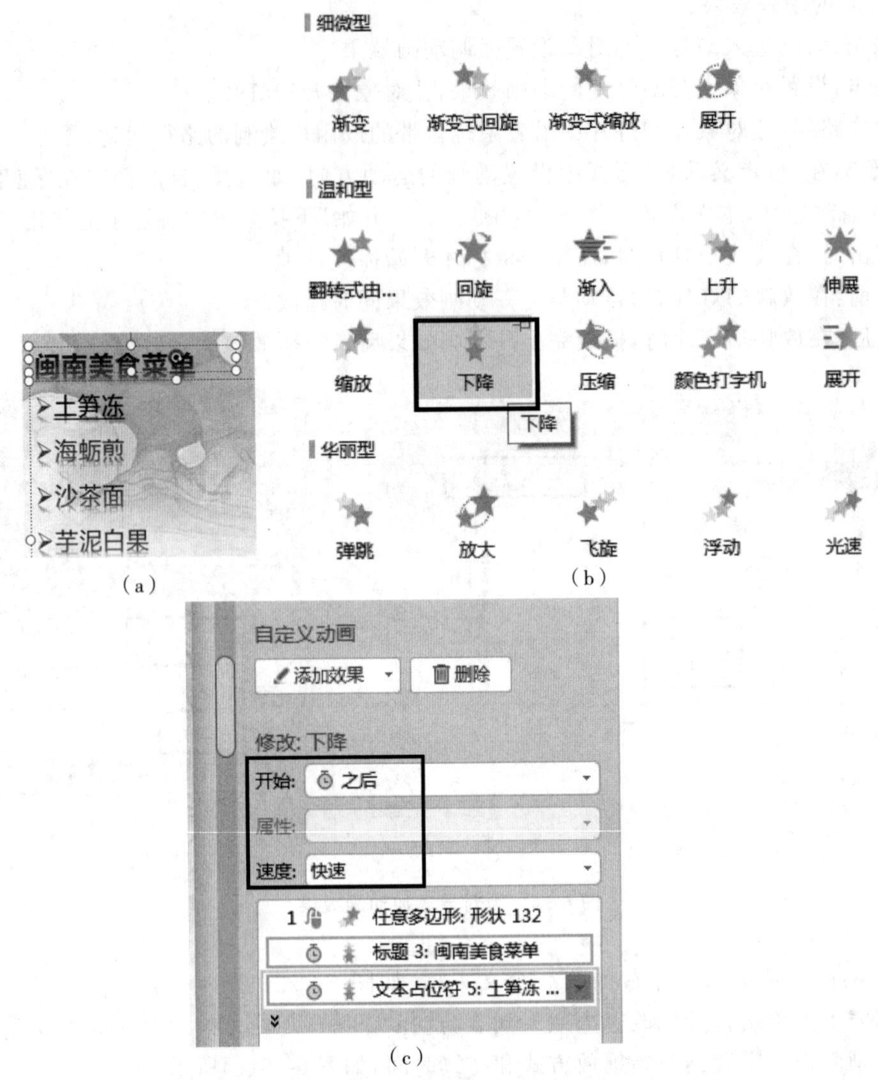

(a) (b)

(c)

图 6-55 为文本添加动画效果

步骤 5:选中“闽南美食菜单”标题占位符,单击“自定义动画”面板中的“添加动画”按钮,在弹出的动画列表中选择“强调”类的“补色”动画效果,如图 6-56 所示。

步骤 6:在 WPS 2019 右侧的“自定义动画”中可以查看为当前幻灯片中的对象添加的所有动画效果,并可对动画效果进行更多设置。在动画窗格中单击选中上步添加的强调类动画,单击右侧的三角按钮,在展开的列表中选择“效果选项”,如图 6-57 所示。

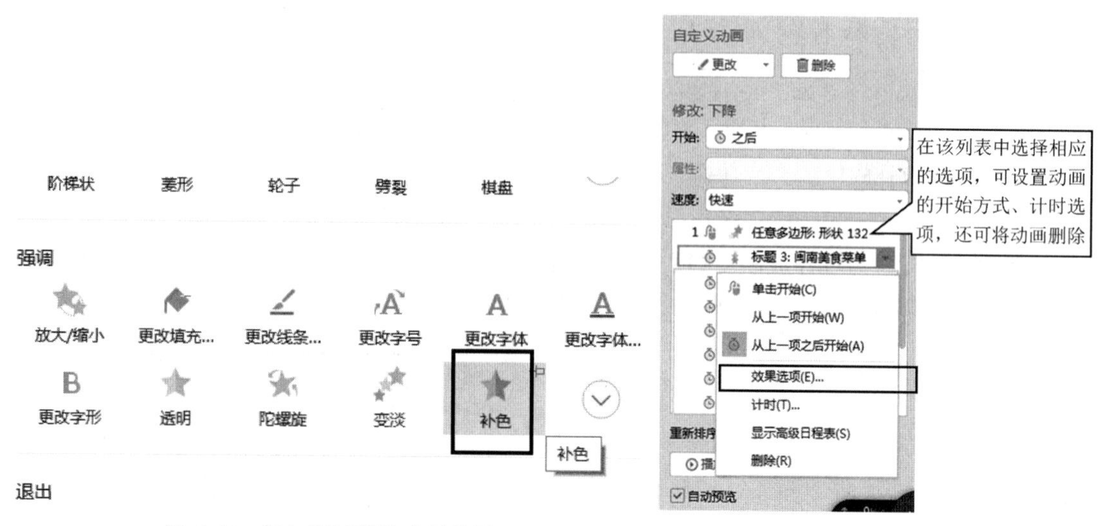

图 6-56　添加"强调"类动画效果

图 6-57　动画窗格

步骤 7：弹出动画属性对话框，在"效果"选项卡设置动画的声音效果、动画播放结束后对象的状态，以及动画文本的出现方式，如图 6-58(a)所示，本例保持默认设置。

步骤 8：切换到"计时"组，在此可以设置动画的开始方式、延迟时间和动画重复次数等。这里将动画重复次数设为 3，本例设置如图 6-58(b)所示，单击"确定"按钮。

(a)

(b)

图 6-58　设置动画效果

步骤 9：放映幻灯片时，各动画效果将按在"自定义动画"任务窗格的排列顺序进行播放，也可以通过拖动方式调整动画的播放顺序；或在选中动画效果后，单击下方的"重新排序"按钮 来排列动画的播放顺序。

6.2.8 放映和打包闽南美食宣传演示文稿

通过前面的几个任务，“闽南美食宣传”演示文稿便已制作好了。接下来，确认演示文稿没有问题后，将演示文稿打包。

1. 自定义放映

将现有演示文稿中的指定幻灯片组成一个新的放映集进行放映的具体操作步骤如下：

步骤1：单击“幻灯片放映”选项卡中的“自定义幻灯片放映”按钮，打开“自定义放映”对话框，再单击“新建”按钮，如图6-59所示。

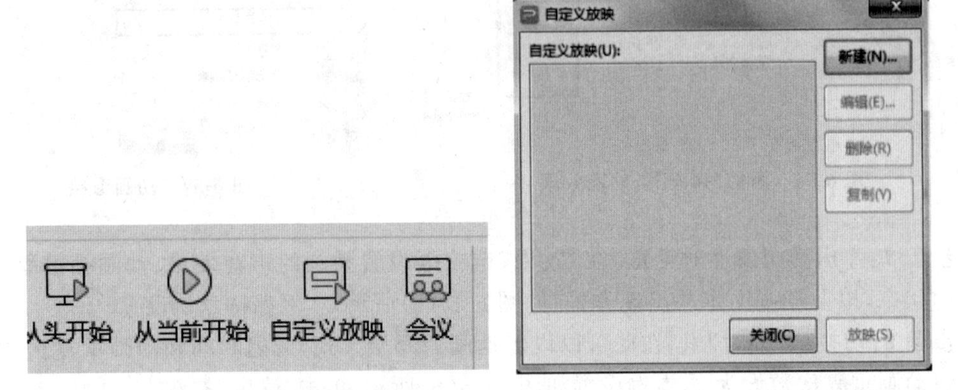

图6-59　打开“自定义放映”对话框

步骤2：打开“定义自定义放映”对话框，在“幻灯片放映名称”编辑框中输入放映名称；再按住Ctrl键，在“在演示文稿中的幻灯片”列表中依次单击选择要加入自定义放映集的幻灯片，然后单击“添加”按钮，将所选幻灯片添加到右侧的“在自定义放映中的幻灯片”列表中，如图6-60所示。

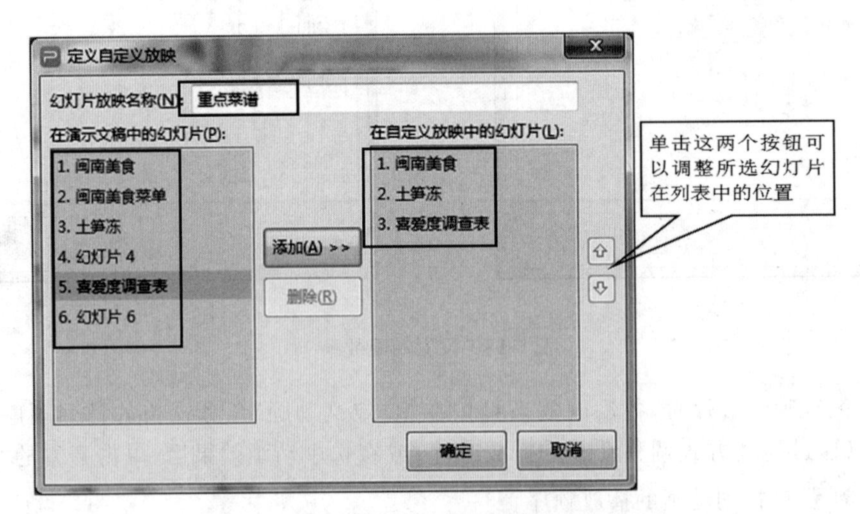

图6-60　输入放映名称并添加要放映的幻灯片

步骤3：单击“定义自定义放映”对话框中的“确定”按钮，返回“自定义放映”对话框，此时在对话框的“自定义放映”列表中将显示创建的自定义放映集,可点击右下角“放映”按钮进行放映,如图6-61所示。单击“关闭”按钮,完成自定义放映集的创建。

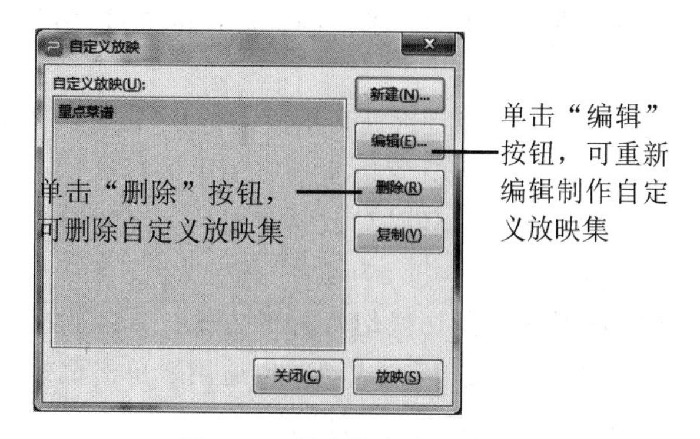

图6-61 创建的自定义放映

提示

除了通过自定义放映方式放映指定的幻灯片外,也可在“幻灯片”窗格中选择希望在放映时隐藏的幻灯片,单击“幻灯片放映”选项卡中的“隐藏幻灯片”按钮将其隐藏。再次执行该操作可显示隐藏的幻灯片。

2. 设置放映方式

根据不同的应用场所,可对演示文稿设置不同的放映方式,如可以由演讲者控制放映,也可以在展台浏览。此外,对于每一种放映方式,还可以控制是否循环播放,指定播放哪些幻灯片,以及确定幻灯片的换片方式等。具体操作步骤如下:

步骤1:单击“幻灯片放映”选项卡中的“设置放映方式”按钮,打开“设置放映方式”对话框,如图6-62所示。

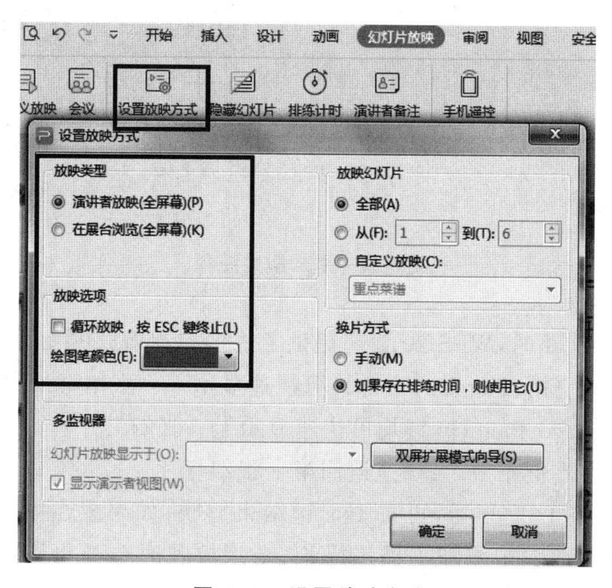

图6-62 设置放映方式

- 演讲者放映：这是最常用的放映类型。放映时幻灯片将全屏显示，演讲者对演示文稿的播放具有完全的控制权。例如，切换幻灯片，播放动画，添加墨迹注释等。
- 在展台浏览：该放映方式不需要专人来控制幻灯片的播放，适合在展览会等场所全屏放映演示文稿。

步骤 2：在“放映选项”设置区选择是否循环播放幻灯片，设置绘图笔颜色等。

步骤 3：在“放映幻灯片”设置区选择放映演示文稿中的哪些幻灯片。用户可根据需要选择是放映演示文稿中的全部幻灯片，还是只放映其中的一部分幻灯片，或者只放映自定义放映中的幻灯片。

步骤 4：在“换片方式”设置区选择切换幻灯片的方式。如果设置了间隔一定的时间自动切换幻灯片，则应选择第二种方式。该方式同时也适用于单击鼠标切换幻灯片。

步骤 5：单击“确定”按钮，完成放映方式的设置。

3. 放映演示文稿

步骤 1：用户可利用以下几种方法来启动幻灯片放映：

- 在“幻灯片放映”选项卡中单击“从头开始”按钮，或者按 F5 键，从第一张幻灯片开始放映演示文稿。
- 在“幻灯片放映”选项卡中单击“从当前幻灯片开始”按钮，或者按 Shift＋F5 键，可从当前幻灯片开始放映。

步骤 2：在放映过程中，可根据制作演示文稿时的设置来切换幻灯片或显示幻灯片内容。例如，通过单击切换幻灯片和显示动画；通过单击超链接跳转到指定的幻灯片。

步骤 3：在放映过程中，将鼠标指针移至放映画面左下角位置，会显示一组控制按钮，利用它们可进行添加墨迹注释等操作。单击按钮，在弹出的列表中选择一种绘图笔，然后在放映画面中按住鼠标左键并拖动，可为幻灯片中一些需要强调的内容添加墨迹注释，如图6-63所示。

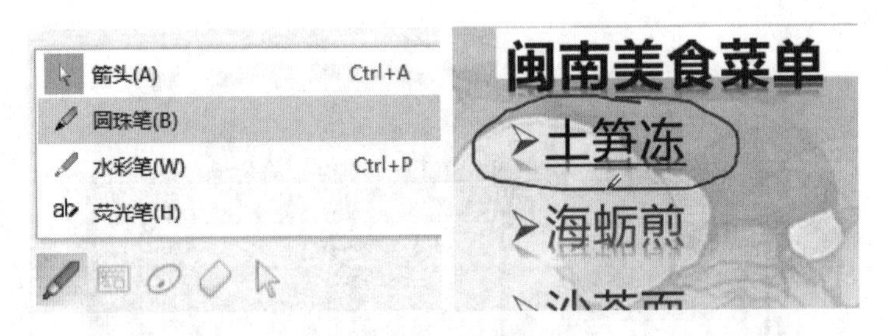

图 6-63 添加墨迹注释

步骤 4：放映演示文稿时，WPS 2019 还提供了许多控制播放进程的技巧，归纳如下：

- 按↓、→、Enter、空格、PageDown 键均可快速显示下一张幻灯片。
- 按↑、←、Backspace、PageUp 键均可快速显示上一张幻灯片。
- 同时按住鼠标左右键不放，可快速返回第一张幻灯片。

步骤 5：演示文稿放映完毕后，可按 Esc 键结束放映；如果想在中途终止放映，也可按 Esc 键。如果在幻灯片放映中添加了墨迹标记，结束放映时会弹出提示框，单击“放弃”按钮，可不在幻灯片中保留墨迹。

4. 打包演示文稿

当用户将演示文稿拿到其他计算机中播放时，如果该计算机没有安装 WPS 2019 程序，或者没有演示文稿中所链接的文件及所采用的字体，那么演示文稿将不能正常放映。此时，可利用 WPS 2019 提供的“将演示文档打包成文件夹”或者“将演示文档打包成压缩文件”功能，将演示文稿及与其关联的文件、字体等打包，这样即使其他计算机中没有安装 WPS 2019 程序也可以正常播放演示文稿。

步骤 1：单击“文件”选项卡标签，在打开的界面中依次单击“文件打包”→“将演示文档打包成文件夹”，如图 6-64 所示。

步骤 2：在“演示文件打包”对话框的“文件夹名称”编辑框中为打包文件命名，在“位置”中选择保存的路径，可同时打包成一个压缩文件，如图 6-65 所示。“将演示文档打包成压缩文件”对话框类似“将演示文档打包成文件夹”。

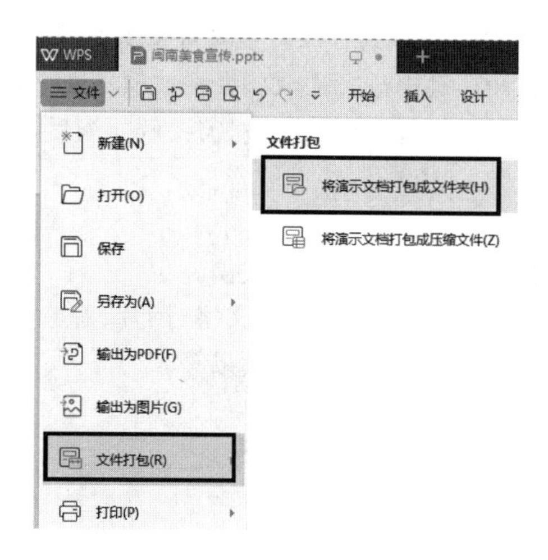

图 6-64　单击打包文件夹按钮

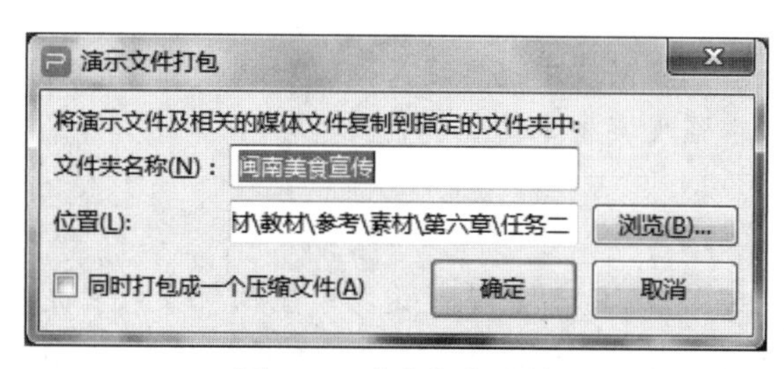

图 6-65　命名打包文件

步骤 3：点击“确定”后弹出如图 6-66 所示的提示对话框，单击“打开文件夹”按钮，可以查看打包好的文件。

图 6-66 提示对话框

步骤 4:将演示文稿打包后,可找到存放打包文件的文件夹,然后利用 U 盘或网络等方式,将其拷贝或传输到别的计算机中进行播放。要播放演示文稿,可双击打包文件夹中的演示文稿,然后进行播放即可。如打包成压缩文件,需要解压缩后,再点击演示文档进行播放。

学以致用

以"垃圾分类"为主题,自主设计一个演示文稿。

要求幻灯片中使用任务一学以致用获取的文字、图片、音频和视频,并为幻灯片中的对象设置动画效果,为幻灯片间的切换设置切换效果等。

6.3 虚拟现实与增强现实技术

任务目标

- 了解虚拟现实与增强现实技术基本定义;
- 了解虚拟现实与增强现实技术发展现状。

任务描述

虚拟现实(virtual reality,VR)以往不过是实验室的玩具或者是高科技公司的试验品,如今已然走入大众的视野。虚拟现实,还有它的近亲增强现实(augmented reality,AR),很快被证明是新一代的颠覆性技术。VR 和 AR 常常被称为个人计算机、互联网、移动互联网之后的"第四波"技术浪潮。前几波技术浪潮都给我们的生活带来了深刻的影响,我们已无法想象没有它们的世界会是什么样的。期待"第四波"技术改变我们未来的生活。

知识储备

6.3.1 虚拟现实技术

虚拟现实技术,又称灵境技术,是 20 世纪发展起来的一项全新的实用技术。虚拟现实技术囊括计算机、电子信息、仿真技术于一体，其基本实现方式是计算机模拟虚拟环境从而给人以环境沉浸感。随着社会生产力和科学技术的不断发展，各行各业对 VR 技术的需求日益旺盛。VR 技术也取得了巨大进步，并逐步成为一个新的科学技术领域。

虚拟现实有交互性、沉浸性、想象性、多感知性和自主性五大特点，通常可以将虚拟现实技术和可视化技术、仿真技术、多媒体技术和计算机图形图像等技术相区别。交互性是指用户与模拟仿真出来的虚拟现实系统之间可以进行沟通和交流。由于虚拟场景是对真实场景的完整模拟，因此可以得到与真实场景相同的响应。用户在真实世界中任何操作，均可以在虚拟环境中完整体现。例如，用户可以抓取场景中的虚拟物体，这时不仅手有触摸感，同时还能感觉到物体的重量、温度等信息。沉浸性是指用户在虚拟环境与真实环境中感受的真实程度。从用户角度讲，虚拟现实技术的发展过程就是提高沉浸性的过程。理想的虚拟现实技术，应该使用户真假难辨，甚至超越真实，获得比真实环境中更逼真的视觉、嗅觉、听觉等感官体验。想象性则是身处虚拟场景中的用户，利用场景提供的多维信息，发挥主观能动性，依靠自己的学习能力在更大范围内获取知识。多感知性表示计算机技术应该拥有很多感知方式，比如听觉，触觉、嗅觉等。自主性是指虚拟环境中物体依据物理定律动作的程度。如当受到力的推动时，物体会向力的方向移动或翻倒或从桌面落到地面等。

随着相关技术的发展，虚拟现实技术也日趋成熟，这种更接近于自然的人机交互方式，大大降低了认知门槛，提高了工作效率。虚拟现实技术已经从过去的军事和航空领域，拓展到建筑设计、产品设计、科学计算可视化、远程服务和娱乐等众多民用领域，尤其在手术导航和城市规划方面有非常重要的应用。图 6-67 为医生模拟手术过程，图 6-68 为飞行员模拟飞行过程。临床上使用的外科手术导航系统大部分采用虚拟现实技术，为医生提供病灶部位的虚拟影像及计算机生成的其他辅助信号，医生通过计算机和其他设备实时得到视觉、触觉、听觉信息，为手术选择合适路径。作为一种全新的信息处理方式，虚拟现实技术给人类带来全新的生活体验。

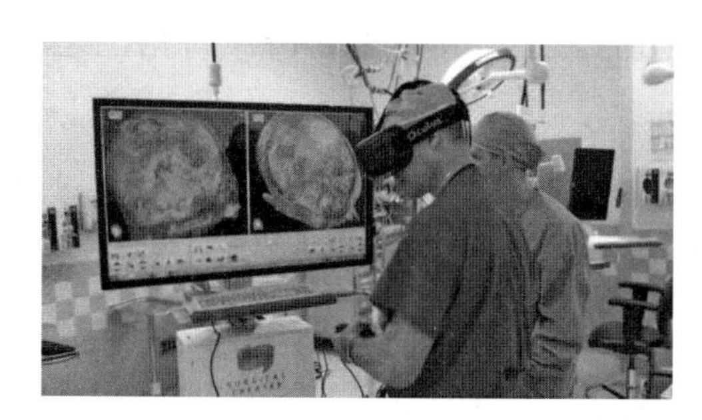

图 6-67　医生模拟手术过程

图 6-68　飞行员模拟飞行过程

6.3.2 增强现实技术

增强现实技术也称为扩增现实，是一种将虚拟信息与真实世界巧妙融合的技术。它广泛运用了多媒体、三维建模、实时跟踪及注册、智能交互、传感等多种技术手段，将计算机生成的文字、图像、三维模型、音乐、视频等虚拟信息模拟仿真后，应用到真实世界中，两种信息互为补充，从而实现对真实世界的“增强”。

增强现实技术有几个突出的特点：真实世界和虚拟信息的合成，简称为虚实融合；具有实时交互性;在三维尺度空间中定位虚拟物体,也称为三维配准。正是因为以上几个特点,增强现实技术可以广泛应用于许多领域,如新闻传播、教育教学、展览展示、市场营销、车载系统、游戏娱乐、医疗助手、工业产业和军事领域等。增强现实的表现形式依照展示内容的不同,又可以分为3D模型展示、AR视频展示、AR场景和AR游戏等。图6-69展示模拟修复后的罐子,图6-70为游戏娱乐。

图6-69 模拟修复后的罐子

图6-70 游戏娱乐

知识拓展

VR和AR都是目前较新的计算机技术。一般认为,AR技术的出现源于VR技术的发展,但二者存在明显的差别。VR技术给予用户一种在虚拟世界中完全沉浸的效果,场景和人物全是假的,脱离现实,理想状态下,用户是感知不到真实世界的,是另外创造一个世界;而AR技术将虚拟和现实结合,用户看到的场景和人物一部分是真的,一部分是假的,是把虚拟的信息带入现实世界中,通过听、看、摸、闻虚拟信息增强对现实世界的感知。

任务实施

到购物网站搜索"VR设备",查看目前市面上能买到的VR设备及其相关介绍,了解这些设备的用途。

练习题

1. 以下是音频文件格式的是(　　)。

A)MP4　　B)JPG　　C)WMV　　D)WAV

2. 下列(　　)不是多媒体技术的特点。

A)多样性　　B)离散性　　C)交互性　　D)实时性

3. 下列(　　)不是多媒体技术的应用领域。

A)教育与培训　　B)电子出版物　　C)日常娱乐　　D)电子邮件

4. 多媒体元素不包括(　　)。

A)文本　　B)光盘　　C)声音　　D)图像

5. 不能用来存储声音的文件格式是(　　)。

A)WAV　　B)JPG　　C)MID　　D)MP3

6. 下列选项中,不属于多媒体的媒体类型是(　　)。

A)程序　　B)图像　　C)音频　　D)视频

7. 要从打开的网页上下载部分文本,最常用的做法是(　　)。

A)直接保存该网页

B)把网页通过抓图方式抓取下来

C)先复制文本,再粘贴到文档中

D)用数码相机拍摄下来

8. 以下软件可以处理图像的是(　　)

A)Photoshop　　B)酷我音乐　　C)格式工厂　　D)百度网盘

9. Photoshop 的颜色模式常用于印刷喷绘当中,使用(　　)。

A)灰度　　B)RGB　　C)CMYK　　D)Lab

10. 在 WPS 2019 演示的(　　)视图显示了幻灯片缩略图。

A)幻灯片浏览　　B)备注页　　C)普通　　D)阅读视图

11. 以下不能输入文本的方法是(　　)。

A)利用占位符输入　　B)利用文本框输入

C)利用备注栏输入　　D)利用幻灯片窗格输入

12. 如果希望对幻灯片进行统一修改,可通过(　　)来快速实现。

A)应用主题　　B)修改母版

C)设置背景　　D)修改每张幻灯片

13. 要将幻灯片中的文字链接到某个网页,可在"插入超链接"对话框选择(　　)选项。

A)原有文件或网页　　B)新建文档

C)电子邮件地址　　D)本文档中的位置

14. 如果想在中途终止幻灯片的播放,可按(　　)键。

A)Home　　B)End　　C)Esc　　D)PageDown

15. 在 WPS 2019 演示中创建表格,假设创建的表格为 6 行 4 列,则在"插入表格"对话框的列数和行数分别应输入(　　)。

A)6 和 4　　B)都为 6　　C)4 和 6　　D)都为 4

16. 在 WPS 2019 演示中创建图表时,是在(　　)功能选项卡中进行的。

A)视图　　B)插入　　C)设计　　D)切换

17. 要在幻灯片中插入保存在计算机中的声音文件,可在"插入"功能选项卡单击"音频"按钮,在展开的列表中选择(　　)。

A)文件中的音频　　B)剪贴画音频

C)录制音频　　D)以上答案都不对

18. 下面关于动画效果的描述,正确的是(　　)。

A)一个对象不能添加多种动画效果

B)添加动画效果后不能再修改动画

C)添加动画效果后不可再将其删除

D)可以为幻灯片的任何对象添加动画

19. 虚拟现实技术又称灵境技术，它的缩写是(　　)。

A)VR　　B)AR　　C)MR　　D)DR

20. 不属于增强现实技术的突出特点是(　　)。

A)多感知性

B)真实世界和虚拟信息的合成，简称为虚实融合

C)具有实时交互性

D)在三维尺度空间中定位虚拟物体，也称为三维配准

第7章

信息安全基础

导读

随着信息技术的不断发展，信息安全威胁日益严重。本章主要讲述信息安全的基本知识，防范信息系统恶意攻击。通过本章的学习，读者应能了解信息安全基本知识，认知信息安全面临的威胁，充分认识信息安全的重要意义，具备信息安全意识，了解信息安全规范，能根据实际情况采用正确的信息安全防护措施。

学习目标

- 了解信息安全基础知识与现状；
- 了解信息安全面临的威胁；
- 了解信息安全的主要内容；
- 了解信息安全相关的法律、政策、法规；
- 了解常见信息系统恶意攻击的形式和特点；
- 了解计算机病毒的特点及分类；
- 了解防火墙技术。

7.1 信息安全常识

任务目标

- 了解信息安全基础知识与现状；
- 了解信息安全面临的威胁；
- 了解信息安全的主要内容；
- 了解信息安全相关的法律、政策、法规。

知识储备

众所周知，信息是社会发展的重要战略资源。国际上围绕着信息的获取、使用和控制的斗争愈演愈烈，信息安全成为维护国家安全、经济安全和社会稳定的一个焦点，信息安全从本质上说就是网络上的信息安全。

7.1.1 信息安全基础知识与现状

1. 信息安全的基本概念

信息安全是指信息网络的硬件、软件及其系统中的数据受到保护，不受偶然的或者恶意的原因而遭到破坏、更改、泄露，系统连续可靠正常地运行，信息服务不中断。

信息安全是一门涉及计算机科学、网络技术、通信技术、密码技术、信息安全技术、应用数学、数论、信息论等多种学科的综合性学科。

2. 信息安全的基本属性

不管攻击者采用什么样的手段，他们都要通过攻击信息的基本属性来达到攻击的目的。在技术层次上，信息安全应保证在客观上杜绝对信息的安全威胁，使得信息的拥有者在主观上对其信息的本源性放心。信息安全根据其本质的界定，应具有以下的基本属性：

（1）可用性。可用性是网络信息可被授权实体访问并按需求使用的特性，即网络信息服务在需要时，允许授权用户或实体使用的特性，或者是网络部分受损或需要降级使用时，仍能为授权用户提供有效服务的特性，可用性是网络信息系统面向用户的安全性能，一般用系统正常使用时间和整个工作时间之比来度量。

（2）保密性也称为“机密性”。保密性是网络信息不被泄露给非授权的用户、实体或过程，或供其利用的特性，即防止信息泄漏给非授权个人或实体，信息只为授权用户使用的特性。保密性是在可靠性和可用性基础之上，保障网络信息安全的重要手段。

（3）完整性。完整性是网络信息未经授权不能进行改变的特性，即网络信息在存储或传输过程中保持不被偶然或蓄意地删除、修改、伪造、乱序、重放、插入等破坏和丢失的特性。完整性是一种面向信息的安全性，它要求保持信息的原样，即信息的正确生成、正确存储和传输。

（4）不可否认性，也称作不可抵赖性。不可否认性指在网络信息系统的信息交互过程中，确信参与者的真实同一性，即所有参与者都不可能否认或抵赖曾经完成的操作和承诺。利用信息源证据可以防止发信方不真实地否认已发送信息，利用递交接收证据可以防止收信方事后否认已经接收的信息。

（5）可控性。可控性是对网络信息的传播及内容具有控制能力的特性。

3. 信息安全的发展过程

信息安全大致经历了通信保密、计算机安全（信息安全）、信息保障 3 个发展阶段，如图 7-1 所示。

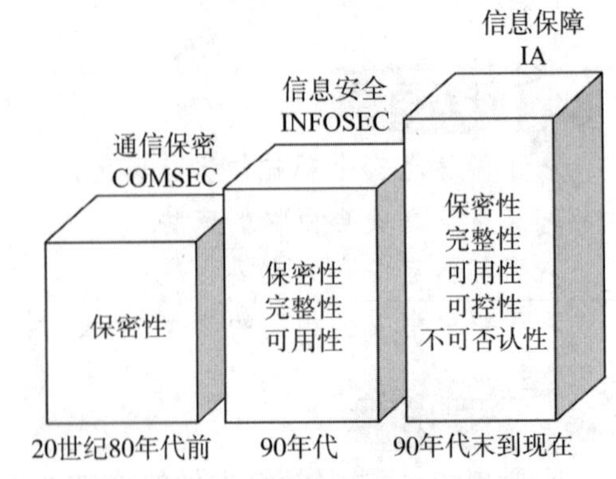

图 7-1　信息安全发展过程

（1）通信保密阶段（COMSEC）

通信保密阶段开始于 20 世纪 40 年代，在这个阶段所面临的主要安全威胁是搭线窃听和密码分析，其主要保护措施是数据加密。

该阶段的核心问题是通信安全，而且关心的对象主要是军方和政府组织，需要解决的问题是在远程通信中拒绝非授权用户的访问及确保通信的真实性，主要方式包括加密、传输保密、发射保密以及通信设备的物理安全。

(2)信息安全阶段(INFOSEC)

进入到20世纪70年代,计算机技术日渐普及,计算机安全提到日程上来。此时对计算机安全的威胁主要是非法访问、脆弱的口令、恶意代码(病毒)等,需要解决的问题是确保信息系统中硬件、软件及应用中的保密性、完整性、可用性。

此阶段主要在密码算法及其应用、信息系统安全模型及评价两个方面取得了很大的进展。

(3)信息保障阶段(IA)

20世纪90年代以后,随着Internet的全球化发展和应用,数字化、网络化、个性化的应用环境中人们的身份和责任成为严肃的应用中必须考虑的新问题,于是国际上又提出了许多涉及信息安全需要的新安全属性——可认证性(authenticity)、不可否认性(non-repudiation)和可追究性(accountability)等,并且认识到单纯的被动的保护不能适应全球化网络数字环境的安全需要,特别是军方和政府高层对控制、指挥、通信、情报、监视和侦察的需要。

4. 信息安全的现状

(1)国外信息安全现状

信息化发展比较发达的国家都非常重视国家信息安全的管理工作。美国是世界上第一个提出网络战略概念的国家,也是第一个将其应用于实战的国家。如2016年2月奥巴马政府发布《网络安全国家行动计划》,2017年12月特朗普公布了其任职期内首份《国家安全战略报告》,2018年5月美国国土安全部发布《网络安全战略》等。面对纷繁复杂的网络空间,欧洲各主要国家纷纷开启网络治理省级模式,不断优化顶层设计,突出核心职能,力图在网络空间治理问题上赢得先机和主动权。亚洲的日本、韩国、新加坡等国家也十分关注网络安全问题。

(2)国内信息安全现状

党的十八大以来,国家高度重视网络安全和信息化工作,统筹协调涉及政治、经济、文化、军事等领域的信息化和网络安全重大问题,做出了一系列重大决策,提出了一系列重大举措。

2014年2月27日,中央网络安全和信息化领导小组第一次会议上,习近平总书记就指出,没有网络安全就没有国家安全,没有信息化就没有现代化。2016年11月7日,全国人民代表大会常务委员会颁布了《中华人民共和国网络安全法》,该法是我国网络空间法治建设的重要里程碑,是让互联网在法治轨道上健康运行的重要保障。2017年12月29日发布《信息安全技术个人信息安全规范》,明确了个人信息的收集、保存、使用、共享等活动的合规要求。2018年6月27日,公安部发布《网络安全等级保护条例(征求意见稿)》,对网络安全等级保护的使用范围、各监管部门的职责、网络运营者的安全保护义务以及网络安全等级保护建设提出了更加具体的要求。2018年11月30日,公安部网络安全保卫局发布《互联网个人信息安全保护指引(征求意见稿)》,规定了个人信息安全保护的安全管理机制、安全技术措施和业务流程的安全。2019年11月20日,网信办发布《网络安全威胁信息发布管理办法(征求意见稿)》,规范发布网络安全威胁信息的行为,有效应对网络安全威胁和风险,保障网络运行安全。

7.1.2 常见的信息安全威胁

信息及信息系统由于具备脆弱性、敏感性、机密性、可传播等多种特性，其遭受到的威胁可能来自各种场景和手段。常见的攻击的方式仍然是我们所能看到的病毒、漏洞、钓鱼、入侵、泄露等，攻击的目标也从个人电脑攻击到经济、政治、战争、能源，甚至影响着世界格局。

常见的信息安全威胁主要有以下几类。

1. 网络安全威胁

(1)DDoS 攻击

分布式拒绝服务攻击(distributed denial of service，简称 DDoS)是指处于不同位置的多个攻击者同时向一个或数个目标发动攻击，或者一个攻击者控制了位于不同位置的多台机器并利用这些机器对受害者同时实施攻击，是典型的流量型攻击。根据采用的攻击报文类型的不同，网络中目前存在多种 DDoS 攻击类型，主要有以下这几种常见的 DDoS 攻击：SYN Flood、UDP Flood、ICMP Flood、HTTP Flood、HTTPS Flood、DNS Flood 等，攻击过程如图 7-2 所示。

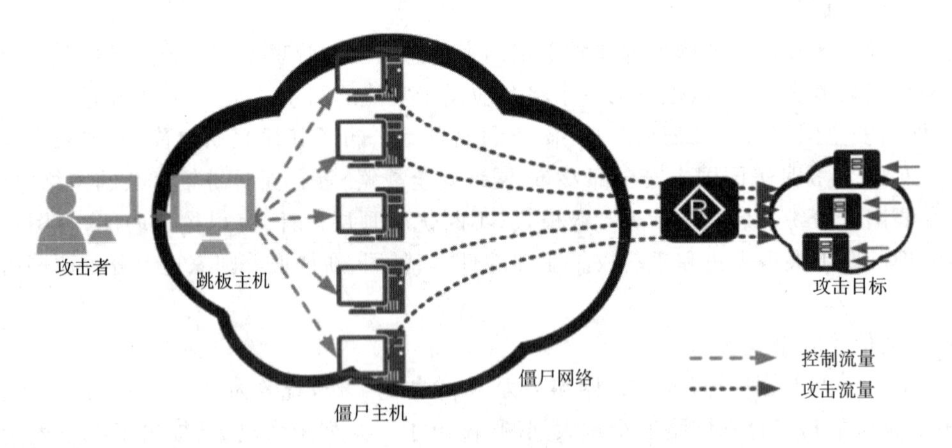

图 7-2　DDoS 攻击过程

(2)扫描

扫描是一种潜在的攻击行为，本身并不具有直接的破坏行为，通常是攻击者发动真正攻击前的网络探测行为。

扫描可以分为地址扫描和端口扫描。

地址扫描。攻击者运用 ICMP 报文探测目标地址，或者使用 TCP/UDP 报文对一定地址发起连接，通过判断是否有应答报文，以确定哪些目标系统确实存活并且连接在目标网络上。

端口扫描。攻击者通过对端口进行扫描，探寻被攻击对象目前开放的端口，以确定攻击方式。在端口扫描攻击中，攻击者通常使用 Port Scan 攻击软件，发起一系列 TCP/UDP 连接，根据应答报文判断主机是否使用这些端口提供服务。

(3)获取控制权限

获取控制权限是攻击者通过向目标主机发送源 IP 地址伪造的报文，欺骗目标主机，从而获取更高的访问和控制权限。如 IP 欺骗攻击是利用了主机之间的正常信任关系来发动的。基于 IP 地址的信任关系的主机之间将允许以 IP 地址为基础的验证,允许或者拒绝以 IP 地址为基础的存取服务。信任主机之间无须输入口令验证就可以直接登录。

2. 应用安全威胁

(1)操作系统漏洞

漏洞是在硬件、软件、协议的具体实现或系统安全策略上存在的缺陷,从而可以使攻击者能够在未授权的情况下访问或破坏系统。漏洞带来的威胁主要有注入攻击、跨站脚本攻击、恶意代码传播、信息泄露等。

(2)网络钓鱼

"钓鱼"是一种网络欺诈行为,指不法分子利用各种手段,仿冒真实网站的 URL 地址以及页面内容,或利用真实网站服务器程序上的漏洞在站点的某些网页中插入危险的 HTML 代码,以此来骗取用户银行或信用卡账号、密码等私人资料。整个过程如同钓鱼一般,这样的恶意网站也就称作"钓鱼网站"。

(3)恶意代码

恶意代码主要有病毒、木马、蠕虫、后门、间谍软件等几种类型。

病毒是指攻击者利用计算机软件和硬件所固有的脆弱性编制的一组指令集或程序代码,通过修改其他程序的方法将自己的精确拷贝或者可能演化的形式放入其他程序中,从而感染其他程序,能够破坏计算机系统,篡改、损坏业务数据。

木马是指伪装成系统程序的恶意代码,通过一段特定的程序(木马程序)来控制另一台计算机。木马通常有两个可执行程序:一个是客户端,即控制端;另一个是服务端,即被控制端。植入被种者电脑的是"服务器"部分,而所谓的"黑客"正是利用"控制器"进入运行了"服务器"的电脑。

蠕虫是一种能够利用系统漏洞通过网络进行自我传播的恶意程序。传染途径主要通过网络和电子邮件,利用网络进行自我复制和自我传播。蠕虫传播会消耗主机资源,破坏主机系统,造成主机拒绝服务,造成网络拥塞,甚至导致整个互联网瘫痪、失控。

后门是指隐藏在程序中的秘密功能,通常是程序设计者为了能在日后随意进入系统而设置的。一般在系统前期搭建或者维护的时候后门程序被安装,主要目的是窃取信息。

间谍软件是一种能够在用户不知情的情况下,在其电脑上安装后门、收集用户信息的软件。间谍软件搜集、使用并散播企业员工的敏感信息,严重干扰企业的正常业务。

3. 数据传输与终端安全威胁

(1)中间人攻击

中间人攻击(man-in-the-middle attack,简称"MITM 攻击")是一种"间接"的入侵攻击,这种攻击模式是通过各种技术手段将受入侵者控制的一台计算机虚拟放置在网络连接中的两台通信计算机之间,这台计算机就称为"中间人"。中间人攻击主要的威胁是信息篡改和信息窃取,攻击过程如图 7-3 所示。

图 7-3　中间人攻击过程

(2)网络滥用

网络滥用是指合法的用户滥用网络,引入不必要的安全威胁,主要包括非法外联、非法内联、移动风险、设备滥用和业务滥用等几类。

非法外联是指绕过安全措施(如防火墙)通过无线或 Modem 上网。

非法内联是指非授权的用户非法接入网络。

移动风险是指移动设备提供零距离接触互联网的机会,容易引入安全威胁。

设备滥用是指随意拔插网络和主机上的设备,造成硬件资产上的流失。

业务滥用是指用户访问与业务无关的资源,进行与业务无关的活动。

7.1.3 信息安全的主要内容

信息安全内容分为五个方面,即物理安全、网络安全、系统安全、应用安全和管理安全,如图 7-4 所示。

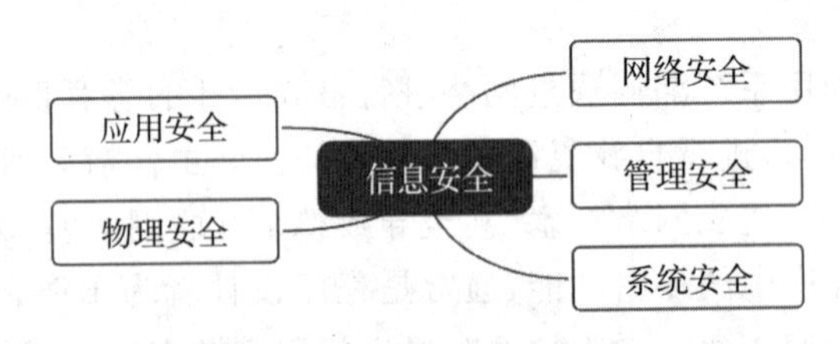

图 7-4　信息安全主要内容

1. 物理安全

在信息安全范畴内,物理安全是整个信息系统安全的前提,即保护计算机网络设备、设施以及其他媒体免受地震、火灾等环境事故破坏,防止人为操作失误或各种计算机犯罪行为而导致破坏。物理安全包括环境安全、设备安全和传输媒体安全等多方面。

2. 网络安全

网络安全狭义上单指保证网络通信正常的网络运行方面的安全,包含网络设备和通信协议两个方面。网络设备跟计算机一样,在芯片组成的“裸机”上运行着一个操作系统,所存在的漏洞和后门往往是导致远程控制、拒绝服务和流量挟持等安全问题的重要原因。

3. 系统安全

操作系统是管理和控制计算机软硬件资源的计算机程序,它是上层应用软件运行的平台,也是用户和计算机的接口。主要包括操作系统本身的安全和这个系统之上衍生出来的安全问题,如系统漏洞、木马、病毒等。

4. 应用安全

应用软件是在一定操作系统平台上开发出来的具有特定功能的程序。这些程序与用户直接交互，完成用户的指令，因而，应用软件的安全对用户的信息安全有着最直接的影响。

5. 管理安全

在信息安全中，管理是信息安全的重中之重，是信息安全技术有效实施的关键。这里的管理包含人员的管理及对技术和设备的管理与使用。信息安全的木桶理论是指信息安全像一个木桶，整体的安全性取决于最薄弱的环节。没有先进的技术和设备，无法保证系统信息安全；缺少技术的使用、人员的有效管理，同样无法有效保障系统信息安全。

7.1.4 信息安全相关的法律、政策、法规

自 1994 年我国颁布第一部有关信息安全的行政法规——《中华人民共和国计算机信息系统安全保护条例》以来，信息网络的全球化使得信息网络的安全问题也全球化，任何与互联网相连接的信息系统都必须面对世界范围内的网络攻击、数据窃取、身份假冒等安全问题。发达国家普遍发生的有关利用计算机进行犯罪的案件，绝大部分已经在我国出现。

1. 信息网络相关的问题

(1)计算机犯罪

计算机犯罪是指行为人通过计算机操作所实施的危害计算机信息系统(包括内存及程序)安全以及其他严重危害社会并应当处以刑罚的行为。计算机犯罪产生于 20 世纪 60 年代，到 21 世纪初已呈猖獗之势，并为各国所重视。计算机犯罪可以分为两大类型：一类是行为人利用计算机操作实施的非法侵入或破坏计算机信息系统安全，从而给社会造成严重危害并应处以刑罚的行为；另一类是行为人利用计算机操作实施的除非法侵入或破坏计算机信息系统安全以外的其他严重危害社会并应处以刑罚的行为。

(2)信息网络相关的民事问题

在计算机安全使用方面，不仅存在犯罪问题，也存在民事问题。网络管理方面的漏洞、人为的误操作都可能造成信息安全相关的民事问题。

(3)信息网络相关的隐私问题

隐私问题是信息安全和保密中所涉及的非常重要的问题，隐私问题在个人、组织中都存在。利用法律手段有效保护组织和个人的隐私具有非常重要意义。信息安全隐私越来越受到人们的关注。

2. 信息安全法规

(1)信息安全法的概念

信息安全法律法规泛指用于规范信息系统或与信息系统相关行为的法律法规，信息安全法律法规具有命令性、禁止性和强制性。命令性和禁止性要求法律关系主体应当遵守一定的行为规范，其规定的行为规则的内容是确定的，不允许主体一方或双方任意改变或违反，具有强制性。如果不执行，就要受到一定的法律制裁。

信息安全涉及的法学领域就包括刑法(计算机犯罪，包括非法侵入计算机信息系统罪、故意制作传播病毒等)、民商法(电子合同、电子支付等)、知识产权法(著作权的侵害、信息网络传播权等)等诸多法学分支。

(2)信息安全法的特点

①综合性:既有单行法律法规,如《电子签名法》《计算机信息系统安全保护条例》等,又散见于各种法律和法规及部门规章之中。

②主体多样性:法律法规本身的制定主体相对统一,但部门规章的制定者涉及多个部门。

③保护客体的非物质性:这是信息的特性决定的。

④载体的丰富性:有纸质、电子材料。

(3)信息安全法的保护对象

①国家信息安全:突出表现为刑法,包括对国家重要信息资源的保护,及对攻击和危害的惩治。

②社会信息安全:涉及社会的安全和稳定。

③市场信息安全:涉及经济秩序和市场的安全和稳定。

④个人信息安全:公民人身、财产安全。

3. 网络信息安全等级保护制度

当前计算机信息系统的建设者、管理者和使用者都面临着共同的问题:他们建设、管理或使用的信息系统是否是安全的?如何评价系统的安全性?这就需要有一整套用于规范计算机信息系统安全建设和使用的标准和管理办法。

为切实加强重要领域信息系统安全的规范化建设和管理,全面提高国家信息系统安全保护的整体水平,使公安机关公共信息网络安全监察工作更加科学、规范,指导工作更具体、明确,公安部组织制定了《计算机信息系统安全保护等级划分准则》国家标准,并于 1999 年 9 月 13 日由国家质量技术监督局审查通过并正式批准发布,已于 2001 年 1 月 1 日施行。该准则的发布为计算机信息系统安全法规和配套标准的制定及执法部门的监督检查提供了依据,为安全产品的研制提供了技术支持,为安全系统的建设和管理提供了技术指导,是我国计算机信息系统安全保护等级工作的基础。

计算机信息系统安全保护等级划分为用户自主保护级、系统审计保护级、安全标记保护级、结构化保护级和访问验证保护级五个级别。

7.2 信息安全策略

任务目标

- 了解常见信息系统恶意攻击的形式和特点;
- 了解计算机病毒的特点及分类;
- 了解防火墙技术。

7.2.1 常见信息系统恶意攻击的形式和特点

信息系统恶意攻击的形式很多，常见的攻击方式有口令破解攻击、缓冲区溢出攻击、欺骗攻击、DoS/DDoS攻击、SQL注入攻击、网络蠕虫攻击和木马攻击等。

1. 口令破解攻击

口令破解攻击是黑客最喜欢采用的入侵网络的方法，它不一定涉及复杂攻击。黑客通过获取系统管理员或其他殊用户的口令，他就能获得机器或者网络的访问权，并能访问到用户能访问到的任何资源，甚至对系统进行破坏。最常用的破解工具是系统账号破解工具LC7和Word文件密码破解工具Advanced Office Password Recovery。

口令破解器通常使用字典攻击、暴力攻击和混合攻击三种攻击技术。

(1)字典攻击

字典攻击(dictionary attack)是入侵计算机的最快方法。它使用一个字典文件，包含要进行试验的所有可能口令。字典文件可以从互联网上下载，也可以自己创建。字典攻击速度很快，当我们使用的口令不是常用词汇时，这种方法十分有效。

(2)暴力攻击

暴力攻击(brute force attack)是最全面的攻击形式，试验组成口令的每一种可能的字符组合，通常需要花费很长的时间，工作时间取决于密码的复杂程度。

(3)混合攻击

混合攻击(hybrid attack)是将字典攻击和暴力攻击结合在一起。利用混合攻击，将常用字典词汇与常用数字结合起来，用于破解口令。

2. 缓冲区溢出攻击

缓冲区溢出攻击是利用缓冲区溢出漏洞所进行的攻击行动。缓冲区溢出是一种非常普遍、非常危险的漏洞，在各种操作系统、应用软件中广泛存在。利用缓冲区溢出攻击，可以导致程序运行失败、系统关机、重新启动等后果。

3. 欺骗攻击

欺骗攻击就是利用假冒、伪装后的身份与其他主机进行合法的通信或者发送假的报文，使受攻击的主机出现错误，或者伪造一系列假的网络地址和网络空间顶替真正的网络主机，为用户提供网络服务，以此方法获得访问用户的合法信息后加以利用，转而攻击主机的网络欺诈行为。

常见的网络欺骗攻击主要方式有IP欺骗、ARP欺骗、DNS欺骗、电子邮件欺骗、源路由欺骗等。

4. DoS/DDoS攻击

(1)DoS攻击

DoS是denial of service的简称，即拒绝服务，是指故意攻击网络协议实现的缺陷或直接通过野蛮手段残忍地耗尽被攻击对象的资源，目的是让目标计算机或网络无法提供正常的服务或资源访问，使目标系统服务系统停止响应甚至崩溃，而在此攻击中并不包括侵入目标服务器或目标网络设备。最常见的DoS攻击有计算机网络宽带攻击和连通性攻击。

拒绝服务攻击是一种对网络危害巨大的恶意攻击。DoS具有代表性的攻击手段包括Ping of Death(死亡之 Ping)、Tear Drop(泪滴)、UDP Flood(泛洪)、SYN Flood(泛洪)、Land Attack(Land 攻击)、IP Spoofing DoS(IP 欺骗)等。

(2)DDoS 攻击

分布式拒绝服务攻击(英文意思是 distributed denial of service,简称 DDoS)是指处于不同位置的多个攻击者同时向一个或数个目标发动攻击,或者一个攻击者控制了位于不同位置的多台机器并利用这些机器对受害者同时实施攻击。由于攻击的发出点是分布在不同地方的,这类攻击称为分布式拒绝服务攻击。

DDoS 攻击方式主要有 SYN Flood 攻击、UDP Flood 攻击、ICMP Flood 攻击、Connection Flood 攻击、HTTP Get 攻击和 UDP DNS Query Flood 攻击。DDoS 在进行攻击的时候,可以对源 IP 地址进行伪造,这样就使得这种攻击在发生的时候隐蔽性非常好,同时要对攻击进行检测非常困难,因此这种攻击方式就成为非常难以防范的攻击。

5. SQL 注入攻击

所谓 SQL 注入,就是通过把 SQL 命令插入 Web 表单提交或输入域名或页面请求的查询字符串,最终达到欺骗服务器执行恶意的 SQL 命令。具体来说,它是利用现有应用程序,将(恶意的)SQL 命令注入后台数据库。它可以通过在 Web 表单中输入(恶意)SQL 语句得到一个存在安全漏洞的网站上的数据库,而不是按照设计者意图去执行 SQL 语句。

6. 网络蠕虫攻击

蠕虫病毒和一般的病毒有着很大的区别。一般认为,蠕虫是一种通过网络传播的恶性病毒,它具有病毒的一些共性,如传播性、隐蔽性、破坏性等,同时具有自己的一些特征,如不利用文件寄生(有的只存在于内存中),对网络造成拒绝服务,以及和黑客技术相结合等。蠕虫病毒不是普通病毒所能比拟的,蠕虫可以在短短的时间内蔓延整个网络,造成网络瘫痪。根据使用者情况,将蠕虫病毒分为两类:一种是面向企业用户和局域网,这种病毒利用系统漏洞,主动进行攻击,可以对整个互联网造成瘫痪性的后果。以“红色代码”“尼姆达”以及最新的“SQL 蠕虫王”为代表。另外一种是针对个人用户的,通过网络(主要是电子邮件、恶意网页形式)迅速传播的蠕虫病毒,以“爱虫病毒”“求职信病毒”为代表。在这两类蠕虫中,第一类具有很大的主动攻击性,爆发也有一定的突然性,但相对来说,查杀这种病毒并不是很难。第二种病毒的传播方式比较复杂和多样,少数利用了微软应用程序的漏洞,更多的是利用社会工程学对用户进行欺骗和诱使,这样的病毒造成的损失是非常大的,同时也是很难根除的。

蠕虫一般不采取利用 PE 格式插入文件的方法,而是复制自身在互联网环境下进行传播。病毒的传染能力主要针对计算机内的文件系统而言,而蠕虫病毒的传染目标是互联网内的所有计算机。局域网条件下的共享文件夹、电子邮件(E-mail)、网络中的恶意网页、大量存在着漏洞的服务器等,都成为蠕虫传播的良好途径。网络的发展也使得蠕虫病毒可以在几个小时内蔓延全球,而且蠕虫的主动攻击性和突然爆发性将使得人们手足无措。

7. 木马攻击

木马病毒是指隐藏在正常程序中的一段具有特殊功能的恶意代码,是具备破坏和删除文件、发送密码、记录键盘和攻击 DoS 等特殊功能的后门程序。木马病毒其实是计算机黑客用于远程控制计算机的程序,将控制程序寄生于被控制的计算机系统中,里应外合,对被感染木马病毒的计算机实施操作。一般的木马病毒程序主要是寻找计算机后门，伺机窃取被控计算机中的密码和重要文件等，可以对被控计算机实施监控、资料修改等非法操作。木马病毒具有很强的隐蔽性，可以根据黑客意图突然发起攻击。

7.2.2 计算机病毒的特点及分类

计算机病毒(computer virus)是编制者在计算机程序中插入的破坏计算机功能或者数据，能影响计算机使用，能自我复制的一组计算机指令或者程序代码。它可以很快地通过网络、U盘等蔓延，又常常难以根除。

1. 计算机病毒的主要特征

计算机病毒具有繁殖性、传染性、破坏性、隐蔽性、潜伏性和触发性。

(1)繁殖性

计算机病毒可以像生物病毒一样进行繁殖，当正常程序运行时，它也进行自身复制，是否具有繁殖、感染的特征是判断某段程序是否为计算机病毒的首要条件。

(2)传染性

传染性是指计算机病毒通过修改别的程序将自身的复制品或其变体传染到其他无毒的对象上，这些对象可以是一个程序，也可以是系统中的某一个部件，如U盘、光盘、电子邮件等。

(3)破坏性

计算机中毒后，可能会导致正常的程序无法运行，把计算机内的文件删除或受到不同程度的损坏，如破坏引导扇区及BIOS，破坏硬件环境等。

(4)隐蔽性

病毒程序大多夹在正常程序之中，很难被发现，可以通过病毒软件检查出来少数。隐蔽性计算机病毒时隐时现、变化无常，这类病毒处理起来非常困难。

(5)潜伏性

潜伏性是指计算机病毒可以依附于其他媒体寄生的能力，侵入后的病毒潜伏到条件成熟才发作，会使电脑变慢。

(6)触发性

有些病毒被设置了一些触发条件，如系统时钟的某个时间或日期、系统运行了某些程序等。一旦条件满足，计算机病毒就会“发作”，使系统遭到破坏。

2. 计算机病毒的分类

计算机病毒的分类方法很多，常见的有以下几种：

(1)按破坏性

计算机病毒按破坏性可分为良性病毒和恶性病毒。

良性病毒：良性病毒并不破坏系统中的数据，而是干扰用户的正常工作，导致整个系统运行效率降低，系统可用内存总数减少，使某些应用程序不能运行。

恶性病毒：恶性病毒发作时以各种形式破坏系统中的数据，如删除文件，修改数据，格式化硬盘或破坏计算机硬件。

(2)按传染方式

计算机病毒按传染方式可分为引导型病毒、文件型病毒和混合型病毒。

引导型病毒：引导型病毒将其自身或自身的一部分隐藏于系统的引导区中，系统启动时，病毒程序首先被运行，然后才执行原来的引导记录。

文件型病毒：一般传染磁盘上以 COM、EXE 或 SYS 为扩展名的文件，在用户执行染毒的文件时，病毒首先被运行，然后病毒驻留内存伺机传染其他文件。

混合型病毒：兼有以上两种病毒的特点，既传染引导区又传染文件。这样的病毒通常具有复杂的算法，为了逃避跟踪同时使用了加密和变形算法。

(3)按连接方式

计算机病毒按连接方式可以分为源码型病毒、入侵型病毒、操作系统型病毒、外壳型病毒。

源码型病毒：源码型病毒攻击的对象是高级语言编写的源程序，在源程序编译之前插入其中，并随源程序一起编译、连接成可执行文件。

入侵型病毒：入侵型病毒将自身连接入正常程序之中。这类病毒难以被发现，清除起来也较困难。

操作系统型病毒：操作系统型病毒可用其自身部分加入或替代操作系统的部分功能，使系统不能正常运行。

外壳型病毒：外壳型病毒将自身连接在正常程序的开头或结尾。

(4)按算法分类

计算机病毒按算法可以分为伴随型病毒、蠕虫型病毒、寄生型病毒、练习型病毒、诡秘型病毒、幽灵病毒。

伴随型病毒：这一类病毒并不改变文件本身，它们根据算法产生 EXE 文件的伴随体，具有同样的名字和不同的扩展名(COM)，例如，XCOPY.EXE 的伴随体是 XCOPY.COM。

蠕虫型病毒：通过计算机网络传播，不改变文件和资料信息，利用网络从一台机器的内存传播到其他机器的内存，计算网络地址，将自身的病毒通过网络发送。有时它们在系统存在，一般除了内存不占用其他资源。

寄生型病毒：除了伴随和“蠕虫”型，其他病毒均可称为寄生型病毒，它们依附在系统的引导扇区或文件中，通过系统的功能进行传播。

练习型病毒：病毒自身包含错误，不能进行很好的传播。例如一些病毒在调试阶段，还不具备发作的条件。

诡秘型病毒：它们一般不直接修改 DOS 中断和扇区数据，而是通过设备技术和文件缓冲区等 DOS 内部修改，不易看到资源，使用比较高级的技术。利用 DOS 空闲的数据区进行工作。

幽灵病毒(又称变形病毒)：这一类病毒使用一个复杂的算法，使自己每传播一份都具有不同的内容和长度。

3. 计算机病毒的防治

做好计算机病毒的预防，是防治计算机病毒的关键。

(1)及时为 Windows 打补丁

许多病毒都是根据 Windows 系统的漏洞编写的，打补丁可以直接用 360 安全卫士等软件进行漏洞修复。

(2)经常更新病毒库

病毒的发展是不会停止,只有经常更新病毒库才能查杀到新的病毒。可以使用百度杀毒等软件进行病毒库的更新操作。

(3)备份系统盘

可以为系统盘做一个映像文件,如果碰到新的病毒,连杀毒软件也无能为力的时候,只得还原映像了。

(4)安装杀毒软件

为计算机安装常用的杀毒软件来抵御病毒的侵入和破坏,如金山毒霸、瑞星、卡巴斯基、诺顿、KILL、KV3000 和 360 等。

(5)下载的文件最好进行安全检测

对于在网上下载下来的文件,特别是不确定的网站上下载下来的,一定要进行病毒的查杀。

(6)保护重要文件

对于比较重要的文件,最好将其隐藏起来,不要轻易地将它显示出来,或者修改、移动和删除它。

7.2.3 防火墙技术

1. 防火墙概述

互联网技术的不断发展,改变了人民的学习、工作、生活的方式,给人们的交流和生活提供了极大的便利;同时,恶意软件、拒绝服务攻击、漏洞攻击、隐私泄露等众多安全问题也威胁着社会大众。在防火墙技术、入侵检测技术、认证中心(CA)与数字证书、身份认证和加密技术等众多安全技术中,最常用的就是防火墙(fire wall)技术。如图 7-5 所示。

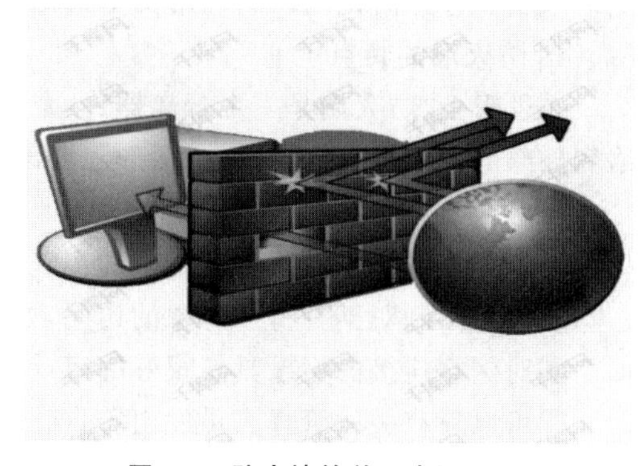

图 7-5　防火墙简单示意图

2. 防火墙的概念

所谓“防火墙”是指一种将内部网和公众访问网(如 Internet)分开的方法,即隔离本地网络与外界网络之间的一道防御系统。它实际上是一种建立在现代通信网络技术和信息安全技术基础上的应用性安全技术。防火墙可以使局域网内部与 Internet 或者其他外部网络互相隔离,限制互访以达到保护内部网络的目的。

3. 防火墙的发展过程

(1)第一代防火墙

第一代防火墙技术几乎与路由器同时出现,采用了包过滤(packet filter)技术。

(2)第二、三代防火墙

1989 年,贝尔实验室的 Dave Presotto 和 Howard Trickey 推出了第二代防火墙,即电路层防火墙,同时提出了第三代防火墙——应用层防火墙(代理防火墙)的初步结构。

(3)第四代防火墙

1992年,美国南加州大学信息科学院的Bob Braden开发出了基于动态包过滤(dynamic packet filter)技术的第四代防火墙,后来演变为目前所说的状态监视(stateful inspection)技术。1994年,以色列的CheckPoint公司开发出了第一个采用这种技术的商业化的产品。

(4)第五代防火墙

1998年,NAI公司推出了一种自适应代理(adaptive proxy)技术,并在其产品Gauntlet Firewall for NT中得以实现,给代理类型的防火墙赋予了全新的意义,可以称为第五代防火墙。

(5)一体化安全网关UTM

随着万兆UTM的出现,UTM代替防火墙的趋势不可避免。在国际上,Juniper、飞塔公司高性能的UTM占据了一定的市场份额,国内启明星辰的高性能UTM则一直领跑国内市场。

(6)下一代防火墙

下一代防火墙(next generation firewall,简称NGFW)是一款可以全面应对应用层威胁的高性能防火墙。通过深入洞察网络流量中的用户、应用和内容,并借助全新的高性能单路径异构并行处理引擎,NGFW能够为用户提供有效的应用层一体化安全防护,帮助用户安全地开展业务并简化用户的网络安全架构。

4. 防火墙的特点

在逻辑上,防火墙是一个分离器、一个限制器,也是一个分析器,它有效地监控了内部网络和外部网络之间的任何活动,保证了内部网络的安全。

(1)防火墙的优点

①可以完成整个网络安全策略的实施,可以把通信访问限制在可管理范围内。

②可以限制对某种特殊对象的访问,如限制某些用户对重要服务器的访问。

③对网络连接的记录具有很好的审计功能。

④可以对有关的管理人员发出警告。

⑤可以将内部网络结构隐藏起来。

(2)防火墙的弱点

①不能防止授权访问的攻击。

②不能防止没有配置的访问。

③不能防止一个合法用户的攻击行为。

④不能防止利用标准网络协议中的缺陷进行的攻击。

⑤不能防止利用服务器系统的漏洞进行的攻击。

⑥不能防止受计算机病毒感染的文件传输。

⑦不能防止数据夹带式的攻击。

⑧不能防止可接触的人为或自然的破坏。

5. 防火墙的主要类型

(1)过滤型防火墙

过滤型防火墙是在网络层与传输层中,基于数据源头的地址以及协议类型等标志特征进行分析，确定是否可以通过。在符合防火墙规定标准之下，满足安全性能及类型才可以进行信息的传递，而一些不安全的因素则会被防火墙过滤、阻挡。

(2)应用代理类型防火墙

应用代理防火墙主要的工作范围在OSI的最高层，位于应用层之上。其主要的特征是可以完全隔离网络通信流，通过特定的代理程序可以实现对应用层的监督与控制。

以上两种防火墙是应用较为普遍的防火墙，其他一些防火墙应用效果也较为显著，在实际应用中要综合具体的需求及状况合理地选择防火墙的类型，才可以有效地避免防火墙的外部侵扰等问题的出现。

(3)复合型防火墙

复合型防火墙技术综合了包过滤防火墙技术及应用代理防火墙技术的优点，如发过来的安全策略是包过滤策略，就可以针对报文的报头部分进行访问控制；如果安全策略是代理策略，就可以针对报文的内容数据进行访问控制，复合型防火墙技术综合了其组成部分的优点，同时摒弃了两种防火墙的原有缺点，大大提高了防火墙技术在应用实践中的灵活性和安全性。

6. 防火墙的关键技术

(1)包过滤技术

防火墙的包过滤技术一般只应用于OSI七层的模型网络层的数据中，能够完成对防火墙的状态检测，从而预先确定逻辑策略。逻辑策略主要针对地址、端口与源地址，通过防火墙所有的数据都需要进行分析，如果数据包内具有的信息与策略要求不相符，则其数据包就能够顺利通过；如果是完全相符的，则其数据包就被迅速拦截。计算机数据包传输的过程中，一般都会分解成为很多由目和地址等组成的小型数据包，当它们通过防火墙的时候，尽管其能够通过很多传输路径进行传输，最终都会汇合于同一地方，在这个目地点位置，所有的数据包都需要进行防火墙的检测，在检测合格后，才会允许通过。如果传输过程中出现数据包的丢失以及地址的变化等情况，则就会被抛弃。

(2)加密技术

在计算机信息传输的过程中，借助防火墙还能够有效地实现信息的加密，信息接收人员需要对加密的信息实施解密处理后，才能获取所传输的信息数据。在防火墙加密技术应用中，要时刻注意信息加密处理安全性的保障。在防火墙技术应用中，想要实现信息的安全传输，需要做好用户身份验证，在进行加密处理后，信息的传输需要对用户授权，然后对信息接收方以及发送方进行身份验证，从而建立信息安全传递的通道，非法分子不拥有正确的身份验证条件，因此，其就不能对计算机的网络信息实施入侵。

(3)防病毒技术

防火墙具有防病毒的功能，在防病毒技术的应用主要包括病毒的预防、清除和检测等方面。在网络的建设过程中，通过安装相应的防火墙来对计算机和互联网间的信息数据进行严格的控制，从而形成一种安全的屏障来对计算机外网以及内网数据实施保护。计算机网络进行连接一般都是通过互联网和路由器实现的，则对网络保护就需要从主干网的部分开始，对主干网的中心资源实施控制，防止服务器出现非法的访问。为了杜绝外来非法入侵对信息进行盗用，在计算机连接端口所接入的数据，还要进行以太网和IP地址的严格检查，被盗用的IP地址会被丢弃，同时还会对重要信息资源进行全面记录，保障其计算机的信息网络具有良好安全性。

(4)代理服务器

代理服务器是防火墙技术应用比较广泛的功能,根据其计算机的网络运行方法可以通过防火墙技术设置相应的代理服务器,从而借助代理服务器来进行信息的交互。在信息数据从内网向外网发送时,信息数据就会携带着正确 IP,非法攻击者能以信息数据 IP 作为追踪的对象,来让病毒进入内网中。如果使用代理服务器,则就能够实现信息数据 IP 的虚拟化,非法攻击者在进行虚拟 IP 的跟踪中,不能获取真实的解析信息,从而代理服务器实现对计算机网络的安全防护。另外,代理服务器还能进行信息数据的中转,对计算机内网以及外网信息的交互进行控制,对计算机的网络安全起到保护作用。

7. Windows 自带防火墙

无论是使用 Windows 7 或者 Windows 10 操作系统,均自带着防火墙功能,在不妨碍用户正常上网的同时,能够阻止 Internet 上的其他用户对计算机系统进行非法访问,可以帮助用户有效抵御黑客攻击、网络诈骗等安全风险。

一般来说,Windows 自带防火墙是默认开启的,如果想关闭防火墙,可以通过以下步骤进行关闭,下面我们以 Windows 10 操作系统为例进行讲述。

(1)在 Windows10 系统桌面,右键点击桌面左下角的"开始"按钮,在弹出菜单中选择"设置"菜单项,如图 7-6 所示。

(2)打开 Windows10 系统的"设置"窗口,在窗口中点击"网络和 Internet"图标,打开网络设置窗口,如图 7-7 所示。

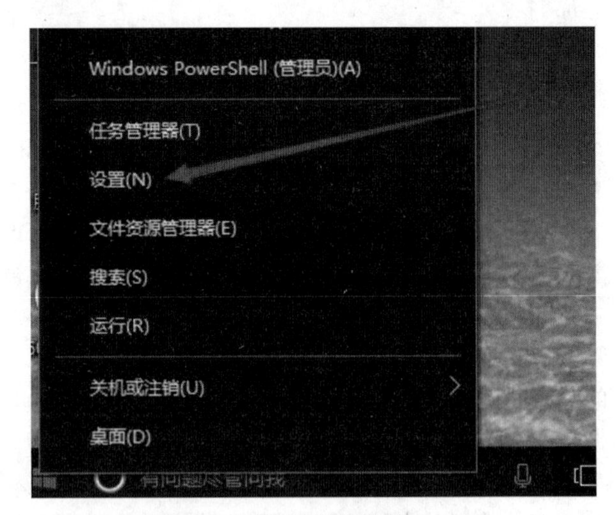

图 7-6　选择"设置"菜单

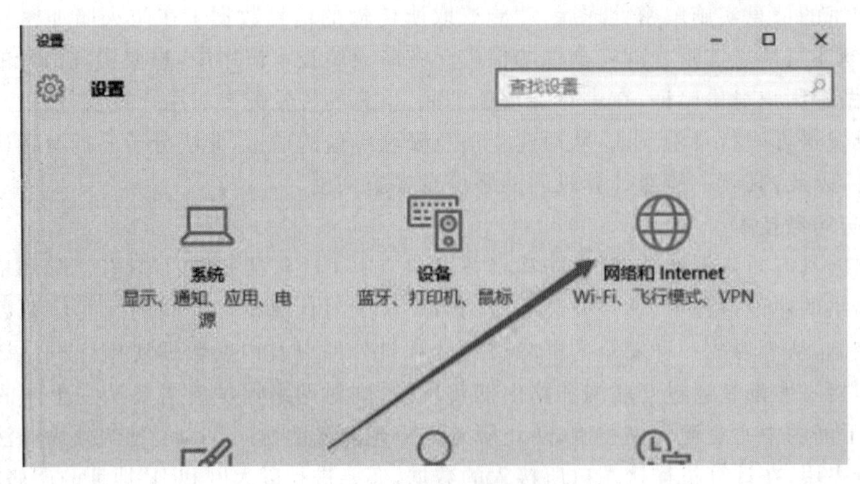

图 7-7　网络设置窗口

(3)在打开的网络和 Internet 设置窗口,点击左侧边栏的"以太网"菜单项,如图 7-8 所示。

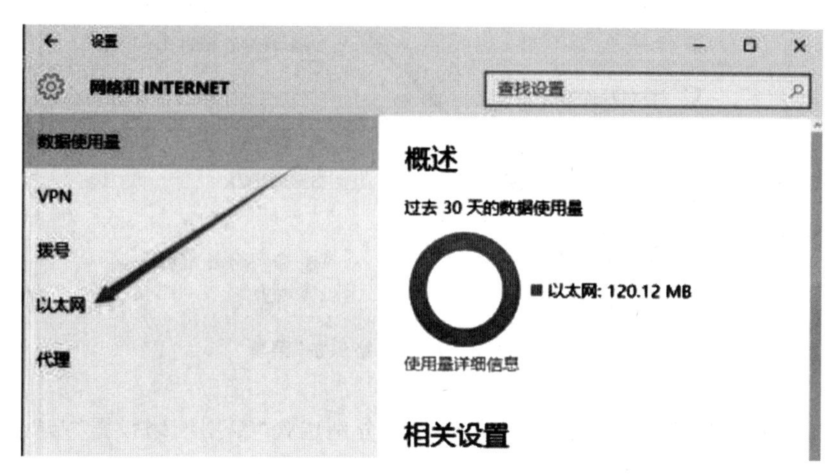

图 7-8 打开"以太网"菜单

(4)在右向下拉动滚动条,找到"Windows 防火墙"一项,点击该项打开"Windows 防火墙"设置窗口,如图 7-9 所示。

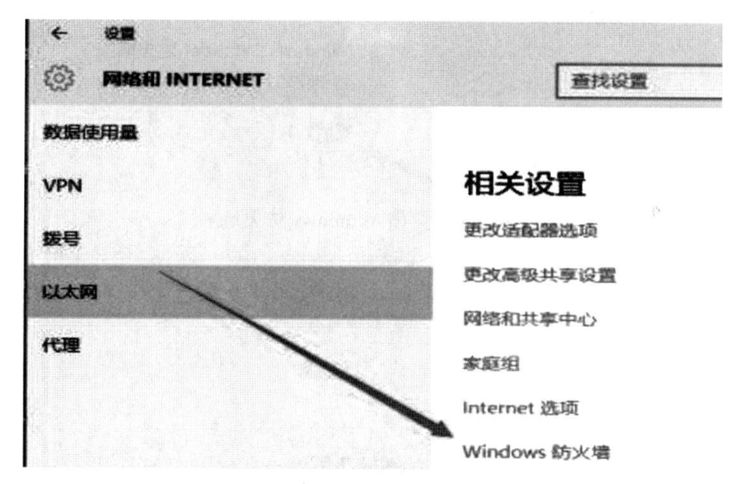

图 7-9 "Windows 防火墙"设置窗口

(5)在打开的 Windows 防火墙设置窗口中,点击左侧的"防火墙和网络保护"菜单项,如图 7-10 所示。

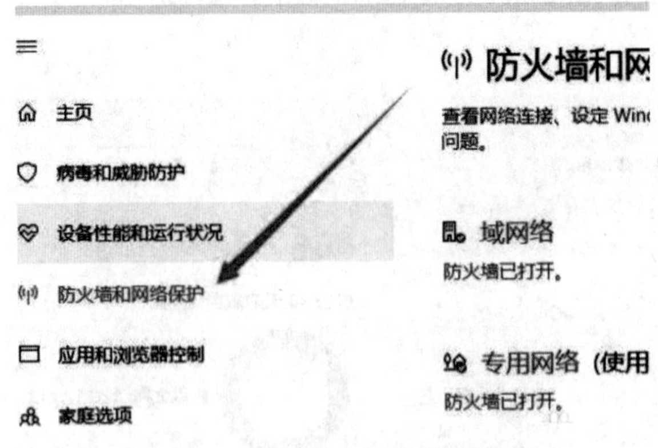

图 7-10 “防火墙和网络保护”菜单

(6)在打开的自定义各类网络的设置窗口中,分别选择“专用网络设置”与“公用网络设置”项的“关闭 Windows 防火墙”前的单选框,最后点击“确定”按钮。如图 7-11 所示。

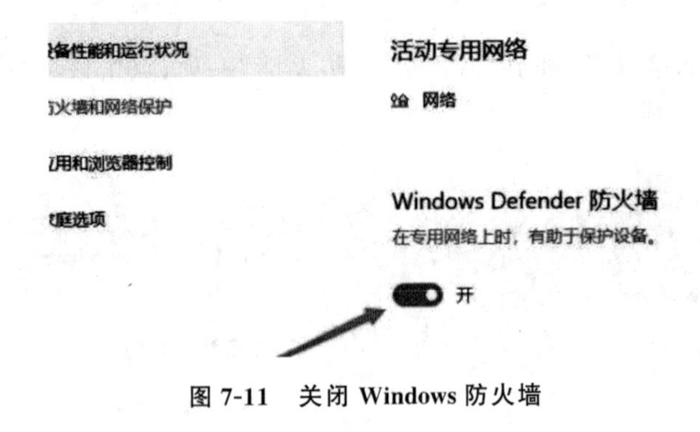

图 7-11 关闭 Windows 防火墙

(7)在系统右下角会弹出“启用 Windows 防火墙”的提示信息,这时 Windows 防火墙已关闭了。

练习题

1. 黑客对网络传输的数据进行窃听,破坏了信息安全的(　　)。
   A) 可用性　　B) 保密性　　C) 完整性　　D) 不可否认性
2. 保证信息在传输过程中正确无误地到达目的地是指信息安全的(　　)。
   A) 保密性　　B) 完整性　　C) 可用性　　D) 不可否认性
3. 口令破解的最好方法是(　　)。
   A) 暴力破解　　B) 组合破解　　C) 字典攻击　　D) 生日攻击
4. 以下几种说法不正确的是(　　)。
   A) 国家为了提高网络安全,应该大量推动国内信息安全产业的发展
   B) 企业为了提高网络安全,应提高内部人员的信息安全意识并加强安全管理

C）为了保障个人信息安全，应该尽量减少网络的使用

D）为了保障个人信息安全，不同的账户应该设置不同的密码

5. 信息安全的主要内容包括物理安全、（　　）、系统安全、应用安全和管理安全。

A）网络安全　　B）数据安全　　C）设备安全　　D）软件安全

6. 信息安全的五个基本要素分别是可用性、完整性、（　　）、可控性和不可否认性。

A）可靠性　　B）保密性　　C）传染性　　D）隐蔽性

7. 我国的第一部全面规范网络空间安全管理方面问题的基础性法律是（　　）。

A）《中华人民共和国网络安全法》　　B）《信息安全技术个人信息安全规范》

C）《网络安全等级保护条例》　　D）《互联网个人信息安全保护指引》

8. 以下（　　）不属于恶意代码。

A）病毒　　B）特洛伊木马　　C）系统漏洞　　D）蠕虫

9. 用于实现身份鉴别的安全机制是（　　）。

A）加密机制和访问控制机制　　B）加密机制和数字签名机制

C）数字签名机制和路由控制机制　　D）访问控制机制和路由控制机制

10. 通过尝试系统可能使用的所有字符组合来猜测系统口的攻击方式称为（　　）。

A）后门攻击　　B）暴力攻击　　C）缓冲区溢出　　D）中间人攻击

11. 下面关于防火墙策略说法正确的是（　　）。

A）在创建防火墙策略以前，不需要对企业那些必不可少的应用软件执行风险分析

B）防火墙安全策略一旦设定，就不能再做任何改变

C）防火墙处理入站通信的缺省策略应该是阻止所有的包和连接，除了被指出的允许通过的通信类型和连接

D）防火墙规则集与防火墙平台体系结构无关

12. 防火墙的主要作用是（　　）。

A）提高网络速度　　B）内外网访问控制

C）数据加密　　D）防病毒攻击

13. 入侵检测是一门新兴的安全技术，是作为继（　　）之后的第二层安全防护措施。

A）路由器　　B）防火墙　　C）交换器　　D）服务器

14. 黑客利用 IP 地址进行攻击的方法有（　　）。

A）IP 欺骗　　B）解密　　C）窃取口令　　D）发送病毒

15. 通常为保证信息处理对象的认证性采用的手段是（　　）。

A）信息加密和解密　　B）信息隐匿

C）数字签名和身份认证技术　　D）数字水印

16. 未经许可，但成功获得了对系统某项资源的访问权，并更改该项资源，称为（　　）。

A）窃取　　B）篡改　　C）伪造　　D）拒绝服务

17. 未经许可，在系统中产生虚假数据，称为（　　）。

A）窃取　　B）篡改　　C）伪造　　D）拒绝服务

18. 未经许可直接或间接获得了对系统资源的访问权，从中窃取有用数据，称为（　　）。

A）窃取　　B）篡改　　C）伪造　　D）拒绝服务

19. 包过滤防火墙工作在 OSI 七层模型的(　　)。

A) 应用层　　B) 传输层　　C) 网络层　　D) 物理层

20. 为了保障企业局域网的信息安全,防止来自 Internet 的黑客入侵,采用(　　)可以实现一定的防范作用。

A) 防火墙　　B) 邮件列表　　C) 防病毒软件　　D) 网管软件

第8章

人工智能初步

人类具有智能，而智能被认为是推动社会发展的重要因素。如同蒸汽时代的蒸汽机、电气时代的发电机、信息时代的计算机和互联网，人工智能正在成为推动人类进入智能时代的决定性力量，人工智能将引领新一轮的产业变革。

在本章中，我们将一起进入大数据背景下的人工智能世界，看看人工智能将对我们的学习、工作和生活带来哪些影响。

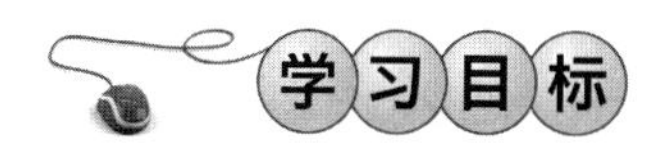

- 了解人工智能的定义；
- 了解人工智能的发展史；
- 了解人工智能对人类社会发展的影响；
- 了解人工智能的应用前景；
- 了解人工智能的基本原理；
- 了解机器人的定义；
- 了解机器人的分类、机器人的发展阶段及机器人在现代生活中的应用。

8.1 初识人工智能

任务目标

- 了解人工智能的定义；
- 了解人工智能的发展史；
- 了解人工智能对人类社会发展的影响；
- 了解人工智能的应用前景；
- 了解人工智能的基本原理。

知识储备

8.1.1 人工智能的定义

人工智能(artificial intelligence)英文缩写为AI,它是利用计算机或者计算机控制的机器,模拟、延伸和扩展人的智能,感知环境、获取知识并使用知识获得最佳结果的理论、方法、技术及应用系统的一门新的技术科学。

人工智能是知识的工程,是机器模仿人类利用知识完成一定行为的过程。根据人工智能是否能真正实现推理、思考和解决问题,可以将人工智能分为弱人工智能和强人工智能。

弱人工智能是指不能真正实现推理和解决问题的智能机器,这些机器表面看像是智能的,但是并不真正拥有智能,也不会有自主意识。

强人工智能是指真正能思维的智能机器,并且认为这样的机器是有知觉的和自我意识的。靠符号主义、连接主义、行为主义和统计主义这四个流派的经典路线就能设计制造出强人工智能吗?人类对自身智能的认识还处在初级阶段,在人类真正理解智能机理之前,不可能制造出强人工智能。

通向强人工智能还有一条“新”路线,这里称为“仿真主义”。仿真主义可以说是符号主义、连接主义、行为主义和统计主义之后的第五个流派,和前四个流派有着千丝万缕的联系,也是前四个流派通向强人工智能的关键一环。经典计算机采用的是冯·诺依曼体系结构,可以作为逻辑推理等专用智能的实现载体。但仅靠经典计算机不可能实现强人工智能。要按仿真主义的路线“仿脑”,就必须设计制造全新的软硬件系统,这就是“类脑计算机”,或称为“仿脑机”。“仿脑机”是“仿真工程”的标志性成果,也是“仿脑工程”通向强人工智能之路的重要里程碑。

8.1.2 人工智能的起源及发展

1. 人工智能的起源

早在20世纪四五十年代,数学家和计算机工程师已经开始探讨用机器模拟智能的可能。1950年,英国科学家艾伦·麦席森·图灵(Alan Mathison Turing,图8-1)提出了测试机器智能的方法:在隔开的情况下,一位人类测试员通过文字向被测试者(一台机器和一个人)任意提问。经过5分钟问答后,如果人类测试员能正确区分二者的概率低于70%,那么这台机器就通过了测试,这就是著名的图灵测试。图灵测试在过去数十年被广泛认为是测试机器智能的重要标准,对人工智能的发展产生了极为深远的影响。

图8-1 艾伦·麦席森·图灵

图8-2 约翰·麦卡锡

1956 年，约翰·麦卡锡(John McCarthy，图 8-2)等人在美国的达特茅斯学院组织了一次研讨会。这次会议提出："学习和智能的每一个方面都能被精确地描述，使得人们可以制造一台机器来模拟它。"这次会议为这个致力于通过机器来模拟人类智能的新领域定下了名字"人工智能"，从而正式宣告了人工智能作为一门学科的诞生。

2. 人工智能的发展

人工智能是计算机科学、心理学、哲学、数学等多个学科的交叉学科。人工智能随着这些学科的发展而成长起来。我们将人工智能的发展历程分为以下三个阶段。

(1)孕育阶段

人工智能的目的就是让机器能够像人一样行动和思考，这是人类远古时期就有的梦想。人类早在计算机出现之前就已经希望能够制造出可以模拟人类思维的机器，并且为此进行了长期的努力，时间甚至可以追溯到古希腊时代。

19 世纪，杰出的数学家、哲学家布尔(Boole)，通过对人类思维进行数学化精确的刻画，和其他杰出的科学家一起奠定了智慧机器的思维结构与方法，今天我们的计算机内使用的逻辑基础正是他所创立的。

1936 年，图灵在他的一篇《可计算数学》的论文中，提出了著名的图灵机模型，成为现代计算机的理论基础。1945 年他进一步论述了电子计算机的设计思想，1950 年他又在《计算机能思维吗?》一文中提出了判别机器是否具有"智能"的标准。

1947 年，电子计算机 ENIAC 诞生，这意味着从此人类开始真正有了一个可以模拟人类思维的工具。

(2)形成阶段

1956 年，纽厄尔(Newell)和西蒙(Simon)首先合作研制成功"逻辑理论机 LT"(The Logic Theory Machine)。该系统模拟人类用数理逻辑证明定理的思想，证明了数学家罗素(Russell)和怀特海(Whitehead)的名著《数学原理》第 2 章第 38 条。从此，计算机的一般应用与人工智能的界限第一次被清楚地区分出来。它是第一个实用的人工智能程序，象征着人工智能研究的真正开端。

20 世纪 50 年代，一些科学家开始以游戏、博弈为研究对象进行人工智能的研究工作。1956 年，科学家塞缪儿(Samuel)研究成功了一个跳棋程序。该程序具有自改善、自适应、可以积累经验和学习等能力。这是模拟人类学习和智能的一次卓有成效的突破。该程序于 1959 年击败了它的设计者，在 1962 年又击败了美国一个州的冠军，此事曾引起世界轰动。

20 世纪 60 年代前期，人工智能以研究搜索方法和一般问题的求解为主。1960 年，麦卡锡发明了人工智能程序设计语言 Lisp，用函数式语言对符号进行处理，其处理的唯一对象就是符号表达式。1963 年，纽厄尔发表了问题求解程序，人工智能研究开始走上了用计算机程序来模拟人类思维的道路，第一次把问题的领域知识与求解方法分离开来。20 世纪 60 年代后期，人工智能研究者们又在机器定理证明方面取得了重大进展，并在规划问题方面开展了相应的研究。1968 年，奎廉(J.R.Quillian)在研究人类联想记忆时，认为记忆是由概念间的联系实现的，提出了知识表示的语义网络模型。

(3)发展阶段

20 世纪 70 年代，人工智能的研究已在世界许多国家相继展开，研究成果大量涌现。人工智能研究者开始利用过去的研究成果，提出各种新的知识表示技术，搜索技术日益成熟，人工智能和其他领域,诸如医药、电子、地质和化学领域发生了密切的联系,大量的研究成果证实了自然语言理解、计算机视觉和专家系统是可行的。

1972 年,柯尔迈伦(Alain Colmerauer)提出并实现了逻辑程序设计语言 Prolog,并被广泛应用。同年,斯特里夫(Shortliffe)等人开始研制用于诊断和治疗感染性疾病的专家系统 MYCIN,于 1974 年基本完成。该系统解决了一系列的人工智能应用技术问题,其中包括知识表示、搜索策略、人机联系、知识获取等方面。

1977 年,费根鲍姆(Feigenbaum)提出了知识工程(knowledge engineering)的概念,引发了以知识工程和认知科学为主的研究。以知识为中心开展人工智能研究的观点被大多数人所接受。这时专家系统开始广泛应用,专家系统的开发工具也不断出现,人工智能产业日渐兴起。

20 世纪 80 年代,由于知识工程概念的提出和专家系统的初步成功,推理技术知识获取、自然语言理解和机器视觉成为人工智能研究的热点。在整个 20 世纪 80 年代,专家系统和知识工程在全世界得到迅速发展,许多人工智能的产品成了商品。

20 世纪 90 年代,专家系统、机器翻译、机器视觉、问题求解等方面的研究已有实际应用,同时,机器学习和人工神经网络的研究得到深入开展。

进入 21 世纪,人工智能正朝更多学科协作的方向发展,数学、心理学、生物学、信息科学的最新研究成果更多地应用于人工智能的研究与应用中。人工智能进入爆发式的发展阶段,其最主要的驱动力是大数据时代的到来,运算能力及机器学习算法得到提高。如图 8-3 所示。

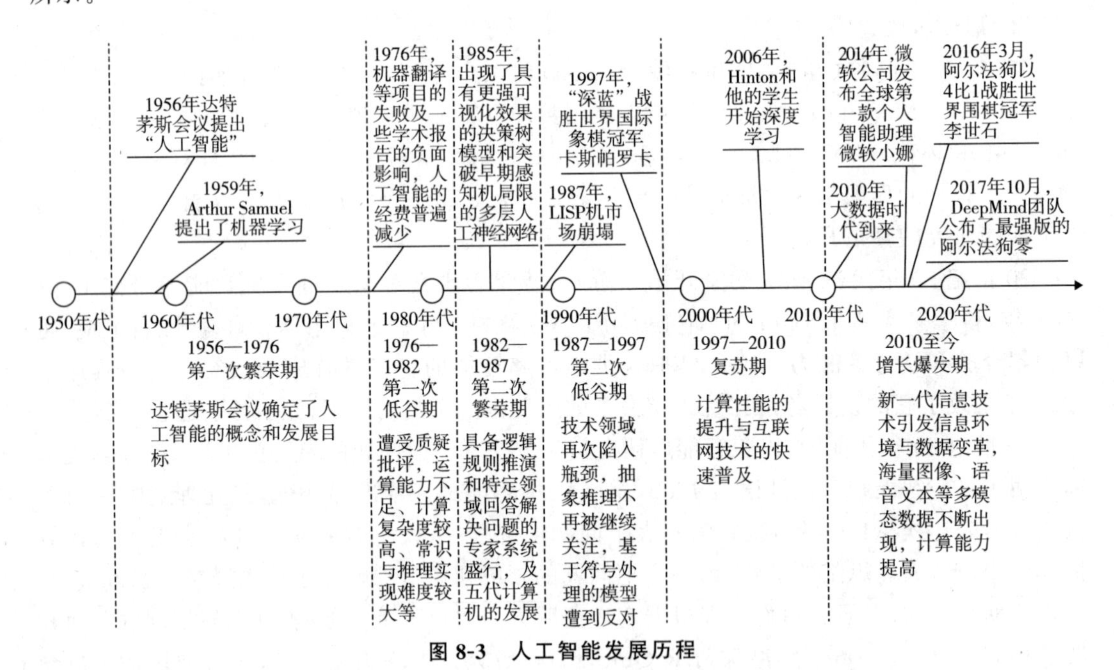

图 8-3　人工智能发展历程

8.1.3 人工智能的应用及对人类社会发展的影响

随着互联网的普及、传感器的应用、大数据的涌现、电子商务的发展和信息社区的兴起,

我国的人工智能开放创新平台正在逐步建立，如百度Apollo开放平台、腾讯觅影的AI辅诊开放平台、松鼠AI智适应教育开放平台、京东人工智能开放平台等。人工智能开放平台的建立，有助于降低企业的技术门槛，让所有创业者都享受到人工智能技术进步所带来的红利，同时也有助于连接各行业内的产学研机构，实现数据打通，避免重复工作，构筑完整的产业生态，大幅提升整个产业的生产效率。

同时，得益于数据量的快速增长、计算能力的大幅度提升和机器学习算法的持续优化，新一代人工智能逐渐从专用型智能向通用型智能过渡，有望发展为抽象型智能。随着应用范围的不断拓展，人工智能与人类生产生活联系得愈加紧密，一方面给人们带来诸多便利，另一方面也带来了劳动就业问题。由于人工智能能够代替人类进行各种技术工作和脑力劳动，将会使一部分人不得不改变工种，甚至造成失业。人类一方面希望人工智能能够代替人类从事各种劳动，另一方面又担心人工智能的发展会引起新的社会问题。近10多年来，社会结构正在发生一种变化，即人与机器的社会结构将会被人与机器人的社会结构所取代，很多本来是由人承担的工作将由机器人来担任。据权威机构预测，到2030年，人工智能的出现将为全球GDP带来额外14%的提升，相当于15.7万亿美元的增长。全球范围内越来越多的政府和企业组织逐渐认识到人工智能在经济和战略上的重要性，并从国家战略和商业活动上涉足人工智能。人工智能技术的崛起将导致“失业潮”的发生已基本成为行业的共识，在“世界经济论坛”2016年年会上，基于对全球企业战略高管和个人的调查发布的报告中称，未来五年，机器人和人工智能等技术的崛起，将导致全球15个主要国家的就业岗位减少710万个，2/3属于办公和行政人员。

人工智能的应用领域

1. 智能制造

人工智能在智能制造方面的应用主要表现在以下两个方面：一是智能装备，包括自识别设备、人机交互系统、工业机器人及数控机床等；二是智能工厂，包括智能设计、智能生产、智能管理及集成优化等内容。

2. 智能金融

人工智能在金融领域的应用主要包括以下几个方面：

(1)智能获取客户。依托大数据和人工智能技术对金融用户进行画像，提升获客效率。

(2)用户身份验证。通过人脸识别、声纹识别等生物识别手段，对用户身份进行验证。

(3)金融风险控制。通过大数据、计算力、算法的结合，搭建反欺诈、信用风险等模型，多维度控制金融机构的信用风险和操作风险，避免资产损失。

(4)智能客服。基于自然语言处理能力和语音识别技术，建立聊天机器人客服和语音客服系统，降低服务成本，提升用户服务体验。

3. 智能交通

智能交通是指借助现代科技手段和设备，将各核心交通元素连通，实现信息互通与共享，以及各交通元素的彼此协调、优化配置和高效使用。

例如，通过交通信息采集系统采集道路中的车辆流量、行车速度等信息，经过信息分析处理系统处理后形成实时路况，决策系统据此调整道路红绿灯时长；还可以通过信息发布系统将路况推送到导航软件和广播中，从而让人们合理地规划行车路线。

4. 智能安防

智能安防技术是一种利用人工智能对视频画面进行采集、存储和分析，从中识别安全隐患并对其进行处理的技术。智能安防与传统安防的最大区别在于，传统安防对人的依赖性比较强，非常耗费人力，而智能安防能够通过机器实现智能判断。

国内智能安防分析技术主要有两类：一类是采用画面分割等方法对视频画面中的目标进行提取和检测，然后利用一定的规则来判断不同的事件并产生相应的报警联动，其应用包括区域入侵检测、打架检测、人员聚集检测、交通事件检测等；另一类是利用计算机视觉识别技术，对特定的物体进行建模，并通过大量样本进行训练，从而达到对视频画面中的特定物体进行识别，如车辆识别、人脸识别等。

5. 智能医疗

人工智能在医疗方面的应用包括辅助诊疗、疾病预测、医疗影像分析和识别、药物开发、手术机器人等。其中，在疾病预测方面，人工智能借助大数据技术可以进行疫情监测，及时预测并防止疫情的进一步扩散；在医疗影像方面，可以利用计算机视觉等技术对医疗影像进行分析和识别，为患者的诊断和治疗提供评估方法和精准诊疗决策。

6. 智能物流

物流企业除利用条形码、射频识别技术、传感器、全球定位系统等优化和改善运输、仓储、配送、装卸等物流业基本活动外，也在尝试使用计算机视觉及智能机器人等技术实现货物自动化搬运和拣选等复杂活动，使货物搬运速度、拣选精度得到大幅度提升。

例如，京东商城（以下简称京东）是国内知名的电商企业。为压缩物流成本，提高物流效率，京东构建了以无人仓、无人机和无人车为三大支柱的智慧物流体系。

京东无人仓主要用到了3种机器人——搬运机器人、小型穿梭车及分拣机器人。其中，搬运机器人负责搬运大型货架，其自重约100千克，负载量达300千克左右；小型穿梭车负责将周转箱搬起并送到货架尽头的暂存区；分拣机器人配有先进的3D视觉系统，可以从周转箱中识别出客户需要的货物，并通过工作端的吸盘把货物转移到订单周转箱中，然后通过输送线将订单周转箱传输至打包区；打包机器将商品打包后，一个个包裹就可以发往全国各地了。

除无人仓外，京东还尝试使用无人机和无人车送货。京东无人车在行驶过程中，车顶的激光感应系统会自动检测前方的行人、车辆等，遇到障碍物还会自动避障。

8.1.4 人工智能的原理

1. 人类智能的特征

人类智能主要体现在感知能力、记忆与思维能力、学习能力以及行为能力等几个方面。

(1)感知能力是指人们通过视觉、听觉、触觉、味觉、嗅觉等感觉器官感知外部世界的能力，是人类获取外部信息的根本保障。人类就是通过感知取得信息，再经过大脑加工来获得大部分知识的。

(2)记忆与思维能力是人脑最重要的功能，也是人类之所以有智能的根本所在。记忆用于存储由感觉器官感知到的外部信息以及由思维所产生的知识。思维用于对记忆的信息进行加工、处理,即利用已有的知识对信息进行分析、计算、比较、判断、推理、联想、决策等。

(3)学习能力是人类获取新知识、学习新技能并且能够在实践中不断自我完善的能力。人们的学习是通过与环境的相互作用而进行的,既可能是自觉的、有意识的,也可能是不自觉的、无意识的。

(4)行为能力是人们对感知到的外界信息的一种反应能力。它包括用嘴发声、用眼睛观察、用肢体做出各种动作等行为。

2. 人工智能的研究内容

由于人工智能的研究队伍由来自哲学、数学、电子工程、计算机科学、心理学等不同领域的专家组成,他们从事着各自感兴趣的工作,对人工智能的认识也不尽相同。

尽管不同专家对人工智能的认识有一定的差异,但目标都是希望造出可以像人类一样甚至比人类具有更好的感知思维、学习和行为能力的机器。按照功能来划分人工智能研究的基本内容可以分为机器感知、机器思维、机器学习和机器行为四个方面:

(1)机器感知就是使机器像人那样具有视觉、听觉、嗅觉、触觉、味觉等感觉。如让计算机识别语言文字、图形和图像的研究就属于机器感知的研究。

(2)机器思维就是使机器像人那样对已获取的信息能进行有目的处理。如开发专家系统,就是用计算机来模拟人类推理演绎等思维活动,解决各个领域的困难问题。

(3)机器学习就是让计算机模仿人的学习行为,主动获取新知识和新技能,识别现有知识,不断改善性能,实现自我完善。如有些计算机棋类博弈程序,能够像人类棋手那样,通过博弈实践,吸取经验教训,不断提高棋力。

(4)机器行为主要研究如何运用机器所拥有的知识,对获取的信息进行处理,并做出反应。如用于海底打捞的智能机器人,可以根据海洋的深度被打捞物的形状及海底的地质状况,自动完成打捞任务。

3. 人工智能的特征

(1)由人类设计,为人类服务,本质为计算,基础为数据。从根本上说,人工智能系统必须以人为本,这些系统是人类设计出的机器,按照人类设定的程序逻辑或软件算法通过人类发明的芯片等硬件载体来运行或工作,其本质体现为计算,通过对数据的采集、加工、处理、分析和挖掘,形成有价值的信息流和知识模型,来为人类提供延伸人类能力的服务,实现对人类期望的一些“智能行为”的模拟,在理想情况下必须体现服务人类的特点,而不应该伤害人类,特别是不应该有目的性地做出伤害人类的行为。

(2)能感知环境,能产生反应,能与人交互,能与人互补。人工智能系统应能借助传感器等器件产生对外界环境(包括人类)进行感知的能力,可以像人一样通过听觉、视觉、嗅觉、触觉等接收来自环境的各种信息,对外界输入产生文字、语音、表情、动作(控制执行机构)等必要的反应,甚至影响到环境或人类。借助于按钮、键盘、鼠标、屏幕、手势、体态、表情、力反馈、虚拟现实/增强现实等方式,人与机器间可以进行交互,使机器设备越来越“理解”人类乃至与人类共同协作、优势互补。这样,人工智能系统能够帮助人类做人类不擅长、不喜欢但机器能够完成的工作,而人类则适合于去做更需要创造性、洞察力、想象力、灵活性、多变性乃至用心领悟或需要感情的一些工作。

(3)有适应特性,有学习能力,有演化迭代,有连接扩展。人工智能系统在理想情况下应具有一定的自适应特性和学习能力,即具有一定的随环境、数据或任务变化而自适应调节参数或更新优化模型的能力;并且,能够在此基础上越来越广泛深入数字化连接扩展,实现机器客体乃至人类主体的演化迭代,以使系统具有适应性、鲁棒性、灵活性、扩展性,来应对不断变化的现实环境,从而使人工智能系统在各行各业产生丰富的应用。

知识链接

一、问题求解

问题求解是人工智能研究的一个重要方面。人工智能中的许多概念,如归约、推断、决策、规划等都与问题求解有关。问题求解研究涉及问题表示空间的研究、搜索策略的研究和归约策略的研究。

棋类游戏程序的开发就是问题求解研究的一个方面。它的开发过程如下(以国际象棋游戏软件为例):首先要研究国际象棋的所有规则,包括棋子的分布、各个棋子的行走规则以及如何才算赢棋等。完成这项初步的工作,一个计算机棋手就诞生了。下棋时,计算机会依靠其快速的运算能力以及记忆功能,来判断当己方走某一步棋时,对方会怎么走,然后自己该怎么走,直到得出结论说明这一步能否走。而且己方每走一步,还要去判断对方所有棋子的所有走法。其次,要使计算机棋手具有一定的水平,并在比赛中作出更快的反应,人工智能专家就要研究如何把一些下棋的技巧和一些象棋大师的经典走法也输入计算机中,从而使计算机在下棋时表现得更加智能化。完成这样设计的计算机棋手,在对弈过程中,会像人类国际象棋大师一样思考,从规则、技巧等各个方面进行判断。

二、模式识别

模式识别(pattern recognition)是一门研究对象描述和分类方法的学科。分析和识别的模式可以是信号、图像或者普通数据。模式是对一个物体或者某些其他感兴趣实体定量或者结构的描述,而模式类是指具有某些共同属性的模式集合。

目前模式识别主要有以下两方面的应用:图形图像识别和语音识别。

三、自然语言理解

自然语言理解(natural language understanding)就是研究如何让计算机理解人类自然语言,是人工智能中十分重要的一个研究领域。它是研究能够实现人与计算机之间用自然语言进行通信的理论与方法。从宏观上看,自然语言理解是指机器能够理解并执行人类所期望的某些语言功能。这些功能包括:

(1)回答有关提问。计算机能正确理解人们用自然语言输入的信息,并能正确回答输入信息中的有关问题。

(2)摘要生成和文本释义。对输入的信息,计算机能产生相应的摘要;能用不同词语和句型对输入的信息进行复述。

(3)机器翻译(machine translation)。计算机能把用某种自然语言表示的信息自动地翻译为另一种自然语言。例如,把英语翻译成汉语,或把汉语翻译成英语等。

四、自动定理证明

自动定理证明是人工智能中最先进行研究并得到成功应用的一个研究领域,同时它也为人工智能的发展起到了重要的推动作用。实际上,除了数学定理证明以外,医疗诊断、信息检索、问题求解等许多非数学领域问题,都可以转化为定理证明问题。

五、智能代理

智能代理可以理解为充分利用人工智能技术、网络技术和多媒体技术等构成的一种计算机系统。它可以只是一段小程序，也可以是一个复杂的软件机器人，以主动服务的方式完成一组操作。

在现代生活中，智能代理已在许多方面得到了应用。在信息服务领域，它可以被用来在因特网上搜索和用户要求相关的内容，也可以根据用户的兴趣下载相关内容，还可以根据用户的要求过滤信息，整理已经下载的资源，并且从大量的原始数据中筛选和提炼有价值的信息。在商务领域，智能代理已经被用来执行有较少人工操作的金融交易——找到最合适的生意并和其他智能代理交流，设计出销售条件。它还被用来代表卖方分析不同用户的消费倾向，并据此向特定用户推销特定商品。

六、机器人学

人工智能的一个长期目标是发明出可以具备人脑功能的机器。这种机器需要具备感知能力、记忆与思维能力、学习能力以及行动能力等几个方面的人类智能的特征。机器人不仅可以模拟人的思维，更可以模拟人的动作，它是在计算机程序控制下能够自动完成人类部分工作的机器。它可分为三代：程序控制机器人（第一代）、自适应机器人（第二代）、智能机器人（第三代）。开发智能机器人一直都是人类追求的目标，所以机器人学是人工智能非常重要的研究领域，其发展前景非常广阔。

七、专家系统

专家系统是目前人工智能研究领域中最活跃、最有成效的一个领域，它研究如何让计算机充当“专家”，让计算机在各个领域中起到人类专家的作用，是一种在特定领域内具有大量知识与经验的程序系统。它应用人工智能技术，根据某个领域一个或多个人类专家提供的知识和经验进行推理和判断，模拟人类专家求解问题的思维过程，以解决该领域内的各种问题。

八、自动程序设计

自动程序设计包括自动程序综合与自动程序正确性验证两个方面的内容。自动程序综合用于实现自动编程，即用户只需告诉计算机要“做什么”，无须说明“怎样做”，计算机就可根据给定的任务或问题的原始描述，自动实现程序的设计。自动程序正确性验证是要研究出一套理论和方法，通过运用这套理论和方法就可研制计算机程序，自动证明程序的正确性。

九、人工神经网络

人工神经网络是由大量处理单元经广泛互连而组成的人工网络，用来模拟大脑神经系统的结构与功能。

人工神经网络的研究始于20世纪40年代。现在神经网络已经成为人工智能中一个极其重要的研究领域，它在模式识别、图像处理组合优化、自动控制信息处理、机器人学等领域获得了日益广泛的应用。

十、机器学习

机器学习从人工智能诞生起就一直是研究的重点。机器学习的基本思想是让机器从数据或者行动中学习，来获得进行预测或判断的能力。从数据中学习，指利用算法从大量的训练数据中学习知识，并通过学习不断优化程序的性能，然后用训练后的程序对真实世界中的待测试数据做出判决。

十一、深度学习

深度学习(deep learning,DL)是一系列算法的统称。深度学习算法通过组合多层的人工神经网络,来模拟人脑在处理数据时由底层到高层的抽象过程。

深度学习是机器学习的分支,与传统人工神经网络等相关方法相比,其网络层数更多、网络规模更大、学习能力更强,是机器学习领域目前最热门、工业界应用最广的方法。AlphaGo 就是借助深度学习及先进搜索算法的强大威力,横扫围棋界,攻克了棋类运动中人类最后的智慧堡垒。

8.2 了解机器人

- 了解机器人的定义;
- 了解机器人的分类;
- 了解机器人的发展阶段;
- 了解机器人在现代生活中的应用。

知识储备

对于人工智能来说,机器人是其中一种载体。人工智能为机器人赋能,可大大提升机器人的能力,也只有采用了人工智能技术的机器人才能称为智能机器人。人工智能技术的综合应用,能将机器人的感觉能力提升为感知能力,自动执行能力提升为自主决策能力。

8.2.1 机器人

自 20 世纪 50 年代末世界上第一台工业机器人出现以来,随着机器人技术的不断发展,机器人的内涵逐渐丰富,机器人的定义也在不断随之变化。国际标准化组织(ISO)最新资料认为:机器人是具有一定程度的自主能力,可在其环境内运动以执行预期任务的可编程执行机器。

目前,国际上一般把机器人分为工业机器人和服务机器人。

(1)工业机器人。工业机器人是面向工业领域的多关节机械手或其他形式的机器装置。工业机器人的市场集中度高,是机器人应用最为广泛的行业领域。它可以接受人类指挥,也可以按照预先编排的程序自动运行。工业机器人可以降低劳动力成本,提高生产效率,已在汽车、机械、电子、化工等工业领域得到广泛应用。

(2)服务机器人。服务机器人是指除工业自动化应用外,其他能为人类或设备完成任务的机器人。服务机器人可进一步分为特种机器人、公共服务机器人、个人/家用服务机器人 3 类。服务机器人的应用涵盖了国防、救援、监护、物流、医疗、养老、护理、教育、家政等直接关乎国计民生的广阔领域。它的出现,在一定程度上满足了人们在社会及生活中各个领域的需求。

除此之外，机器人又可以分为无实体和有实体两类。无实体的机器人如微软小冰、聊天机器人（分为问答型、任务型和闲聊型）等，其主要基于大数据、知识图谱和机器学习，方便人们快速获取想要的信息；有实体的机器人如工业机器人、巡逻服务机器人等。

8.2.2 机器人的发展

1920年，捷克剧作家卡雷尔·恰佩克（Karel Capek）首次创造出“robot”一词，“机器人”开始登上历史舞台。随着科学技术的不断发展，机器人已经历了三代：

1. 第一代简单工业机器人

第一代简单工业机器人是示教再现机器。1959年由发明家英格伯格和德沃尔联手制造出世界上第一台工业机器人。这类机器人是由计算机控制的多自由度的机械，使用者事先教给它们动作顺序和运动路径，机器人就可不断地重复相应动作，其特点是对外界环境没有感知。目前，在汽车、3C电子等工业自动化生产线上大量使用。

2. 第二代低级智能机器人

第二代低级智能机器人是带传感器的机器人。与第一代机器人相比，第二代机器人具有一定的感觉系统，可以通过事先编好的程序进行控制，能够获取外界环境和操作对象的简单信息，对外界环境的变化做出简单的判断并相应调整自己的动作，如扫地机器人。

3. 第三代高级智能机器人

第三代高级智能机器人利用各种传感器、探测器等来获取环境信息，不仅具备感觉能力，还具备独立判断、行动、记忆、推理和决策的能力，可以完成更加复杂的动作。在发生故障时，它还可以通过自我诊断装置进行故障部位诊断，并自我修复。从现有技术发展、产业应用角度来看，第三代机器人仍处于探索阶段。

未来，越来越多的机器人将走进工业生产和人类生活，为创造更加美好的人类社会贡献力量。在研究和开发未知及不确定环境下作业的机器人的过程中，人们逐步认识到机器人技术的本质是感知、决策、行动和交互技术的结合。

知识链接

近年来，在国家政策支撑和市场需求牵引下，我国机器人产业平稳发展，机器人设计和制造水平显著提高，机器人新技术、新产品不断涌现，关键零部件研制取得突破性进展，为我国制造业提质增效、换挡升级提供了全新动能。表8-1中列举了目前我国知名的智能机器人企业。

表8-1 目前我国知名的智能机器人企业

机器人产品类别	主要生产企业
工业机器人	埃斯顿（协作、移动机器人）、埃夫特（协作机器人）、博实股份（码垛机器人）、新时达（协作机器人）、新松（协作机器人）、云南昆船（AGV机器人）等
家用服务机器人	康力优蓝（家庭陪伴机器人）、科沃斯（室内清洁机器人）、makeblock（编程学习机器人）、纳恩博（个人平衡车）、ROOBO（家庭陪伴机器人）、石头科技（室内清洁机器人）、未来伙伴（儿童教育机器人）、优必选（舞蹈机器人）等
医疗服务机器人	安翰医疗（胶囊机器人）、柏惠维康（手术机器人）、博实股份（手术机器人）、金山科技（胶囊机器人）、妙手机器人（手术机器人）、天智航（手术机器人）等

续表

机器人产品类别	主要生产企业
公共服务机器人	大疆(航拍无人机)、地平线(自动驾驶汽车)、纳恩博(个人平衡车)、怡丰(停车仓储AGV)、亿嘉和(电力巡检机器人)等
特种机器人	GQY视讯(救护、警务机器人)、海伦哲(灭火、抢险机器人)、新松(救援、巡检机器人)、中信重工(矿山、消防机器人)等

人工智能(AI)是对人的意识和思维过程的模拟,生物特征识别、自然语言处理、语音识别和机器学习等都属于人工智能。它可以帮助行业更新换代,更加符合人们的生活节奏和需求;也能为技术和工具赋能,让载体更加智能化,实现更强大的功能。

机器人作为一种载体,它既可以接受人类指挥,又可以运行预先编排好的程序,还可以根据人工智能技术制定的原则和纲领行动,其任务是协助或取代人类的部分工作,如生产、服务或危险的工作。

机器人技术是多学科交叉的科学工程,涉及机械、电子、计算机、通信、人工智能和传感器,甚至纳米科技和材料技术等。毫不夸张地讲,智能机器人是人工智能应用"皇冠上的明珠"。人工智能和机器人技术相辅相成,正在改变我们的生活,推动社会的进步。

1. 计算机应用领域中,人工智能的英文简写是(　　)。

   A)TV　　B)VR　　C)IT　　D)AI

2. 1997年5月,著名的"人机大战",最终计算机以3.5:2.5的总比分将世界国际象棋棋王卡斯帕罗夫击败,这台计算机被称为(　　)。

   A)深蓝　　B)IBM　　C)深思　　D)蓝天

3. 不属于人工智能的学派是(　　)。

   A)符号主义　　B)机会主义　　C)行为主义　　D)连接主义

4. 人工智能的含义最早由一位科学家于1950年提出,并且同时提出一个机器智能的测试模型,这个科学家是(　　)。

   A)明斯基　　B)扎德　　C)图灵　　D)冯·诺依曼

5. 要想让机器具有智能,必须让机器具有知识。因此,在人工智能中有一个研究领域,主要研究计算机如何自动获取知识和技能,实现自我完善,这门研究分支学科叫(　　)。

   A)专家系统　　B)机器学习　　C)神经网络　　D)模式识别

6. 人工智能是一门(　　)。

   A)数学和生理学　　B)心理学

   C)语言学　　D)综合性的交叉学科和边缘学科

7. 人类智能的特性表现在4个方面(　　)。

   A)聪明、灵活、学习、运用

   B)能感知客观世界的信息;能通过思维对获得的知识进行加工处理;能通过学习积累知

识、增长才干，适应环境变化；能对外界的刺激作出反应，传递信息

C)感觉、适应、学习、创新

D)能捕捉外界环境信息，能够利用外界的有利因素，能够传递外界信息，能够综合外界信息进行创新思维

8. 人工智能的目的是让机器能够(　　)，以实现某些脑力劳动的机械化。

A)具有智能　　B)和人一样工作

C)完全代替人的大脑　　D)模拟、延伸和扩展人的智能

9. 下列关于人工智能的叙述不正确的是(　　)。

A)人工智能技术与其他科学技术相结合极大地提高了应用技术的智能化水平

B)人工智能是科学技术发展的趋势

C)因为人工智能的系统研究是从 20 世纪五十年代才开始的，非常新，所以十分重要

D)人工智能有力地促进了社会的发展

10. 人工智能研究的一项基本内容是机器感知。以下列举中的(　　)不属于机器感知的领域。

A)使机器具有视觉、听觉、触觉、味觉、嗅觉等感知能力

B)让机器具有理解文字的能力

C)使机器具有能够获取新知识、学习新技巧的能力

D)使机器具有听懂人类语言的能力

11. 自然语言理解是人工智能的重要应用领域，下面列举中的(　　)不是它要实现的目标。

A)理解别人讲的话　　B)对自然语言表示的信息进行分析概括或编辑

C)欣赏音乐　　D)机器翻译

12. 为了解决如何模拟人类的感性思维，如视觉理解、直觉思维、悟性等，研究者找到一个重要的信息处理的机制是(　　)。

A)专家系统　　B)人工神经网络　　C)模式识别　　D)智能代理

13. 人工智能的发展历程可以划分为(　　)。

A)诞生期和成长期　　B)形成期和发展期

C)初期和中期　　D)初级阶段和高级阶段

14. 我国学者吴文俊院士在人工智能的(　　)领域做出了贡献。

A)机器证明　　B)模式识别　　C)人工神经网络　　D)智能代理

15. 下列(　　)不是人工智能的研究领域。

A)机器证明　　B)模式识别　　C)人工生命　　D)编译原理

16. (　　)年由十几位青年学者参与的达特茅斯暑期研讨会上诞生了“人工智能”。

A)1954　　B)1955　　C)1956　　D)1957

17. 以下不属于人工智能应用的一项是(　　)。

A)人工控制　　B)无人驾驶

C)扫地机器人　　D)机器视觉

18. 一定程度上来说下列(　　)工作被机器人取代的可能性更大。

A)体力劳动　　B)脑力劳动　　C)复杂劳动　　D)简单劳动

19. 下列计算机应用领域中，主要应用了人工智能技术的是(　　)。

A)计算机辅助设计　　B)天气预测

C)远程教育　　D)人机对弈

20. 人脸识别属于人工智能技术应用中的(　　)。

A)自然语言理解　　B)模式识别

C)专家系统　　D)计算机博弈

参考答案

第一章

1～30 题：

DDBBC　ABBBD　DBDAC　CADBA　DBABD　BADBB

第二章

1～35 题：

CCACB　BDBBA　DCCAA　BDDBA　CDDDD　CDDCC　BCBDC

第四章

1～20 题：

BBAAA　CACCD　BACDD　ADCDC

第五章

1～20 题：

CADDC　BCBCD　AADAD　ABAAB

第六章

1～20 题：

DBDBB　ACACC　DBACC　BDDAA

第七章

1～20 题：

BBBCA　BACBB　CBBAC　BCACA

第八章

1～20 题：

DABCB　DBDCC　CBBAD　CDDDB

参考文献

[1]黄培忠.计算机应用基础[M].2 版.上海：华东师范大学出版社，2019.

[2]罗伟强.信息技术(计算机应用基础)复习指导[M].北京：航空工业出版社，2020.

[3]徐阳，张天珍，杜文静.计算机办公应用 Win 7+Office 2010[M].北京：化学工业出版社，2019.

[4]李良志.虚拟现实技术及其应用探究[J].中国科技纵横，2019(3)：30-31.

[5]李婷婷.Unity AR 增强现实开发实战[M].北京：清华大学出版社，2020.

[6]保罗·米利.虚拟现实(VR)和增强现实(AR)从内容应用到设计[M].北京：人民邮电出版社，2019.

[7]林嘉燕，李宏达.信息安全基础[M].北京：机械工业出版社，2019.

[8] 胡国胜，张迎春，宋国徽.信息安全基础 [M]. 2 版.北京：电子工业出版社，2019.

[9] 百度百科.口令破解攻击[Z/OL].https://baike.baidu.com/item/口令攻击.

[10] 百度百科.缓冲区溢出攻击[Z/OL].https://baike.baidu.com/item/缓冲区溢出攻击.

[11] 百度百科.欺骗攻击[Z/OL].https://baike.baidu.com/item/欺骗攻击.

[12] 百度百科.DOS 攻击[Z/OL].https://baike.baidu.com/item/DOS 攻击.

[13] 百度百科.DDOS 攻击[Z/OL].https://baike.baidu.com/item/分布式拒绝服务攻击.

[14] 百度百科.SQL 注入攻击[Z/OL].https://baike.baidu.com/item/SQL 注入攻击.

[15] 百度百科.网络蠕虫病毒[Z/OL].https://baike.baidu.com/item/网络蠕虫病毒.

[16] 百度百科.木马攻击[Z/OL].https://baike.baidu.com/item/木马攻击.

[17] 百度百科.防火墙[Z/OL].https://baike.baidu.com/item/防火墙.

[18] TKE_Skye 博客.常见信息安全威胁与经典案例[Z/OL].https://blog.csdn.net

[19] 龚娟.计算机网络基础[M].3 版.北京：人民邮电出版社，2017.